U0143540

数码摄影后期处理
完全攻略

《数码摄影》杂志社 策划 / 郑毅 编著

人 民 邮 电 出 版 社
北 京

图书在版编目（CIP）数据

数码摄影后期处理完全攻略 / 郑毅编著. -- 北京 :
人民邮电出版社，2010.1
ISBN 978-7-115-21726-4

Ⅰ. ①数… Ⅱ. ①郑… Ⅲ. ①数字照相机－图像处理
Ⅳ. ①TP391.41

中国版本图书馆CIP数据核字(2009)第202406号

内 容 提 要

本书是一本讲解如何进行数码摄影后期处理的书，着重对数码摄影后期处理的作用、后期处理的软件、常用技法、特效方法和常见问题的解决等进行了详细的介绍。

本书中讲解的后期处理技法是自《数码摄影》杂志创刊以来，众多数码摄影师与后期影像专家多年经验的积累和总结。读者通过对本书的学习，可以举一反三，增加对数码照片的认识，使自己的后期处理水平上升到新的高度。

本书语言通俗易懂、所选案例典型实用，并且本书还介绍了多款后期处理软件的实际用法，如 Photoshop、Neat Image、光影魔术手等。

本书附赠 1 张超值光盘，包括素材图片及最终效果图，读者可以通过书盘结合的方式进行学习。

本书适合广大的数码相机初、中级用户学习参考，也可以作为数码摄影爱好者、数码照片处理爱好者的辅助工具书。

数码摄影后期处理完全攻略

策　　划　《数码摄影》杂志社
◆ 编　　著　郑　毅
责任编辑　孟　飞
◆ 人民邮电出版社出版发行　　北京市崇文区夕照寺街 14 号
邮编　100061　　电子函件　315@ptpress.com.cn
网址　http://www.ptpress.com.cn
北京鑫丰华彩印有限公司印刷
◆ 开本：880×1230　1/16
印张：16.5
字数：579 千字　　2010 年 1 月第 1 版
印数：1 – 5 000 册　　2010 年 1 月北京第 1 次印刷

ISBN 978-7-115-21726-4

定价：68.00 元（附光盘）

读者服务热线：(010) 67132705　印装质量热线：(010) 67129223
反盗版热线：(010) 67171154

照片的第二次生命

在数码摄影时代，只有掌握了照片后期处理技术，才能算是对整个数码摄影流程拥有完全的主动权。通过照片后期处理，可以挖掘照片的潜质，全面提升照片的品质。此外，还可以通过拍摄与后期处理相结合，拓展镜头的视角，突破光影的极限，打造经典的照片特效，对照片进行深度的艺术加工，从而赋予照片第二次生命。

在数码摄影普及的今天，拥有高端的数码相机却出不了好作品的情况屡见不鲜，因为相机拍摄出的照片只能算是半成品。在传统摄影时代，照片在冲印店中会经过工作人员的简单后期处理，由于工作人员的处理水平参差不齐，所以出片的质量也有很大差别。如今，数码相机让照片的后期处理主动权回归到了摄影师的手中，他们可以使用电脑和后期处理软件，随心所欲地编辑照片，但是对于没有编辑经验的摄影师，在进行后期处理的时候，他们就显得无所适从。

照片的后期处理所涉及的内容很宽泛，只有全面了解照片的特性，才能合理地提出改进方案，同时还要能够熟练运用照片处理软件。不过，精通运用照片后期软件，并不等于精通照片的后期处理，这也是书中始终遵循的理念。在文章中我们都是以具有代表性的素材照片为示例，首先了解摄影师创作的意图，再分析照片的特点，最后用最优化的方案对照片进行处理，并将这些过程用通俗易懂的文字和图片进行展示。

这本书中介绍的后期处理技法，是《数码摄影》众多数码摄影师与后期影像专家多年经验的积累和总结，经过我们的再次加工，编写成通用的技法文章，通过学习读者可以举一反三，加强对数码照片的认识，建立自己的数码照片调整观，从而将技法应用到更多的照片题材中，这也是我们始终强调的〝授之以渔〞的理念。

我们在编写中极力避免详细讲解软件的菜单和功能，因为即使掌握了 Photoshop 软件的全部功能，但在照片处理上也会不得其法。虽然学习 Photoshop 软件是一个漫长而枯燥的过程。但我们认为，学习并掌握照片的后期处理技术，却是一个轻松有趣的过程，并且摄影技术也会在学习过程中得到同步提高，从而达到一举两得的目的。数码摄影缩短了从按下快门到看到照片的时间，而照片后期处理技术则大大缩短了从新手到高手的过程。

本书内容共分五章：第一章，后期处理新 3 篇，综合阐述了照片后期处理的重要作用，以及常用软件的介绍；第二章，快速进阶 36 计，列举了数码照片的常见问题，以及后期处理的解决方法；第三章，总结了照片后期处理中的 18 个易于实现并且效果显著的经典特效；第四章，为您揭开高级数码影像技术的神秘面纱，介绍了备受推崇的高手必备 7 武器；第五章，总结了 173 个数码照片后期调整中常遇到的问题，并请专家坐堂，一一为您解答。

本书附赠 1 张超值光盘，包括素材图片及最终效果图，读者可以通过书盘结合的方式进行学习。

由于编写水平有限，书中难免存在不足之处。如果在阅读本书的过程中遇到了问题，请发送 E-mail 至 zheng-yi@chip.cn。

期待大家在阅读本书之后，早日成为后期高手。

《数码摄影》杂志社　郑毅

第一章 后期处理新3篇

第二章 快速进阶36计

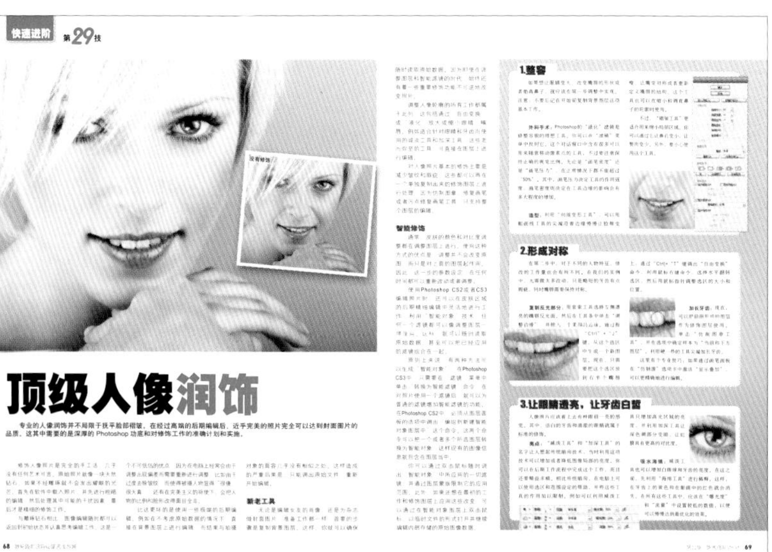

经典特效 第2例

原始照片：只有鼻子和耳朵周围的光亮部分曝光正确——这是一张非常适合以暗调风格编辑的素材。

制作暗调效果

看到曝光不足的照片后不要马上就按下删除按键，如果巧妙地利用这些照片作为素材，就可以制作出意想不到的暗调效果。在下面的示例中，我们会为你介绍如何通过 Photoshop 软件和后期调整，将曝光不足的失败照片变成别出心裁的创意作品。

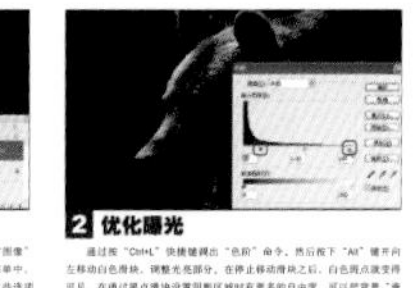

1 转换为黑白照片

2 优化曝光

3 添加阴影

4 润饰背景

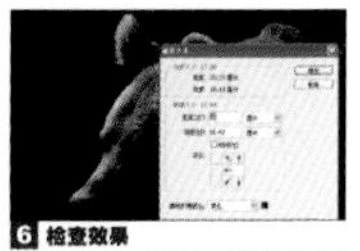

5 染成深褐色

6 检查效果

Photoshop CS3 的替代方案

经典特效 第8例

释放暗夜精灵魔术

时下流行的魔幻色彩创意人像作品，它们大都具有充满想像力的构思和天马行空的画面。接下来，本文将为你介绍暗夜精灵人像特效的制作方法。

1 营造气氛

2 调整背景

3 制作暗角

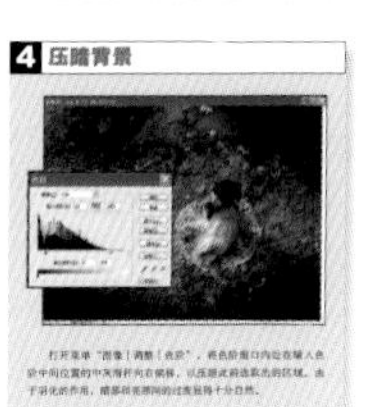

4 压暗背景

高手必备7武器 之四：接片

高动态范围接片

真实的颜色

两种实现目标的方法

最后的校正

第三章 经典特效18例

第四章 高手必备7武器

第五章 答疑解惑

光盘说明

本书配有一张CD光盘，包括快速进阶36计、经典特效18例、高手必备7武器中案例的素材及效果图，分别存放在与各章内容相对应的目录下，读者可以书盘结合进行学习，光盘内容介绍如下。

为了方便读者更好地学习本书，下面对本书的特色内容进行简单的介绍。

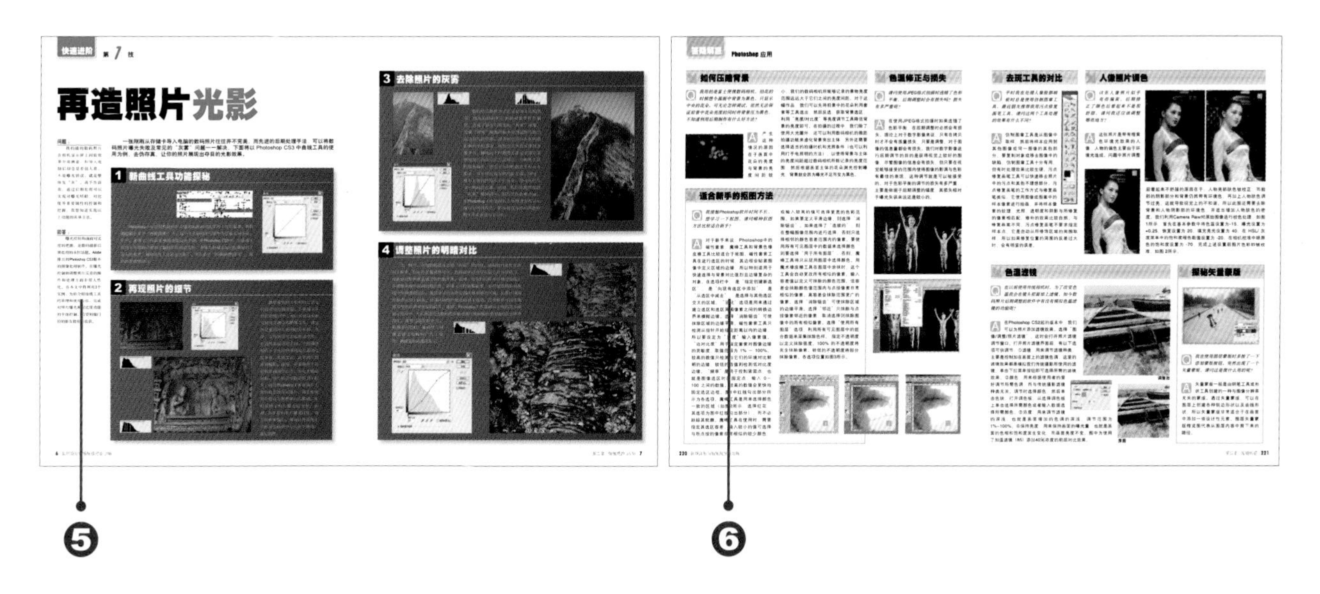

❶ 案例解析：在讲解案例之前，首先对案例要讲解的知识点以及要达成的目的进行分析。

❷ Before&After：在讲解案例之前，提供原始图片和最终效果的对比，以便读者在练习时能够心中有数。

❸ 操作步骤：在讲解案例时，每一个操作步骤都描述得非常详尽，并且尽可能给每个步骤都提炼出一个标题，以便读者更好地理解该步骤的作用。

❹ 专业知识：本书在讲解案例的同时，穿插了大量与摄影有关的专业知识，如冲印知识、镜头知识、色彩知识，以便读者更好地应用所学内容。

❺ 与案例有关的问答：在制作案例的过程中难免会遇到一些难题，本书将读者制作案例时可能会遇到的问题罗列在案例旁，并给出了答案。

❻ 答疑解惑：本书的第五章总结了173个数码照片后期调整中常遇到的问题，并请专家坐堂，一一进行解答。

为什么要处理照片

为什么要对数码照片进行处理？其实看过处理前后的对比效果就会明白。通过后期处理，可以挖掘照片的潜质，提升照片的品质，对整个数码摄影的过程拥有完全的主动权。此外，还可以通过拍摄与处理相结合，拓展镜头的视角，突破光影的极限，打造经典的照片特效，赋予照片第二次生命。

1 挖掘照片潜质

原图

调整后

一张刚刚从存储卡导入电脑的数码照片往往并不完美，而精湛的后期处理手法，可以将光影平淡、色彩暗淡等问题一一解决，让你的照片展现出夺目的光影效果。对于这些典型的问题，并不能完全归罪于数码相机的成像，如照片画面缺乏表现力常常是因为拍摄现场的光线强度、光线方向和光比问题所导致的，就像这张环境人像照片：从画面上看，除了模特的表现力值得一提以外，再没有任何亮点可言。而通过对人像与环境的分层调整，赋予了各部分最优化的对比度；通过分色调整，使建筑和绿叶的色彩能够更真实地进行表达，并将人像的肤色进行全面修正。对于这张照片，并没有应用什么复杂的特效，只是根据照片本身的特质加以提炼，调整而成。

2 提升照片品质

你感受过戴上一副新眼镜后所产生的吃惊效果吗？一张数码照片在经过后期处理，巧妙地锐化以后，同样会出现类似的效果：照片展现出了以前对于肉眼来说看不到的结构。正因为如此，数码后期锐化才成为整个图像编辑过程中必不可少的环节。拍摄的清晰度取决于镜头、图像传感器和处理器的性能水平，同时也取决于这些部件之间相互配合的能力。在观看照片时，主观的清晰度印象起着决定作用，而这在很大程度上取决于对比度水平：在精细结构和细节中的亮度差别越大，图像看起来就越清晰。就像这张照片中，通过Photoshop锐化后的蜜蜂照片看起来更清晰锐利。

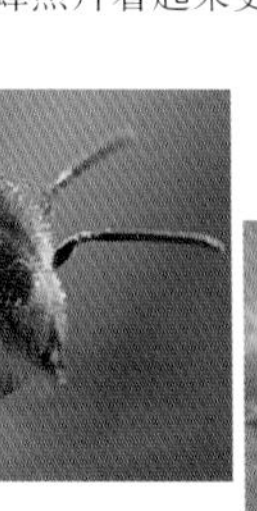

调整后

原图

3 全面拥有主动权

调整后

原图

数码相机对JPEG照片格式质量方面的影响力很大。在这种拍摄格式中，相机传感器的图像信息并不是简单地被存储下来，而是在之前进行了处理。这会涉及到彩色插值、颜色校正、颜色深度和锐度，但是这种处理往往和我们期望达到的画面效果背道而驰。另外，JPEG是一种有损压缩格式，它在压缩过程中丢掉了原始图像的部分数据，而且这些数据是无法恢复的。并且根据压缩比例的不同，照片信息量减少的程度也不一样。如果你对画质有更高的要求，推荐使用记录最全面的RAW格式进行拍摄，同时这种格式在调整后也会为你带来完美的高光细节、细腻的暗部层次、鲜亮浓郁的色彩、更少的画面干扰以及清晰锐利的画面，就像调整界面中这张野鸭的照片。

5 突破光影极限

可见世界中的暗区和亮区之间的比例，远远超过数码相机能够记录的范围。在白天拍摄时，经常遇到天空的云彩和地面景物的细节不能同时记录的问题；夜晚拍摄时，会遇到因光源强弱不同使得照片整体照度不均的问题。这一切问题，都可以通过合并制作高动态范围照片来解决。简单地说，高动态范围(HDR)照片是一种包含亮度范围非常广的照片，它比其他格式的照片有着更大亮度的数据储存。高动态范围照片为我们呈现了一个充满无限可能的世界，因为它能够表示现实世界的全部可视光影。这8张照片是在中关村西街拍摄夜景时，考虑天色、灯光和建筑之间的光比过大，于是拍摄了不同曝光的素材。后期使用高动态范围照片合成软件，进行合成和色调映射等简单调整，之后得到了这样一张层次和影调丰富的夜景照片。

调整后

4 拓展镜头的视角

遇到大场景的拍摄，即使使用视角最大的广角镜头仍不能满足要求时，我们可以通过数码照片的后期处理进行多张照片的拼接，从而将依次拍摄的场景片段合成为一张全景照片。全景接片的制作是传统摄影技术所无法比拟的，它不仅拓展了镜头的视角，更多的是增加了画面的表现力，并且还可以生成像素更高的照片。全景照片的合成对照片素材有一定的要求，通过文章中的介绍和几次拍摄与电脑前的实践操作，基本可以实现徒手拍摄照片素材，并且通过软件的全自动功能进行合成，就会出现与我们展示的这张气势恢宏的风光照片一样的效果。

6 打造经典特效

除了常规的调整外，我们还可以对照片使用各种特效和滤镜进行渲染，这也是照片后期处理中最有乐趣的过程之一。Photoshop为我们提供了多种制作特效的工具，此外它丰富的滤镜组也非常值得一提，虽然这些图形界面的特效滤镜操作起来很简单，但是却可以令照片拥有极强的视觉效果。在示例照片中，展示的是一个数码塑身的过程，其中通过液化滤镜将一个体态正常的普通人变成一个健壮的肌肉男。

原图

为什么要用Photoshop

在和影友交流照片后期处理时，听到最多的应该就是Photoshop软件。有人可能会奇怪，为什么这么庞大而复杂的软件会这么流行，它的界面友好度相比一些小软件要逊色很多，在下面的文章中，我们将给你做全面的解释。

如果流行也能算是优点的话，那么Photoshop对于摄影人来讲绝对是款好软件。几乎每个关于数码摄影的刊物和网站，都会有Photoshop软件调整照片的内容，Photoshop软件就像摄影师的第二台相机一样，成为拍摄之后谈论的主要话题，如果你不会用Photoshop软件，就像不懂相机的光圈、快门一样，无法和其他摄影人进行沟通。大家对这款软件的推崇也并不是盲从，它确实有很多其他软件无法比拟的优点，下面就来一一为你介绍。

稳定性与延续性

要想完全熟悉一款软件的操作并不是一件容易的事情，可能要经过很长的一段摸索和尝试的过程，才能让软件高效地为我们处理照片，谁都不希望辛辛苦苦积累了大量的照片处理经验，而使用的软件功能却不够用，或者无法打开新的照片格式。选择软件就像选择相机一样，都需要认品牌，就像谁也不希望配齐了长枪短炮的镜头后，相机的镜头卡口标准却作废了。对于照片处理软件来讲，Photoshop就像一个实力品牌一样，不仅坚持提供对新相机照片格式的支持，还不断推出功能更加丰富的新版本。此外，新版本依然尊重老用户的使用习惯。

丰富的工具与无损的编辑

谈到照片处理，Photoshop为摄影师设计了太多好用的工具，从直方图查看照片阶调到亮度、色彩等调整工具，从选择抠图工具到丰富的照片滤镜，Photoshop软件的设计可谓是综合了世界各地众多摄影师提出的需求与改进意见。除了丰富的工具以外，Photoshop区别于其他照片处理软件的最大特点和优势就是无损编辑。照片在处理过程中，对于画质的损失是不可逆转的，要想增加画面效果的同时，还要保证画面质量，就要尽量避免类似反复提亮与压暗画面等操作，Photoshop软件为此设计了一系列可修改调整参数的调整图层功能和智能对象功能。

平台和载体

当照片后期处理技术到达一定程度后，软件的功能必然会不够用。此时，Photoshop软件依然不会被摒弃，因为有数不清的厂商或个人设计的画笔笔刷、外挂滤镜和动作可以添加到Photoshop软件中，并以它作为载体来运行。例如我们想要美化照片中模特的皮肤，Photoshop中并未提供专门的工具，这时就可以安装皮肤美化外挂滤镜，在Photoshop的界面中对照片进行处理。

使用Photoshop CS4软件处理照片

1. 工具栏：常用的照片处理工具
2. 菜单栏：Photoshop的功能菜单
3. 导航器：选择和缩放照片
4. 直方图：照片的曝光及阶调参考
5. 历史记录：照片的调整记录
6. 动作：执行或记录多个调整步骤
7. 调整：调整图层选项
8. 图层：照片层的显示和操作

为什么不用Photoshop

虽然Photoshop软件的功能如此强大，但它并不是万能的。在对数码照片进行操作和处理时，还有一些独具特色的软件，它们在某些方面都有自己的强项。此外，Photoshop软件的功能再强大，其后期处理也要建立在照片的基础之上，所以如何拍摄一张好的素材照片就显得更加重要。

1 照片浏览

曾经有人提出，为什么Photoshop里看照片不能翻到下一页的问题。答案显而易见，因为Photoshop不是照片浏览软件。为了弥补这一缺憾，Photoshop的设计公司推出了Adobe Bridge这款软件，但是它的速度和功能却差强人意。对于照片的快速浏览以及照片的挑选，首选的是ACDSee软件，它不仅浏览速度快，还可以实时显示照片的拍摄信息。另外，如果你的显示器屏幕够大，或者你主要拍摄RAW格式照片，也可以选用更加智能的Lightroom软件。

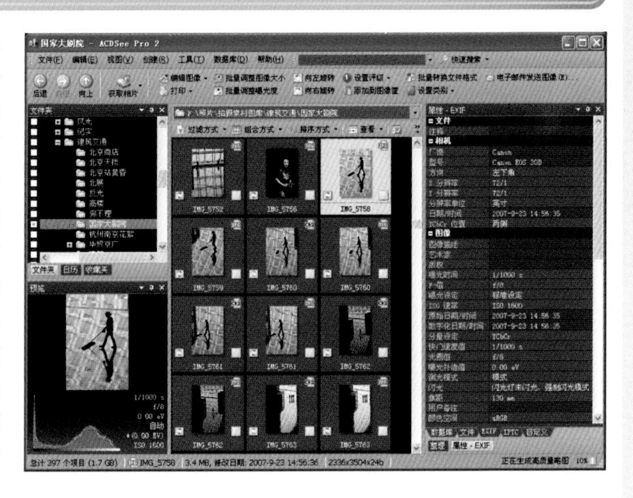

2 特效制作

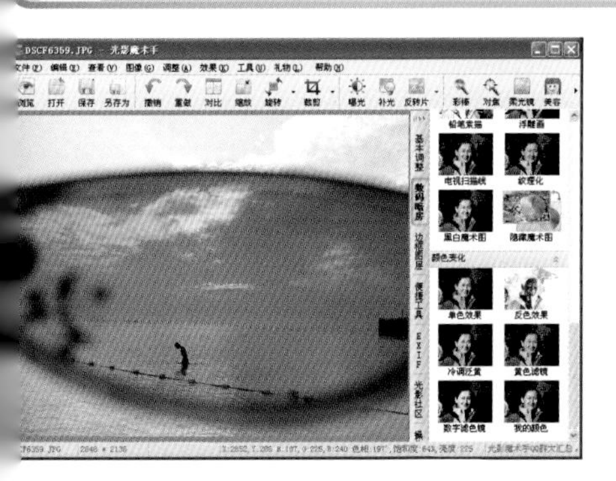

对于初学者来讲，在Photoshop中想制作绚丽夺目的特效并不是一件容易的事情。打开Photoshop菜单就会发现，这里没有像光影魔术手软件中常出现的反转片色调按钮、阿宝色人像和影楼人像特效按钮。并不是Photoshop软件不能制作出这种特效，只是制作过程相对繁杂。当然，如果你极力想用Photoshop来实现这些特效的话，可以通过高手制作的特效动作，载入到Photoshop中，对照片进行渲染。

3 批量处理

有些照片的处理也并非Photoshop的强项，尤其是常规的批处理。像批量旋转照片、批量更改照片格式，批量缩放照片尺寸、批量添加边框和水印等，这些在ACDSee或光影魔术手软件中只需点几下鼠标的事情，想在Photoshop中实现并不是一朝一夕就可以掌握的。

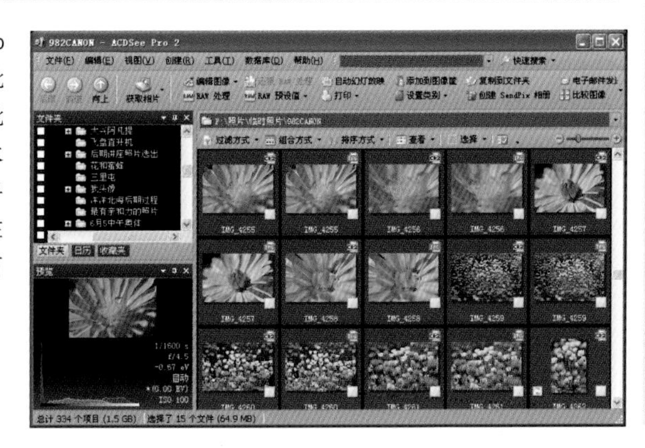

前期拍摄更加重要

拍摄是数码摄影的第一步，拍摄的结束也是后期处理的开始。Photoshop软件再强大，也绝不是万能的，一张好照片是前期拍摄与后期处理的完美结晶。

❶照片尺寸

对于照片的后期处理，画面尺寸的缩小是一个不可逆转的操作。例如将1000万像素的照片缩小到200万像素后，再将这张照片放大到1000万像素时，是无法得到与原始照片一模一样精细的画质。所以，对于照片拍摄时的画质和尺寸设置，一定要仔细地检查。

❷照片的曝光

通过照片后期处理，可以解决轻微的曝光问题，但如果将蓝天白云拍成一片惨白，想后期恢复所有的细节，那光靠修复性的调整是无论如何不可能实现的，因为相机根本没有记录这些细节内容。此外，即使曝光在可修正范围之内，照片也会因为调整而显得颗粒粗糙，尤其是对曝光不足的照片进行修复。所以在拍摄照片时要严格控制曝光，善用相机的曝光补偿和包围曝光功能。

❸照片的感光度

感光度可以提高相机对光线的敏感度，高感光度在光线不足时可以提高快门速度，但是同样会带来杂色和噪点，并且让照片画面变得粗糙。在条件允许的情况下，光线不足时尽量使用三脚架、降低感光度拍摄，以得到更好的照片素材。

❹拍摄的清晰度

照片最怕虚，大多数照片发虚都是因为拍摄时快门速度不够，或者对焦错误。在使用中长焦镜头拍摄时，更应该注意快门速度，用相机的光圈优先模式拍摄，遇到光线不足时要尽量开大光圈，在光线充足的情况下缩小光圈，提高照片边缘成像质量。一张因为严重手抖而拍虚的照片，是无论如何不可能通过后期处理完美修复的。

再造照片光影

问题：

我拍摄的数码照片在相机显示屏上回放效果非常满意，但导入电脑后却总是差强人意，不是曝光错误，就是整体发“灰”。高手告诉我，通过后期处理可以实现对曝光明暗、对比度等重要属性的控制和把握，我想知道实现以上功能的具体方法。

回答：

曝光控制和画面对比度的把握，是数码摄影后期处理的永恒话题。Adobe推出的Photoshop CS3版本的图像处理软件，在曝光控制和调整照片反差的操作和处理方面非常人性化。在本文中将利用3个实例，为你介绍曲线工具的原理和使用方法，完成对照片曝光和对比度功能的全面控制，希望初窥门径的影友能有所收获。

一张刚刚从存储卡导入电脑的数码照片往往并不完美，而先进的后期处理手法，可以将数码照片曝光失败及常见的“灰雾”问题一一解决，下面将以 Photoshop CS3 中曲线工具的使用为例，去伪存真，让你的照片展现出夺目的光影效果。

1 新曲线工具功能探秘

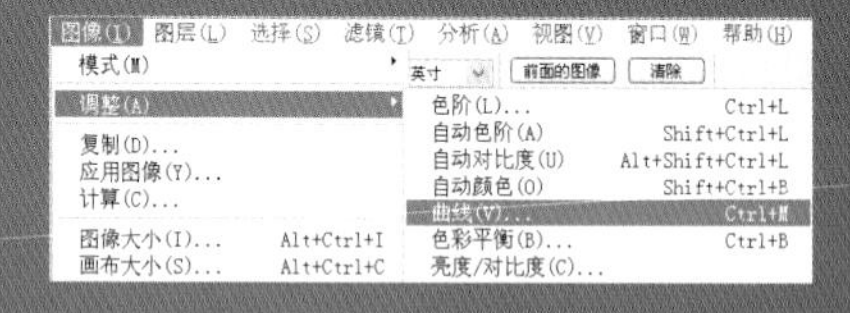

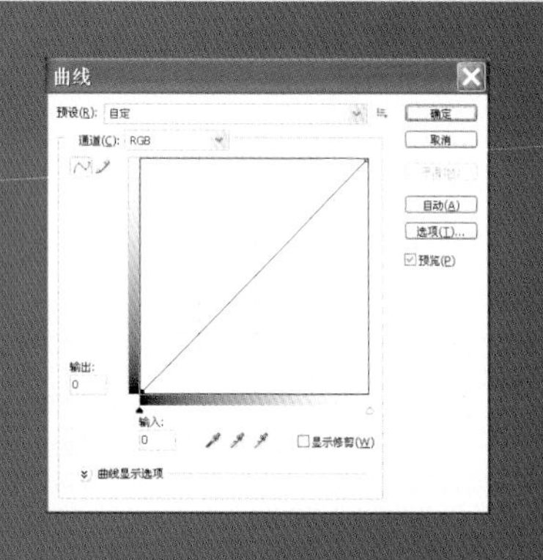

Photoshop中可以调整数码照片曝光和画面对比度的工具有很多，它们都隐藏在菜单“图像|调整”中，这些工具的原理与操作方法也大同小异。其中，曲线工具所能实现的功能最为全面，在Photoshop CS3中，在曲线工具的工作界面中增加了数码照片的直方图，为曝光和对比度的控制提供了有力的参考。调用曲线工具的方法如下，单击菜单“图像|调整|曲线”，调出曲线调整窗口。

2 再现照片的细节

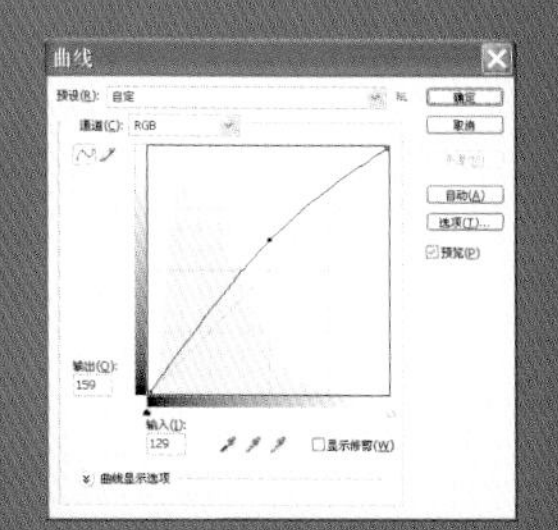

调整数码照片的明暗是影友们最常使用的功能，在曲线工具的控制窗口中，可以看到这张照片的直方图分布整体靠左。直方图是数码照片的明暗分布图，其中，左边顶点代表最暗部全黑。右边代表最亮部全白，中间部分则代表了从最暗部到最亮部的亮度分布。也就是说，这张照片的影调偏暗，此时，单击曲线工具控制界面的中心点，并向上拖动鼠标，照片的亮度随即得到了提升。通过Photoshop工作界面右上角的直方图显示窗口，你会发现照片的直方图整体向右移动，实时反映了照片曝光的变化。同理，如果数码照片曝光过度，直方图整体偏右，则可以将曲线工具控制界面的中心点向下拖动，进行调整。

3 去除照片的灰雾

数码单反相机为了记录更加丰富的细节，因此拍摄的照片画面对比度往往偏低，造成了影友们常见的“灰雾”现象。造成“灰雾”现象的根本原因是照片缺乏最亮部与最暗部，直方图也多分布在明暗影调的中间部分，两顶点甚至没有任何影像分布。解决这个问题的方法是重新定义数码照片的最亮点与最暗点。在曲线工具控制界面中，将左下角的控制点平行向右拖动，直至照片直方图的最左端，同时，将右上角的控制点平行向左，移动到照片直方图的最右端，此时，你会发现照片的“灰雾”瞬间消失，照片变得清晰亮丽。在Photoshop工作界面右上角的直方图显示窗口中可以看出，照片的直方图向两边拉伸了并重新进行了分布。

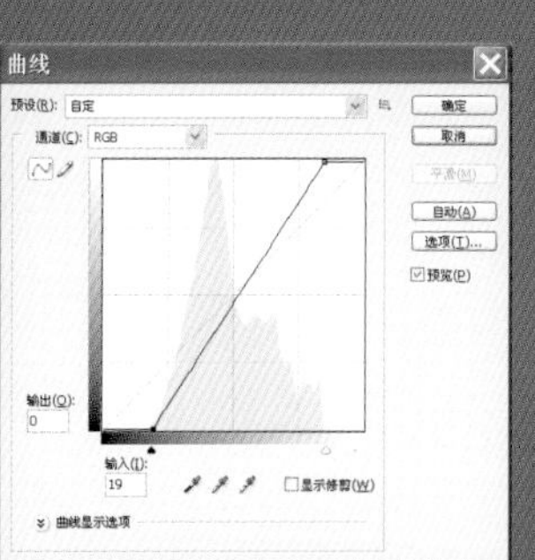

4 调整照片的明暗对比

上一例中，在为数码照片去除“灰雾”的同时，画面的对比度也得到了提升。但在许多数码照片中，其画面中已经存在最亮点与最暗点，可画面的整体视觉感受仍然很平淡。此时，影友们同样可以利用曲线工具调整画面中间调的对比度。曲线工具控制界面里，在控制影调的对角线中分别选取亮点，它们分别代表着亮部区域和暗点区域，亮部区域的控制点向斜上拖动，暗部区域的控制点向斜下拖动，这项操作可以实现照片整体影调对比度的提升。此时，Photoshop工作界面右上角的直方图显示窗口中，左右两边代表数码照片偏亮部区域和偏暗部区域的直方图升高了，说明亮部变得更亮，暗部变得更暗，数码照片的视觉感受也瞬间产生了变化，画面更加通透迷人了。

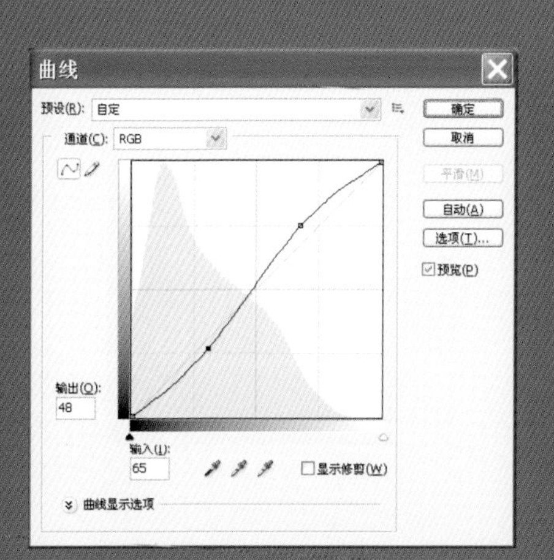

全面修补照片

无论是人工景观的破坏，还是感光元件的污点、以及拍摄对象的瑕疵等，数码照片的画面中经常会出现种种不和谐的因素。本文将为你讲解精细修补照片的方法，让你可以更大限度地利用数码照片后期处理技术来弥补前期拍摄中的不足。

问题：

我明白摄影是缺憾的艺术，但仍然希望自己的照片能更加完美，尤其是那些并非出自摄影技术欠缺，而仅仅由于客观条件所限而造成的美中不足。例如无处不在的电线、可恶的眩光，都会使精彩的场景黯然失色，我想知道如何运用后期图像处理技术修复这些缺陷。

修补工具介绍

仿制图章工具：从图像中取样，可将照片中的样本应用到其他照片或同一张照片的其他部分。通过复制画面元素来移去图像中的缺陷。

修复画笔工具：修复画笔工具可用于去除瑕疵。与仿制工具一样，它也可以利用图像中的样本来绘画。但是，修复画笔工具还可将样本部分的纹理、光照、透明度和阴影与所修复的部分进行自动匹配。从而使修复后的部分不留痕迹地融入图像其余部分。

污点修复画笔工具：污点修复画笔工具可以快速移去照片中的污点等不理想部分。它的工作方式与修复画笔类似，与前者不同的是，污点修复画笔不要求指定样本点。它会自动从所修饰区域的周围取样。

修补工具：工作方式和修复画笔工具一样，只是工作时的操作方式和前者有很大的不同。

红眼工具：红眼工具可去除用闪光灯拍摄的人物照片中的红眼，也可以移去用闪光灯拍摄的动物照片中的白色或绿色反光。

1 选取与设置工具

首先，在工具栏中选择仿制图章工具，它是最常用的修复照片缺陷工具，它可以从照片中的选定部分获取样本，然后将样本粘贴到照片中需要修补的部分。对于复制照片中的元素或去除照片中的缺陷，仿制图章工具十分实用。

工具选定后，需要根据照片和缺陷实际情况进行设置，在上方选项栏中默认的选择是“对齐”。这样，无论对复制工作停止和继续过多少次，都会使用与修复处平行的新取样点。当“对齐”处于取消选择状态时，在每次复制时都会重复使用同一个样本 。在选项栏中，你还可以通过画笔大小和硬度的调节，对每一步复制操作区域的面积进行多种控制。通过选项栏中的“不透明度”和“流量”设置，可以减弱或增强复制效果。

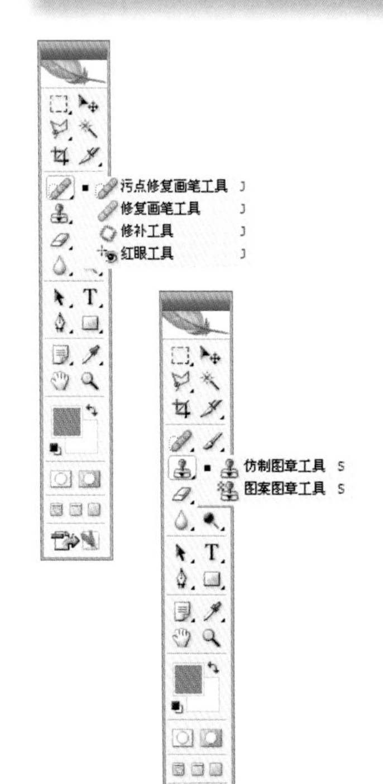

2 在照片中取样

在照片中，确定需要修复的部分，并且在它的周围找到合适的取样点。在本例中，操作者需找到电线周围的火烧云，选取一块和修复对象的理想修补结果中质感、光线等条件相近的区域，按住键盘“Alt”键，单击此处便可完成取样。

3 复制与修补

取样结束后松开“Alt”键，在画面中的瑕疵部分单击进行复制修补，在复制修补过程中，要注意复制区域的修补效果是否和周围区域协调一致，如果复制效果突兀，需按快捷键“Ctrl＋Z”或在历史记录中取消操作，通过对画笔硬度等参数的修改进行反复尝试，以获得最理想的效果。

4 污点修复画笔

污点修复画笔工具可以快速移去照片中的污点等不理想部分。与仿制工具一样，它也可以利用图像中的样本来绘画。但是，污点修复画笔工具可将样本像素的纹理、光照、透明度和阴影与所修复的像素进行自动匹配，从而使修复后的部分不留痕迹地融入到照片的其余部分。另一点与前者不同的是，污点修复画笔不要求指定样本点，它会自动从所修饰区域的周围取样。

操作中，选中污点修复画笔工具，并进行相应的设置，在画面中的瑕疵部分直接单击操作即可，需要注意的是，由于缺少选择取样点的步骤，污点修复画笔工具的操作常常不是十分精确，它只能作为一种简易而有效的手段，在处理诸如感光元件污点带来的照片瑕疵时特别有效。

5 前后效果对比

通过对比可以看出，经过仿制图章工具和污点修复画笔工具的运用，第一例中的天线不再成为影响画面中火烧云整体效果的干扰因素，肃清这一因素后画面的整体感更强，效果更完美。第二例中，由于逆光拍摄的原因，画面右上角出现了明显的光晕效果。经过污点修复画笔工具处理，画面中最明显的光晕消失殆尽，光源的视觉中心位置更加突出。

风光调整三板斧

风光是影友最常拍摄的题材，面对数码相机拍摄的原片，影友们总是抱怨天空太亮，色彩太淡，照片不通透。本文将从新手最常遇到的问题中，提炼了风光照片处理中最行之有效的3种工具的使用技巧。只要用好这几种重要工具就可以让你的风光照片瞬间通透靓丽。

数码相机拍摄的风光原片，往往难以匹敌专业胶片的水准，尤其是在影调和色彩方面。造成这个结果的原因是多方面的。首先，数码相机在记录高光影像方面的宽容度有所不足；其次，数码相机的自动白平衡功能削弱了色温变化带给照片的厚重色调；然后，数码照片讲求为后期处理提供更广阔的空间，也因此在原片的色彩表现上显得过于平实。新手使用Photoshop中这3种常用的工具，可以控制照片的亮度、反差、色彩的饱和度以及高光和阴影部的细节呈现。另外，这些工具的工作原理相对简单，操作方法易于上手，下面我们就来讲述具体的使用技巧。

1 还原碧蓝的天

天空是数码风光照片中最常出现的元素，这张照片由于是在正午拍摄，因此光比较大。从画面上看：天空过亮，云彩的细节不够丰富，影响了整张照片的表现。这时，可以借助Photoshop中的“阴影/高光”工具，来有效地还原高光部分天空的细节质感。单击菜单“图像|调整|阴影/高光”，将高光划块向右移动。如此一来照片中高光部分的亮度降低，细节逐渐显现，而中间色调和暗调则不受影响。同时，为了更好地呈现大光比下的阴影细节，我们也可以将阴影滑块略微向右移动，用以提亮画面中阴影部分的细节。

2 让照片更通透

经过上一步的调整，照片的细节无疑更加丰富。但与此同时，照片的反差也降低了，画面显得发灰、不够通透。这时，我们要请出大名鼎鼎的色阶工具，来调整照片的反差。单击Photoshop菜单“图像|调整|色阶”，在色阶控制面板中，将直方图中决定照片暗调的黑点向右移动，使照片中阴影区域的黑色更加纯粹，让画面显得更加厚重。

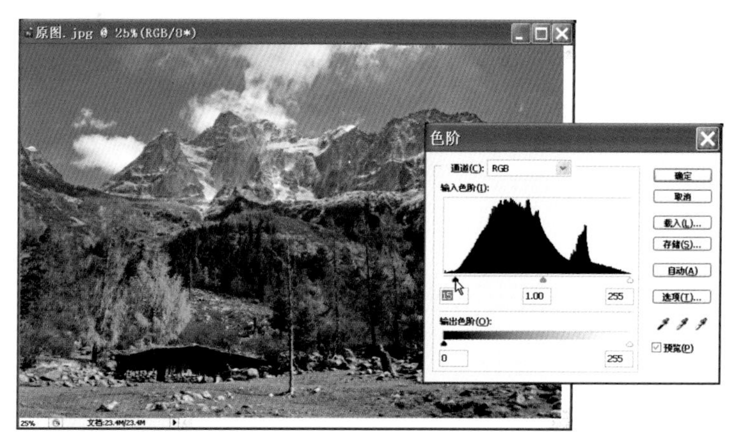

3 调整黄叶的色彩

细心的影友会发现，照片中黄叶色彩不够饱和。造成这种现象的原因比较多，最主要的是正午强烈的光照被树叶反射到镜头中；此外，相机的成像风格也是影响因素之一。因此，我们使用“色相/饱和度”工具来增加黄叶的表现力，单击Photoshop菜单“图像|调整|色相/饱和度”，在控制窗口的下拉菜单中选择黄色，将色相滑块向左移动，此时，照片中秋天树木的颜色瞬间变得金黄。

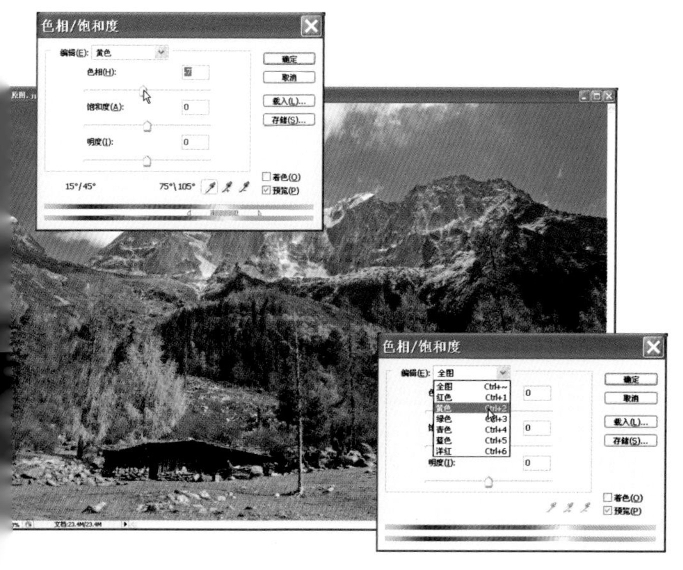

4 调整全图的色彩

最后，我们进行最简单也是非常行之有效的一项操作，在“色相/饱和度”工具控制窗口中，在下拉菜单中选择全图，然后向右移动“饱和度”滑块，使照片的色彩更加艳丽。提升饱和度的操作往往是风光照片调整的最后一步，要注意的是：饱和度的提升一定要适度，否则照片颜色会过于浓艳而显得虚假，而且照片的画质也会受到严重破坏，甚至发生色调分离的现象。

去除画面干扰

旅行摄影中的照片多少会因为仓促的拍摄而留下缺憾。对于大部分初级影友来说，很难在短时间内分析出一幅画面的构图要点。下面就围绕这幅宏村的照片，为你讲解如何在Photoshop中去除画面干扰，弥补拍摄时构图和用光的不足。

仔细观察这幅照片会发现，左边的栏杆以及游客非常凌乱，干扰了右边原本祥和的画面。如果尝试剪裁照片的方法，在栏杆的尽头处从上到下将照片左面裁掉的话，对于建筑物的完整性以及环境的特色又会产生影响。这时，就可以考虑运用后期制作手法，将干扰的栏杆和游客去掉。谈到去除干扰物，如果你脑子下意识地想到了Photoshop的仿制图章工具，那说明你具备一定后期处理基础的，但是这里我们不使用这种方法。如果你觉得无处下手也没有关系，接下来就为你讲解如何将画面中比例如此之大的干扰物去除。

选中墙壁：观察游客背后的建筑就会发现，这面斑驳的墙壁质感比较单一，完全可以复制它的一部分来遮盖住画面左边的栏杆和游客，确定了想法后就可以实施这个方案了。首先使用“矩形选框工具”，把离栏杆最近的墙壁部分从上至下选中，选中后的墙壁被白色虚线包围着。

遮盖干扰物：使用键盘快捷键“Ctrl＋C”复制被选中的墙壁，接着按下快捷键“Ctrl＋V”粘贴在当前的图层上，右下方图层窗口中会生成这一层墙壁。这时可以使用“移动工具”，将复制出来的墙壁使用鼠标向左平行拖动，直至盖住干扰物为止。

处理边缘：干扰物虽然被覆盖，但是墙壁的边缘却太生硬。对边缘的处理可以选中“橡皮擦工具”，将“不透明度”和“流量”降低，按住鼠标左键，慢慢将墙壁边缘生硬的部分擦拭掉。处理结束后使用快捷键“Ctrl＋E”来合并图层。

整体调整：最后，使用“裁剪工具”将照片左侧多余部分去掉。使用菜单“图像|调整”中的“色阶”工具增加反差；并使用其中“照片滤镜”工具来暖化照片的色调。

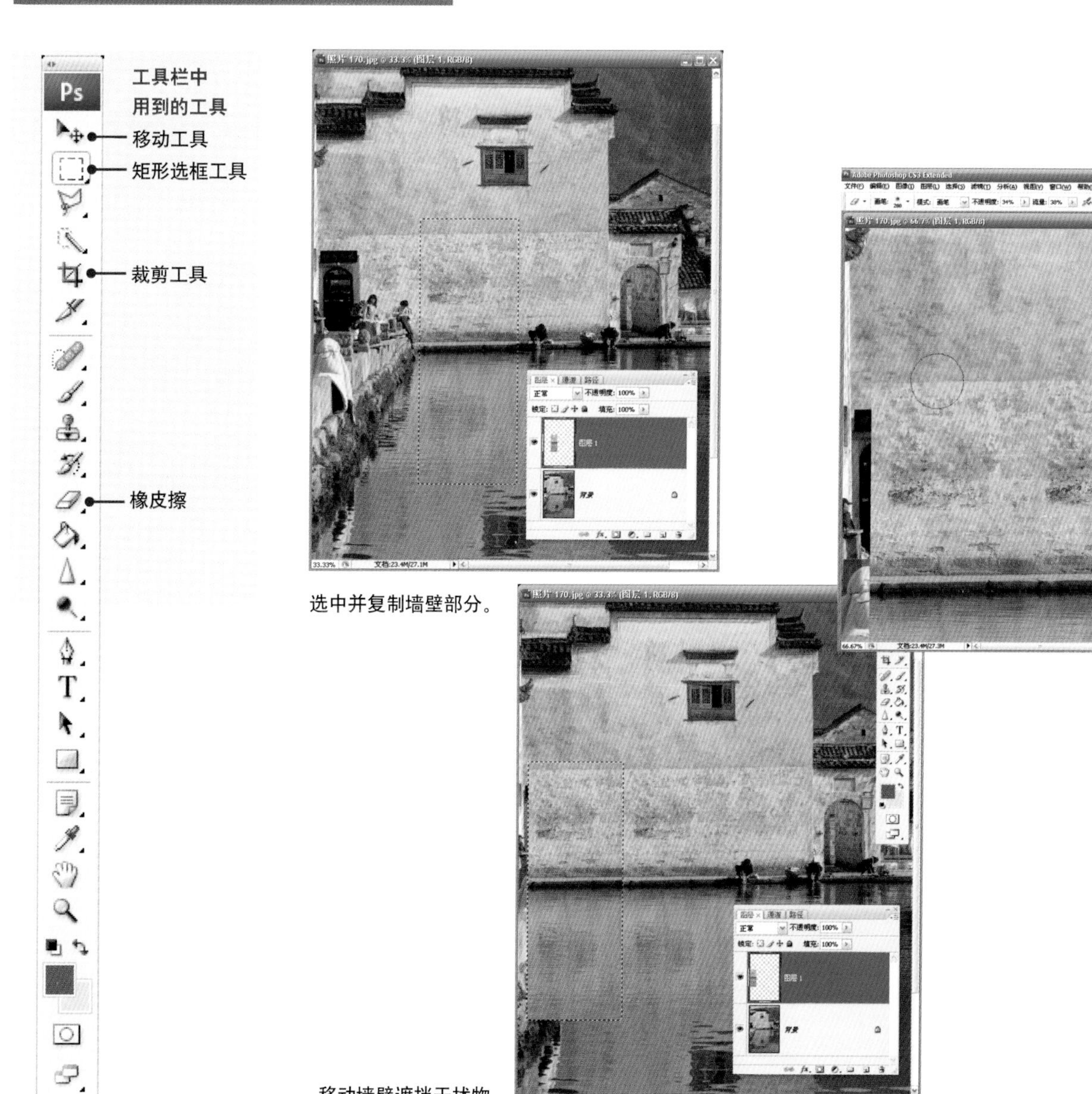

选中并复制墙壁部分。

移动墙壁遮挡干扰物。

处理失真的边缘。

细节一网打尽

问题：

第一次拍摄RAW格式照片让我感觉无比兴奋，同时也带来了很多难以解决的问题。例如照片不够清晰锐利，暗部会有很多杂色和脏点，逆光的物体边缘会出现紫色的轮廓光，突如其来的问题让我心灰意冷。

回答：

随着数码单反相机的普及，使用RAW格式拍摄已是大势所趋。RAW格式可以记录最本真、未经任何相机内部芯片处理的数码影像，因此常被精通数码照片后期调整的影友广泛使用。在Photoshop打开RAW格式的图像时，会自动进入Photoshop自带的Camera Raw处理插件。在这里，照片的锐度、噪点和紫边问题都可以轻易得到解决。

锐度不够、噪点以及紫边，都是伴随数码照片的顽疾，《数码摄影》也曾多次介绍如何通过后期处理来去除这些诟病。本小节将为你介绍使用 Photoshp CS3 中自带的插件 Camera Raw 这一针对 RAW 格式的处理工具，将 RAW 格式照片中出现的细节问题一网打尽。

1 照片锐度不足的原因

很多影友都反映数码照片的锐度不够，尤其是在放大到100%原图大小来审视照片时。锐度不足的问题是由多方面原因造成的，这些原因包括：数码照片的感光元件面积的限制、数码相机镜头的光学素质不够完美，以及拍摄现场光线反差不够等。对数码照片进行锐化，可以极大地提高数码照片的细节质感，获得理想的显示和输出效果。

2 锐化RAW格式照片

打开RAW格式文件，Camera Raw处理插件，在控制窗口右边的参数设置区域中，位于直方图的下部，有8个标签，单击其中的第3个“细节”标签，在其中会出现锐化和减少杂色的功能设定。根据照片的细节效果，向右移动锐化滑块，对图像进行锐化操作，这里的锐化操作，类似于我们常用Photoshop中锐化滤镜的“USM 锐化”功能，它可以调整图像的清晰度和像素的对比度。在实际操作时，滑块的移动范围根据照片的调整效果而人工确定。使用快捷键“Ctrl＋Alt+0”可以100%地观察锐化的效果，在操作时切记不可锐化过度。

3 噪点产生的原因

数码照片的杂色俗称噪点，它是指由于感光元件将光线作为接收信号接收并输出的过程中所产生的图像中的粗糙部分，也指图像中不该出现的外来像素，通常由电子干扰产生。看起来就像图像被弄脏了，布满了细小的糙点。很多影友都被噪点的问题所困扰，噪点产生的原因主要有：使用高感光度（ISO）拍摄、长时间曝光，以及图像压缩等。图像压缩的情况，在使用RAW格式存储时不会出现。

4 为RAW格式照片降噪

降噪的操作同样可以通过Photoshop的Camera Raw处理插件轻松实现。打开RAW格式文件，进入Camera Raw处理插件，在控制窗口右边的参数设置区域中，点击其中的第3个“细节”标签，关注选项卡的“减少杂色”部分，其中包含明亮度（灰度）杂色和单色（颜色）杂色2个控制滑块，亮度杂色使图像呈现粒状，不够平滑，单色杂色通常使图像颜色看起来不自然。调整时将照片放大到100%，并根据照片噪点的具体情况，分别向右移动两个滑块，“明亮度”滑杆可减少灰度杂色，而“颜色”滑杆可减少单色杂色。

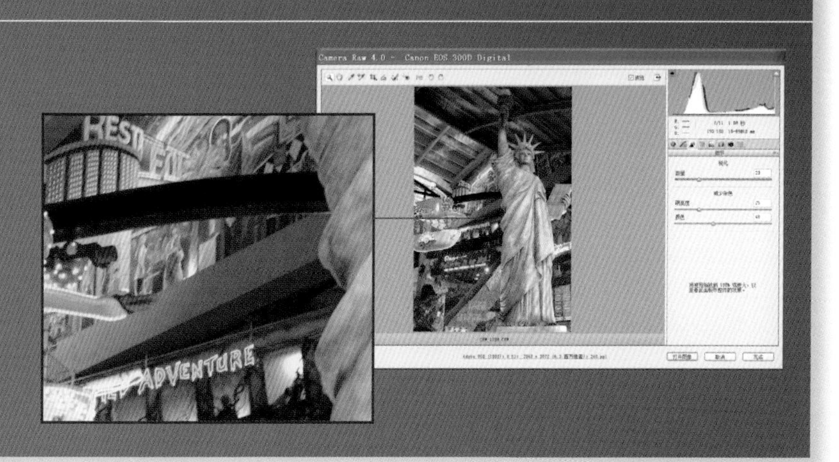

5 紫边现象的产生

数码相机的紫边是指数码相机在拍摄过程中由于被摄物体反差较大，在高光与暗部交界处出现的色斑现象，它是由于镜头无法将不同频率（颜色）的光线聚焦到同一点而造成的。数码相机的紫边通常呈紫色(或其他颜色)。紫边现象出现的原因与相机镜头的色散、感光原件成像面积过小(成像单元密度大)、相机内部的信号处理算法等有关。相对便携数码相机而言，数码单反拍摄的照片中紫边现象已大为改善，但偶尔还会出现。尤其是当摄影师使用缺少新材质镜片的老款镜头或者在强逆光场景中进行拍摄的时候，而这对于追求完美的影友而言，是不可接受的。

6 修复RAW格式照片的紫边

数码照片紫边的去除其实非常简单，使用Photoshop打开RAW格式文件，进入Camera Raw处理插件，单击位于直方图的下部第6个标签的“镜头校正”。紫边现象又称色差，在色差调节区域中，有两个滑块，分别是修复红/青色边缘和修复蓝/黄色边缘。其中，前者用于根据绿色通道的大小来调整红色通道，它用来补偿红/青色边缘。后者则用于相对于绿色通道来调整蓝色通道的大小，它用来补偿蓝/黄色边缘。根据情况将它们的滑块向左移动，即可消除照片的紫边现象了。

滤镜调整白平衡

众所周知，数码摄影拍摄过程中的白平衡设定会对照片的影调和色彩产生决定性的影响，虽然利用 RAW 格式可以在后期处理中轻松地调整色温，但普通便携相机使用 JPEG 格式拍摄的照片，如果自动白平衡设定偏离了你的拍摄意图，又该在后期处理中如何进行调整呢？ Photoshop 的照片滤镜功能就是一个很好的工具。

不同颜色的光线对人眼看到的颜色会产生影响，是生活中的常见现象。当我们处在有色光源的环境中时，经常会发现自己的衣物、纸张发生了偏色，这种偏色倾向和光源的颜色保持一致。但这种现象并不会影响我们对色彩的判断，因为我们清晰地知道物体的真实色彩，大脑会根据环境的变化调整对色彩的认知。为了使照片的色调与人类大脑认知的颜色相一致，数码相机需要对拍摄环境中光线色温不同而造成的色偏进行修正，这个过程称为白平衡。

用数码相机拍摄照片时，影友们经常会发现照片有偏色的倾向，而且是整张照片的色调一致地偏向某种颜色。这种现象的产生是由于相机的白平衡（色温）设置错误所导致的。白平衡是相机修正照片色偏的一种机制。这里，我们不深究色温的定义和原理，而是讲解JPEG格式照片在后期处理中快速修改色温的方法。

胶片时代，升色温和降色温的滤镜镜片被广泛应用，而Photoshop中的照片滤镜工具，就是模拟升降色温滤镜的应用效果，通过计算调整照片的颜色，以达到合理修饰照片的效果。在照片滤镜的菜单中，加温和冷却滤镜共有6种可供选择，它们的区别在于在加温和冷却时，效果存在细微的差别，在调整时可以根据实际情况进行选取。

1 打开照片滤镜

我们先以提升色温的操作为例，本例中的照片拍摄于落日夕阳时分，由于当时相机的白平衡的自动调节，导致夕阳带来的暖调未能完美呈现。在Photoshop中单击菜单“图像|调整|照片滤镜”，打开照片滤镜调整工具的控制窗口。

2 调整照片的色温

在照片滤镜调整工具的控制窗口中，打开“滤镜”的下拉菜单，选择加温滤镜(85)。加温滤镜 (85) 可以使图像的颜色更暖。随后，通过调整“浓度”滑块，来辨识照片的调整效果。在调整妥当后，单击“确定”按钮完成操作。

3 色温过低的雪山

我们再以降低色温的操作为例，本例中的照片拍摄于高原雪山，由于当时照片的白平衡设置失误，导致色温过低，雪山和天空均出现严重的偏色。

4 使用冷却滤镜进行调整

打开照片滤镜调整工具，选择冷却滤镜(80)，冷却滤镜 (80) 可以使图像的颜色更蓝，以便补偿拍摄时的色温设置失误。

通过调整“浓度”滑块，来辨识照片的调整效果，在调整妥当后，单击确定完成操作。

快速进阶 第7计

美化城市风光

很多影友都是因为爱好旅游而开始接触摄影的，城市的风光照片便成为不可缺少的拍摄题材。本文就以一张入门级数码单反相机和套头拍摄的城市风光为例，为你讲解如何进行常规的调整和润饰。

在调整这张照片前，要先进行仔细的分析，制定一个简单的调整方案。在Photoshop中打开这张照片后，首先会发现照片有些向左倾斜。对于这个问题，可以使用Photoshop的标尺工具和旋转画布功能来实现。整体观察照片全图会发现，照片看上去有些灰雾。通过雕塑中马的下颚浓重的阴影可以看出，照片是在中午时段拍摄的，点击Photoshop界面右上方导航器右边的直方图标签，在直方图中可以看出照片的直方图并没有完全地展开，而是聚集在中间部位。接下来同时按下键盘快捷键"Ctrl＋Alt＋0"，将照片在100%模式下显示。通过移动导航器中的红色线框来观察照片的各个细节部分。这时会发现，可能由于相机镜头的解像力问题或者拍摄时的对焦问题，雕塑部分显得有些模糊。这样，就要通过对照片局部进行锐化处理来改善雕塑部分的清晰度。

修正照片的倾斜

在Photoshop中左侧的工具栏的"吸管工具"上单击鼠标右键，在弹出的选项中选择"标尺工具"。按住鼠标左键，在照片下部的台阶处从左到右拖动，标尺会给出一条黑色的测量线。在菜单中单击"图像｜旋转画布｜任意角度"，在弹出的旋转画布窗口中单击确定，照片会自动校正倾斜（图1）。

选中工具栏中的裁剪工具，使用快捷键"Ctrl＋－"来缩小照片的显示比例，按住鼠标左键从左上到右下拖动，调整具体宽

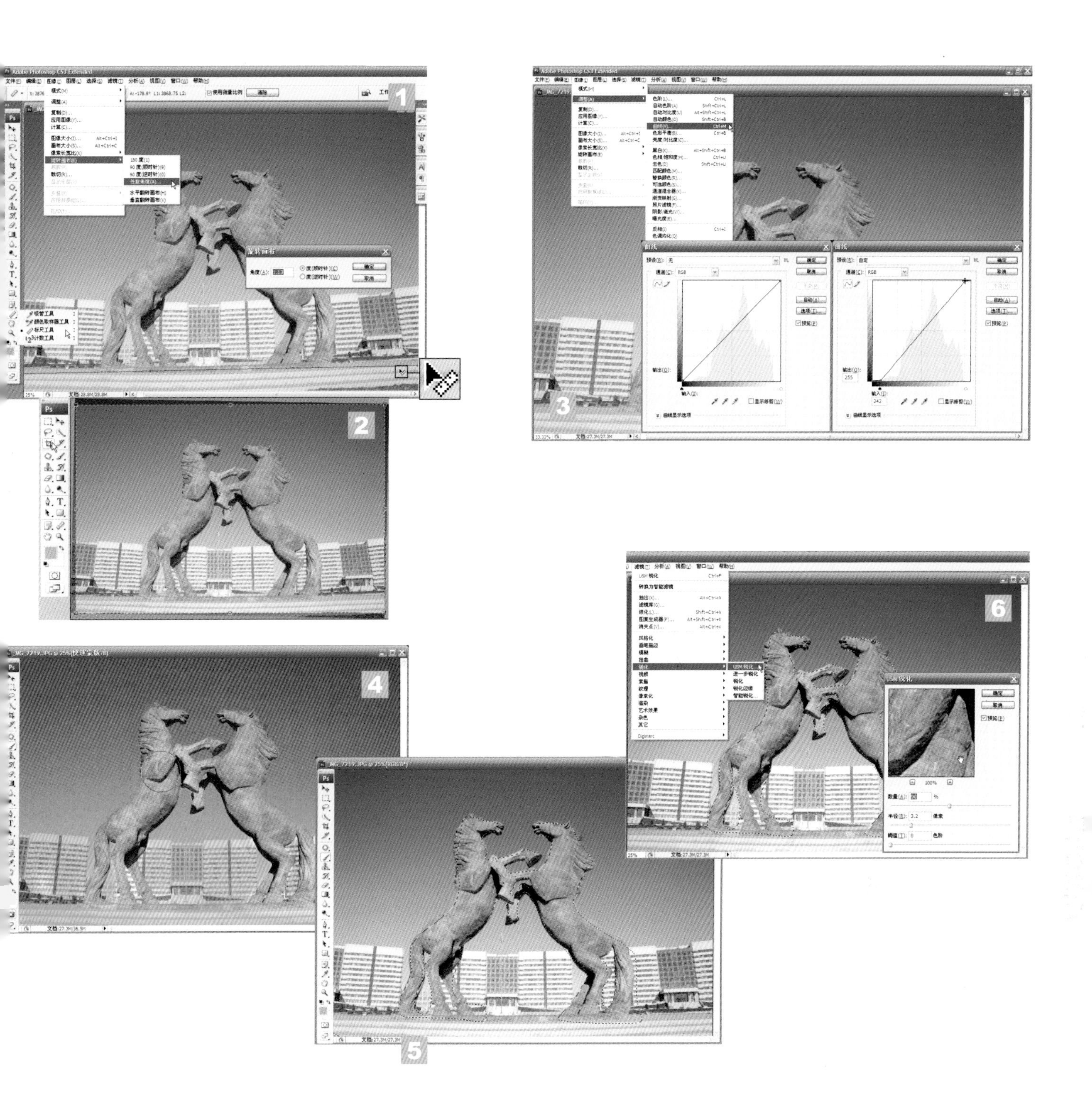

后双击鼠标左键，将照片旋转后多余的部分裁剪掉（图2）。

调节反差

在菜单中选择"图像｜调整｜曲线"，调出曲线调整窗口。按照图中所示将曲线设定在两边直方图的山脚下。老版本的Photoshop中的曲线功能中没有直方图的显示，那么可以通过对色阶的调整实现同样的功能（图3）。

局部进行锐化

如果对照片整体进行锐化提高清晰度的话，会使天空和其他图像部分产生杂色和噪点。这里，可以使用快速蒙版工具来将天空的部分进行遮挡。按下键盘"Q"键进入快速蒙版编辑模式，选择画笔工具，在除雕像以外的部分进行涂抹。涂抹时可以通过键盘的"["和"]"键来控制画笔的大小。如果不小心将雕塑部分涂抹上了红色，可以按键盘"X"键切换前景色，之后用画笔将多余的部分去除（图4）。涂抹完成后，再次按下键盘"Q"键，雕塑就会被建立选区（图5）。

在菜单中选择"滤镜｜锐化｜USM锐化"，在弹出的USM锐化窗口中进行设置。（图6）注意不要将数量设置过大，否则会出现难看的失真，单击确定后完成锐化。使用快捷键"Ctrl＋D"取消选区，将照片保存后完成编辑。

逆光照片的解决方案

摄影的本质是光，光是摄影的生命和灵魂。景物虽好，如果不能结合适当的光线，画面仍是死的。在摄影中，逆光是一种表现力很强的光线。它能使照片产生特殊的艺术效果，这种效果和我们在拍摄现场所见到的实际光线是完全不同的。用逆光拍摄花卉、植物枝叶等半透明的物体，可以呈现出美丽的光泽和较好的透明感；在风光摄影中，逆光能够生动地勾勒出被摄体清晰的轮廓线，突出被摄体起伏的外形和线条，强化被摄体的主体感。大光比和高反差给人以强烈的视觉冲击，产生较强的艺术造型效果；使用逆光拍摄人像，有时候可以依靠纯粹的剪影来表现人物的轮廓及线条，形成不同的意境。

逆光照片虽然有这么多的优点，想要在白天拍摄逆光剪影也要掌握一些方法和技巧。例如，人物处于门庭的出口，主光源来自门庭之外，从人像背后射入，形成逆光的场景。由于拍摄主体和后面的场景，曝光值差距应在2挡EV以上，只要以背后的场景为测光的依据，就很容易拍出剪影效果。

首先将相机测光模式切换到"点测光"模式，以人像后面的场景，比如选择天空作为测光的依据得到一组光圈和快门的组合。测光之后，按相机的"AE LOCK"按钮，将曝光值锁定。然后调整构图，以刚调整后的曝光组合进行拍摄。

下面介绍使用Photoshop解决在拍摄逆光照片时，最容易出现的两个问题。

调整色阶，得到预想中的"剪影"效果

1 在Photoshop中打开需要编辑的图像文件。选择"图像｜调整｜色阶"命令（快捷键Ctrl+L），打开色阶调整对话框。将左侧的黑色三角滑块向右拖动，使照片上原先中间调的区域变为黑色，形成剪影效果。

2 调整完成后，我们选择工具箱中的"裁切工具"，在画面上拖出一个裁切区域，然后按Enter键确认裁切操作，使画面构图更加紧凑。

3 为了更好地衬托出"龙"的气势，我们准备进一步更换灰蒙蒙的天空。选择工具箱中的"魔棒工具"，取消选中上方选项栏中的"连续的"选项，并设置合适的"容差"。在天空区域单击鼠标，选中天空。

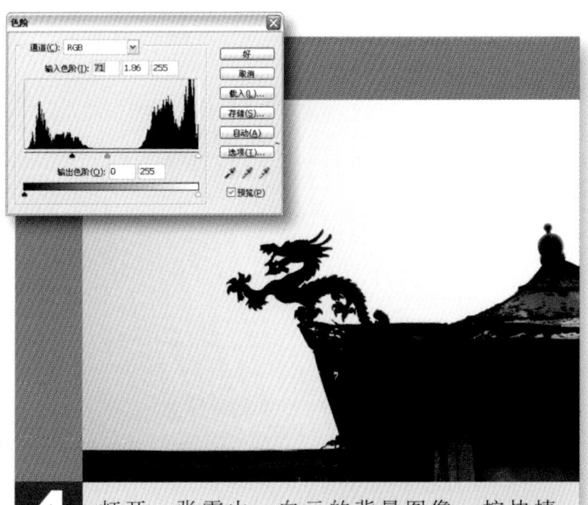

4 打开一张雪山、白云的背景图像，按快捷键“Ctrl+A”将整个图像复制到剪贴板中，然后切换到“龙”所在的图像文件，按快捷键“Ctrl+Shift+V”，将复制的雪山、白云粘贴到先前创建的选定范围中。这样，就可以制作出一张较为理想的逆光照片。

提示与技巧

提示1：在打开的“色阶”对话框中可以看到当前照片的色阶，也就是直方图或者称为柱状图。它的水平x轴方向代表绝对亮度范围，从0～255；竖直y轴方向代表像素的数量；左边表示暗部，右边表示亮部。直方图通过统计照片明暗像素的数量，来计算和表达照片的曝光情况。

提示2：“容差”用于设置选取的范围和精度。输入较低的数值，将选择与单击鼠标位置的色彩非常接近的像素。输入较高的数值，可选择较大的颜色范围。不选中“连续的”选项，可以在整个图像中选择颜色，否则，只在相邻的区域选择颜色。

技巧1：单击鼠标进行颜色选取后，如果存在尚未选中的区域，可以按住Shift键在选中的区域上单击鼠标，将该区域添加到选定范围中。对于轮廓复杂的剪影对象，可以通过套索、路径和图层蒙版精确创建选定范围。

技巧2：使用快捷键“Ctrl+Shift+V”执行“编辑”菜单中的“粘贴入”命令，它可以将复制的图像直接粘贴到选定范围中，并在“图层”调板上创建图层蒙版。粘贴完成后，可以用“移动工具”轻松地调整粘贴的背景位置，使背景和前景能够更好地匹配。对于轮廓复杂的剪影对象，可以通过套索、路径和图层蒙版精确创建选定范围，然后进行恢复操作。

修正逆光造成的人像照片曝光不足

1 在Photoshop中打开需要编辑的图像文件。按快捷键“Ctrl+A”选中整个图像，然后按快捷键“Ctrl+C”将选中的图像复制到剪贴板中。单击“通道”面板下方的按钮创建一个新的通道。再按快捷键“Ctrl+V”将复制的图像粘贴到通道中，然后按快捷键“Ctrl+D”取消选定范围。

2 从“滤镜”菜单选择“模糊”子菜单中的“高斯模糊”命令，将模糊半径设置为5像素，然后单击“好”按钮，在通道中应用滤镜效果。

3 按住“Ctrl”键单击Alpha通道载入选定范围，然后按快捷键“Ctrl+Shift+I”选中需要调整的暗部区域。

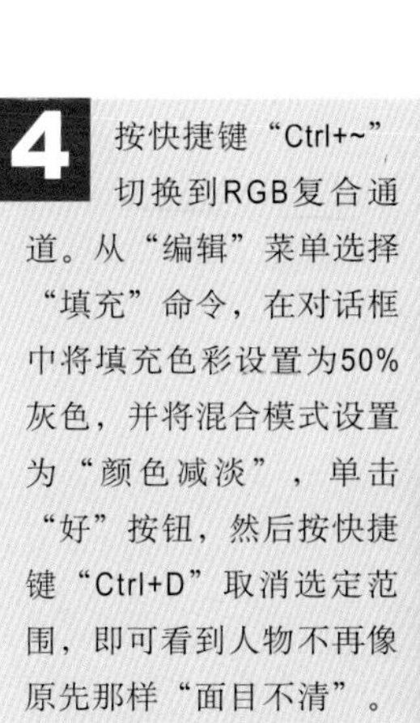

4 按快捷键“Ctrl+~”切换到RGB复合通道。从“编辑”菜单选择“填充”命令，在对话框中将填充色彩设置为50%灰色，并将混合模式设置为“颜色减淡”，单击“好”按钮，然后按快捷键“Ctrl+D”取消选定范围，即可看到人物不再像原先那样“面目不清”。你也可以进一步调整局部的亮度/对比度和饱和度。

再现微距之美

花卉是最受欢迎的微距拍摄题材之一。从非常近的距离进行观察，花瓣会呈现出吸引人的立体结构，同时很多花朵会因为它艳丽的色彩被放大而焕发出光彩。鲜艳的色彩有时也会起反作用：例如在示例照片中，当大丽花显现出非常强烈的色彩时，画面整体却失去了层次，因此看起来显得就不那么生动了。区分色度和色调后可以对此进行补偿，这样照片就可以获得更高的对比度。

最经典的办法是通过调整曲线给画面带来更多的层次。这里，可以通过颜色通道非常精确地控制色阶，不过这需要一定的技巧。相比之下另外一种方法明显更容易实现，而且它还会带来更多的乐趣：利用混合方法叠加图层。这并不是太困难，并且在一定程度上它作为灵感的源泉可以产生出各种不同的结果，具体来说可以通过图层不透明度、图层蒙版和其他混合选项来调整。

在示例中，我们使用“叠加”的图层混合方法让花瓣的高光部分变得更亮，同时让阴影部分变得更暗，最后通过调节曲线来完成接下来的精细调整。

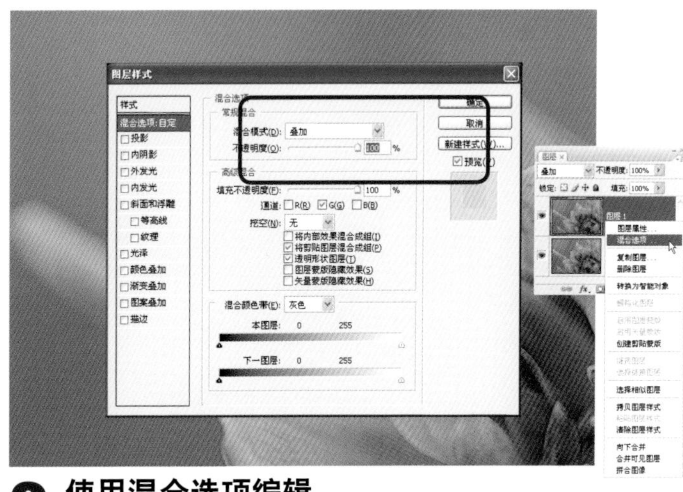

1 复制并叠加图层

通过按“F7”键把图层面板调到Photoshop主界面中。然后用鼠标右键单击背景图层，在弹出的菜单中选择“复制图层”。在图层混合方法下拉菜单中选择“叠加”模式，进而提高对比度。如果结果显得太刺眼，你可以通过不透明度滑块略微减弱这种效果。此外，“柔光”模式也可以让画面获得更柔和的效果。

2 使用混合选项编辑

通过在上面的图层上单击鼠标右键调出“混合选项”，你可以精细调整上面的结果。这里，你会发现其他的滑块。在示例中，我们把叠加限制在绿色的颜色通道中，这样可以在不损失图像信息的情况下减弱刺眼的粉色。注意：必须根据具体的题材来调整颜色。提示：在“混合颜色带”中，你可以把叠加限制在色阶上。

添加图层蒙版

3 通过蒙版限制调整的影响

这个混合方法不仅会影响花朵，还会影响背景。对于这部分图像区域来说，最好利用一个图层蒙版来减弱过强的影响。在图层面板中单击“添加蒙版”图标，并在工具条中选择一个边缘柔和同时不透明度适中的大画笔，并用黑色的颜色直接在照片上画出蒙版。

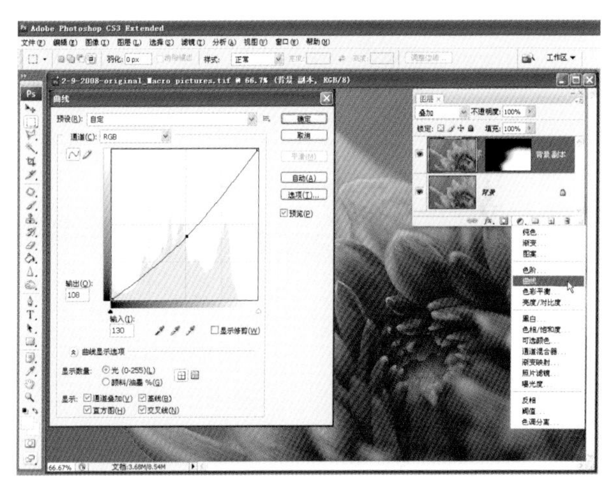

4 通过曲线精细编辑

下面通过使用“曲线”调整图层，这张照片得到了最后的精细修饰。为了让花朵表现出更多的层次，我们降低了RGB曲线。在“蓝色”通道中，我们还强化了这种调整。为了把影响限制在花朵内部，如在第3步中描述的那样，我们最后通过一个黑色的蒙版覆盖了剩余的图像区域。

专业人士的提示 艺术化的效果

在图层面板中的混合模式确定了一个图层如何与它下面的图层之间进行计算。这会影响照片的色阶和亮度：根据混合方法的不同，这个结果可能会显得更暗 **1**、更亮 **2** 或对比度更大 **3**。“差值”和“排除” **4** 用于纯粹的统计目的（对比上下两个图层中画面的差别），剩下的4个选项 **5** 适合针对调整图层使用。只有使用“正常”选项时，上面的图层才会完全盖住下面的图层。

有利于进行实验，并且可以不受限制使用的方法是：通过不同的图层混合方法任意在很多图层和调整图层上相互叠加，有时甚至会产生出让人吃惊的结果。如果要减弱效果，最好降低不透明度或通过“混合选项”限制相应的影响。

制造眩光

照片中的眩光是摄影师在逆光拍摄时常常会碰到的画面瑕疵，在摄影技法的文章中，经常会介绍如何在拍摄时避免眩光的出现。但另一方面，灿烂的眩光在有些时候也会为画面增添特殊的情趣。本文将介绍如何通过后期处理的方法，为照片增加特殊眩光效果的方法。

眩光是指摄影师逆光拍摄时，强烈的光线在镜头内部的光学镜片间引起二次反射光，造成数码照片的部分或全部画面产生光晕现象。眩光可以引起数码照片整体或局部的反差降低或锐度下降。通常厂商通过镜头镜片的镀膜等技术来减轻眩光的发生。摄影师在逆光拍摄时，也会注意利用遮光罩以及其他各种手段，防止强烈的光线直射到全组镜片上，以避免出现眩光。但在一些逆光拍摄的照片中偶尔出现的眩光，有时候却能为照片起到画龙点睛的特殊效果。如何为数码照片增加眩光，并且让眩光更加完美、更可控呢？事实上，通过Photoshop的“镜头光晕”滤镜，就可以方便地为精彩的逆光照片增加完美的眩光。

1 镜头光晕特效滤镜

我们采用一张逆光拍摄的剪影照片作为实例，原照片在拍摄技法上无可挑剔，但规整的画面却显得略有平淡，我们可以人为地为它增加眩光。打开需要处理的数码照片，单击"滤镜|渲染|镜头光晕"，打开"镜头光晕"滤镜的控制窗口。

特别提示

通过Photoshop增加眩光效果的操作虽然可以为平淡的照片增添色彩，但由于真实拍摄中，眩光效果千差万别，Photoshop软件很难模拟100%真实的眩光效果。在很大程度上，它只能起到为照片增添情趣的作用。因此，影友们在制造眩光的同时，也要仔细斟酌，避免画蛇添足。

2 设置镜头光晕的位置

"镜头光晕"滤镜可以模拟亮光照射到相机镜头所产生的眩光。在"镜头光晕"滤镜的控制窗口中，通过单击图像缩略图的任一位置或拖动其十字线，来指定光晕中心的位置。通常，我们会把光晕中心位置设置在太阳，或发光体的位置上。随后，调整亮度滑块，控制光晕在画面中的呈现程度，并通过预览缩略图来确定亮度的最终数值。

3 选择镜头类型

经常进行逆光拍摄创作的影友们都知道，镜头眩光虽然具有一定的不可控性，但不同规格的镜头所产生的眩光会有一定的共同特点。针对这一点，Photoshop中的"镜头光晕"滤镜为影友们准备了长焦、中焦以及广角镜头和电影镜头等4种镜头类型，通过对它们进行选择，"镜头光晕"滤镜可以产生4种模拟真实镜头却截然不同的眩光效果。

局部转黑白

局部转黑白是现在流行的一种照片特效，通过照片中黑白与彩色的对比，可以在复杂的环境中有效地突出主体示例使用了一幅在渔村拍摄的照片，其中前景和背景的层次没有很好地分离开。下面，我们将结合 Photoshop 中快速蒙版的使用，为你讲解如何简单高效地将照片背景转换为黑白效果。

通常，对照片的局部进行选取时首先会想到工具栏中的套索工具，但对于不规则的边缘和颜色与亮度差别不明显的部分，套索工具会让选取变得繁琐。这时，我们会推荐“快速蒙版”，在 Photoshop 左侧的工具栏底部可以找到它按下快捷键“Q”也可以直接调出这个工具。

1 进入快速蒙版

将素材照片载入Photoshop，按下键盘“Q”后便会进入快速蒙版的编辑状态。不过，这时的照片并没有发生任何实质性的变化，但通过历史记录窗口可以确认这一步的操作（在Photoshop主界面上方的菜单中单击“窗口|历史记录”可以打开历史记录窗口）。

2 选出前景中的人物

在工具栏中选择画笔工具，在画笔的下拉菜单中可以设定画笔的主直径和硬度。画笔的主直径大小决定笔触的粗细，而硬度决定笔触羽化效果的强弱。使用100%的不透明度将前景中的人物涂抹成红色，使用20%左右的透明度将前景中的渔网粗略涂抹。这里的技巧是：进行大面积涂抹时，可以使用直径较长的画笔，进行小面积精雕细琢时，可以使用直径较短的画笔，那么快速切换画笔直径则可以使用快捷键“{”或“}”来完成。

蒙版转换成选区

按照要求将前景适当地选中后，则可以再次按下键盘“Q”键来退出快速蒙版。此时，照片中被选中的部分会出“蚂蚁线”。这说明，刚才没有被红色的蒙版遮挡的照片分中建立了选区（选区即为被选择工具选中的区域）。

4 将背景去色

使用Photoshop CS3可以通过主界面上方的菜单“图像|调整|黑白”调出黑白调整窗口，其中各颜色的滑块决定当各颜色转换为黑白后相对应的灰度等级，设定后单击确定，照片的背景就会立即转换为黑白效果。使用Photoshop CS3以前版本的影友可以使用“图像|调整|去色”来简单完成背景转黑白效果的制作。如果转换后发现主体并没有完全选中，可以通过历史记录窗口退回到蒙版选取那一步，继续完善蒙版工作。

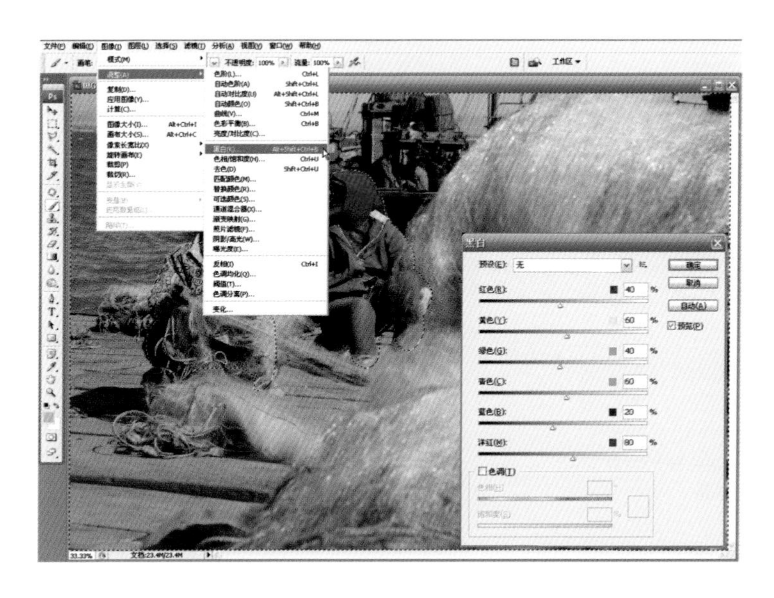

缔造奇异光影

传统风光摄影的后期处理往往追求还原真实的自然色彩，近两年，随着潮流的不断变化，一些新颖的风光照片处理风格也受到更多影友的喜爱，其中的一些风格，不再以还原真实为最终目的，而是通过风光照片中奇异光影、色调的渲染，来营造一种既梦幻又不让人感到突兀的时尚风格的风光照片，本文就为你介绍其中的一个实例。

特别提示

拍摄这张照片时，使用了日光白平衡的设置，这样可以让照片趋近暖色调。在后期调整中，通过“阴影/高光”功能对地面进行提亮，再通过渐变的色彩叠加到天空上。

1 提亮昏暗的地面

这张照片拍摄于坝上一条普通的公路旁，拍摄时正值黄昏，为了增加云彩以及晚霞的暖调色彩，将白平衡设置为日光模式。由于拍摄时天地间的光比较大，为了保留天空和云彩的细节，使得原片中地平线以下的景物亮度过低。在Photoshop中打开照片，首先使用“阴影/高光”功能对照片的暗部进行调整，单击菜单“图像|调整|阴影/高光”打开“阴影/高光”控制窗口，将“阴影”滑块向右移动至25，以提亮照片中的阴影部分。

2 建立空白图层

下面我们开始为照片的天空和云彩部分缔造奇异的色彩。首先，在Photoshop软件界面右下方的图层控制窗口中单击右下角的“创建新图层”按钮，新建一个空白图层。如果图层窗口没有打开，可以使用键盘“F7”键来激活。之后，我们将在这个新建的空白图层上进行加色渐变处理。这样做相当于在照片上覆盖一层透明塑料膜，在这个塑料膜上添加颜色，添加之后可以随意修改或取消重做。

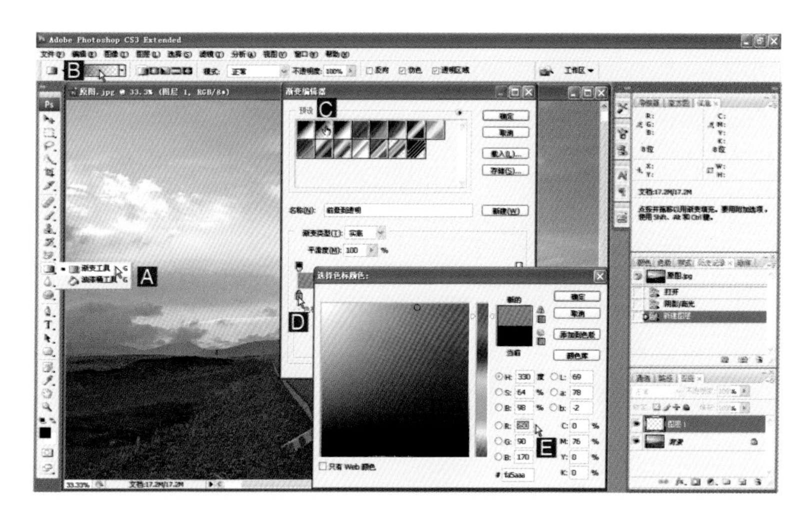

3 设置渐变的类型

为了让天空中自然地呈现美丽的粉色调，我们对新建立的空白图层使用渐变处理。在工具栏中选择“渐变工具”A，在屏幕左上方找到可以对渐变工具进行设置的渐变开关B，单击它来打开渐变编辑器。在渐变编辑器中，我们首先要调整渐变的预设，选择预设中的第二项“前景到透明”C，随后，用鼠标双击左下角的渐变滑块D，激活“选择色标颜色窗口”，在颜色设置中将颜色设置为粉色，也可以将R、G、B 3个数值分别设置为250、90、170E。设置完成后，单击确定键。

4 应用粉色渐变

渐变工具设置完成后，我们在照片顶部按住鼠标左键，同时从上到下拖曳，在新图层上建立粉色渐变。操作完成后，新图层便被赋予了从上而下，从粉色到透明的内在功能，上部的粉色，起到了渲染天空的效果，而下部透明部分，正好可以正确还原原始图层中地面的色彩。如此，一张拥有时尚粉色调天空的风光照片就处理完成了。

1 在Photoshop的工作区打开需要校正的照片，选择工具栏中的“度量工具”，并在画面中原本水平的位置拖动鼠标建立度量线。

矫正水平倾斜

通常，在拍摄照片时要求相机处于水平位置，这样拍摄出来的影像就不会倾斜。你可以依照建筑物、电线杆等与地面平行或垂直的物体为参照物，尽量让画面在取景器或液晶屏内保持平衡。如果因为相机没有持平而出现水平面倾斜的问题，我们一般会在Photoshop中选定图像，使用“编辑 | 自由变换”命令或按快捷键“Ctrl+T”，当选框出现后通过旋转拖动，使图中的主体恢复水平。这种方法虽然调整起来很直观，但在精度上却难以保证。下面，我们来结合应用“度量工具”与“任意角度”旋转命令，来精确校正倾斜的照片。

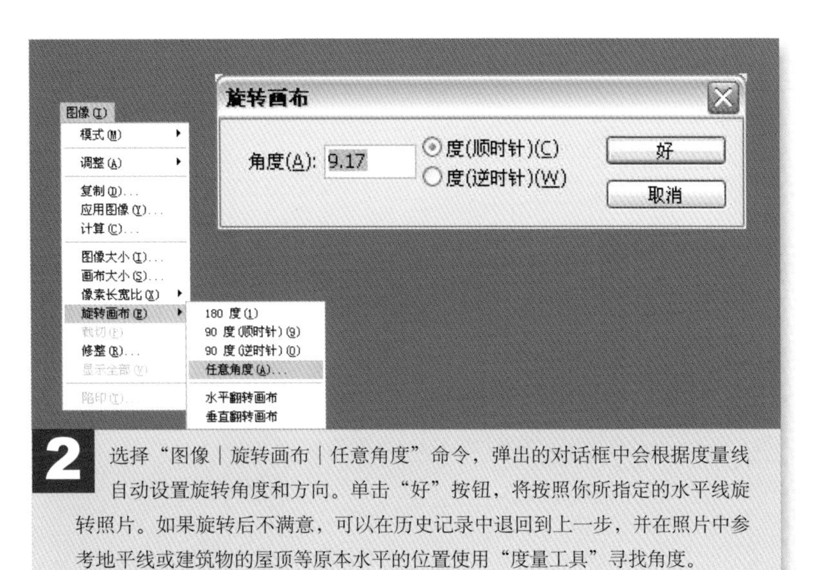

2 选择“图像 | 旋转画布 | 任意角度”命令，弹出的对话框中会根据度量线自动设置旋转角度和方向。单击“好”按钮，将按照你所指定的水平线旋转照片。如果旋转后不满意，可以在历史记录中退回到上一步，并在照片中参考地平线或建筑物的屋顶等原本水平的位置使用“度量工具”寻找角度。

3 选择工具箱中的“裁切工具”，拖动鼠标在照片四周创建一个裁切区域，然后按Enter键，即可裁切掉周围多余的区域，得到校正后的照片。

快速进阶 第14计

把握照片的输出尺寸

1 启动Photoshop，单击“文件 | 打开”命令或者按快捷键“Ctrl+O”，打开要冲印的照片。选择“图像 | 图像大小”命令，在对话框中可以看到照片的像素尺寸为2496×1664。取消选中“重定图像像素”选项，然后将“分辨率”设置为250像素/英寸，宽度和高度单位设置为“英寸”，就可以看出，这张照片的最大冲印尺寸约为10寸。

如果你冲印过数码照片，就会发现与原始照片相比，冲印出的照片会被裁卓一部分，这是因为拍摄的照片与冲印尺寸比例不相配而导致的结果。我们知道，数码照片的像素通常是1024×768、1280×960、1600×1200、2048×1536、272×1704等标准尺寸，它们的长宽比是4:3或3:2，而冲印出的照片的比例则有:3.5、3:2（6英寸×4英寸、8英寸×6英寸）、5:4（10英寸×8英寸）等不同的比列，如果把原始照片拿到数码冲印店去冲印，被裁切的区域就只能由店员控制了。其实，你可以先在家里通过换算，决定哪些照片需要冲印什么样的尺寸，然后利用Photoshop把它们裁切好，只留下自己想要的部分。

冲印尺寸的计算

到数码冲印店冲印照片时，店员都会问：“想要冲印几寸的照片？”通常，冲印店提供3.5英寸×5英寸、4英寸×6英寸、6英寸×8英寸、8英寸×10英寸等几种不同的标准冲印规格，也就是我们平常所说的5吋、6吋、8吋、10吋照片。那么我们拍摄的数码照片到底适合冲印多大尺寸的照片呢？你可以参考下面的表格进行换算。按照表格中的分辨率选择照片，便可以得到最佳的冲印效果。

数码相片的像素	冲印尺寸（英寸）
1280×960	5×3.5
1600×1200	6×4
1712×1368	7×5
2048×1536	8×6
2272×1704	10×8

另外，有一种简单的换算方法：用分辨率中较大的数字除以250，得到的结果四舍五入就是照片的冲印尺寸（250是数码冲印机要求的最低输出精度）。例如：文件分辨率为1600×1280，用1600÷250=6.4，四舍五入后为6，表示这个文件冲印不超过6吋大小的照片能够得到较好的效果。

2 选择工具箱中的“矩形选框工具”，在选项栏上把样式设置为固定长宽比，然后在宽度和高度中输入相应的照片值。如果要冲印7吋的照片，将宽高比例设置为7×5。在照片上拖动鼠标，得到相应比例的选定范围。选择“图像 | 裁切”裁切照片，就可以看到最终的冲印效果。

3 如果效果满意，执行“文件 | 菜单选择 | 存储为”命令，在弹出的对话框中把裁切后的文件以新的名称保存。以新的名称保存照片可以避免原始照片被裁切后的照片覆盖。这样，如果需要冲印其他尺寸的照片，还可以重新裁切。

自制暗角

数码照片通过一些后期处理技法，无需复杂的操作，就可以实现极富感染力的艺术效果。本文将为你带来简单易行的照片暗角制作手法，让你处理过的照片能在瞬息间凭添深沉的气质。

问题：

我爱好摄影，同样喜欢绘画、暗角的艺术手法在绘画中广泛应用，我想知道如何通过电脑后期处理的方法，为自己的数码照片营造暗角的视觉效果。

使用渐变工具自制暗角

许多平淡无奇的彩色数码照片，通过转黑白操作，结合增加暗角的处理手法，都可以得到意想不到的良好效果。使用Photoshop为数码照片增加暗角，不但可行，而且非常简单，具体的实现方法有多种，这里将为你介绍一种使用渐变工具，结合图层叠加的操作方法。

1 彩色转黑白操作

要想实现平淡色彩照片的大变身，调整中转黑白操作是必不可少的第一步，下面介绍一种简单易行的方法。点击菜单“图像|调整|去色”，便可以用简单的功能将彩色照片转变为黑白照片，这种方法转成的黑白照片反差偏小，有基础的影友也可以尝试通道混合器的方法。

2 新建图层

为了易于日后的修改，暗角效果的营造最好建立在一个全新的图层之上。这样，即使暗角的效果不尽人意，依然可以对其进行明暗、大小的调整。单击图层控制窗口中的右下倒数第二个按钮，新建一个空白图层。

新建空白图层。

3 设置渐变工具

渐变控制条 径向渐变

渐变工具

生成暗角需要在工具栏中选择渐变工具。工具栏中选择渐变工具后，在上方菜单栏中会出现渐变工具的选项按钮，在渐变方式中选择第二个按钮“径向渐变”，随后，单击左侧的渐变控制条，屏幕中会弹出渐变编辑器的控制窗口。

在渐变编辑器中，选择预设中的第二种渐变方式，随后，在下方的渐变操作控制条中进行设置，控制条的四角分别有一个控制节点，其中，上方的两个控制节点用来控制透明度，下方的两个控制节点用来控制颜色。此时，为了实现增加暗角的影像处理操作，将上方的两个控制节点对换位置，随后，单击下方的某个控制节点，将颜色定义为纯黑。最后，单击确定键完成渐变编辑器的设置操作。

4 增加暗角

渐变编辑器设置好后，在照片上新建的图层中按住鼠标左键，从照片中心向照片四角中的一角拖动，在适当的位置松开鼠标。为照片增加暗角的操作就完成了（拖动的长度决定暗角的范围）影友们可以多尝试，多操作，以获得最理想的效果。最后，使用快捷键“Ctrl+E”将两图层合并，整张照片的暗角效果就完美地呈现在眼前了。如果对暗角效果不满意，还可以在合并图层前调整暗角图层的透明度，来减弱暗角的效果。

前后效果对比

从两张照片的效果对比可以看出很大的差别，原图是一张平淡无奇的彩色照片，之所以不够出彩，是因为它的色彩元素单调乏味，光影效果也不够理想。当彩色照片转化为黑白照片后，其色彩单调的劣势得以克服，通过增加暗角的操作，又赋予了画面完美的明暗反差，将照片中心位置的村落表现得淋漓尽致，此照片的操作过程只是抛砖引玉，很多平淡的彩色照片，都可以通过以上方法脱胎换骨，同样，为数码照片增加暗角的方法也有许多种。影友们还需在实际操作中不断探索尝试。

重生明暗细节

数码照片的曝光情况千变万化，在掌握了基本的曝光控制以后，依然难以应付大光比的拍摄场景。如何对照片的暗部和高光部分进行局部的细微调节，是后期处理中的重要步骤和手段。

问题：

我在处理照片时发现，照片中的暗部细节虽然在调整色阶后得以呈现，但其他原来曝光正确的画面部分也会随之提亮，这部分的画面细节会全部丢失，破坏了照片的整体效果。如果只对画面暗部开刀，如何进行后期的曝光调整呢？

使用“阴影/高光”工具

Photoshop针对照片明暗细节的曝光调整，专门设计了“阴影/高光”工具，单击菜单“图像/调整/阴影/高光”，可以打开“阴影/高光”工具的控制窗口。这样，就可以对照片的亮部和暗部分别进行调整。

1 提亮暗部细节

“阴影/高光”工具的基本调节简单易用。在控制窗口中，将调整阴影的控制滑块向右滑动，画面中阴影部分的细节会立即获得重生，影友可以根据这种即时显现的效果来决定阴影提亮的程度，除阴影外，照片中的其他部分，尤其是亮部细节也不会受到显著影响。

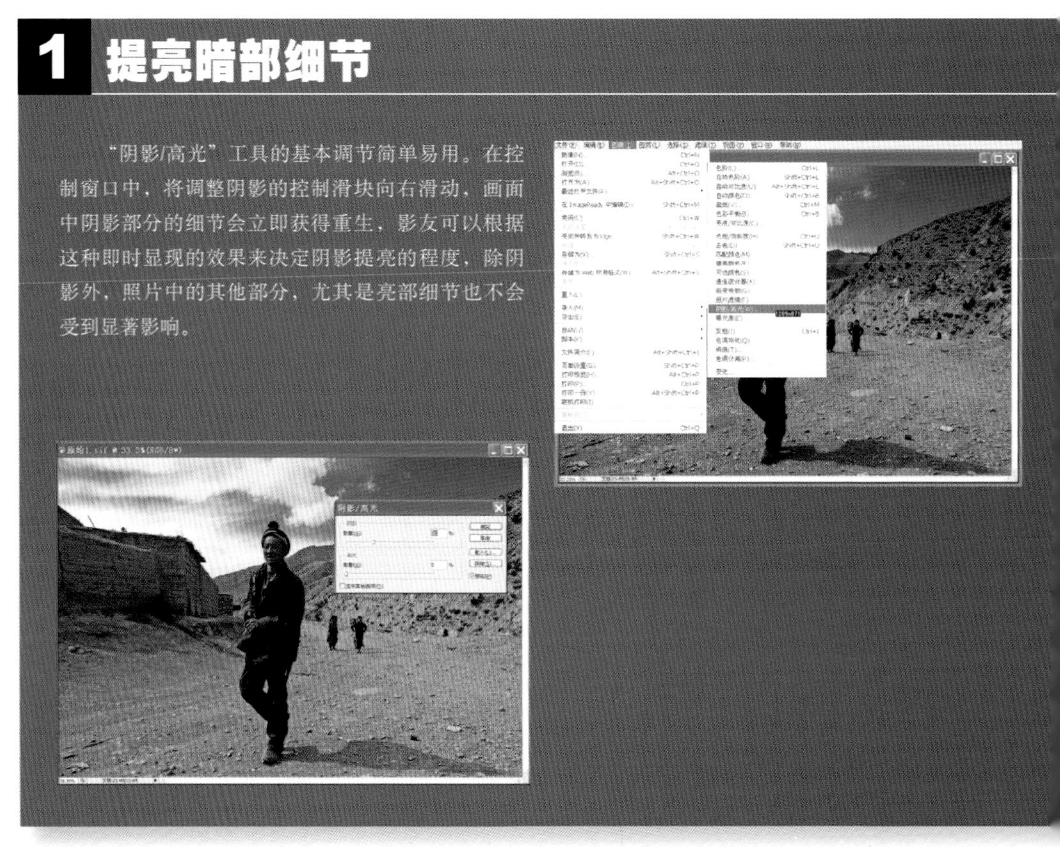

2 压暗高光影像

除了提亮暗部细节外，针对明暗反差较大的照片中，对亮部细节的压暗和对暗部细节的提亮方法完全相同，在控制窗口中，将调整阴影的控制滑块向右滑动，画面中亮部细节随之会显现出来。

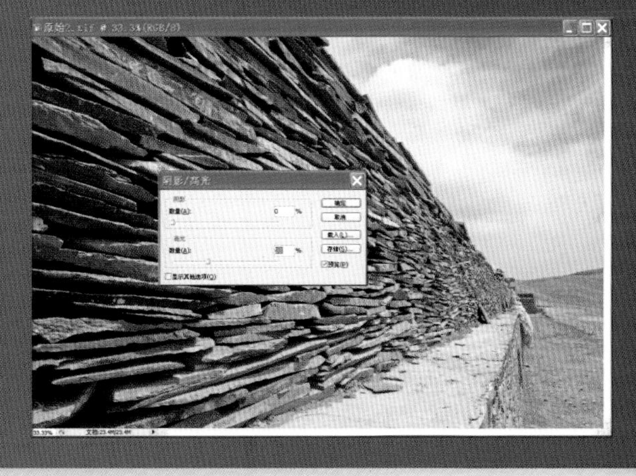

3 深入了解“阴影/高光”工具的其他调节选项

以上两例中，对阴影和高光部分的调整是该工具的基本功能操作，要想对数码照片进行更为精确的细节调整，影友们可以选择“阴影/高光”工具控制窗口中的“显示其他选项”，此时，控制窗口会扩大，并显现出其他一些辅助选项。

色调宽度：“色调宽度”默认设置为50%。当影友们使用“阴影/高光”工具的基本功能使照片暗部变亮时会发现，间调或较亮的区域的亮度也会发生些许变化，如果这种变化过于明显，调整时可以尝试减低色调宽度的数值，使得只有最暗的区域会变亮。但是，如果需要既加亮阴影又加亮中间调，那么就可以将阴影的“色调宽度”增大到100%。

半径：此选项用来控制每个像素周围的局部相邻像素的大小。相邻像素用于确定像素是在阴影中还是在高光中。向左移动滑块会指定较小的区域，向右移动滑块会指定较大的区域。局部相邻像素的最佳大小取决于具体照片。影友们在使用中可以通过调整进行试验。当“半径”过大时，则调整倾向于使整张照片变亮（或变暗），而不是仅仅使主体变亮。

颜色校正：此选项用于在照片已更改区域中微调颜色。例如，当通过增大阴影“数量”滑块时，照片中暗部区域会显示出来。影友们可能希望此区域的颜色更鲜艳或更暗淡。这时，就可以通过调整“色彩校正”滑块来获取最佳效果。增大此选项数值倾向于产生饱和度较大的颜色，而减小这些值则会产生饱和度较小的颜色。

中间调对比度：这个选项用来调整照片中中间调的对比度。向左移动滑块会降低对比度，向右移动会增加对比度。增大中间调对比度可以使照片的中间调产生较强的反差，在较小的调节范围内，这种调整对照片亮部和暗部的影响较小。

4 前后效果对比

调整前。

调整后。

上面这张照片是在光线强烈的正午时拍摄，侧光虽然营造了强烈的质感，但也使人物背光面处于阴影中，导致细节缺失。使用“阴影/高光”工具调整后，人物的暗部细节得到了一定程度的提升，人物的表情、皮肤质感焕然新生。

调整后。

下面在这张表现藏传佛教石经墙的照片中，由于拍摄时间受限，画面中蓝天白云的细节缺失，画面中心偏移，难以平衡。使用“阴影/高光”工具对高光部分进行压暗处理后，整个画面都获得了丰富的细节，视觉感受更加和谐。

调整前。

对抗自动白平衡

对于自然光线来讲，在一天的不同时间内，色温存在微妙的差别。传统胶片时代，利用这种色温的偏差，可以创作出许多色调，或深沉或明快的精彩作品，数码相机如何继承和发扬这种创作技法，即利用色温的变化为照片增色呢？本文将为你讲解，如何通过使用 Photoshop 软件中自动白平衡模式将拍摄的平淡照片渲染得更有气氛。

胶片时代，利用色温进行创作的典型的例子就是：使用反转片在太阳落山前后拍摄，照片会呈现一种神秘的蓝调。进入数码时代，数码相机的自动白平衡功能，会减弱自然光线色温的变化对照片产生的影响。自动白平衡虽然可以让被摄物体的颜色更准确，但也可以使照片中由色温带来的美感丧失殆尽。对此，我们可以通过Photoshop软件的图层和选区工具，局部改变照片中部分元素的色调，进而达到渲染气氛的目的。

我们以一张太阳落山时分，在非洲那库鲁湖拍摄的火烈鸟照片为例，首先，在图层窗口中复制当前图层，这一步相当于冲洗好两张火烈鸟的照片，之后叠放在一起。使用色阶工具，将上面的图层调整为偏蓝的色调。接着，使用色彩范围工具，在打开的照片中单击鼠标拾取颜色，软件就会自动选中这些具有相同颜色属性的图像内容，这样就可以选中照片中火烈鸟和它们的倒影。其中，我们还使用了羽化功能，这个功能可以让选区的边缘变得更柔和。最后，我们删去了上方图层中选中火烈鸟和倒影等内容，让下面图层中没有经过蓝色处理的火烈鸟图像部分显现出来。这一步相当于将叠放在一起的两张照片，掏一个洞，抠去了上面一张照片中火烈鸟的部分内容，让叠加在下面那张照片中火烈鸟的部分显露出来。

1 将原图复制一个备份

在图层控制窗口中用鼠标右键单击背景图层，选择复制图层。如果找不到图层窗口，可以按键盘“F7”键调出图层窗口。复制图层是为了将后面的处理效果作用在原图的一个备份上，在此后的处理中，依然能保留原图中火烈鸟鲜红的颜色。

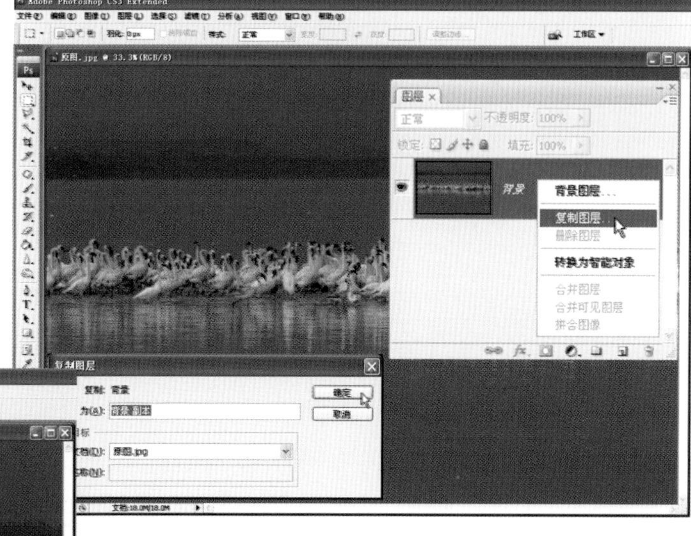

2 赋予照片蓝色色调

在软件界面上方的菜单中选择“图像|调整|色阶”打开色阶控制窗口，在色阶控制窗口的“通道”右侧单击向下的小三角符号，在弹出的下拉菜单中选择“蓝”，对蓝色通道进行单独调整。如图中所示移动色阶图中的3个滑块，直到照片呈现傍晚时的蓝色调为止。

3 选中火烈鸟部分

在工具栏中选择套索，随后在菜单上方工具条的羽化框内填入“15px”，这样做可以在后面为照片中所选的区域产生一个过渡柔和的边缘。随后，在菜单中单击“选择|色彩范围”，打开色彩范围控制窗口。在色彩范围控制窗口中，利用取样颜色的吸管单击照片中的火烈鸟进行取色，随后调整窗口中的容差滑块，让左面黑白示意图中的火烈鸟都变成白色，随后单击确定键。这样以来，照片中红色的火烈鸟以及它们的倒影就被选区选取下来了，此时屏幕中火烈鸟的周围会出现闪动的白色蚂蚁线。

4 还原鲜艳的火烈鸟

按下键盘删除键（Delete）或退格键（Backspace），将刚刚被选中的照片中红色的火烈鸟以及它们的倒影从这一图层中删除。如此一来，下方图层中原始的红色火烈鸟就映透过来，由于背景图层色彩没有经过调整，因此火烈鸟的颜色变得更加鲜艳迷人，最后，在上面的图层中单击鼠标右键，合并图层，保存照片即可。

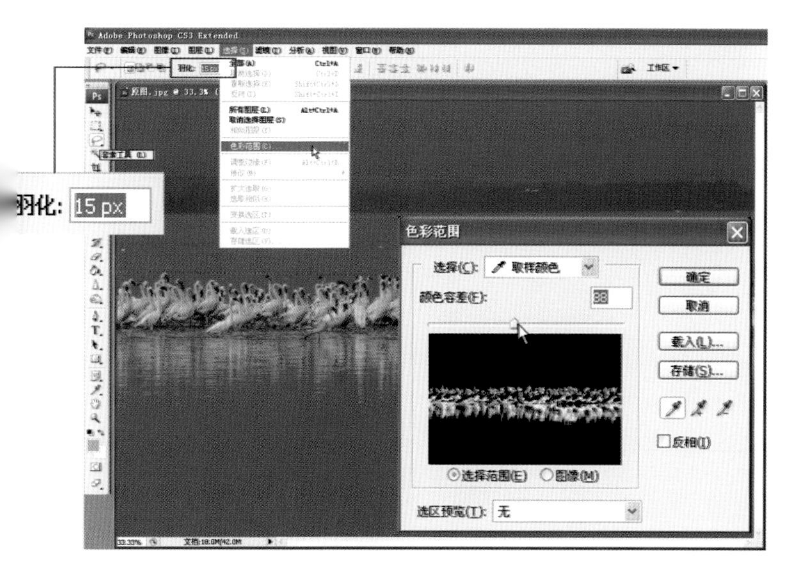

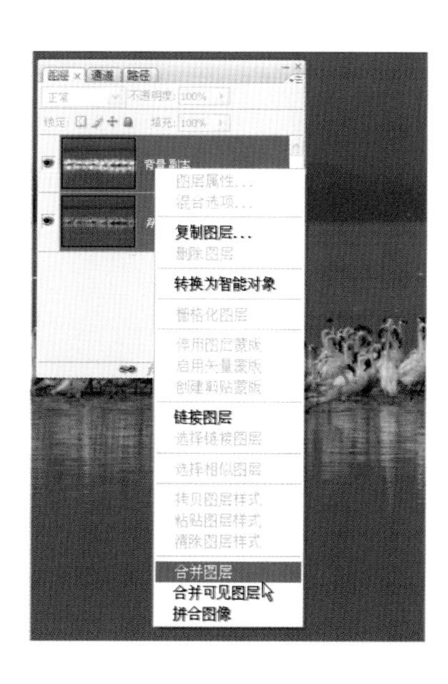

变焦不变形

变焦镜头在影友中的普及率远胜定焦镜头，而由于制造成本和无法逾越的光学特性，变焦镜头的畸变和暗角问题相比定焦镜头更加严重。本文将为你讲述通过 Photoshop 来解决这些问题的有效方法。

1 变焦镜头与畸变

问题：畸变让我烦恼

作为一名摄影爱好者，通过长期的拍摄，慢慢地我对建筑摄影产生了浓厚的兴趣。在创作过程中，我遇到了先前没有发现的问题——镜头畸变，在拍摄建筑等平直物体时，这种畸变十分明显，甚至使照片黯然失色，而畸变较小的定焦镜头不但价格昂贵，而且也不够方便，所以，我想了解如何通过Photoshop来消除数码照片的畸变问题。

变焦镜头的光学特性决定了其不可避免地会在某些焦段产生畸变和暗角。暗角的专用术语为：四角失光度，四角失光度严重时，会导致照片曝光不匀，而本文所讨论的畸变是镜头成像时的桶形畸变和枕形畸变，桶性畸变多发生在变焦镜头的广角端，而枕型畸变则多发生在变焦镜头的长焦端。左侧的图中为长焦变焦镜头和它容易产生的枕性畸变示意图，右边则是广角变焦镜头和它容易产生的桶性畸变示意图。

2 专用的修正滤镜

新版的Photoshop加强了照片处理的功能，并配备了专用的修正镜头畸变和暗角的专用滤镜，单击菜单“滤镜｜扭曲｜镜头校正”打开镜头校正控制窗口。

镜头校正滤镜拥有独立的控制窗口，为了把握照片的整体效果，找到窗口左下的控制选项菜单，选择“符合视图大小”的显示方式，在窗口下方，还有显示网格的控制开关，影友们可以自行选择是否需要通过网格线为畸变校正提供参考。

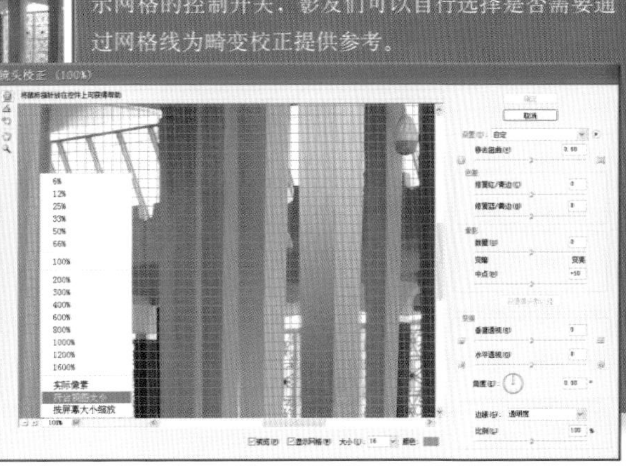

3 修正桶形失真

本例中的原始照片存在明显的桶形失真，在镜头校正控制窗口中找到位于右上方的“移去扭曲”水平控制调节滑块，向右移动滑块，可以有效地校正照片的桶形畸变，调整的变化效果会即时呈现，同时，向右调整“晕影”调节栏中的“数量”调节滑块，照片的暗角问题也会同时得到改善。失真修复后照片4边会出现空白区域，使用裁减工具裁减照片，修复失真完成了。

4 修正枕形失真

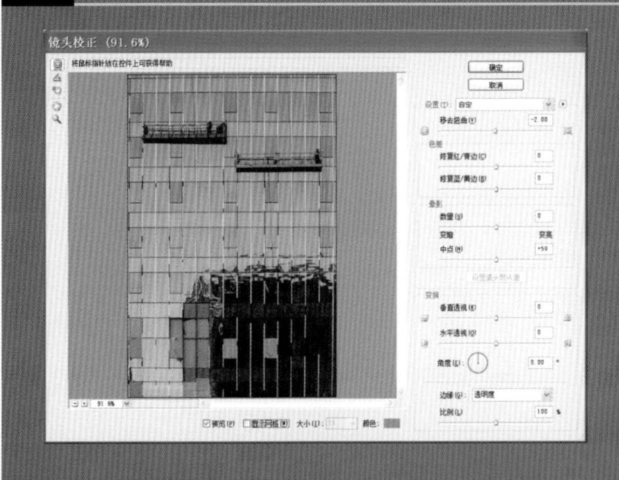

枕形畸变多出现在长焦镜头拍摄的特写照片中，枕形畸变的修正和桶形畸变类似，在镜头校正滤镜的控制窗口中向左调整“移去扭曲”控制滑块即可，需要注意的是，一般长焦镜头的枕形畸变相比广角镜头的桶形畸变要轻微得多，所以调节时的数值和幅度不用过大，稍作调整即可。

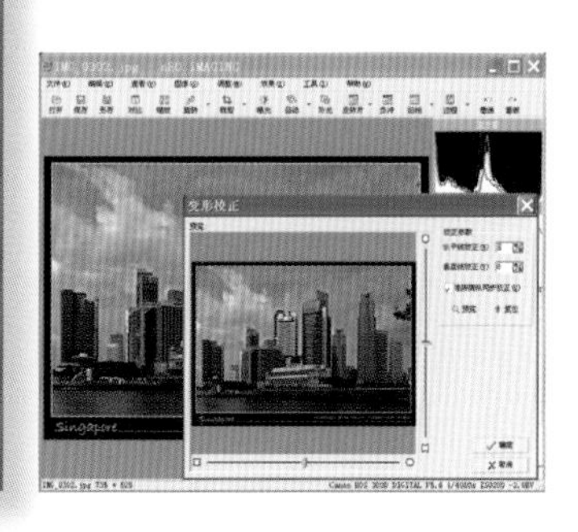

利用光影魔术手校正镜头畸变

除Photoshop以外，许多小型图像处理软件同样具备校正镜头畸变的功能，光影魔术手就是其中的一款，它是一个具有丰富数码照片处理功能的国产小软件，不但简单易用，而且只占用几兆的磁盘空间，影友们不需具备任何专业的图像技术，就可以制作出各种效果的照片，光影魔术手校正镜头畸变，只需单击菜单“图像｜变形校正”然后拖动控制窗口的上下滑杆即可。

下载网址： www.neoimaging.cn

5 效果对比

在实际拍摄当中，照片的桶形失真通常比较明显。我们观察左图，左右两侧的柱子分别向外扩展，影响了整体的视觉效果。右图为校正后的效果。如果照片中有比例很大的人物出现时，为了避免校正后人物出现失真，可在校正前事先复制图层，校正后再单独调整人物部分，之后借助图层蒙版进行拼合。

调色起手式

调色是数码照片后期处理的重要手法，也是进行其他复杂调整之前的必要过程，正如武术功法中的起手式，下面就借助一个实例和两种最常见的方法，用简单的示例讲解色彩控制的实用技法。

问题：

我看到许多成功的人像“大片”中，人物皮肤的颜色非常粉嫩，而我拍摄的人像照片，肤色总是偏黄，我如何才能通过Photoshop软件后期处理来营造人物“美白”的肤色效果呢？

回答：照片中肤色发黄的原因

人像摄影的肤色控制除了前期化妆以外，后期的修正也至关重要。由于黄种人肤色偏黄，而最近几年时尚界的审美观念崇尚白皙的肤色，因此许多专业人像摄影师后期处理的第一步就是修正肤色。照片中发黄的肤色还受光线影响，早晚色温偏低也会导致同样的问题。

1 颜色修正工具

Photoshop中调色的工具有很多种，其中常见的有“色彩平衡工具”和“色相/饱和度工具”。色彩平衡工具的问题是只能对画面的整体色调进行调整，而且常常是修正一种偏色，又出现了新的偏色，而“色相/饱和度工具”只能调整色彩的饱和度，对颜色的修正难有作为，并且使用不利时容易造成画质损失。这里，最值得推荐的是“可选颜色工具”。这种工具可以有选择地修改任何主要颜色中的印刷色数量，而不会影响其他主要颜色。

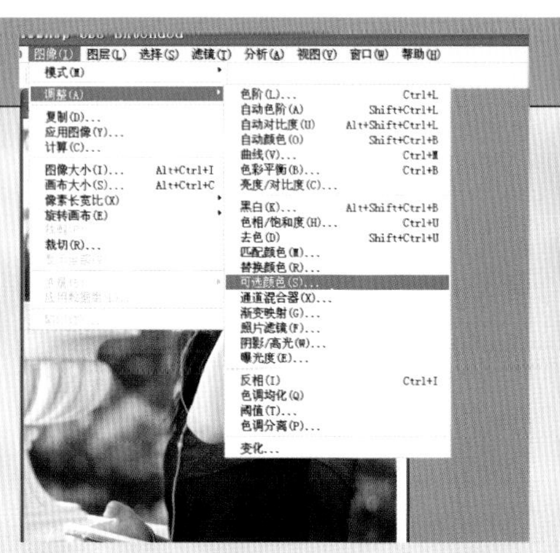

2 可选颜色窗口

单击菜单“图像|调整|可选颜色”，打开可选颜色控制窗口（也可以使用快捷键“ALT+I”，再按A、S键）。在可选颜色对话框顶部的“颜色”菜单中选取要调整的颜色。这组颜色由加色原色和减色原色与白色、中性色和黑色组成。

3 选择修正红色调

人像的肤色中的主要成分是红色和黄色、为了更好地调整肤色的整体效果，我们从红色的调整开始，在可选颜色对话框顶部的“颜色”菜单中选取红色，随后将对话框中的黄色滑块，向左移动，此时，你会发现皮肤在“减黄”的同时也会出现洋红色调，为此，我们再移动对话框中的洋红滑块，减少肤色中的洋红色调，使肤色更加自然。

4 选择修正黄色调

完成了对肤色中红色的修正，我们再来修正肤色中的黄色，在可选颜色对话框顶部的“颜色”菜单中选取黄色，向左移动对话框中的黄色滑块，随后移动洋红滑块，以修正色调，为了使肤色更加自然，在上述两步骤中，调整的幅度不宜过大，否则人物皮肤就会缺少生气而不再自然生动了。由于可选颜色工具中的操作是即时显现的，为了更好地对比调整前后的效果，可以取消勾选“预览”设置，观看调节前的最初效果，以修正调整的幅度和肤色的变化。

5 可选颜色调背景

除了对人像偏黄的修正以外，这里再介绍一种常用的绿色调整方法，绿色是户外人像摄影和风光摄影中常见的色彩，后期处理中使绿色更加饱和，更富有生机的方法很多，而使用可选颜色工具对绿色进行单独调整，可以更好地保存画面的细节，减少后期处理的画质损失。在可选颜色对话框顶部的“颜色”菜单中选取绿色，将青色和黄色滑块向右移动，红色滑块向左移动，此时你会发现，画面中的绿色变得更加通透迷人，具体的滑动调节幅度可根据数码照片的像质、绿色的成分来具体设定。为了使可选颜色的调整效果最终完成，一切调整结束后，单击确定键。

快速进阶

第20计

人像美化三招

由于模特的状态和光线等因素，人像照片多少都会有不完美的地方。对于初级影友来说，如何在短时间内找出照片中小小的缺憾，并加以修正呢？下面我们就围绕这张示例人像照片，为你讲解如何在Photoshop中调整色调，去除人物眼袋以及美化脸型等最常用的3个人像照片处理方法。

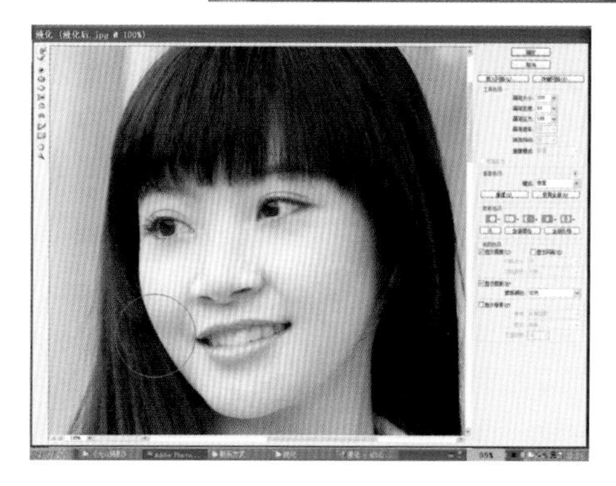

污点修复画笔工具 J
修复画笔工具 J
修补工具 J
红眼工具 J

仔细观察照片原图会发现，画面中的光线和模特的表情都无可挑剔，但这类照片非常常见，未免显得有点平庸。为了让照片更富现代气息，可以调整照片的色调，用富有时尚感的蓝调来增加照片的色温，使照片看起来更加精致、迷人。另外，模特眼袋和脸型的问题也值得影友关注，眼袋的去除非常简单，而且通常不会留下什么痕迹，而脸型的处理则要复杂一些。人像摄影中的拍摄角度和模特表情千变万化，而后期的合理修饰可以使模特的脸型更加趋于完美，无论是去除眼袋还是修饰脸型的技巧，都是人像照片后期处理中使用频率非常高的。下面的内容，就来为你讲解以上提到的3个人像处理技巧。

营造蓝调

为了使照片的色温由暖转冷，营造时尚感，我们需要为照片增加蓝调。调整照片色调的方法有很多，其中最为常用的就是“色彩平衡”工具，单击菜单“图像|调整|色彩平衡”打开色彩平衡控制窗口。用鼠标将第1排的滑块向左侧青色位置移动，随后，将第3排的滑块向右侧蓝色位置移动，移动的范围可以根据需要灵活掌握。调整工作完成后，单击“确定”按钮，照片的色调马上会呈现明显的蓝调。

去除眼袋

去除眼袋的操作非常简单，选择工具栏中的修复画笔工具，修复画笔工具可用于校正瑕疵，使它们消失在周围的图像中。与仿制工具一样，使用修复画笔工具可以利用图像或图案中的样本像素来绘画。但是，修复画笔工具还可将样本像素的纹理、光照、透明度和阴影与所修复的像素进行匹配。从而使修复后的像素不留痕迹地融入到图像的其余部分。操作时要先调整修复画笔工具的直径和硬度，直径的设置根据修复区域的大小进行设定，而硬度则定义在50%左右较为合适。设定完毕后，将鼠标移至眼袋附近，按住键盘“Alt”键，用鼠标左键在眼袋附近选取样本，随后单击眼袋部分反复操作最终去除眼袋。

修正脸型

修正模特脸型的操作在以前是很复杂且繁琐的，不过近两个版本的Photoshop都提供了一个名叫液化的工具，可以轻松地完成脸型美化的工作，单击“滤镜|液化”，打开液化操作的控制窗口，在左下方的下拉菜单中选择100%，放大画面以便于其后的操作。按住键盘空格键，使用鼠标可以拖动照片到模特脸部。根据照片尺寸，在右上方的工具选项中选择画笔大小（调整画笔大小的快捷键是“[”和“]”键），随后将鼠标移动至需要修饰的模特脸部轮廓处，按住鼠标，向内推动鼠标修饰脸型。这时，需要精细地掌控操作的力度，不可使修正的幅度过大，造成人物面部的不自然。

进阶环境人像

在外拍活动中拍摄环境人像时，多数情况下都是使用自然光作为主光源，使得拍出的照片效果比较直白在本期的新手起步栏目中，将以一组在首钢拍摄的环境人像照片作为实例，通过进阶的方式来介绍主体与背景分离的调整方法。

分离环境与人像

调整后

在环境人像的照片调整中，经常会遇到这个问题，那就是人物和背景总会有冲突，调整时两者的效果总是不能兼顾。在下面的文章中，我们将介绍一种借助历史记录画笔的恢复调整法，为你解决这个难题。

1 调整脸部亮度

首先，使用Photoshop中的曲线工具，来提高照片的整体亮度。在Photoshop中打开这张人像照片，在界面上方的菜单“图像|调整”中找到“曲线”。打开曲线调整窗口后，将鼠标指针停留在窗口中人物的面部，鼠标会变成吸管状。单击鼠标，曲线窗口中会闪现出一个圆点，在圆点位置按住鼠标左键，向左上方拖动，人物脸部亮度符合要求后停止，并单击确定键。

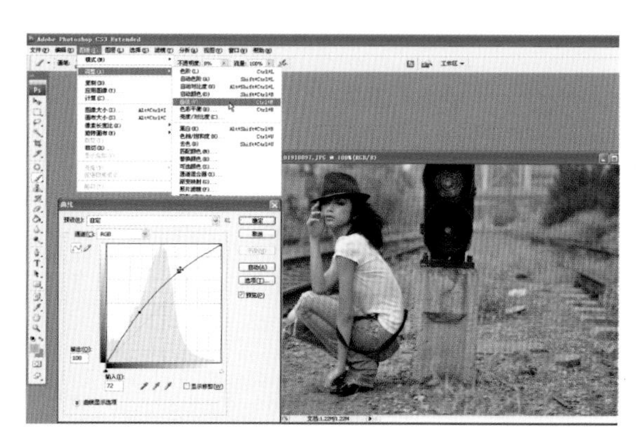

2 恢复背景的亮度

经过上一步的调整，人物脸部的亮度提亮后，背景的亮度也同时跟着发生了变化。在Photoshop左侧的工具栏中，有一个“历史记录画笔工具”可以将照片恢复成调整前的样子。选中这个工具，单击Photoshop界面上方的画笔下拉菜单，选择一个大小适中、外边缘柔和的羽化画笔，在照片中的背景上描绘，直到背景亮度恢复如初为止。

3 调整背景的反差

首先要将照片进行保存，然后在Photoshop中关闭照片，之后重新打开调整后的这张照片，这样做目地是清除历史记录。在Photoshop界面上方的菜单“图像|调整”中找到“色阶”，打开色阶调整窗口，分别拉动色阶调整窗口“黑色小山”下面的黑、白三角，黑色三角用来压暗照片暗部，白色三角用来提亮照片亮部。通过调整色阶后，照片反差变大，看上去显得十分艳丽。

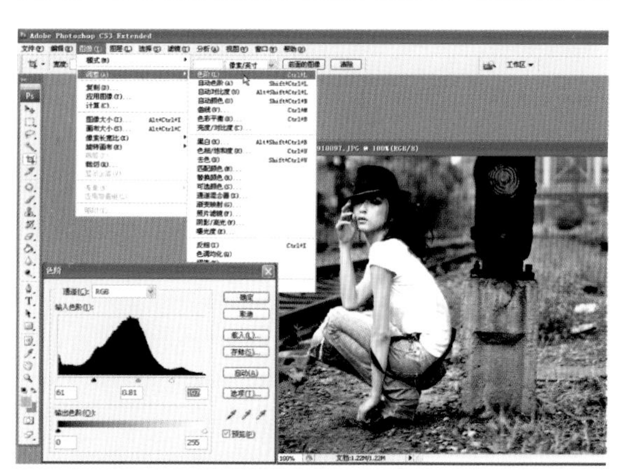

4 恢复人物的反差

地面和草丛这些景物的反差变大时，会显得十分艳丽，但此时本应过度柔和的人物面部，也随着照片的整体调整，完全失去了层次。这次我们可以再次借助历史记录画笔工具，在Photoshop界面上方的“不透明度”选项中设置30%的数值，这样可以减弱画笔的能力。使用历史记录画笔工具，在人物脸部从中心到四周进行描绘，中心描绘次数要多于四周，让人物到背景的过度显得更柔和。

快速进阶 第22计

制作非主流效果

非主流的环境人像效果数不胜数，他们多是借助一种时尚的偏色调整方法来处理照片。下面的文章中，我们将结合曲线调整图层和分通道调整曲线两种特殊方法，来介绍一个非主流人像的调整实例。

1 曲线调整图层

将照片原图在Photoshop中打开，在软件界面右下方找到图层窗口，如果没找到，可以按键盘“F7”键，这是图层窗口的开关键。单击图层窗口右下角的半黑半白的图标，会弹出一系列调整选项，在这里选择曲线。此时的图层窗口中，在原照片上方会出现一个“曲线调整图层”，同时主界面中也弹出了“曲线调整窗口”。在这里设置曲线，提亮人物脸部的亮度。

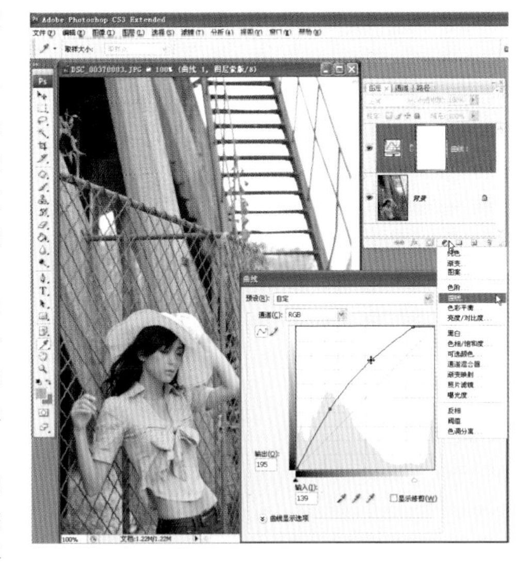

2 用蒙版恢复背景亮度

在图层窗口中，找到上一步生成的曲线调整图层，单击图层右边的白色长方块，在Photoshop主界面的左侧工具栏中选择“画笔工具”，选择一个柔和的笔尖，在照片中人物周围的背景上描绘。如果画笔不小心涂到了人物身上，可以在左侧工具栏最下方单击上下两个箭头的“切换前景色和背景色”按键，再在照片中描绘，可以消除之前画笔的作用。

3 制作高反差的背景

这张照片的背景由于反差过小而显得沉闷，下面我们再次建立一个曲线调整图层，通过调整来加大照片的反差。参照第一步中介绍的方法，建立曲线调整图层，按照图中示意的S形走势来调整曲线，先将曲线上部向左上方拖动，再将下部向右下方拖动，这样的调整可以起到加大反差的作用，最后单击确定。

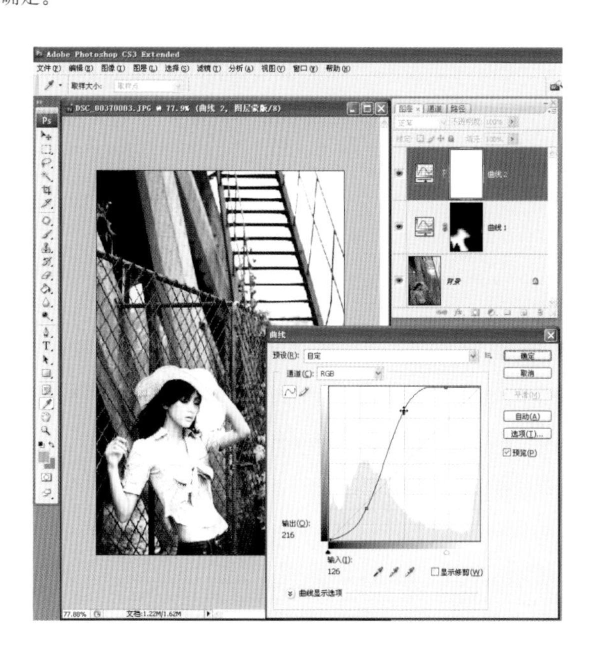

4 恢复人物的反差

按照第2步介绍的方法，在图层窗口中最上面的曲线调整图层的白色长方块中单击鼠标，使用画笔工具在人物上进行描绘，这样可以降低人物的反差，让曲线只作用于照片的背景。在调整脸部和身上时，使用较粗的画笔，在调整手臂时，要更换较细的画笔。

分别调整3个通道的曲线

建立一个曲线调整图层，在弹出的曲线调整窗口中，选择“通道”右侧下三角图标，在弹出的下拉菜单中选择“红”，按照图中示意的S形走势调整红色通道的曲线。同样的方法，依次调整绿色和蓝色通道的曲线，具的调整程度要根据画面呈现的效果来灵活掌握。这时，照片中会出现一种主流的色调。

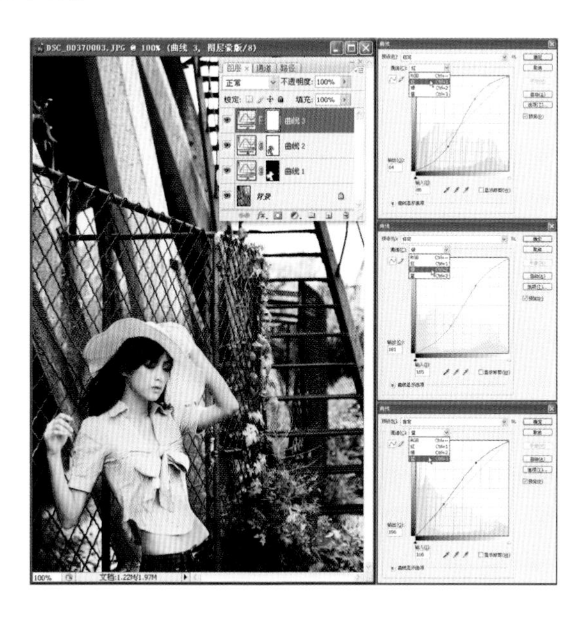

6 减少对人物主体的影响

这时的时尚非主流色调对人物主体的影响显得过于强烈。下面我们可以按照第4步介绍的方法，选择曲线调整图层右侧的长方形方块，使用画笔工具，降低画笔的不透明度，在人物的脸部及身上从中间到四周描绘，适量减少人物皮肤的偏色。调整至此，这张非主流的环境人像照片就调整完成了，使用快捷键“Ctrl+Shift+E”合并所有调整图层后，直接保存照片即可。

变换 照片背景

由于环境、镜头受限而导致的杂乱的背景常常让人沮丧。很多人认为对背景进行处理、给相片换个背景是修图高手才能完成的任务。其实，只要用画笔涂涂抹抹，我们就可以轻松换背景。

1 在Photoshop中打开需要去除杂乱背景的照片，将背景图层拖曳到“图层”调板下方的 按钮上，创建一个副本。单击“背景 副本”图层左边的“眼睛”图标暂时隐藏该图层，然后选择“背景”图层，使它处于编辑状态。

2 选择“滤镜|模糊|高斯模糊”命令，在弹出的对话框中拖动滑块调整模糊半径，使画面变得模糊。

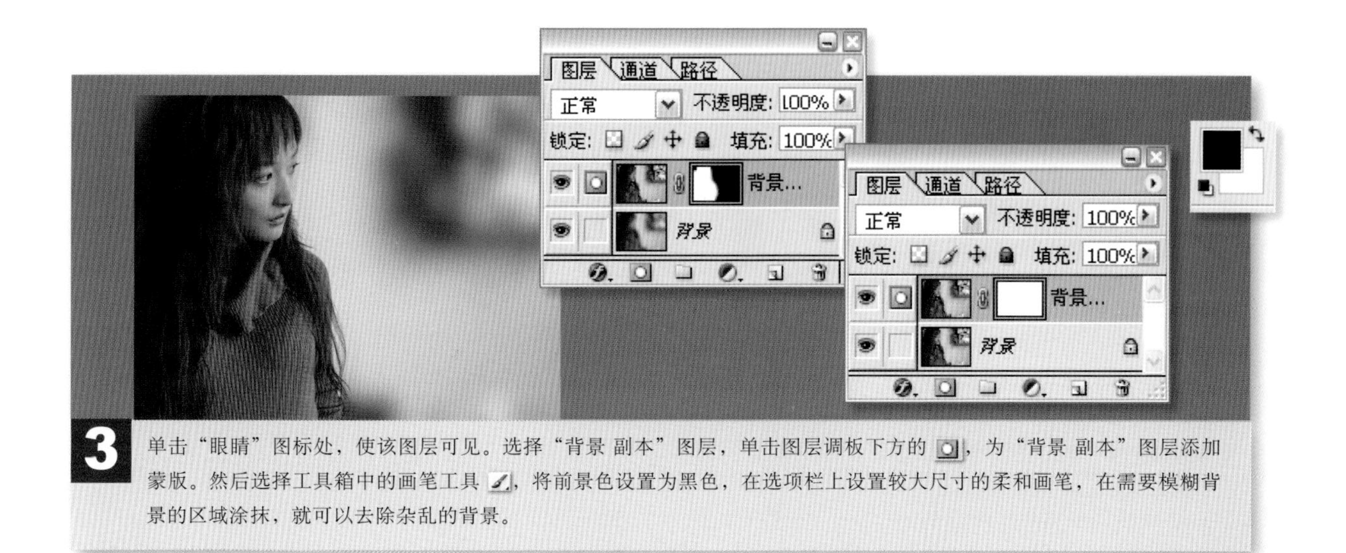

3 单击“眼睛”图标处，使该图层可见。选择“背景 副本”图层，单击图层调板下方的 ，为“背景 副本”图层添加蒙版。然后选择工具箱中的画笔工具 ，将前景色设置为黑色，在选项栏上设置较大尺寸的柔和画笔，在需要模糊背景的区域涂抹，就可以去除杂乱的背景。

在涂抹时，要确保在蒙版上操作。对图层蒙版进行编辑时，涂抹黑色的区域会露出下方的画面，涂抹白色的区域则显示当前图层的画面。如果不小心涂抹到了人物区域，人物就变得模糊了，可以将前景色设置为白色，在误涂抹的区域进行绘制，将它们恢复到清晰状态。

既然使用图层蒙版，就可以用绘制的方式决定哪些区域保留当前图层的画面，哪些区域透出下方图层的画面，那是不是也可以用这种方式来替换背景呢？非常正确！用蒙版来替换背景不需要进行复杂而细致的抠图，简单的涂抹或者拖曳一下鼠标，就可以大功告成。

1 单击“眼睛”图标处使该图层可见。选择“背景 副本”图层，单击图层调板下方的 ，为“背景 副本”图层添加蒙版。然后选择工具箱中的画笔工具 ，将前景色设置为黑色，在选项栏上设置较大尺寸的柔和画笔，在需要模糊背景的区域涂抹，就可以去除杂乱的背景。

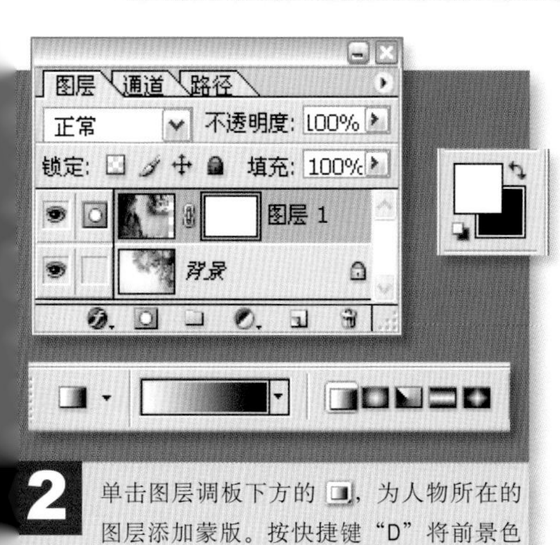

2 单击图层调板下方的 ，为人物所在的图层添加蒙版。按快捷键“D”将前景色设置为白色、背景色设置为黑色。选择工具箱中的“渐变工具”，在选项栏上将绘制方式设置为前景到背景的渐变。

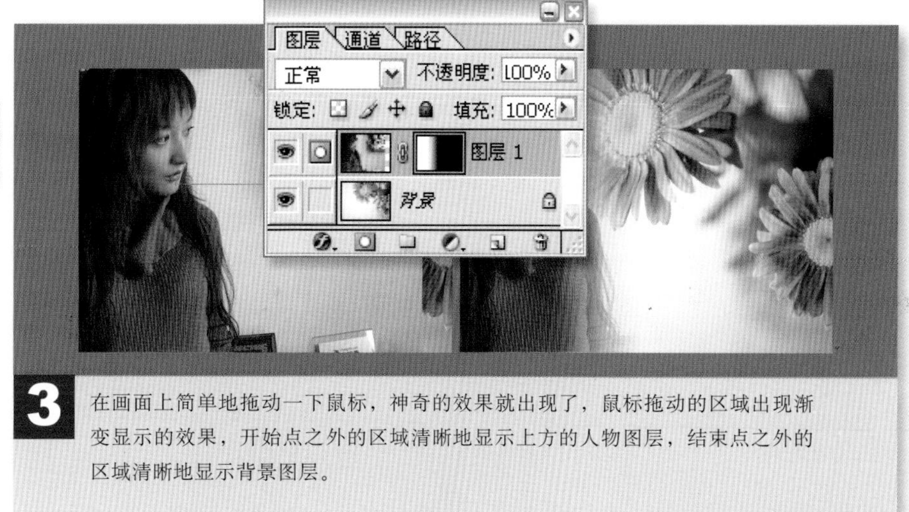

3 在画面上简单地拖动一下鼠标，神奇的效果就出现了，鼠标拖动的区域出现渐变显示的效果，开始点之外的区域清晰地显示上方的人物图层，结束点之外的区域清晰地显示背景图层。

校正照片颜色

许多人在使用数码相机拍摄的时候都会遇到这样的问题：在日光灯的房间里拍摄的照片偏绿，在室内钨丝灯光下拍摄的照片偏黄，而在日光阴影处拍摄的照片则莫名其妙地偏蓝，这主要是由于白平衡没有调节好造成的。

数码相机白平衡的调节功能和传统相机加升降色温滤镜的作用是类似的，目的是达到准确的色彩还原，只是数码相机依靠电子线路来改变红、绿、蓝3基色的混合比例，并把光线中偏多的颜色成分修正掉。通常数码相机的自动白平衡功能能的保证色彩还原的准确，但是有时在一些复杂的光线条件下拍摄，数码相机的自动白平衡功能可能会失效。

在一些特殊情况下，就需要手动选择数码相机的日光白平衡、阴影白平衡、阴天白平衡、钨丝灯白平衡、荧光灯白平衡、闪光灯白平衡等相应的预设模式，以拍摄出真实的色彩画面。另外，还可以自定义白平衡，先把相机调到手动对焦模式下拍摄白色卡，然后再进行设置。

如果在拍摄时选择了错误的白平衡模式或者是现场光线较为复杂而未能获得正确的色彩，还可以使用Photoshop进行后期修正。对于后期制作的初学者而言，Photoshop提供了几种不同的方式帮助用户快速校正白平衡。

自动颜色

Photoshop的自动颜色是初学调色者的福音，使用它可以快捷方便地调整图片的颜色。

只需要在Photoshop中打开照片，然后选择“图像|调整|自动颜色”命令或者按快捷键“Shift+Ctrl+B”，程序就会自动分析照片并对错误的色彩进行校正。图中为错误使用钨丝灯模式拍摄的照片和自动颜色校正后的效果。“自动颜色”命令通过搜索实际照片来标识暗调、中间调和高光，以调整照片的对比度和颜色。默认情况下，“自动颜色”使用RGB 128灰色这一目标颜色来中和中间调。“自动颜色”虽然使用方便，但是它的灵活度很低。最重要的是，正因为它把处在128级亮度的颜色纠正为128级灰色，使得它既有可能修正偏色，也有可能引起偏色。因此，对于偏色照片，可以先尝试使用“自动颜色”命令，如果效果不满意，则撤销操作并尝试其他方法。

自动色阶

“自动色阶”命令也是不需要人工干预的一个校色命令，它将每个颜色通道中最亮和最暗的像素映射到纯白（色阶为255）和纯黑（色阶为0），并将中间像素值按比例重新分布。因此，使用“自动色阶”会增加照片的对比度并对照片颜色进行校正。在Photoshop中打开需要校正的照片文件，选择“图像|调整|自动色阶”命令，或者按快捷键“Shift+Ctrl+L”，程序就会自动分析照片并对错误的色彩进行校正。图中为在酒吧中拍摄的照片及自动色阶调整后的效果。

色阶或曲线调整

“色阶”命令用于手工调整照片的对比度以及色彩，色阶调整最简单的方法就是用白色吸管单击照片中你认为应该是白色的最亮的点，用黑色吸管单击照片中你认为应该是黑色的最暗的点。这样，黑和白的颜色正确了，程序也就会对其他部分的色彩自动校正。

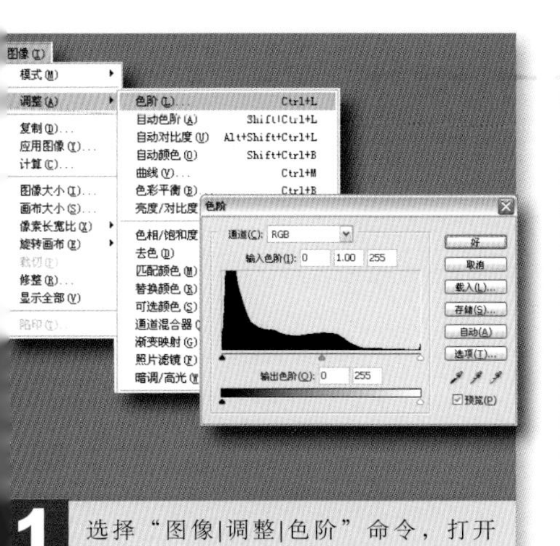

1 选择“图像|调整|色阶”命令，打开“色阶”对话框。

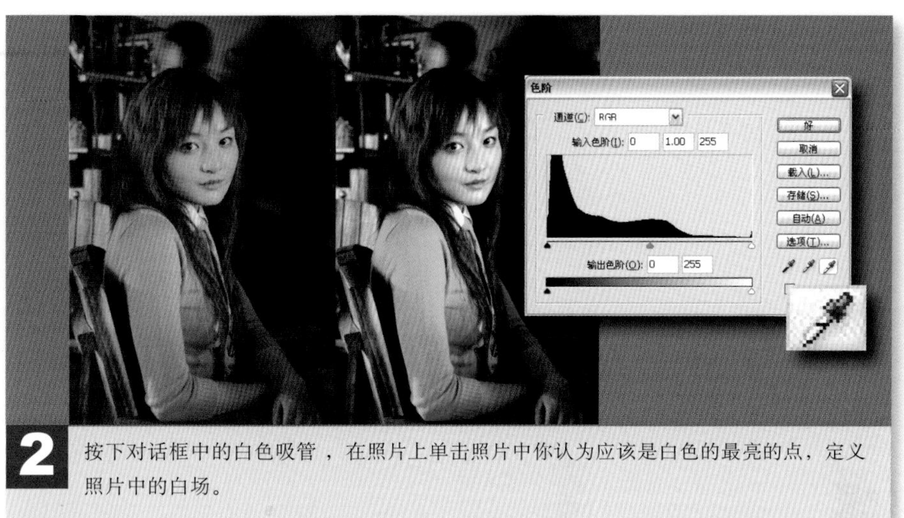

2 按下对话框中的白色吸管，在照片上单击照片中你认为应该是白色的最亮的点，定义照片中的白场。

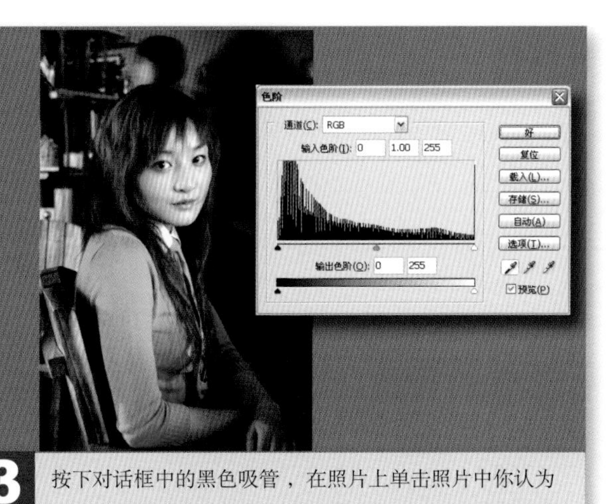

3 按下对话框中的黑色吸管，在照片上单击照片中你认为应该是黑色的最暗的点，定义照片中的黑场。调整完成后，单击“好”按钮，就可以将效果应用到照片中。

照片滤镜

对于习惯于在传统相机的镜头前添加滤色镜的摄影师而言，照片滤镜是一种更容易理解的调色方法。“照片滤镜”命令模仿以下方法：在相机镜头前面加彩色滤镜，以便调整通过镜头传输的光的色彩平衡和色温。例如，冷却滤镜（80）可以使照片的颜色更蓝，以便补偿色温较低的环境光。

相反，如果照片是用色温较高的光（微蓝色）拍摄的，则加温滤镜（85）使照片的颜色更暖，以便补偿色温较高的环境光。

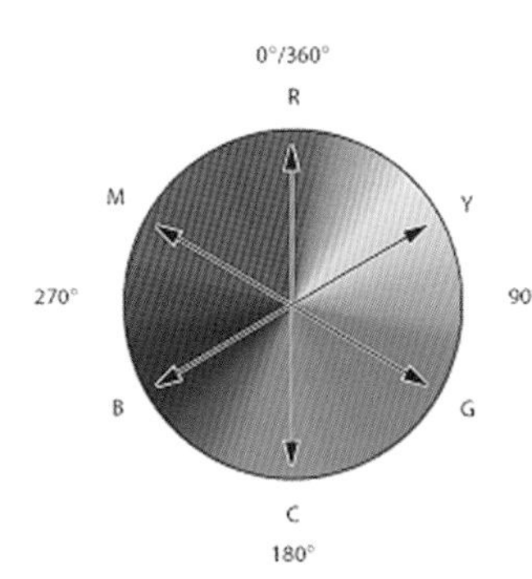

如果你是第一次调整颜色分量，手头有一个标准色轮图表将会很有帮助。通过增加色轮中相反颜色的数量，可以减少照片中某一颜色的数量，反之亦然。在标准色轮上，处于相对位置的颜色被称作补色。同样，通过调整色轮中两个相邻的颜色，甚至将两个相邻的色彩调整为其相反的颜色，可以增加或减少一种颜色。

快速进阶 第25计

照片润饰加减法

有时，照片中的干扰元素会影响整体的效果。不过不必担心，通过照片处理软件Photoshop几乎可以去掉所有的瑕疵，同时也可以增加生动的元素。这个润色过程其实很简单，当然有时也需要花费一点时间。此外，经过专业的图像编辑后，照片边界依然会很流畅，不会变成“周老虎”。

就连最漂亮的度假照片也会在后期编辑中获得品质的提升。这不仅仅是让色彩和对比度变得更好，而且还可以除去干扰元素。例如我们经常遇到传感器上的灰尘让拍摄主题变得难看的问题，在下面的文章中会讲到如何轻松地通过仿制图章工具除去它们。比如在本文的示例照片中，甚至可以让很多游艇消失，把一个拥挤不堪的海岸线突然变成一个寂静的海湾。对于很多拍摄题材来说，这完全能以假乱真。但是处理时也要把握好尺度，避免过多地修改而露出破绽。

Photoshop提供了一些常用的功能，例如“蒙尘与划痕”或“减少杂色”滤镜。不过，仅仅使用这些工具是无法获得完美效果的，因为这些滤镜只是进行整体性的模糊处理，这虽然减少了小的缺陷，但是其中的细节也失去了光彩。针对不同的照片，要使用不同的润色工具：Photoshop为此准备了很多工具，其中有适合进行精确调整的仿制图章工具；把润色结果融入到周围环境中的修复画笔工具；以及适合除去小干扰物和适合进行平面编辑的区域修复画笔工具。另外，用于调整曝光的减淡和加深工具或模糊和锐化工具也属于这个工具箱。不过，这些效果需要通过调整图层的配合使用才能更好地进行控制。

做好备份工作

在第一次开始润色时，可能容易出现“脱靶”的情况。因此，始终要做好原始照片的备份。此外，也可以对这些工具选项进行多次试验：有些可以调整出逼真润色效果的选项，例如示例中在“明度”上设置波浪结构的副本方法会派上用场。

当然，总是有很多意外情况发生。当你要修复具有明显透视关系的题材时，消失点滤镜会为你节省大量的工作。它会一次性确定好透视关系，并包括仿制图章、矩形选区在内的立体调整，这是在Photoshop中值得一提的功能。

如何设置仿制图章工具

如果在 Photoshop 中的仿制没能达到所需要的结果，那么有可能是没有正确设置相应的选项。一旦单击这个工具后，这些选项就会以工具条的形式出现在软件界面的上边缘。

这个画笔尖
可以通过“直径”和“硬度”来改变。一个柔和的边缘适合精细调整摄影类题材，并用于生成复制区域的柔和过渡。

这个模式
如果把仿制限制在颜色或亮度这样的选项中，你就可以通过简单的方式完成颜色调整或实现细微结构之间的过渡。

不透明度
提供了在原始图层和其副本之间的一个相互调整的可能。尤其是在仿制过程中只是想轻微遮盖住图像的瑕疵。

一个仿制图层
始终值得推荐——前提是，这个工具能够支持图层编辑。因此你务必要激活“所有图层”选项，把整个图像都包含在其中。

调整图层
在通过多个图层的仿制过程中会对复制图像产生干扰性的影响。利用这个按钮，可以忽略这些调整图层，而只是复制纯粹的图像区域。

让干扰元素消失

对这个海边度假照片的润色处理，一眼看上去很简单，但是经过研究很容易就会看到一般润色方法的局限性。甚至像“修复画笔工具”或“污点修复画笔工具”这样的魔法工具，都会产生出很多不合实际的羽化区域，这在一个结构化的原始图中会马上显现出来。只有当充分利用了这些工具的所有选项时，才能得到真正让人满意的结果。

传统的方法：在我们的示例中，我们想让一些游艇消失，也就是想利用一些波浪结构进行复制，将游艇遮盖住。我们所选择的这个工具是“仿制图章工具”。需要注意的是：一定要在一个单独建立的图层上应用这个工具（通过快捷键“Ctrl+Shift+N”），然后激活Photoshop界面上方的“样本：所有图层”选项。由于是第一次叠加这个原始图层，因此你可以先利用这个工具粗略地开始编辑，在后面进行精确调节。选择一个不是太柔和的画笔尖，通常“50%”的“硬度”就够了。然后在按住键盘“Alt”键的同时单击鼠标选中一个适合叠加润色目标的图像区域（游艇附近的海水），这样就可以复制相应的区域。之后，松开“Alt”键，在游艇上按住鼠标进行涂抹，使用海水来将游艇遮盖。需要注意的是，要随时使用“Alt”键重新提取新图层，这样就不会完全复制所有的图像内容。

如果需要，接下来要在前面复制出来的润色图层上精细处理这些海浪。为此，可以简单使用“橡皮擦工具”，一次设置一个柔软的画笔尖，但是直径不要太小，在这个图层上的海浪边缘涂抹。这样，就可以去掉使用仿制图章工具后带来的不自然的海浪过渡。

调整色调：如果一次除去了所有的干扰物体，那么通常现在还有两个因素会干扰这个编辑效果，这样我们就要继续来调整。接下来主要是解决复制源和复制目标的色调不完全一致，或是亮度不一致的问题。你可以这样来解决这两个问题：生成另外一个新图层，然后通过在图层面板中选择“颜色”混合模式开始调整颜色。作为替代方案，也可以在工具条选项中把画笔的模式设置为“颜色”。现在当按下“Alt”键时，出现了一个吸管，你可以用它从原始的环境中吸取颜色。然后利用柔和的画笔尖在这个复制过的区域上画上一抹颜色。

调整亮度：如果现在这个编辑过的区域还显得太亮或太暗，你可以在这里利用仿制图章工具继续完善。这一次你可以把图层面板上的填充模式或者工具条上的模式设置为“明度”，然后降低不透明度并从一个适合的图像区域中复制亮度区域。

提示：这个编辑过的区域还是显得不够均匀？这样的话，你要通过“修补工具”尝试另外一种润色，它可以提供对过渡的良好控制。

方法是这样的：在这个小海湾中，拥挤着很多零乱无序的游艇，因此需要清理一下。这个润色工具可以让多余的游艇消失。如果你留心了作者的提示，甚至可以不露痕迹地完成清理工作。

除去度假照片上的传感器灰尘

数码单反摄影的一大烦恼在于，灰尘（或更糟糕的东西）会堆积在传感器上，从此以后让所有的照片都带上脏斑。甚至新款机型中的传感器带有的自动清洁功能，也无法完全保证拍摄完的照片中没有任何的污点存在。你可以一张张地除去这些照片上的污点，或者设置一个动作，然后通过按下按钮就可以清洁所有的照片——毕竟这些污点始终都在同一位置。如果你使用新版Photoshop 进行编辑，就可以请Bridge和RAW格式转换器帮忙，因为有了它们，你就可以在一个文件夹内对所有照片应用污点修复画笔工具。同时，这也可以针对TIFF或JPEG格式的照片使用。

同步润色结果：在Photoshop CS3或CS4的菜单中选择“文件|浏览”，在打开的Bridge中激活所有需要修复的照片，并在Bridge中的文件菜单中选择“在相机原始数据中打开”。接下来，所有的图片都会在RAW格式转换器窗口的左侧显示出来。

从中选择一张可以明显看到传感器污点的照片，然后进行污点修复：在工具条上单击“污点画笔修复工具”或直接按下键盘“B”键。在工具条中，设置编辑模式。根据所选照片的不同，这个过程类似于一个传统的仿制图章或修复画笔。画笔的直径也可以进行设置，但是这完全没有必要。

在需要修复的位置的中心以所需要的半径拉出一个圆圈。同时生成的是：红圈为修复区域，绿圈为源区域。你可以通过鼠标拖动来任意移动两者的位置。然后就可以非常方便地控制，并选择从哪些图像区域中提取这些修复用的像素。

由于一次拍回来的照片中污点的位置几乎相同，因此在你已经用这种方式修复了一张照片之后，这个过程对于其他照片而言就可以自动执行：按下“Shift”或“Ctrl”键的同时单击鼠标，来全部选中在工具条左侧的照片，然后在上面单击“同步”按钮。从现在弹出的菜单中选择“专色去除”选项，来把这个设置传递到其他照片上。这里要注意的是，随时检查这个处理结果并在需要时再次进行调整。

提示：你也可以在Bridge中同步这些照片：为此在一个已经润色过的参考图片上单击鼠标右键，然后从弹出的菜单中选择“开发设置|复制设置”。利用这种方法，可以针对后续照片运行“粘贴设置”这个命令。

快速除尘：利用 Photoshop CS3，你可以非常迅速地把一个文件夹内所有照片中顽固的瑕疵除去。

准确仿制和修复

你遇到过这种情况吗？就是你想利用仿制图章工具在一个特定的图像位置复制图像细节，但是不久又想重新调出刚才复制过的区域？有一个有效的办法可以解决这个问题：这就是通过在Photoshop“窗口”菜单中激活“仿制源”面板。不要被这个面板的复杂性吓倒。这个针对图像编辑的主要功能隐藏在“显示叠加”的复选框中。利用它，再通过按下“Alt”键在图像中选择“仿制源”之后，会出现一个重影，它会告诉你添加了哪些图像元素。

控制透明度：通过不透明度设置和叠加选项，例如从右键菜单中可选择的“差别”模式，你可以控制在原始图和叠加图之间显示的对比度。对于高级用户而言，这个面板还提供了在复制过程中缩放的功能。在示例照片中，我们只是把一簇花作为复制源，却可以利用其他的缩放比例添加到“图像漏洞”中。

还有更简单的办法可以不用面板：利用这个仿制图章，在按下“Alt”键的同时提取源区域之后，简单按下“Alt”和“Shift”键。这个图像马上就会叠加起来，然后你就可以根据定位来准确应用这个工具了。

花之梦：通过娴熟的润色，一簇花变成了一片花丛。

快速润色

在观看照片时，你会发现划痕、污点和照片上其他的小缺陷，这些缺陷经常要比在拍摄瞬间能想象得到的干扰大得多。照片中叶子上的棕黄色小伤痕破坏了整体的美感。我们可以用工具栏中的污点修复画笔工具顺利地对它进行润色，这是一个最简单的Photoshop练习。

基本规则：即使你只是计划进行一次快速的润色，也应该单独为此生成一个图层副本。原因有两点：其一你可以利用它，在以后继续调整因时间紧张而漏掉的照片瑕疵；其二，有些在匆忙编辑中形成的"小修改"也会不按计划地扩展为一种整体性的修复。

添加图层：通过功能键"F7"调出图层面板，并通过组合键"Shift+Ctrl+N"添加一个新图层。然后在工具条中选择污点修复画笔工具，并在Photoshop界面上方的选项条中激活"对所有图层取样"选项，以便使用这些修改图层（参见135页内容）。如果你在工具条中没有找到污点修复画笔工具，是因为它与修复画笔工具、修补工具和红眼工具共用一个区域，因此可能藏在了下面。

快速修改：把这个污点修复画笔工具设置为合适的"直径"，使得画笔可以覆盖受损的位置。这个修复可以非常简单地发挥作用：利用这个画笔标记出所有干扰的位置，然后Photoshop会计算出这些新像素。为了能够实现逼真的效果，Photoshop使用了环境的颜色和亮度信息来综合计算。正如刚才所说：一个尽可能小的画笔直径是有优势的，因为Photoshop可以尽可能精确地设置这些新色阶。

如果你对这个结果并不是非常满意，可以简单再试一次：可以是使用一个略大的直径、略微改变一下位置或简单从一个均匀的平面中选取这个标记区域。

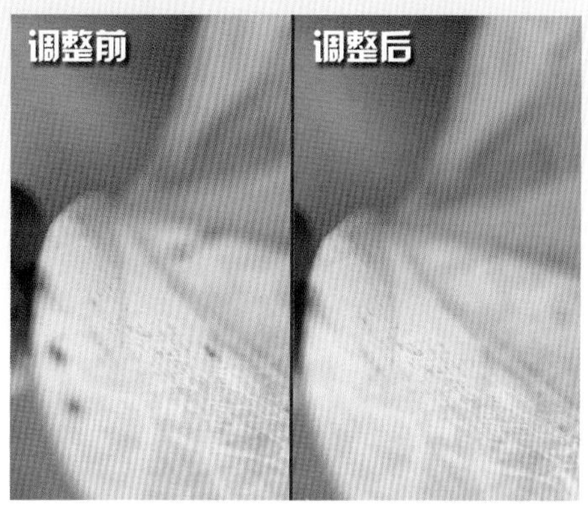

疗效不错：这个污点修复是 Photoshop 中最简单的一种修复练习。

修补平面

在这个修复工具集中，"修补工具"是唯一一个可以不在单独的编辑图层中应用的工具。当然，你就无法再进行精细调节或在以后进行调整。为了能保留在背景图层上打开的原始图，你应该把它复制到一个单独的图层上并在这里进行编辑。或者在开始编辑之前，把这个照片文件存储为其他的名字。

大面积修补：基本上，你要像使用套索工具一样使用"修补工具"：选中你想修补的区域。这样你就可以对其进行标记，然后通过按下的鼠标左键把这个选区拖动到一个所需要仿制的位置上。

注意：在工具选项条中，应该把要修补区域设置为"源"。

复制区域：当以这种方式应用这个修复工具时，可以看出它与仿制图章的工作方法类似。它原封不动地把这些图像元素复制到已经标记的位置上。另一方面，它会针对原始颜色

修补: ⊙源 ○目标 □透明

和占优势的亮度数值，来调整复制过的图像区域，这又与污点修复画笔工具类似。"修补工具"在修复大平面时有突出的表现，因为它把各种工具的优势都整合在其中。

看不见的润色：在选区边缘形成了一个从修复区域到周围原始区域柔和过渡的边缘，这会使得这些修复在正常情况下不会被肉眼发现。如果你觉得这个过渡还不够柔和，可以在这之后求助于选择工具：利用Photoshop CS3或CS4，你可以在"选择"菜单中调出"调整边缘"并在这里设置所需要的参数。

如果使用的是老版本的Photoshop，可以在"选择"菜单中调出"羽化边缘"选项，然后在这里输入对应于过渡尺寸的相应数值。在这里，必须要放弃使用预览图，因为你只能输入像素数值。

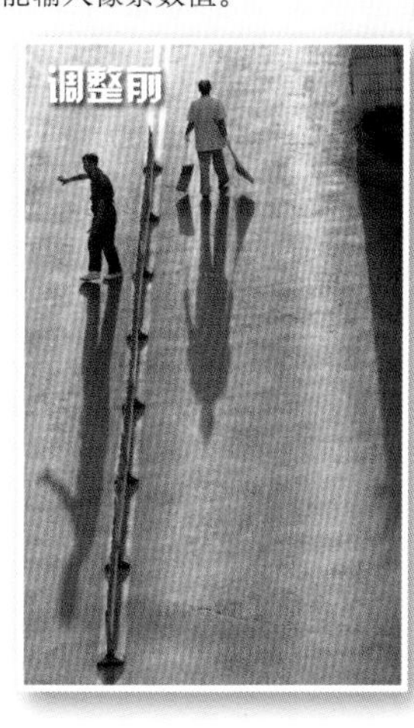

重新"清理路面"：路面上多余的行人，可以通过"修补工具"马上清除掉。

符合透视关系的润色

直到Photoshop CS2时，实现具有立体感的图像编辑都属于非常富有挑战性的任务。自从有了“消失点”这个滤镜，你就可以轻松完成这个任务了，因为新版的Photoshop可以实现具有正确透视关系的润色。

提示：在这里添加一个新的空白图层，这样以后就可以通过图层蒙版更好地调整这个已经编辑过的部分。在当前的题材中，我们通过在这座老房子的墙上使用绿色百叶窗来强化这个视觉消失点。为此，复制前面这个百叶窗，当然要在透视关系上保持正确。

这样进行编辑：从这个工作图层开始编辑，从“滤镜”菜单中选择“消失点”滤镜。这里，必须首先确定透视关系。为此，单击在图中显示透视缩小关系的图片上的4个点。在这个题材中，有在前面。你可以通过拖动这个窗户的4个特征点把出现的透视网格拖到中间的把手旁，并设置工作区域。现在有了各种可以改变透视关系的工具，例如经典的仿制图章工具。

这个近似长方形的窗户可以利用矩形选框进行标记和复制。为了可以更好地添加这个复制品，应该先在工具选项中确定一个柔和的选区边缘——其像素值要根据题材而定。

在拉动这个矩形选框时你会注意到，它会根据透视缩小的原理进行调整。因此拉动这个矩形选框会使得柔和的边缘嵌入在这个窗户周围的墙壁区域中。然后按下“Alt”键，再把透视网格中的所选区域向后拉。这样就生成了一个符合视觉关系和远端相应缩小的副本。

当使用完“消失点”这个滤镜后，你可以在题材中进行更为精确的调整：在这个工作图层上添加一个图层蒙版，然后利用柔和的黑色画笔描绘出与墙壁之间的过渡。这个元素经过复制和羽化后嵌入墙壁，完全可以达到以假乱真的效果。

替换颜色

每个题材都有着自己的季节。当然，每个季节也有自己特有的题材。春天的树木和草地通过鲜艳的绿色来彰显自己生命的色彩。如果你在错误的季节拍摄了自己喜欢的花草树木，那么可以在后期调整时做一些补救：“颜色替换工具”可以把所需要的题材部分改变为任意的前景色，同时不会改变题材的光影效果。

在使用“颜色替换工具”时，需要注意的是容差的控制。在工具选项中的数值与在画笔中心点的数值有直接关联：在原始图片那里吸取的颜色会在画笔直径中改变为这个新的前景色。

通过在本示例中的一个绿色图像位置上按下“Alt”键的同时单击鼠标，你就能最快速地确定前景色。要想让新上色的图像部分给人留下真实的印象，就要不断地改变前景色和画笔尖的大小。这样就可以避免出现单调的上色效果。

重新上色：新绿代替了枯草，这绝对是图像润色的成功案例。

抠图的至高境界

对皮毛或者非常不规则轮廓进行选择与分离，在我们日常处理中称其为抠图，这种工作不仅耗费大量的时间和精力，而且处理的结果也常常不尽人意。本文将为大家介绍，如何能快好省地完成抠图。

对于抠图来说，最完美的结果并不一定是最佳结果，因为后期制作所花费的时间也是需要考虑的。而且有时候，这种完美并不是第一目标。这样一来，人们就会更愿意使用可以通过方便、快捷的方法就能得到相应结果的技术。美国的同行们把这种处理方法称为"快而脏"，虽然图抠得有些不干净，但是可以完成工作。抠图在后期制作中主要应用于对前景对象的裁切，例如把有着柔软皮毛的动物从一个细微结构的背景中剪切下来，还有就是像柔软绒毛的衣服，细小的植物或者明显位于清晰图像部分之外的一些轮廓。

? 问题：我在度假期间给我的狗拍了一些数码照片。其中一张照片，我想以大尺寸的幅面打印出来，可是我不喜欢这张照片的背景，想用一处风景替换一下。遗憾的是，狗毛和背景的颜色非常相似，以至于魔棒工具已经帮不上我的忙了。难道我现在只能在Photoshop中对一根根毛进行裁切，还是有什么捷径？

! 回答：要想获得完美的结果，你是无法逃避手动裁切的。不过，我想给你推荐另外一种方法：你首先要使用套索或者魔棒粗略选中这个对象。然后，你可以用不同的滤镜，例如"扩散"或"晶格化"滤镜溶解掉这些平滑的轮廓。但是这样做并没有把每一根毛考虑在内，反而会因为这些滤镜的使用而产生一种不规则的绒毛状边界。对于长一些的毛来说，适合使用"点状化"和"径向模糊"滤镜。但是类似耳朵等过渡部分这些很难处理的位置，还是需要进行手动编辑。

1 打开原始照片

一只在白色背景前的白狗：对这种摄影题材进行抠图处理是一件令人非常头疼的工作。用普通的套索或魔术棒根本无法令人满意地进行轮廓的选取。在这里，除了手动处理之外，选区的划分也不可过于生硬。

2 选择背景

要想获得更快的解决方案，你首先要用魔棒工具选择浅色的背景。在狗皮毛上对比度低的地方，例如嘴的右侧，你必须在按下“Alt”键的同时，用索套工具把这个区域从彩色部分中清除掉。

3 剪切对象

应用上图中显示的组合键完成反选之后，你就可以把这只狗剪切下来，并粘贴到在一个新背景的新图层中。当然，现在粗略地看就能发现这只狗与风景之间的过渡显得并不真实。

4 羽化边缘

如果在反选之后对所选区域进行柔化处理，就可以获得更好的效果。为此，我们要在“选择”菜单中使用“羽化”命令，并输入一个数值。现在，结果看起来更漂亮了，只是在耳朵的周围仍然显得有些生硬。

5 生成图层蒙版

专业人员会使用图层蒙版进行编辑。为此，你要像在第2步中描述的那样选择这个对象，然后在图层面板窗口的下方单击“添加图层蒙版”按钮。此时所选区域会显示为白色，而周围的区域则显示为黑色。

6 美化轮廓

现在，用“高斯模糊”滤镜对这个图层蒙版进行柔化处理。然后，用画笔工具对这个图层蒙版的轮廓进行细微的调整。使用黑颜色画笔在边缘部分涂画。在我们的示例中显示的是耳朵部分（在第5步中通过箭头显示）。

7 添加颗粒效果

现在，这个柔软的轮廓看起来并不是非常完美。你可以继续利用合适的滤镜对图层蒙版进行处理。可以尝试使用“风格化”滤镜选项中的“扩散”滤镜。根据需要，这个滤镜只可以变暗或者增亮。

8 晶格化轮廓

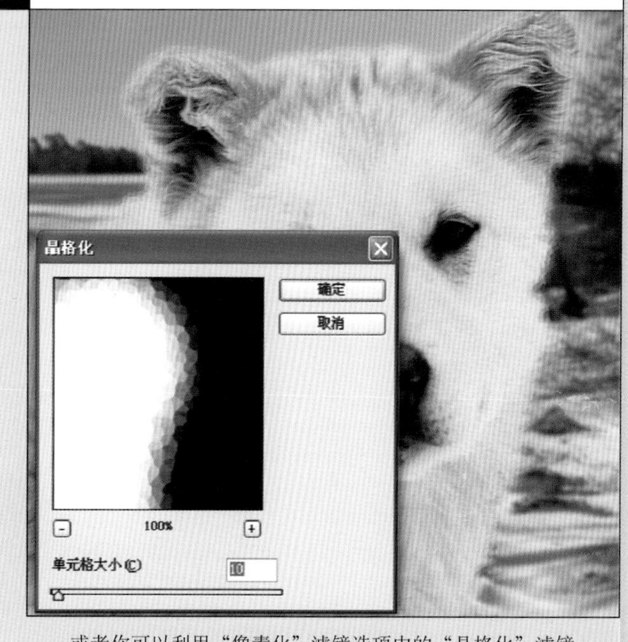

或者你可以利用“像素化”滤镜选项中的“晶格化”滤镜，并设定低数值进行尝试。这个滤镜会把沿着这个轮廓羽化过的灰度渐变过程在单元格内转换为不同的亮度，这作为蒙版将有助于模拟出真实的皮毛结构。

9 比较结果

通过上面的比较显示，在第6步中的羽化过程无论如何是必要的。在图中的两个放大镜中你可以看到，原来粗糙的轮廓在使用滤镜之后看起来是什么样子。只有预先进行很好的柔化处理，才能获得让狗毛缓缓消失在新背景中的灰度色调。

10 粗糙的裁切对象

你可以先利用“快而脏”的方法对所有具有绒毛状轮廓并且很难精细选择的前景对象进行裁剪。右上角照片中的这只小猫就是首先被粗糙地裁剪了下来。

11 调整轮廓

利用一个在前面已经提到的方法，在完成粗略选择之后进行羽化的图层蒙版（右图），现在这个结果已经能让人基本满意了。只是像在耳朵旁边的细微轮廓还必须手动进行调整，而像触须这样的细微结构则要去掉。

12 点状化轮廓

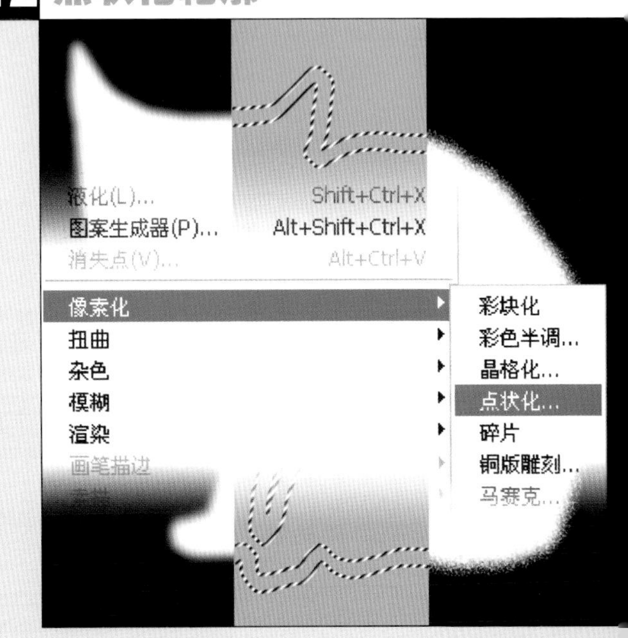

然后，通过按下“Ctrl”键的同时，单击有这只猫的图层符号，载入原始的选择部分。接下来，在“选择|修改|边界”中选择一个“宽度”。现在，切换到图层蒙版，并用较低的“单元格大小”应用“点状化”滤镜。

13 模仿猫毛

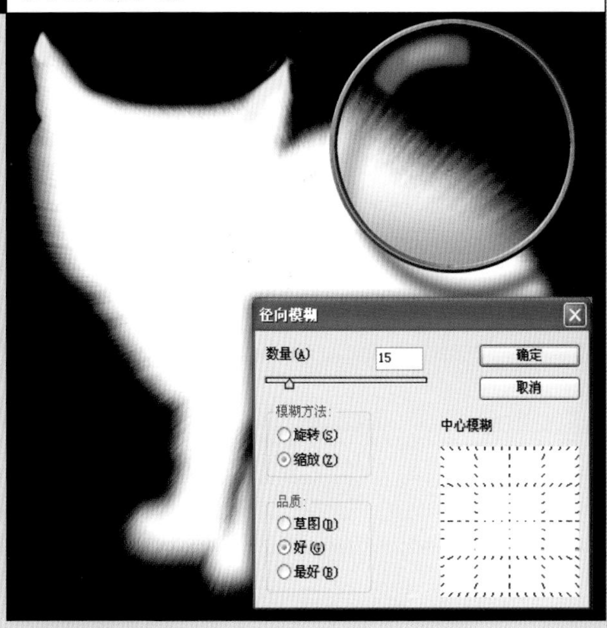

对所选部分应用“径向模糊”滤镜，并在其中使用“缩放”方法以及较低的“数量”值，可能你需要通过多次尝试才能确定新的中心点。现在，应用过“点状化”滤镜的轮廓有了毛状的结构。

14 检查结果

现在在重要的边缘区域中，这个结果已经比只进行柔化处理的轮廓要完美得多。图层蒙版虽然没有完全精确地除去现有的毛，但是这些毛已经变得不显眼了。另外，滤镜数量（第13步）和毛的长度要相互匹配。

5 拷贝到背景前

通过以上几步的努力，这个结果甚至在一个中性背景前都是可以接受的。当然，这与完美的结果相比还相距甚远，但是使用这种方法，你只需要花费很短的时间，就可以把轮廓干净地裁切下来。

16 裁切模糊的轮廓

这种方法同样适合处理模糊的轮廓。在这里，狗的脊背在清晰的部分之外。而狗皮毛边缘的结构调整与新加入的绿色背景之间显示出更好的过渡效果。在右上角可以看到这个蒙版。

快速进阶 第27计

重拾褪色的回忆

1 打开原始照片

这张两个青年人在教堂庆祝节日的照片明显经过了几十年岁月的洗礼。在照片上出现了两种裂痕：一是在暗背景上的亮裂痕，二是在亮背景上的暗裂痕。在这里，有最好的办法来分别解决这两种问题。

2 除去暗的裂痕

从工具条中选择“仿制图章工具”，或者通过按下“S”键也可调出这个工具。然后，把选项栏中的模式设置为“变亮”。这样，“仿制图章工具”就只会拷贝那些在目标位置旁边比这个图像点更亮的源像素点。

3 注意亮度

在具有不同亮度等级的平面上进行修改时就会很容易出现问题，例如放大的这部分围裙中。为此，最好从暗部的图像开始修改。如果一开始设置得太亮，就可能会形成左侧截图中明显的条纹。

4 除去亮的裂痕

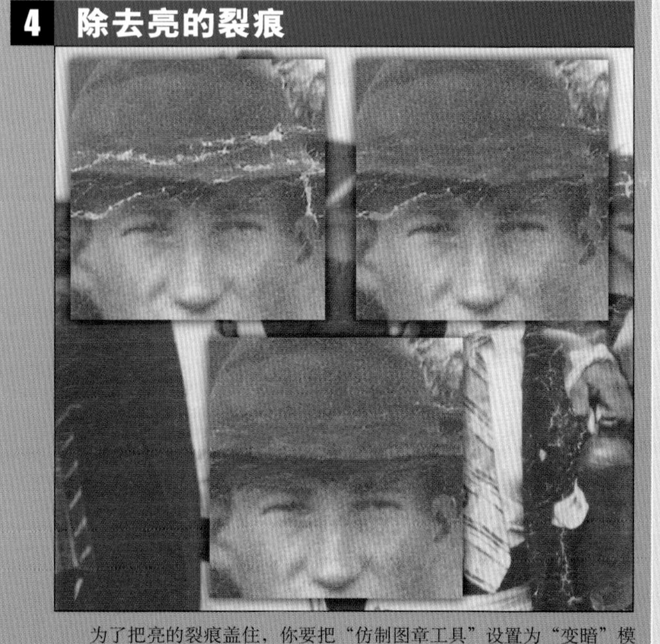

为了把亮的裂痕盖住，你要把“仿制图章工具”设置为“变暗”模式。这次修改的过程与刚才的过程相反：不要马上用最暗的色调编辑帽子，而是要首先处理不是那么暗的图像部分，并且逐步实现上述效果。

要是你掌握一些照片的后期处理技术，对于数字化后的家庭照片上的裂痕、折痕和脏斑的修补工作就完全可以自己动手完成。本文将告诉大家，如何在不丢失细节的情况下修复照片的伤痕，重新拾起褪了色的回忆。

5 修饰细节

如果你期望获得很好的效果，就尽量不要使用自动的辅助手段。因此，要完成对照片的修饰就需要很长的时间，尤其是像素很大的照片。像嘴或者眼睛这样被毁掉的细节，更需要你为此付出足够的耐心。

6 查看结果

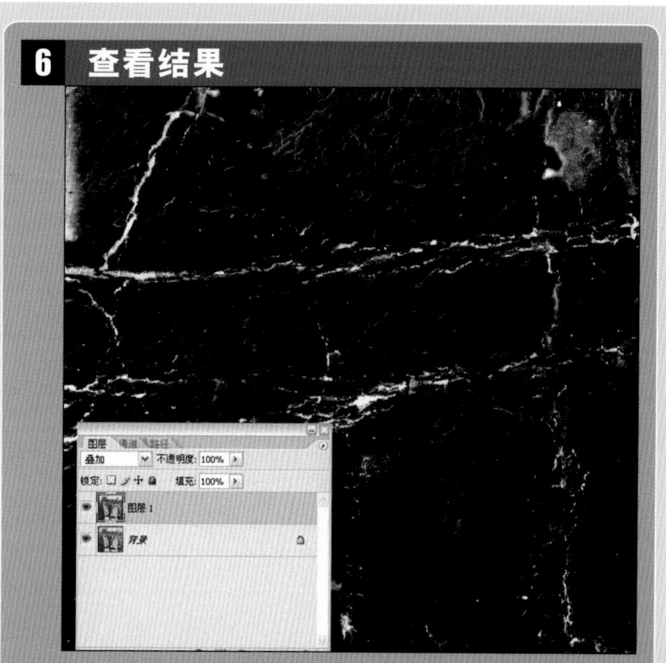

非常值得推荐的是，给原始照片建立图层副本，并进行编辑。现在，把这个副本与修改过的照片以“差值”的图层混合模式叠加在一起。这样，图像中亮的位置会显示出它们相互之间存在差别的地方。遗憾的是，现在还不能马上把它作为蒙版使用。

7 在ALPHA通道中画画

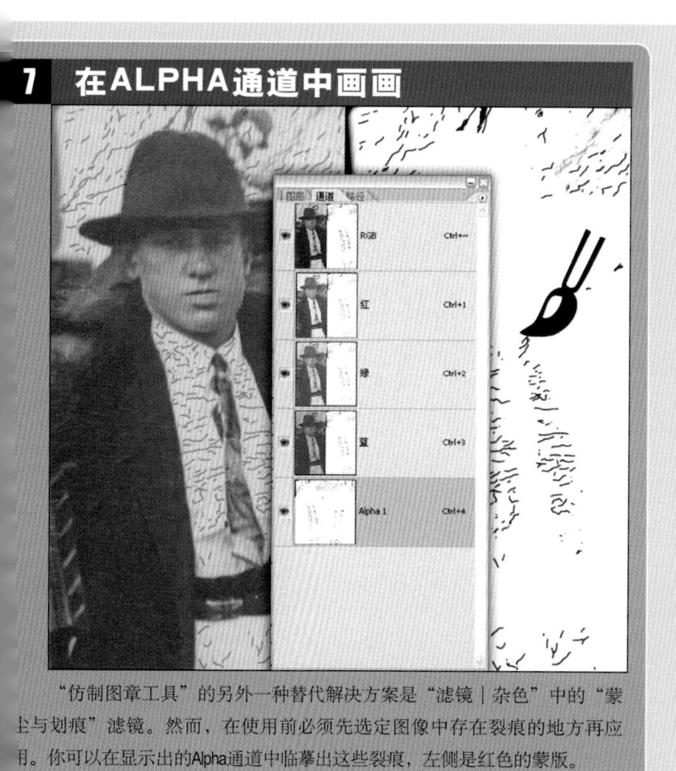

“仿制图章工具”的另外一种替代解决方案是“滤镜|杂色”中的“蒙尘与划痕”滤镜。然而，在使用前必须先选定图像中存在裂痕的地方再应用。你可以在显示出的Alpha通道中临摹出这些裂痕，左侧是红色的蒙版。

8 使用专用滤镜

如果使用过高的数值，“蒙尘与划痕”滤镜通常会让这张照片无法使用（左图）。现在，要为这个刚画过并经过转换的蒙版分配一个图层副本（右图），这样就只有图层上编辑过的裂痕是可见的了。

完美优化色阶

太亮、太暗、太模糊或是对比度太大？当因曝光失误而使一张在其他方面都很成功的照片黯然失色时，优化色阶作为最后的补救办法，你可以在电脑上对照片进行调整。接下来本文将告诉你，如何利用 Photoshop 等软件获得令人惊奇的改进效果。

大多数摄影初学者并不考虑相机的正确曝光设置：在全自动、快门优先或光圈优先模式下，相机测量入射光线并调整其他参数。当你的照片大量出现曝光失误时，你可能才开始怀疑这些自动模式的可靠性。所有数码相机的内置测光表都会被光线的反射影响，在亮度超过或低于平均水平的拍摄题材中，相机的电子器件会试图寻找中灰进行曝光，而造成的影响是相机的动态范围受限，从而导致照片不能表现拍摄现场的所有细节。

色阶和动态范围

JPEG格式的照片以色阶的形式存储亮度信息。在8位颜色质量下，每个像素点有256个从纯白、经灰到深黑的亮度等级在高级的数码相机中，可以随时利用直方图的形式检查色阶，而这也同样是图像编辑最重要的检查工具之一。

理想的直方图看起来是什么样子，虽然没有统一的规定，但还是有一些要

明显提高对比度

这张示例照片虽然显得太暗，但是这并不是太严重的问题。通过使用色阶调整，可以很好地处理曝光不足的问题，而色阶调整也可以作为调整图层的处置，将其放置在原始照片图层上面。不过，水泥地也会因此而变亮。为了提高皮毛的对比度，可以通过使用蒙版把色阶调整的效果限制在这只北极熊身上。

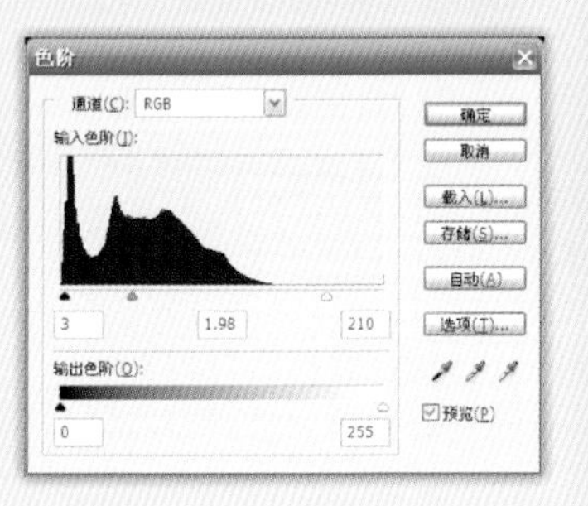

可寻：在大多数情况下，色阶应该充分利用直方图的整个宽度。这意味着高素质的照片应该是一张高对比度的图片，或是一张能充分利用JPEG格式所提供的最大动态范围同时没有超出这个范围的照片。从技术上看，现在HDR照片（High Dynamic Range，高动态范围）可以将多张相同场景下包围曝光拍摄的照片进行合成，使得照片中的亮部和暗部的细节得到延伸。

图像编辑软件的自动调整功能所尝试的，无非是把照片的色阶曲线扩展到可能达到的动态范围的边缘。这在像Photoshop这样的软件中很多情况下可以获得不错的效果，但要想获得最佳的图像质量，还是建议使用手动调整。在使用便捷的亮度滑块时需要注意的是：很多软件会同时大量移动所有色阶，结果是：照片虽然更亮，但是质量却不一定会更好。

简单和高效

“色阶”命令属于基本的照片编辑手段，无论是在Photoshop还是在很多其他软件中都可以找到。这个功能不仅优化整体的亮度，而且也对照片的黑点和白点进行优化。在Photoshop中，这些滑块就在直方图的下面，因此可以非常精确地设置这些参数（参见右侧示例）。在经过色阶调整之后，绝大多数照片都显得更鲜艳和生动。

适度的色阶调整对照片没什么太大伤害，但是过度的“修剪”色阶，则面临着残缺不全的窘境：在“修剪”之后，保留下来的色阶重新分配到256个亮度等级中，而这其中会出现漏洞。在图像中，这表现为在对比度边缘和过渡中不自然的等级。在这种情况下，应该撤销整个调整工作，让色阶只伸展到合理的位置上。此外，在编辑RAW格式的照片时，这样的失

使用直方图的技巧

评判质量

对色彩的感觉及主观分析，始终要走在图像调整前面。这其中的含义非常简单：就是在进行调整前要先仔细观察照片。我们的北极熊照片整体上太暗。相机的自动功能把浅色的皮毛向中灰方向进行了曝光。此外，玻璃的反光也会导致测光表无法正确工作。照片是否还有救，直方图能告知答案。

分析色阶：直方图的左侧显示的是昏暗的图像区域（阴影❶），右侧显示的是浅色

区域（高光❷），中间显示的是中间调❸。正如事先想到的那样，这张北极熊照片的色阶都拥挤在直方图左侧。由于北极熊的皮毛是主要的元素，因此右侧的区域必须显示出明显更多的色阶。

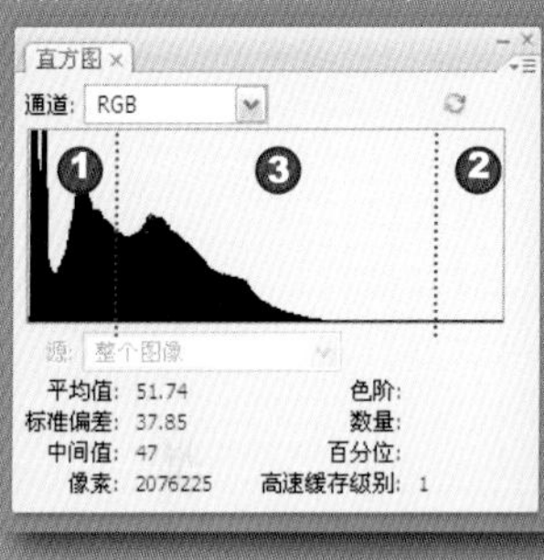

庆幸的是，看起来在高光区域还好没有什么损失，因为这个曲线在进入右侧区域之前就已经接近基线。与此相比，在阴影中也存在着问题。

检查阴影和高光：为了保险起见，我们通过软件显示出图像最亮和最暗的区域。比如在Photoshop中，这可以通过“色阶”命令执行，该命令可以通过“Ctrl+ L”组合键调出。在直方图的下边缘可以看到3个滑块，也就是分别对应于阴影（黑色）、中间调（灰）和高光（白）的滑块。

按下键盘“Alt”键，用鼠标按住黑色的滑块慢慢往右移。当图像刚刚出现黑色时就可以了，再继续调整的话逐渐会出现彩色色斑。这样就不会有阴影被淹没。当这个警告显示只在并不重要的题材区域中出现时，这就不是什么大问题。如果需要，可以通过白色滑块以同样的方式调整照片的高光区域。

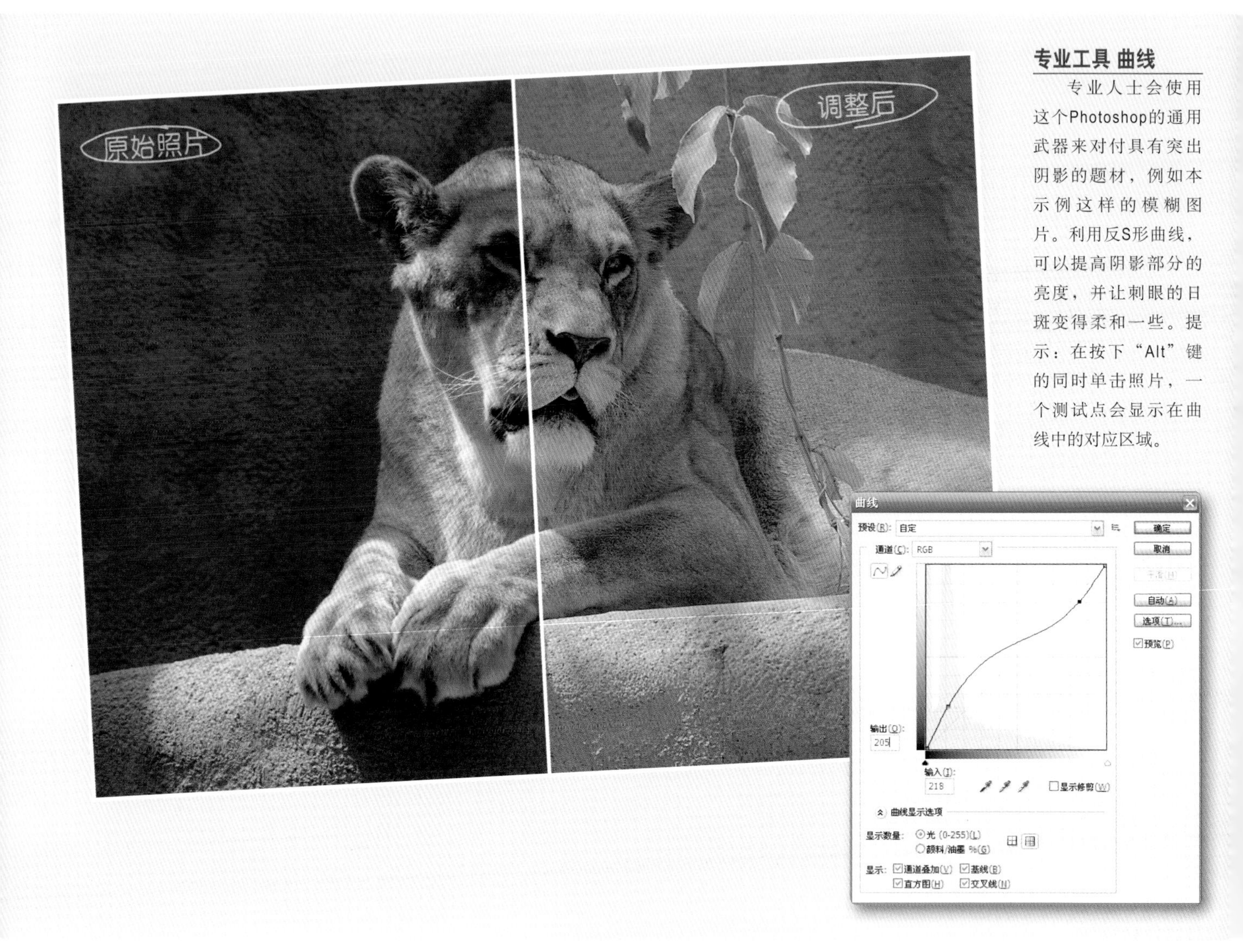

专业工具 曲线

专业人士会使用这个Photoshop的通用武器来对付具有突出阴影的题材，例如本示例这样的模糊图片。利用反S形曲线，可以提高阴影部分的亮度，并让刺眼的日斑变得柔和一些。提示：在按下“Alt”键的同时单击照片，一个测试点会显示在曲线中的对应区域。

Photomatix 2.4

HDR解决极端的光线情况

有些拍摄场景超出了数码相机的动态范围，这会让照片变得缺乏细节，“被吞噬”的照片区域也会变得引人注目。这其中，只有具有不同亮度的包围曝光可以帮上忙，这些照片可以通过软件组合成为一张具有高动态范围（High Dynamic Range）的照片。虽然像Photoshop或Corel Paint Shop Pro这样的图像编辑软件集成了相应的功能，但是还没有一款软件能像传奇的Photomatix那样，可以简单、高速操作并获得良好的效果。在2.4版本中，通过软件菜单“HDR”下的“生成”和“色调映射”命令，可以进行完善地修改。

网址：www.hdrsoft.com

真会明显出现得更少：由于RAW格式有12位或更高的颜色质量，因此至少有4096个亮度等级可供使用。

在调整色阶时，还存在着另外一种风险：如果黑点或白点设置得太近，可能会出现阴影消失或高光溢出的问题。实际上，这些色阶超出了直方图的界限，因此细节图案就消失了。不过有简单的办法可以避免这种情况发生：激活显示纯白和深黑区域的“显示裁剪”（参见上一页“评判质量”）。如果在开始编辑时这个警告已经亮了，那么题材就已经超出了照片的动态范围。在典型的情况下，这出现在直接由太阳照耀或在阴影区域中的照片部分中。如果无法进行优化处理，只能重新进行拍摄——要选用RAW格式，这比JPEG格式能存储更大的动态范围。或者选用包围曝光，然后通过专用软件组合成为一张具有“高动态范围”的照片。

使用对比度蒙版工作

在Photoshop CS出现之前，图像编辑人员还需要自己手工生成一个用来把调整限制在浅色或深色区域的对比度蒙版。有新的Photoshop CS版本的用户，可以方便地使用“阴影/高光”功能。“阴影/高光”窗口中这些滑块可以确定，在多大程度上提高阴影的亮度和降低极端的高光的亮度。最实用的是，需要的颜色调整在这里可以同时完成。

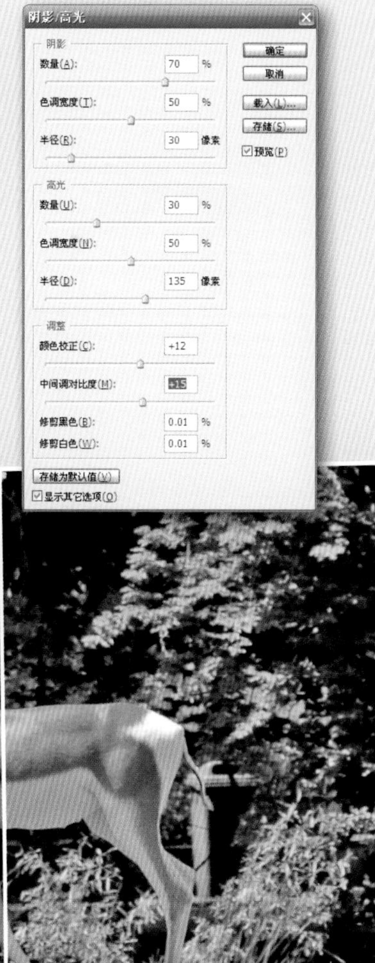

调整阴影

如果直方图非常客观地显示出良好的色阶分布，那么这第一步就算完成了。可是仅是如此还不够。例如如果重要的图像区域在阴影中时，观众就不能像摄影者所希望的那样感知到这些内容。在这些情况下，“色阶”命令就力不从心了，因此要选择其他的工具。

对于工作量不大的优化来说，像工具栏中的“减淡工具”或“加深工具”这样的画笔工具就够了。这就像重新回到了传统的暗房技术上，允许通过重新上色来增加或降低图像区域的亮度。这些画笔的影响甚至可以通过选项将它们限制在阴影、高光和中间调区域中，也就是说只对这三者中的任意一部分施加作用。

与此相比，Photoshop的专业人士最喜欢使用“曲线”：当曲线弯成反S型时，图像中极端的对比度会降低（参见母狮子的示例图）。与此相比，S型曲线可以提高对比度。尽管有这个非常灵活的功能，有时还需要通过使用蒙版来限制亮度调整的影响范围。

调整“曲线”需要丰富的经验，因为使用这个工具很容易损坏色阶。因此，很多摄影者很喜欢使用“阴影/高光”功能。从Photoshop CS版本开始，移动几个滑块就可以提高阴影的亮度，或者降低高光的亮度。这个功能以“对比度蒙版”的形式工作，在曝光过度的照片中通常可以显现出奇效。现在，很多公司制作的软件都模仿了“阴影/高光”功能，因此在很多图像编辑软件中可以找到上述功能。

在 Photoshop 中的图层技巧

生动的照片效果

通过提高阴影和高光的对比度，模糊的照片会展现出更多细节。这一切可以通过S型曲线获得，可是这项专业技术需要一些经验和感知细微的能力。还有一种通过Photoshop实现的简单方法，可以获得生动的人像照片：这就是叠加图层。

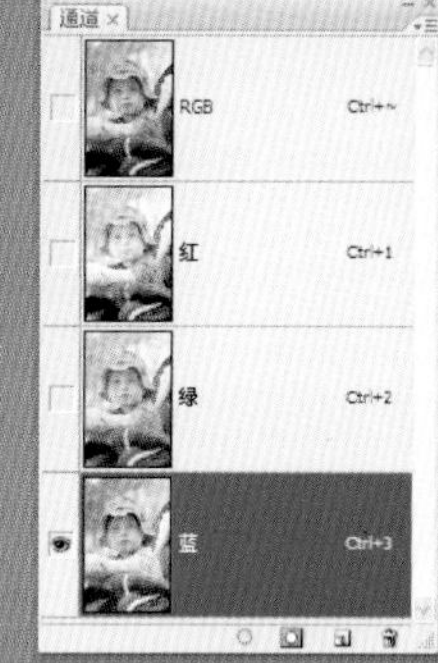

1. 寻找对比度： 打开照片，并通过“窗口”菜单调出通道面板。依次单击每个颜色通道，找出具有最明显对比度的那个通道。现在按下“Ctrl”键，同时单击这个通道缩略图，这样可以选中浅色的色阶。然后单击“RGB”通道，重新显示彩色图像。

2. 增亮高光区域： 通过按键盘“F7”键调出图层面板，然后按下“Ctrl+J”组合键将选区作为新图层添加。当把图层的混合模式设置为“滤色”时，浅色的色阶会更亮。

3. 加深阴影区域： 通过在这个新图层上按下“Ctrl“键，重新载入选区。在“选择”菜单中选择“反相”，然后通过“Ctrl+J”组合键把这个阴影区域作为新图层添加。然后把图层混合模式设置为“正片叠底”，使得阴影部分变得更暗。

4. 调整效果： 如果现在对比度太强，可以通过图层的不透明度将其降低。你可以使用其他的图层混合模式进行试验，不过有些会留下人工雕琢的痕迹。像“变亮”和“叠加”这样的混合模式，也适合生成效果自然的高对比度效果。

顶级人像润饰

专业的人像润饰并不局限于抚平脸部褶皱。在经过高端的后期编辑后，近乎完美的照片完全可以达到封面图片的品质。这其中需要的是深厚的 Photoshop 功底和对修饰工作的准确计划和实施。

修饰人像照片是完全的手工活，几乎没有任何艺术可言。原始照片就像一块天然钻石，如果不经雕琢就不会发出耀眼的光芒。首先在软件中载入照片，并先进行粗略的编辑，然后处理其中可能的干扰因素，最后才是精细的修饰工作。

与雕琢钻石相比，图像编辑随时都可以返回到初始状态并认真思考编辑工作。这是一个不可低估的优点，因为在电脑上经常会由于调整出现偏差而需要重新进行调整：比如由于过度去除皱纹，而使得被摄人物显得"很傻、很天真"，还有在完美主义的驱使下，会把人物的比例和脸形改得面目全非。

比这更坏的是使用一些极端的后期编辑。例如在不考虑原始数据的情况下，直接在背景图层上进行编辑，而结果与拍摄对象的面容几乎没有相似之处。这样造成的严重后果是，只能调出原始文件，重新开始编辑。

新老工具

无论是编辑女友的肖像，还是为杂志做封面图片，准备工作都一样，首要的步骤是复制背景图层。这样，你就可以确保随时读取原始数据。因为即使在调整图层和智能滤镜的时代，始终还有着一些重要修饰功能不可逆地改变照片。

调整人像轮廓的所有工作都属于此列，这包括通过"自由变换"或"液化"放大或缩小眼睛、嘴唇。例如适合针对眼睛和牙齿而使用的减淡工具和加深工具，这些老而弥坚的工具，可直接在图层上进行编辑。

对人像照片基本的修饰主要是减少皱纹和瑕疵，这些都可以再在一个单独复制出来的修饰图层上进行处理，因为仿制图章、修复画笔或者污点修复画笔工具，只支持整个图层的编辑。

智能修饰

通常，皮肤的颜色和对比度调整都在调整图层上进行。使用这种方式的优点是，调整并不会改变原图，而只是对上面的图层起作用。因此，这一步的参数设定，在任何时间都可以重新改动或者调整。

使用Photoshop CS2或者CS3编辑照片时，还可以在皮肤区域的后期精细编辑中灵活地进行工作：利用"智能对象"技术，任何一个滤镜都可以像调整图层一样使用。这样，就可以随时读取原始数据，甚至可以把已经应用的滤镜组合在一起。

原则上来说，有两种方法可以生成"智能对象"：在Photoshop CS3中，只需要在"滤镜"菜单中单击"转换为智能滤镜"命令，在对照片使用一个滤镜后，就可以为普通的滤镜增加智能滤镜的功能。在Photoshop CS2中，必须从图层面板的选项中调出"编组到新建智能对象图层中"这个命令。这两个命令可以把一个或者多个所选图层转换为智能对象，这样现有的图像信息就包含在图层当中。

你可以通过双击鼠标随时调出"智能对象"中所应用的一切滤镜，并通过图层蒙版限制它的应用范围。此外，如果还想在最初的工作和修饰图层上应用这些改变，可以通过在智能对象图层上双击鼠标，以临时文件的形式打开并继续编辑内部存储的原始图像数据。

1.整容

如果想让眼睛变大、改变嘴唇的形状或者垫高鼻子，就应该在第一步调整中实现。注意：不要忘记在开始前复制背景图层这项基本工作。

外科手术：Photoshop的"液化"滤镜是修整容貌的理想工具。你可以在"滤镜"菜单中找到它。这个对话窗口中含有很多可以用来随意移动像素点的工具，不过要注意保持正确的视觉比例。无论是"画笔密度"还是"画笔压力"，在正常情况下都不能超过"50%"。其中，画笔压力决定工具的作用强度，画笔密度则决定在工具边缘的影响会有多大程度的增加。

造型：利用"向前变形工具"，可以用粗画笔工具的尖端沿着边缘慢慢让脸颊变瘦、让嘴变对称或者重新定义嘴唇的结构。这个工具也可以在缩小和调直鼻子的轮廓时使用。

不过，"褶皱工具"更适合用来缩小局部区域。你可以通过它让鼻孔变小，让赘肉变少。另外，要小心使用这个工具。

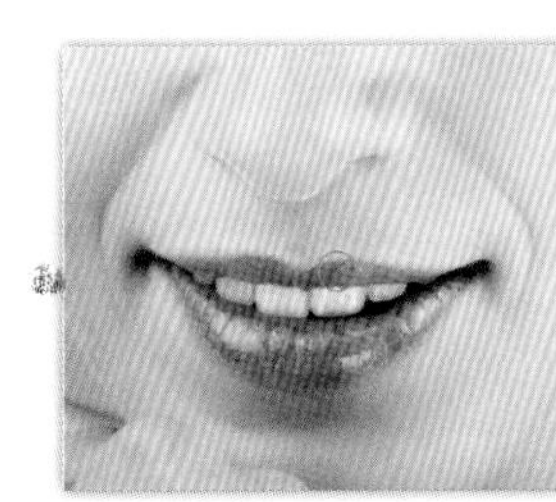

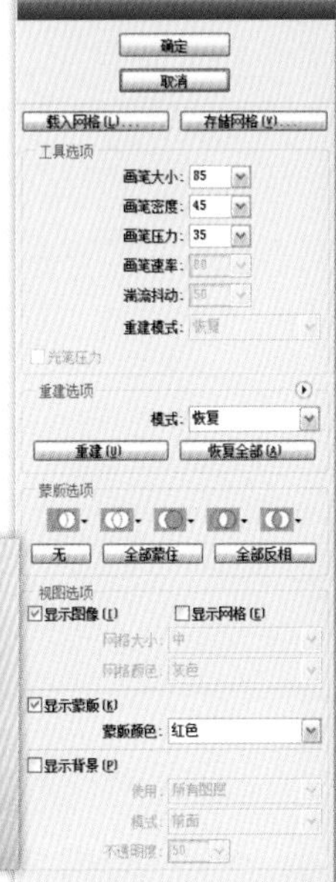

2.形成对称

在第二步中，对于不同的人物特征，修改的工作量也会有所不同。在我们的实例中，无需做太多改动，只是略短的牙齿有点瑕疵，同时嘴唇需要保持对称。

复制反光部分：用套索工具选择左侧漂亮的嘴唇反光面。然后在工具条中单击"调整边缘"，并输入一个柔和的边缘。通过按"Ctrl+J"组合键，从这个选区中生成一个新图层。现在，只需要把这个选区放到右半个嘴唇上：通过"Ctrl +T"组合键调出"自由变换"命令。利用鼠标右键命令，选择水平翻转选区，然后用鼠标指针调整选区的大小和位置。

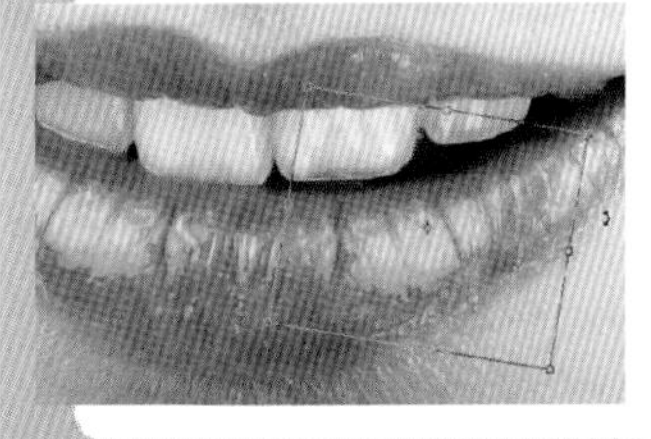

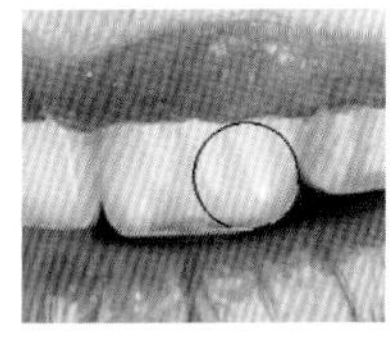

加长牙齿：现在，可以把前面形成的图层作为修饰图层使用。单击"仿制图章工具"，并在选项中确定样本为"当前和下方图层"。利用硬一些的工具尖端加长牙齿。

这里有个专业技巧：如果通过画笔面板在"仿制源"选项卡中激活"显示叠加"，可以更精确地进行编辑。

3.让眼睛透亮，让牙齿白皙

人像照片应该看上去有种眼前一亮的感觉。其中，洁白的牙齿和清澈的眼睛就属于标准的修饰。

亮点："减淡工具"和"加深工具"的名字让人想起传统暗房技术，当时利用这项技术可以增加或者降低图像局部的亮度。你可以在后期工作流程中完成这个工作，而且还要精益求精。相比传统暗房，在电脑上可以使用选区和范围设定的帮助，并将这些工具的作用加以限制。例如可以利用减淡工具只增加高光区域的亮度，并利用加深工具让深色调部分变暗，让虹膜具有更高的对比度。

吸水海绵：减淡工具也可以增加白眼球和牙齿的亮度。在这之前，先利用"海绵工具"进行稀释。这样，在牙齿上的黄色和在眼睛中的红色就会消失。在所有这些工具中，应该在"曝光度"和"流量"中设置较低的数值，以便可以慢慢达到最优化的效果。

画笔: 3	范围: 中间调	曝光度: 50%
画笔: 90	范围: 中间调	曝光度: 29%
画笔: 65	模式: 去色	流量: 50%

4.修饰皱纹

要完成这个工作，需要生成一个单独的修饰图层（类似在实例“2.形成对称”）。在这里，通过单击在图层面板下边缘的创建新图层符号，来生成一个新的空白图层。

可逆过程：在这个修饰图层上进行编辑工作，在仿制图章工具和修复画笔工具的选项中（选中工具后，在Photoshop界面上方会出现选项）选中“对所有图层取样”复选框。这样，以后可以顺利识别并改正在这个修饰图层上的所有调整。

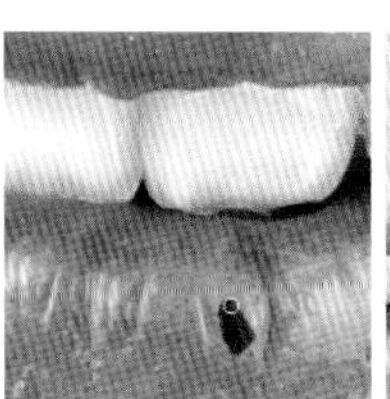
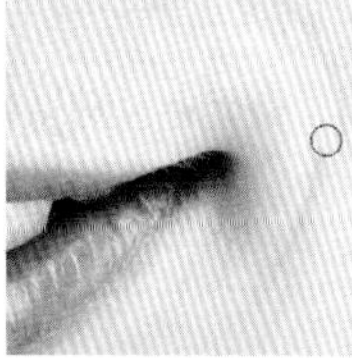

小缺陷：现在的题材中，只是在嘴唇上有一些红斑和在皮肤上有一些脏斑。利用“污点修复画笔工具”，可以快速选中这些地方，然后Photoshop会自动对其进行修正。

抚平皱褶：在封面图片上的人脸不要求自然，而只要求完美。因此，即使是最细小的皱褶和细嫩的线条都要“去除”。使用“修复画笔工具”可以完成这个任务。在按下“Alt”键的同时，记录下一个尽可能没有皱褶的皮肤区域。然后，用它覆盖影像整体效果的皱褶。这些像素在颜色和亮度方面会根据周围的环境进行自动调整。

修饰黑眼圈：不能用修复画笔工具除去眼睛下面的阴影，这样做会让这个区域显得过于平滑，并因此显得不真实。完成这项修饰的更好办法是选择经典的仿制图章工具，把模式设置为“变亮”，并使用较低的不透明度进行编辑。这样，你就可以逐步叠加昏暗的皮肤区域，而不会让细微的皮肤结构完全消失。

5.柔化皮肤

在常规的修饰之后，接下来就要进行精细调整。在实例中，主要是指对皮肤的柔化处理。直到Photoshop CS2之前，都必须把现在生成的所有图层合并到背景图层中，并为了保证万无一失而复制该图层，这时才开始使用模糊滤镜。如果以后某个时间，你对滤镜的效果不满意，还可以从头进行编辑。

准备工作：在使用Photoshop最新版本时，你会觉得润饰人像照片变得更加方便。有了“智能对象”功能，你始终都可以读取原始的工作图层。在CS3中，你可以通过在“滤镜”菜单中的“转换为智能滤镜”命令，把多个图层转换为一个共同的智能对象。在CS2中，你可以从图层面板的选项中，选择“编组到新建智能对象图层中”来实现上述功能。

滤镜：现在，有很多模糊滤镜可供选择。“表面模糊”滤镜适合对所有皮肤的不平整部分进行整体性的平滑处理。这个滤镜会调整相邻像素之间的颜色数值和色阶。其中，“半径”确定像素的数量，“阈值”用来保护例如眼角等不需要模糊的部分。利用这些滑块的微量调调整并进行效果比对，你可以在调整完半径和阈值之后获得具有高反差细节、明显变为更平滑的皮肤。

如果通过图层蒙版来精细调整这个相当极端的滤镜效果，结果看起来会更自然。Photoshop在一个智能滤镜图层中会自动生成一个图层蒙版。如果已经在一个图层副本上应用了这个滤镜，那么可以通过单击图层面板下边缘的“添加图层蒙版”的符号生成这个图层蒙版。

精细处理：为了让模糊效果变得柔和，首先要通过“编辑|填充”命令用黑色的前景色填充这个图层蒙版。这样你就遮盖了这个滤镜效果，模糊效果也就从图像中消失了。然后，你要选择“画笔工具”，选择一个大而柔软的笔尖并利用白色的前景色，在工具条中将不透明度设置为大约20%。利用这个设置，你可以慢慢在需要模糊处理的皮肤范围内移动画笔，这样滤镜效果就又重新可见了。

图层 通道 路径
正常 不透明度: 100%
锁定: 填充: 100%
图层 1
智能滤镜
表面模糊
背景

修饰后的中间结果

滤镜：表面模糊

通过图层蒙版调整的效果

6.锐化细节

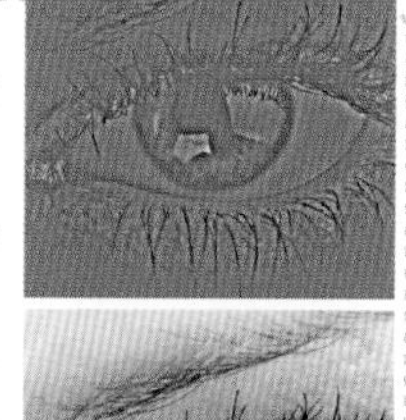

专业人员在进行人像锐化时，始终要频繁使用在“其它”滤镜组下的“高反差保留”滤镜。这虽然会产生麻烦的中间结果，但是容易获得所希望的细节对比度。

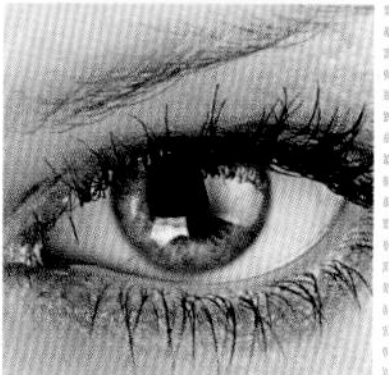

基础：首先生成一个用于锐化处理的新的可编辑图层。为此，要么像步骤5中所描述的那样生成一个图层副本，要么在你有新版本的Photoshop时，把相应的图层转换为“智能对象”。

明显的细节对比度：通过“滤镜|其它”选择“高反差保留”滤镜。这可以把所有不含细节对比度的区域转换为均匀的灰色区域。具有明显亮度差别的区域，会显示为带有黑色的边缘。在设置“半径”时，要注意的是，不要生成任何彩色边缘而是只获得有清晰界限的边缘。然后单击“确定”。

精细调整：自然，这个图像不应该是灰的。在一个图层副本上进行编辑时，把相应的图层模式设置为“叠加”。这个彩色图像会重新显现出来，但是会带着正如刚才“高反差保留滤镜”所定义的更明显的边缘。当你把“高反差保留滤镜”作为智能对象使用时，可以随时通过在相应图层上双击鼠标调出滤镜并重新进行设置。

7.调整皮肤色调

当然，在开始时你就可以利用一个调整图层实现皮肤色调的颜色调整。如果你计划动一个更大的“美容手术”，就必须在后面继续调整这个使用过的图层蒙版。在修饰、锐化和模糊处理之后，依然有足够的时间来完成这项调整。

修指甲：在编辑过程中，很容易把手臂忘掉。这样，在图像中的手与完美修饰的脸相比，就会太苍白或者太红并有脏斑。你可以通过“色调/饱和度”功能的调整图层对其进行调整。

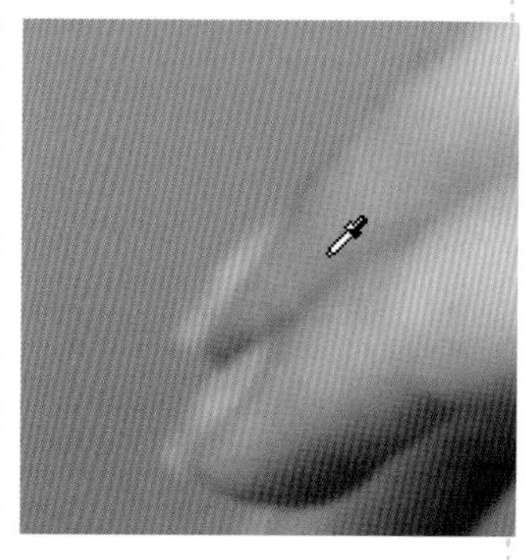

在接下来的“色调/饱和度”工作窗口中，选择“红色”作为编辑区域，然后用吸管单击红色的皮肤位置来精确确定调整范围。你会在下面的颜色标尺中看到所选择的颜色区域，并且可以继续进行调整。

现在，向右移动“色相”滑块把红色色调略微向黄色的方向调整。此外，要降低“饱和度”，并利用最下面的明度滑块略微提高色调的亮度，直到红色的斑点减少为止。

图层蒙版：自然，这个调整也会在其他色调上显现出来，并可能会产生一些干扰。因此，这里也要使用调整图层的图层蒙版，首先完全用黑色遮盖图层，然后在应该显现调整效果的区域内移动画笔。

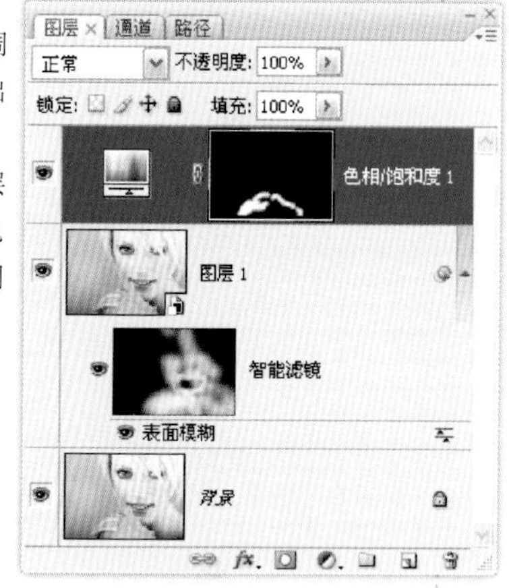

8.生成透明的皮肤

陶瓷般晶莹剔透的皮肤显得非常漂亮。利用一个技巧，可以生成一个明亮、几乎透明的效果，这需要通过黑白图层实现。我们把它和彩色的原图叠加在一起，并非常精细地提高对比度。这样，色饱和度下降了，而浅色的皮肤色调则获得了几乎透明的效果。

转换：有很多方法可以把图像转换为黑白。从Photoshop CS3开始，提供了一个同名的“黑白”功能，而“通道混合器”也提供了良好的效果。在通道混合器菜单中，针对皮肤色调选择“使用红色滤镜的黑白”，激活“单色”选项并通过颜色滑块调整结果。接下来，把这个黑白图层的模式设置为“叠加”，这可以非常明显地提高皮肤的亮度。一个小技巧：你可以在生成调整图层时就确定图层模式。为此，只需要在图层面板中通过一个小的黑白符号选择调整图层时，按住键盘“Alt”键。这样，你马上就可以在图像中看到结果。

红和黄之间：通过提高皮肤自身颜色，也就是红色或者黄色色调的数值，皮肤色调会变得更亮并获得所需要的透明度。如果这个效果看起来太强，你可以重新通过图层蒙版和前面描述过的方式进行反向调整。

专业抠图技巧

利用Photoshop CS3进行精细调整

一次图像编辑成功与否，根本上取决于选区边缘的编辑效果。在一个非常精确，也就是锐利的边缘中，抠出的前景看起来绝不能就像是粘在背景上一样。与此相比，一个太柔和的边缘会让人物的轮廓消失。

调整边缘： Adobe在Photoshop CS3和CS4中把所有调整边缘的功能都整合在一个菜单中。“调整边缘”这个命令不仅提供了除单纯的蒙版模式之外的诸多预览模式，还提供了用于平滑、放大、缩小或羽化选区边缘的精细设置。其中“半径”滑块是常见的羽化选择的替代方法，因为它把羽化处理限制在一个细长的选区边缘内，因此明显更适合用来优化像头发这样的精细选区。

如果想为人像照片不露痕迹地更换新的背景，就需要在素材中精确到像素点来选取相应的人物。通过文章中介绍的专业抠图技巧，可以帮助你应对各种复杂的背景，并且最大程度地保留主体的细节。

在进行抠图工作前你应该知道的一点是，这首先需要时间，其次需要耐心，再次需要Photoshop的技巧。正如没有包治百病的仙丹一样，"一键即成"的解决方案也是不现实的。不过原则上来说，针对每一个题材和每一种情况来说都有着相应的解决方案。

Photoshop提供了大量的工具和功能，可以把一个被摄人物从背景中逐步抠下来。不过，只有在正确组合所有这些方法时，才能实现既定的目标。

与大多数图像编辑任务类似的是，在进行抠图时不应该丢失任何图像信息。只有这样，才能在编辑的过程中随时保持灵活性。那么，只有在制作时通过添加原始图层副本、生成图层蒙版和存储选区，才能达到上述的目的。在这过程中，要牢记一个按键：利用"Q"键，可以从标准选择模式切换到快速蒙版模式。其中，Photoshop会把未选择的区域染成红色，这样就可以精确判定边缘选择过程中的精确程度。

工具和功能

现在，从一个粗略的选择开始完成抠图所需要的基础工作。为此，在Photoshop中有大量合适的工具可以使用：代代相传的魔棒工具总是可以在具有单色背景的题材中获得良好效果。当关闭"连续"选项并同时按下"Shift"键时，可以在选区中获取较大的颜色和色阶范围。

使用"色彩范围"命令，可以更快速和更灵活地完成这项工作。在这个窗口中，同样可以扩大色彩范围，而且还可以通过"颜色容差"进行编辑。新版的Photoshop提供了一个"快速选择工具"，它把颜色选择和连续像素的选择整合在一起。你可以通过笔尖来控制选区的容差。对于锐利的边缘，适合选择"磁性套索工具"。这个工具会沿着已经确定的选区宽度自动寻找最大的边缘对比度，并在那里添加选区边缘。在分解明显的题材中，粗略的裁切就够了。不过，对于毛发等复杂的题材，就需要对选区进行精细处理。首先可以创建一个粗略的选区，然后把选区存储为通道或图层蒙版，最后通过编辑完善这个选区。

边缘的模糊处理与用于提高蒙版对比度的色阶调整一样，都属于精细编辑的工作。因为一个蒙版总是以同样的方式定义相应的区域：隐藏黑色的像素，让白色像素可见，然后进行裁切。在黑和白之间的每个灰度等级，都显示了在蒙版处理及边缘之间的一个柔和过渡。

当标准的工具不能胜任上述工作时，要把这些工具放在一边，从通道面板开始选择。在接下来的几页中，我们将为你讲解选择边缘的技巧。

在均一背景中的选择

并不是所有的边缘选择工作都这么复杂。如果在一个单色背景，例如蓝天背景下拍摄人物时，抠图的工作就会简单得多。接下来，可以通过“色彩范围”来完成选取。为此，首先要把图层面板切换到前面并复制背景图层。

快速选择：你可以在Photoshop界面上方的“选择”菜单中找到“色彩范围”这个命令。在这张示例照片中的背景颜色，也就是天空上单击吸管。吸管会以设置的容差选择所吸取的颜色。

添加：现在可能只选中了一部分天空。要避免出现错误，就要提高容差滑块的数值，把另外的背景颜色也加入到选区中。首先使用现有的吸管工具，利用它可以吸取或除去其他颜色范围。你可能已经从其他的选择工具中知道这个工具的快捷键：按住“Shift”键并单击鼠标用来扩大颜色范围，按住“Alt”键并单击鼠标则用于减小色彩范围。接下来，使用容差滑块进行编辑。

大视图：在小的预览窗口中评判选区是件相当困难的事情。因此，更好的办法是在色彩范围调整窗口中从“选择”切换到“图像”模式，然后在子菜单中选择如何标记这些选区。现在，你可以看到其他一些可以用吸管在选区中另外吸取的像素点。

精细编辑：如果对结果满意了，可以单击“确定”。如果还有一些像素点没选中，也没有什么关系：现在利用画笔工具进行选择。在按下“Q”键之后，出现一个红色的蒙版，你可以在上面看到一些不需要的选区。再次按下“Q”键，就可以成功返回到标准选择模式。

这样继续编辑：现在可以把天空完全除掉。不过，专业人士会通过单击在图层面板上的“添加蒙版”符号，把这个选区存储为一个图层蒙版。在这之后，通过单击蒙版缩略图并同时按下“Ctrl”键，就可以随时重新载入这个选区。

羽化边缘

精确裁切的人物，在一个新的背景前会显得非常“格格不入”。在这种情况下，应该羽化这个边缘，使得编辑效果更自然。

完成基础工作：为了能在后期调整这些边缘，必须把抠图的对象添加到一个图层蒙版中。在需要时，隐去背景图层，然后通过单击缩略图来激活这个图层蒙版。接下来，在工具面板中选择“模糊工具”。

有的放矢的工作：现在如果用模糊工具应用在边缘上的话，清晰的轮廓会慢慢消失。不过，旧图像背景中的部分内容会显现出来。此时通过在工具条的模式中选择“变暗”，可以避免这个问题。这样，这个蒙版会自动变小并且不再出现干扰的背景。当把这个具有羽化边缘的人物放到新的背景中时，效果会更真实。

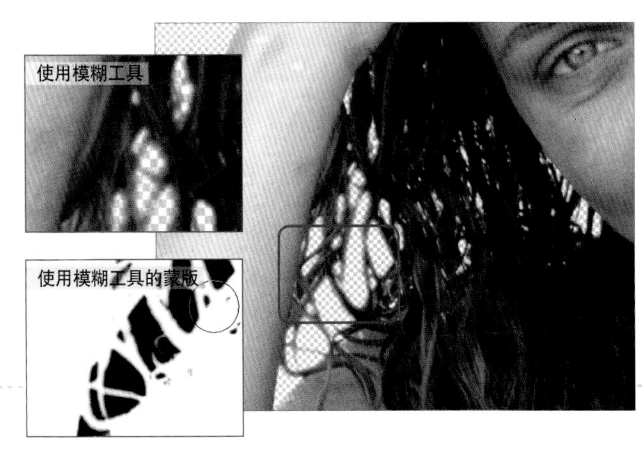

通过助手抠图

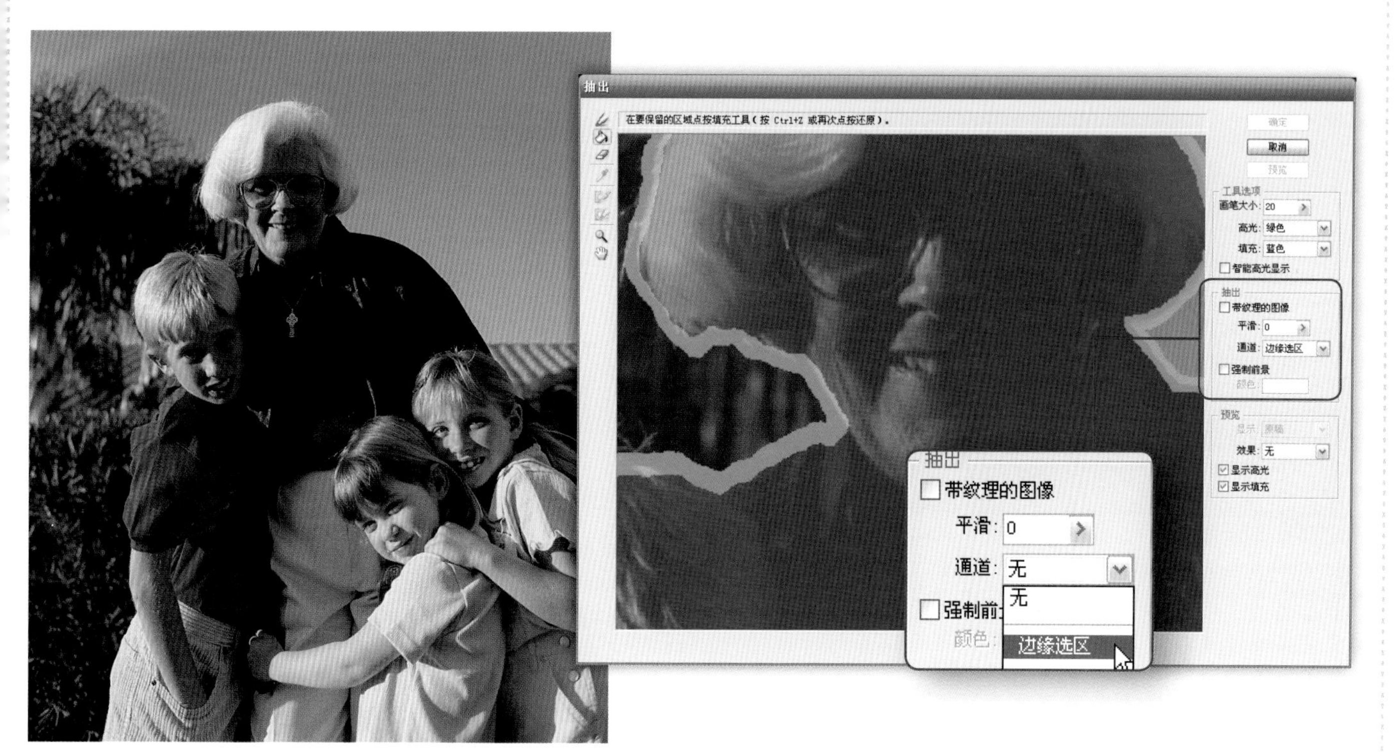

背景的差异性越大，选择工作就越费力。只有把多个方法相互组合在一起，才能成功完成抠图工作。在我们的示例中，Photoshop的“抽出”滤镜可以完成主要的工作，而且它还得到了快速选择工具的支持。

1．**快速选择**：在Photoshop CS3中，Adobe集成了一个新工具——快速选择工具，这是一种由魔棒和颜色选择组合而成的工具。在前期工作中，这个功能可以发挥良好的作用。当利用这个工具在相关图像部分中使用时，可以快速并连续地完成选择。如果这个选区太大，可以通过按下“Alt”键并单击鼠标重新缩小图像范围。如果使用的是老版本的Photoshop，可以用其他工具，例如魔棒来生成上述选区。

2．**给选区“镶边”**：这个快速生成的选区并不能很好地处理像头发这样的边缘细节。但是这没关系，我们可以再通过“抽出”滤镜进行精细编辑。在这个抠图助手中，必须要用一个画笔将围绕选区画出对比度边缘。我们省去了这个复杂的工作，使用这个快速选择工具的预选区域来生成一个边缘。为此，在“选择”菜单中单击“修改|边界”。其中，相应的宽度取决于图像的分辨率。这样，就生成了一个选区。

3．**存储边缘**：必须要存储这个选区，以便日后可以重新使用它。首先通过“Ctrl + I”组合键进行反相选择，然后从“选择”菜单中选择“存储选区”。选择存储为“新建”通道，并为选区设定合理的名称，例如“边缘选区”。这会作为另外的Alpha通道存储在通道面板中。

4．**抽出**：人们对“抽出”这个滤镜褒贬不一。不过有一点是受到肯定的，这个滤镜在特定的情况下可以超常地发挥作用：例如当使用大光圈、浅景深拍摄人物时，“抽出”滤镜可以把前景的细节准确地从背景中分离出来。在我们的示例中，“抽出”滤镜也获得了良好的效果。

具体的操作如下：在“滤镜”菜单中单击“抽出”。载入在“通道”中前面存储的选区。标记的图像马上就会显示出来。你可以利用“边缘高光器工具”和“橡皮擦工具”在重要的位置上继续进行精细调整。这个标记过程应该包含所有的细节，也包括头发在内，但是只能包含所需要的宽度，否则在去掉背景后会出现毛边。在单击“预览”或“确定”之前，还要利用“填充工具”填充应该保留的区域。在我们的示例中，这个区域是这一家人。

技巧：“抽出”滤镜在抠图过程中不可逆地删除了背景内容。因此在开始编辑之前，复制原始图像的图层是一个好的选择。然后，你可以在按下“Ctrl”键的同时从图层副本中载入这个选区，然后切换到原始图层，并在那里通过单击图层蒙版符号生成一个后面可以编辑和精细处理的图层蒙版。

让高光边缘消失

在把一些主体从一个浅色而且可能含有背景光的背景中放置到一个新的更昏暗的题材中时，会出现高光边缘。这里，相应的解决方案不是简单地让裁切蒙版变小，而是让在边缘部分上的浅色像素点变得不可见。这样，你就可以从辛辛苦苦去除的图像中获得重要的细节。

生成轮廓图层：首先，复制这个抠好的图层。然后，把在上面的图层变小，使得从下面的图层看上去只有这些最外侧的边缘可见。

具体的操作如下：在按下“Ctrl”键的同时，在图层蒙版符号上单击鼠标载入这个选区。现在，通过“选择|修改|收缩”或在Photoshop中通过“调整边缘”来缩小这个选区。在一个柔和的选区中，缩小一个像素点就可以让这个重要的区域显现出来。接下来，在上面的图层蒙版中单击鼠标，并通过“Ctrl + I”组合键反相选择选区，然后通过“Shift + F5”切换到“填充”菜单。在这里，用黑色像素点填充这个边缘选区，并更窄一点地遮住上面这个图层。

上述填充方法中存在一个问题：现在，切换到下面的图层，可以看到有高光边缘。现在，这个图层的图层模式或填充模式还是“正常”。接下来，把这个模式改为“正片叠底”。通过这个方法，在这个图层上的这些像素点会在昏暗的方向上，强化在下面图层上的色阶。与此相比，浅色的像素点将变得不明显，甚至变得完全不可见。

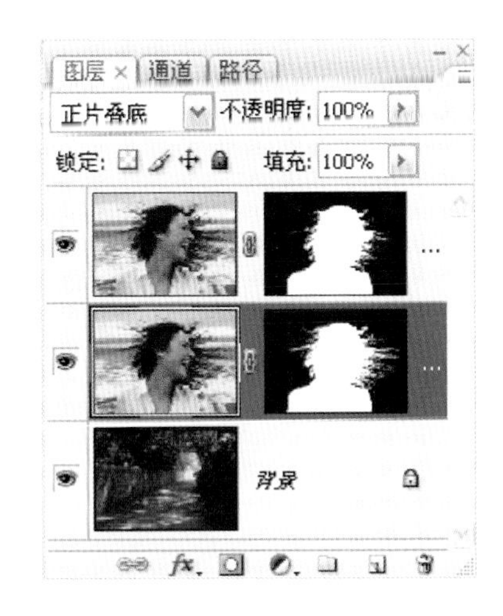

调整色边

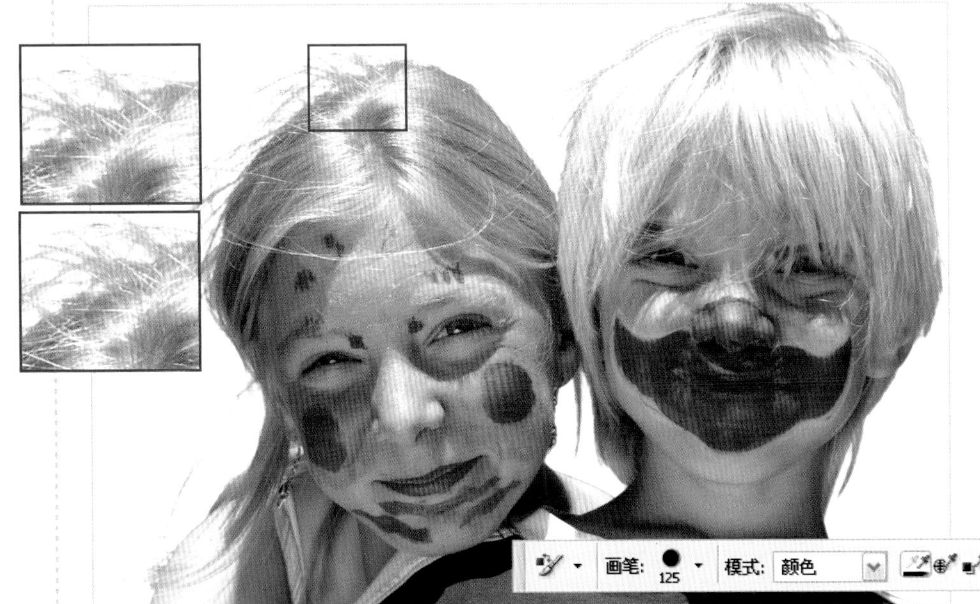

长着浅色头发的人物，属于最难抠取的对象。这种发色与背景色太过相似而变得难于选择，并且在选择之后，在这些头发中也会显现出以前的背景颜色。在蓝色的天空中，金色的头发会蒙上一层难看的灰圈。有时，可以用一个简单的办法来除掉这个色边：就是把它染成头发的颜色。

替换颜色：从画笔工具组中选择“颜色替换工具”。这样，你可以从一张样图中获取颜色，并在一定的容差范围内重新添加类似的颜色。

在工具条中将模式设置为“颜色”，使用在20%～35%之间的容差设置进行编辑，然后在按下“Alt”键的同时，在一个典型的头发颜色区域内单击鼠标。这样，就获得了马上用于染色的前景色。

重新上色：用这个工具在已经染色的边缘上色，同时需要注意的是，在这个工具中心的十字需要始终准确用于替换错误的颜色。在这个设置好的容差内的所有类似颜色，现在都染成了新的前景色。注意，不要在皮肤色调或者“真正”的头发上进行编辑。否则，它们也会染成同样的颜色。为了让编辑效果显得真实，应该反复用“Alt”键提取新的头发颜色，这样可以在这些边缘部分生成一个自然的颜色。

应对困难情况的通道

在特别棘手的情况下，这些标准工具和选择命令在选择主体时就不够用了。这时，只有在通道面板中的方法才可行。在这里包含红、绿和蓝色图像部分的现有灰度信息，通常更有利于区分主体和背景的边缘。

颜色对比度：让这个通道面板可见，然后依次单击红、绿和蓝色的颜色通道。选择具有最高边缘对比度的颜色通道，这个通道提供了用于抠图的最大潜能。在人像照片中，这通常是蓝色通道。通过把它拖到在通道面板中的“创建新通道”这个符号上，可以生成通道副本。

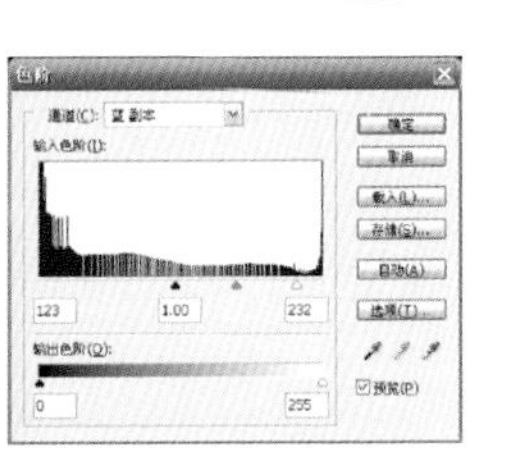

限制色阶：现在手动提高这个通道副本的对比度，以便生成一个有清晰边缘的蒙版。为此可以选择不同的工具，例如“色阶”工具。把对应黑点和白点的滑块移动得相互靠得很近，使得在要裁切的位置上出现明显的黑白对比。但是要注意：必须按照需要的程度把两个滑块拖到一起，因为色阶中间调保留得越多，主体与背景边缘保留的差别就越大。

替代选择：“图像”菜单中的通道“计算”命令，用于在实际中自行叠加通道。在“计算”窗口中将所编辑的图像和所选的通道选择为“源1”和“源2”。在此之前，不必针对这个步骤复制图层。然后这个填充方法会确定，通道图像如何加倍以及如何计算出一个新结果。利用“叠加”模式既可以强化浅色部分，又可以强化深色图像区域，进而提高对比度。接下来的色阶调整用于对边缘进行精细编辑。

画笔编辑：现在，可以使用这个画笔继续编辑形成高对比度的通道。也就是说，在这个通道中会形成一个截图。简单地用黑色或白色的画笔，以合适的大小添加适当的细节。

巧妙应对高光边缘：现在的这张图还给我们出了一个难题：在右侧头发中的高光边缘消失在对比度开高的背景中。因此，需要通道经计算生成第2个通道副本。在这里，我们可以这样改变对比度，使得高光边缘明显与背景区分开来，剩下的部分可以用值得信赖的画笔除去。

组合选区：最后，通过组合键“Ctrl + I”反相选择这两个通道。现在，白色的区域表示以后应该裁切掉的部分。然后，在按下“Ctrl”键的同时，在一个通道上单击鼠标，并在按下“Ctrl + Shift”组合键的同时，单击第2个通道扩展到两个选区。现在，还可以精细调整这个选区（参见前面“调整边缘”技巧）或马上转换为一个图层蒙版。

合成旅游照片

假期是影友们旅游采风的好时节，如果由于种种原因没能实施自己的旅行计划，也不用沮丧，本文将为你带来旅游照片的合成技巧，让你坐在家中也能“周游四方”。

后期Photoshop照片的合成技巧被广泛应用于商业摄影和广告设计领域中。许多富有冲击力的广告创意都是Photoshop的神来之笔。当明星代言人置身于神奇世界时，画面被赋予了极强的视觉冲击力，这种天马行空的照片合成，其实要远比追求真实效果的照片合成容易得多。广告画面中的背景往往是色块组成的海报背景或现实中不存在的景象，摄影师会根据画面所要达到的最终效果在影棚中用精确的光线进行前期拍摄，后期经过抠图处理，精美的广告就此诞生了。

“真实”效果的照片合成则要困难得多，对影友们来说，参与合成操作的两张照片无论是透视关系(拍摄焦距)、深大小、画面色调，拍摄角度，光线果等都难以完全吻合，因此，旅游照的合成处理只能追求尽量真实和画面味。即便如此，影友们在制作属于自的“旅游照片”过程中，仍能体会到影和后期处理带给我们的无限乐趣。

人物的抠图处理和照片的背景更换，是制作这类照片的主要操作方法。影友们在选择自己心仪的美景照片作为背景时，必须注意避免以下几种会导致照片处理失败的情况。

1 光线效果不相符

人物照片和背景照片的光线照射条件不一致是照片合成中最常见的情况。此例中小巷的光线被建筑物阻挡，而人物照片的光线照射则非常饱满，如果将这两张照片进行合成，会产生极大的光线反差，照片会很不自然。

2 拍摄角度差别大

风景照片的拍摄角度和高度有很多变化，人像摄影也讲究俯拍、仰拍等角度的变化。此例中人物的拍摄角度接近平视，而背景照片中的景物则是全景俯拍，这两张照片显然无法合成。

3 透视关系和景深范围的不同

使用不同焦距镜头拍摄的画面，透视关系也各不相同。此例中的背景是使用长焦镜头拍摄的，画面的景深较浅，前景被完全虚化，如果将人物与此照片合成，画面景深将被彻底破坏，而人物的大小也不符合背景照片的透视关系，显得突兀而不自然。

4 拍摄时间不同

不同时间和不同光源的光线色温有很大的差异。此例中街道是黄昏时分在混合光源条件下拍摄的，色温较低，而前景人物则是在白天光线充足时拍摄的，色温较高，色温差异较大的两张照片难以进行有效的合成处理。

抠图

在了解了合成照片处理中选择人物照片和背景照片必须符合的几个条件后，我们开始学习人物照片的抠图处理。人物照片抠图的方法有很多，这里为大家介绍两种方法，一种方法是所有抠图方法中最为精确的方法，为绝大多数专业摄影师所采用。而另一种则相对简便，并且可以将照片中人物被风吹起的缕缕发丝精确地抠取出来。

1 描出轮廓

在照片中找到人物轮廓，沿着人物轮廓单击鼠标，钢笔工具的轨迹会保留在人物轮廓上，一般“新建描点”时描点的频率和数量越高，任务抠图越精确，在描点过程中，找到图层控制窗口中的新建图层，将它的不透明度改为0%，以方便接下来的抠图操作。

2 简单的方法

首先复制背景图层，随后在滤镜菜单中选择“抽出”滤镜，利用控制窗口左上角的“边缘高光器工具”粗略描出任务的轮廓。随后选择它下面的“填充工具”在轮廓圈定的范围内单击鼠标，并按下“确定”键。

随后在图层控制窗口中选择原始图层，单击“增加图层蒙版”符号，生成所选区域的一个蒙版，此时，人物背景会隐去，影友可以用画笔对蒙版进行精细的调节。

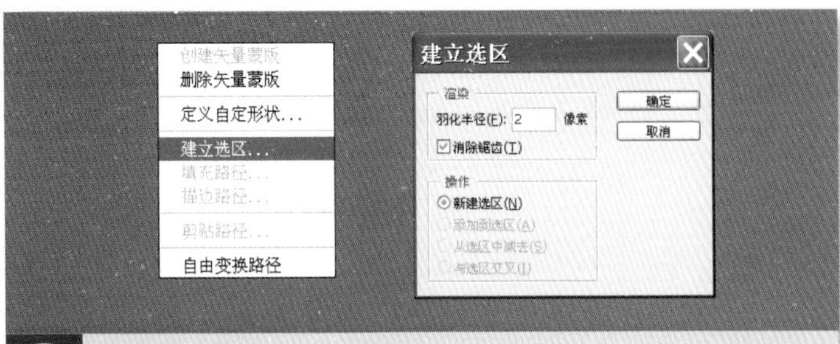

3 建立选区

整个人物轮廓的抠图完成后，单击鼠标右键，选择“建立选区”，随后Photoshop弹出“建立选区”对话框，可以根据操作的情况对抠图的边缘进行羽化，一般羽化半径的数值在1～3之间。

4 使用钢笔工具

打开照片原始文件，单击工具栏中的“钢笔工具”后，在画面左下角找到照片显示的百分比例。将显示比例改为400%，以使操作更精确。

合成处理

在抠图完成后，旅游风光照片的合成处理工作已经完成了一大半，此时，可以打开早已选好的风景名胜照片，利用工具栏中的移动工具，将刚刚从人像照片中抠取出的部分拖曳到风景照片中来，由于照片像素和人物大小的差异，需要根据两张照片的透视关系，对人物的大小进行适当的调节。

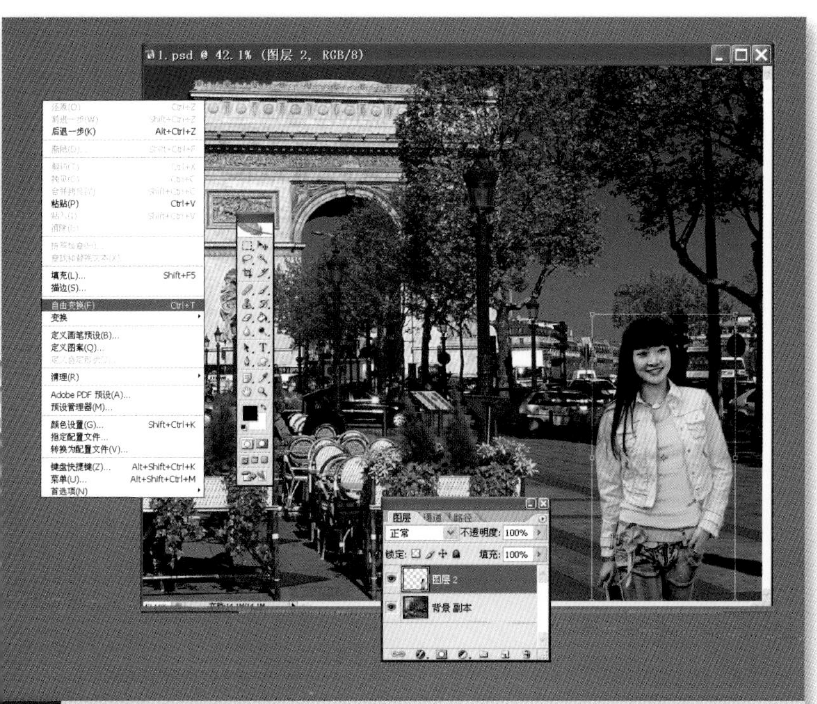

1 调整人物大小

在菜单控制窗口中激活人物图层，单击菜单"编辑｜自由变换"对人物在整体照片中的位置和大小进行调节。有时甚至可以根据背景照片的情况，对人物图层进行旋转和角度的调节。

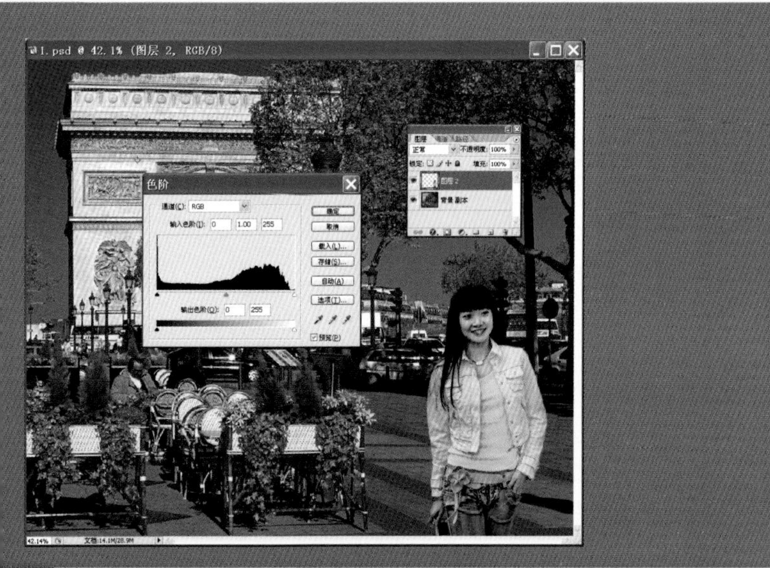

2 调整色彩和光线

虽然经过仔细挑选，但两张照片合成的画面中，两个图层的亮度、颜色，想必还是存在一定的差异，这时可以根据实际情况，以其中一个图层为基准，使用色阶、色彩平衡工具、可选颜色工具等，对另一个图层的曝光和颜色进行调节，以使人物图层和背景图层的曝光和颜色更加吻合。

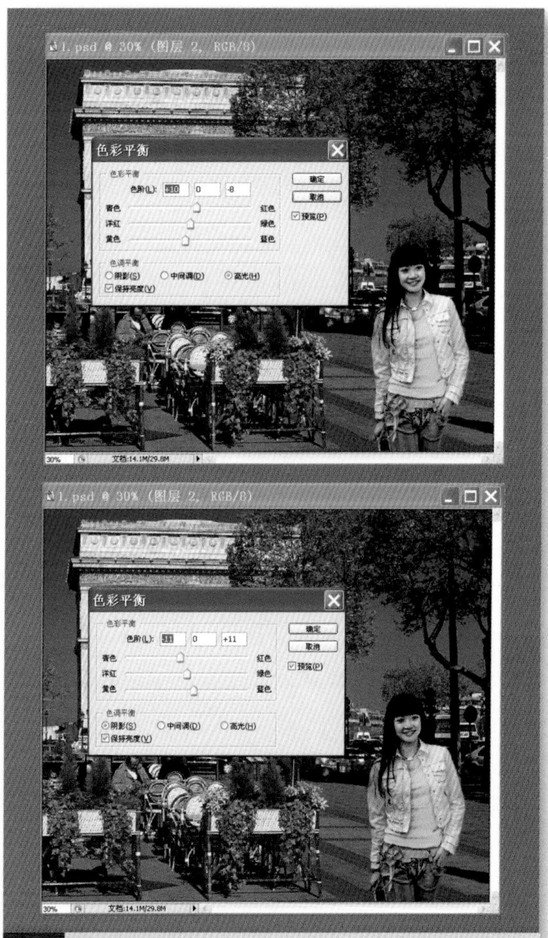

3 合并图层

虽然已经对人物和背景两个图层的颜色和曝光进行了校正，为了达到更完美的效果，在操作的最后，最好能将两个图层合并进行整体调节，以使它们的色调具有相同的倾向性，令合成照片的效果更真实。

4 整体调整

单击菜单"图层｜合并可见图层"，将两个图层进行合并，单击菜单"图像｜调整｜色彩平衡"利用调节风光照片通用的方法，使画面颜色更通透。具体对高光部分进行加红、黄处理，对阴影部分进行加蓝、青处理。

降噪进行时

在个人电脑上，可以轻松除去照片上那些不干净的图像噪点。接下来我们要告诉大家，如何利用 Photoshop 手动除去这些干扰像素点以及利用免费的工具软件 Neat Image 简单地完成这项工作。

就像颗粒感伴随着负片一样，图像噪点也与数码照片形影不离。可是在颗粒感被看作是一种审美的塑造手段的同时，图像噪点却在完美的数码世界中背上了坏名声。

所幸的是，有很多专用滤镜可以让这些数码暴风雪消失。当然这里存在着问题：这些滤镜很难将图像噪点和图像精确的细节分开。因此始终存在着下面的风险，就是经过明显的降噪处理之后，整个图片显得平淡无味并且失去了细节。在减少图像噪点和保留图像细节之间的取舍，是除去图像噪点的整个过程中的一大艺术。

现在，有很多工具软件可以除去图像噪点。其中最好的几款软件分别是Dfine（www.niksoftware.com），Noise Ninja（www.picturecode.com）和Neat Image（www.neatimage.com）。其中，Neat Image特别受欢迎，不仅因为这款软件可以提供非常好的编辑效果，而且还因为它针对个人用途的试用版本可以免费和无限制的使用。

从CS版本开始，在Photoshop中也安装了除去图像噪点的滤镜。在下面的Adobe Photoshop和免费软件Neat Image的示例中，《数码摄影》会告诉你如何有效地减少图像噪点。

Ps Photoshop：除去图像噪点并使用模糊滤镜

在有了PhotoshopCS版本之后，对抗干扰噪点的斗争就变得更简单了。当时在Photoshop中新集成的降噪滤镜几乎可以根据需要独立完成上述清洁工作。不过，很多专业人士还是笃信手动编辑，他们更喜欢使用模糊滤镜让颜色通道里的干扰像素点消失。

使用滤镜：要想用Photoshop CS3减少图像噪点，先要在滤镜菜单中找到“杂色”滤镜组中的“减少杂色滤镜”。没有太多图像编辑经验的影友，可以使用“基本”设定。这样，就只有“整体”选项卡可见。在预览窗口中选择一个受图像噪点影响特别大的区域，并以至少300%的倍数放大显示。通过调整“强度”滑块，可以除去亮度噪点；通过调整“减少杂色”滑块，可以让颜色噪点消失。如果编辑后的结果看起来模糊，你应该通过“保留细节”和“锐化细节”滑块进行调整。由于编辑的结果有时表现得很细微，因此经常进行编辑前后的对比无疑是重要的。这可以通过一个简单的办法来实现：即用鼠标单击预览图像。这样，马上就会有未使用滤镜效果的原始图像出现。而在松开鼠标按键之后，预览图马上就会显示出经过滤镜处理的

效果。

在“高级”设置下，会出现“每通道”选项卡，利用它可以有针对性地除去蓝色、红色和绿色中的图像噪点。在具有精致细节的对象中，使用其他方法可能会导致细节丢失，而这种方法正好可以派上用场。

手动编辑：使用老版本Photoshop的用户，可以手动除去图像噪点。这种方法虽然要多花费一些时间，但是可以实现比自动的滤镜编辑更为精细的控制效果。对于图像噪点明显的图像来说，这特别适合使用。

为此，首先单击“图像”菜单并将模式由“RGB颜色”调整为“Lab颜色”。这样做的好处是，这种模式可以将亮度单独分离出来，并且也可以将亮度噪点和色度噪点区分开来。接下来，通过“窗口”菜单调出通道面板并在“明度”通道以及“a”和“b”两个颜色通道中仔细观察这些干扰像素点。在后两个通道中，可以通过“高斯模糊”滤镜让这些图像噪点消失。而图像中的细节通常也不会受到影响，因为它们存储在明度通道中。

假如在一个整体均一的表面中有亮度噪点，适合用下面这种办法来对付它：选择明度通道，用魔棒工具选择这个区域，例如整个天空，然后在相应的区域应用“高斯模糊”滤镜。

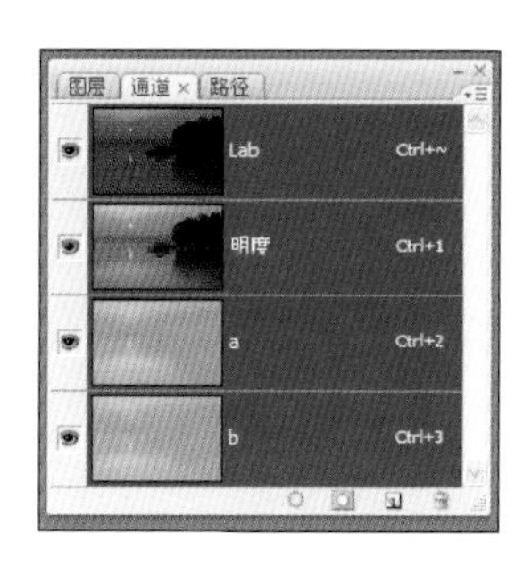

Neat Image：免费滤镜

这款英文版的工具软件可以比Photoshop更智能地过滤图像噪点：通过一个降噪配置文件（Noise Profile），Neat Image可以更准确地区分图像噪点和细节。影友可以在网上下载该软件的Demo版本，在仅用于个人用途的情况下可以免费使用。这个版本的Neat Image的限制体现在，编辑后的照片只能存储为JPEG格式。

快速过滤：Neat Image的软件界面分成4个选项卡，这在应用滤镜的过程中会逐个用到。首先通过“输入图像”命令（Input Image）打开照片，然后切换到“设备噪点配置”（Device Noise Profile）选项卡。单击“自动配置”（Auto Profile）。现在，Neat Image会寻找一个尽可能均一的表面（通常是天空），并分析图像噪点的模式（Pattern）。接下来，切换到“噪点过滤设置”（Noise Filter Settings）选项卡并单击“预览”（Preview）：在方框中的预览效果显示出Neat Image所做的处理——图像噪点消失了。现在，你可以把这个方框拉到任意一个位置，并对细节丰富的图像部分的编辑效果进行检查。在图像的右上角，你可以设置滤镜的类型和强度。如果一切都OK了，就可以切换到“输出图像”（Output Image）选项卡。单击“应用”（Apply）对图像应用上述滤镜效果，然后通过“保存输出图像”（Save output image）将整个图像存储下来。

精细调整：厂商ABSoft在其网站www.neatimage.com上提供了共计20个厂商的各种不同相机型号的噪点配置文件供用户下载。如果你愿意，也可以利用专用的模板对你的相机的噪点模式（Noise Pattern）进行校准。

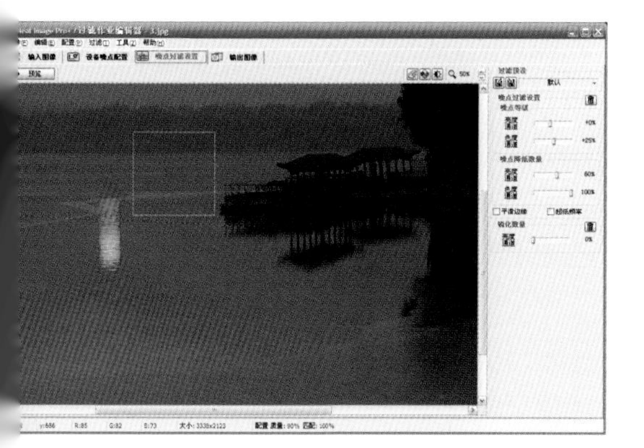

照片中的噪点是怎么产生的？

数码相机的传感器不能百分之百保证正确工作。在某些特定的情况下，会在拍摄时出现有错误颜色和错误亮度的干扰像素点。不过一旦明白了产生这些图像噪点的原因，就可以更轻松地避免这些干扰像素点的出现。

ISO系列数值：传感器的感光度越高，就会有越多的图像噪点出现在数码照片中。

产生原因：传感器的基础电压会产生一个基础图像噪点。而为了提高感光度，信号就会因ISO数值变多而被放大，这样会积累更多的干扰像素点。在更长的曝光时间和更高的温度下，情况更是如此。

此外，图像噪点与所使用的相机型号和内置的图像传感器有关。通常，数码单反相机所产生的图像噪点更少，这是因为其像素的记录密度相对更低。由于生产条件等因素，可能一款数码相机会有与众不同的图像噪点表现。针对这种相机独有的“固定模式噪点”（Fixed Pattern Noise），可以生成相应的配置文件并因此获得更好的过滤效果。

如何避免：在拍摄时最重要的规则是：你要选择较低的ISO数值。在有些相机中，自动拍摄模式会根据现场光线自动升高ISO数值。

滤镜过滤：在每一款相机中，专门的算法会把相机型号特有的图像噪点在拍摄之后马上过滤掉。因此，在存储卡上存储的是一张经过预先加工的JPEG格式的照片。在RAW格式中的情况有些不同之处：照片只有在个人电脑上通过RAW格式转换器才能进行过滤。

用于过滤图像噪点的算法会区分颜色和亮度两种干扰像素点。

再造千里马

有些摄影师希望通过他们的照片反映现实，另外一些摄影师则是期待与众不同，通过在Photoshop中的后期编辑，来强化照片的视觉效果。他们通过调整对比度实现扣人心弦的效果，通过提高亮度来塑造表面并通过滤镜突出结构。

通常，需要多个步骤才能让这样的题材变得完美。在专业的润饰中，每一位“行家”都有自己的技巧和他反复使用的标准功能。当他掌握了这个“手艺”之后，这种改变就会非常细腻且效果出众。

接下来，我们在一个动物肖像的例子中介绍其中最重要的编辑步骤。原图展现的是一个相对偏软的图像色调，天空显有些模糊。下午晚些时候的太阳，柔和照亮了这匹马身子的左侧，不过右侧的廓消失在阴影中。通过一些技巧，我们天空变得更有表现力，让马的肌肉部分得更突出，并因此赋予整个题材更大的塑性。

1 准备背景图片

我们在Lightroom软件中完成了整体的调整，当然这也适合在Photoshop中进行。提高蓝色的饱和度可以改善苍白的天空，提高画面整体的对比度则可以让画面显得更通透。用于除去颜色和明度噪点的滤镜，也采用最大的数值进行了转换。因此连精细的细节也消失了，在这种情况下这是故意而为之，因为这提高了照片的可塑性。

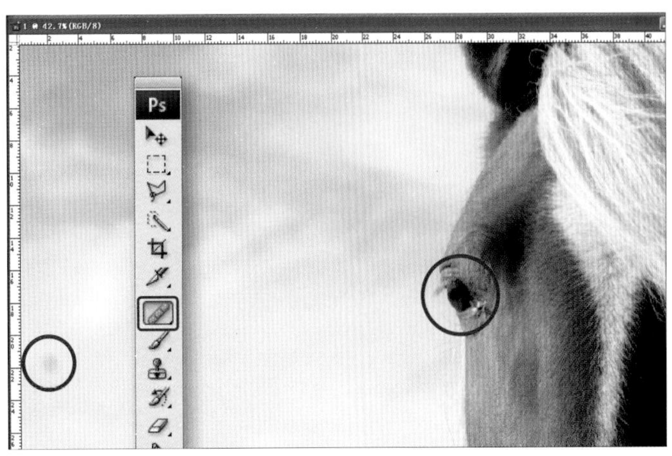

2 修复缺陷

把这张照片交给Photoshop来除去瑕疵。这些瑕疵在开始时看起来并不明显，但是经过结构强化之后会变得明显可见。通过“修复画笔”可以除去天空中的尘斑以及在马头上的泪滴和黑眼圈。这个工具的优点是，会把画面的结构保留下来。

3 通过“水彩”滤镜获得更多的结构

复制背景图层，并通过“艺术效果”滤镜组中的“水彩”滤镜生成一个具有戏剧化效果的天空。为了获得更真实的效果，在“画笔细节”中选择一个高数值，并为了获得戏剧化效果，在“阴影强度”中选择一个中间数值。通过图层蒙版，把影响限制在天空上。作为细节，我们在照片的下边缘留出一个变暗的区域作为暗角。

4 自制减淡工具

现在，生成一个“色阶”调整图层。提高这匹马右侧的亮度，直到在阴影中的细节可见。然后通过“Ctrl + I”组合键自动把这个添加的蒙版变成黑色，选择一个低“硬度”的柔和画笔，然后有针对性地利用这个调整过的图层“涂画”出特别暗的区域（参见下面的专家提示）。

5 完成对图像情调的调整

选中目前生成的这个图层，然后在上面单击鼠标右键并选择“转换为智能对象”。这样做的优点是，现在你使用的所有滤镜，都可以在后期进行调整。在这个示例中，我们通过一个模糊滤镜除去了天空的失真，并通过“色调/饱和度”功能，用一个低饱和度调整过于显眼的效果。

专家提示：利用减淡&加深涂画

“减淡”和“加深”技术是在暗房中研制出来的，Photoshop以数码的形式将其接收过来。这两个工具可以提高过暗的图像的亮度，或者将过亮的区域变暗。不过这有负面效果，它会让经过编辑的对象变得轮廓更分明。在后期制作中，人们更喜欢称之为“Dodge & Burn”（减淡和加深）。注意：Photoshop工具栏中的减淡和加深工具可能会引起彩色色斑。如果出现了这个问题，可以通过一个调整图层自己手动添加一个相应的工具（参见第4步）。

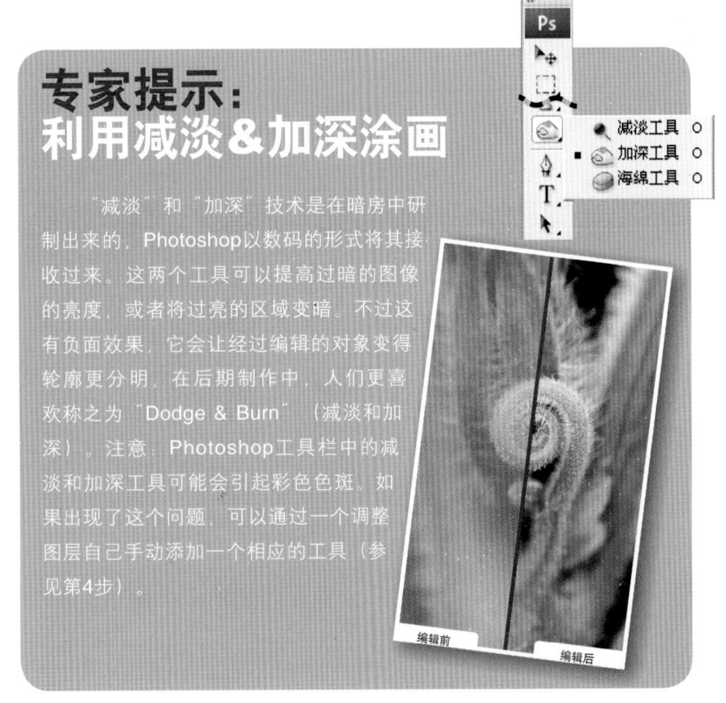

直方图的暗示

快速与专业：正常情况下，在 Photoshop 中一次自动调整就足够了。至于专业人士如何准确设置亮度和对比度，你会在接下来几页中读到相关的介绍。

直方图无情地揭示了一张照片的所有曝光问题。你可以参考这个显示结果，在 Photoshop 中非常精确地调整色阶。接下来，《数码摄影》的图像编辑会告诉你这一切该如何去做。

你是否会使用经过校准的显示器工作？如果是，你要至少每月重新校准一次显示器，并且只能在昏暗、中性颜色的环境光线下编辑图片。通过调查发现，影友中的极少数人会这样做。因此，只有直方图可以作为客观的显示结果。与此相比，显示器上显示的图像很不精确。直方图会显示出图像中的色阶如何分布，并会告诉你图像的曝光是否正确。

当直方图看起来像一座小山丘时，你的照片会拥有协调的色阶分布结果：其中主要的色阶位于中间，并向两侧边缘逐渐降低。可是这个规则也有例外：在高调题材（雪中的北极熊）或者低调照片（昏暗松林中的灰熊）中，色阶会位于直方图的右侧和左侧边缘。要想评判准确，这其中的关键就是把主观和客观的评判结合起来（参见142～143负下方文字）。

Photoshop 中的直方图

直方图窗口最好在打开照片之后再调出，这可以在“窗口”菜单中找到。在直方图面板中小的警告三角引起你注意了吗？这个小三角告诉你，这张直方图只是以屏幕上的信息为基础，而不是以照片的整个色阶为基础。真实的结果会保留在图像缓存中，在你单击这个警告三角之后，才会马上进行计算。

此外，如果你只是要分析一个特定的图像选区，可以用矩形选框或套索这样的工具选中相关区域，Photoshop接下来就会显示出相应的色阶信息。

在颜色暗淡或者有色斑的图像中，在调整前应该查看每一个通道中的直方图。通过在面板右上方的小三角上单击鼠标调出“扩展视图”或者“全部通道视图”，就可以快速显示这一切。

直接发现错误

典型的曝光不足或者曝光过度的问题，马上就会“露出马脚”：“色阶山”会挤到直方图的左侧或者右侧。为此，你最好使用“图像|调整”中的“色阶”命令进行处理。千万别碰“亮度/对比度”功能！这并不适合编辑照片，因为在较明亮或者昏暗区域中的整个色阶会因此而偏移。在理想的情况下，色阶应该扩展到整个区域。如何通过简单的方式发挥作用以及专业人士会使用怎样的技巧进行编辑，下面几页将会对此进行介绍。

注意：并不是每一张照片都能毫发无损地接受这样的编辑。如果直方图中断了，色阶就会相互远离，导致一些色阶丢失，这在柔和的色彩等级和皮肤色调中带来的影响比较大。因此，你始终要重新检查一下图像的编辑效果。

简单地调整曝光

照片看起来太暗、太亮或者太平淡？要是这样，就没有什么比经典的“色阶”命令更能派上用场。下面我们将通过一张曝光不足的照片来演示，如何让一张照片获得理想的高光和阴影。我们会移动中间的数值并限制色阶范围，来避免有不完整的高光和阴影情况的出现。

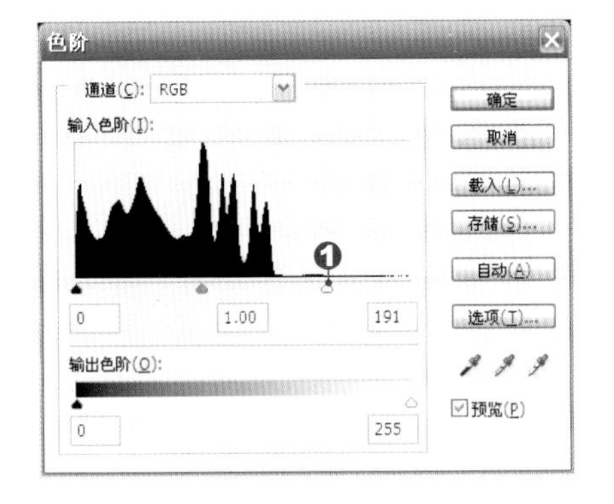

调整高光：在“图像|调整”下选择“色阶”，这也可以通过快捷键“Ctrl + L”更快速地调出。我们从高光区域也就是具有浅色甚至白色色调的图像部分开始调整。这个区域在照片中的表现明显不足，由于相机的测光表因在题材中的大片白色部分而受到干扰，导致曝光量不足。为此，用鼠标拖动“高光”滑块，也就是这个白色的小三角❶，向中间的色阶方向移动，直到接触到直方图的开始部分为止。这样，图像中这些最亮的色阶就可以校正为纯白色。所有其他色阶都会适应这个新的白点并进行相应的调整，你可以从直方图中明显看到这个变化。另外从主观的角度来看，整个图像也获得了更高的亮度。

检查调整结果：可是如果由于使用这种方法而导致重要的图像细节校正为纯白并因此可能会被吞噬呢？为了避免出现这种情况，你要在按下“Alt”键的同时轻轻移动“高光”滑块。这时，预览图消失了，照片中只会显示在一个或另外一些通道中达到色阶上限的图像区域。在纯白的位置上，所有3个通道都没有了显示。为此，你要向回移动滑块，直到警告消失为止。

调整阴影：接下来，用同样的方法调整“阴影”，也就是深色区域的滑块。在按下“Alt”键的同时，向右拖动这个黑色的滑块❷。在过程中，要始终注意图像中的题材。从主观角度看，现在的图像具有足够的暗部区域，因此我们无需明显向左移动色阶。现在，这张照片看起来更亮并具有更高的对比度。你已经让挤在暗部和中间调区域的色阶伸展开，并因此让真正的“高光”区域得以现身。你可以通过白点和黑点来扩大对比度范围。在图像和直方图中，你会看到这个改进效果。

设置亮度：现在，你可以开始关注中间色调，也就是在已经定义的色阶范围之内调整亮度。中间色调总是更多地在暗部图像区域中出现，通过向左略微移动对应于“中间色阶”的灰色滑块❸，你可以把相对更暗的色阶移动到“中间色阶”上。这样做的结果是，整个图像变亮了，并且重新显现出在拍摄时弥漫着的洒满阳光的光线情调。

确定色阶范围：当你在这个步骤中已经预先设定了最深和最浅的色调时，你就处于安全之中了。这样，你就可以把出现不完整高光和阴影部分的危险降到最低，并把纯白和纯黑限制在一定的范围之内。我们从黑点开始编辑，把这个数值改为“10”。这样你就重新定义了最暗的点——比纯黑要亮大约4%。然后，把白点的数值改为“245”。

如果图像通过刚才的调整而显得有点平淡，你可以通过“曲线”进行后期调整（参见97页内容）。

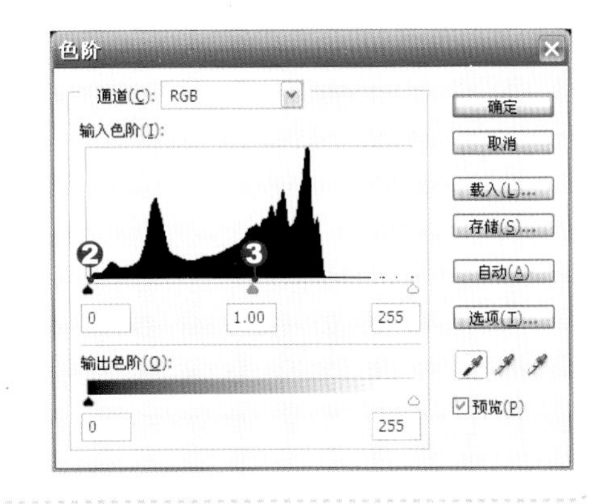

正确阅读直方图

根据教科书上的说法，直方图看起来应该像小山丘的风景一样：色阶从纯黑覆盖到纯白，也就是从“0”～“255”的RGB数值。主要的色阶位于中心位置，并向两侧缓缓降低。可是这个规则也有例外，因此这让评判图像变得更加困难。直方图必须要结合所拍摄的对象一起进行查看。其中重要的问题是：直方图是否与拍摄题材中的色阶吻合。通过一些练习，你可以快速完成对图像的评判。

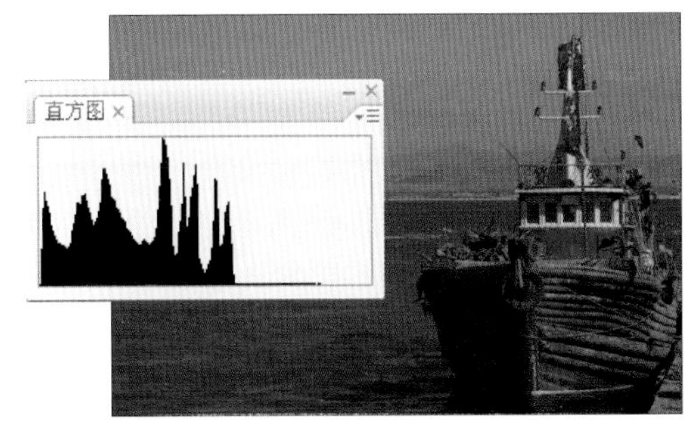

太暗：尽管有明亮的海水和蓝色的天空，但色阶还是拥挤到了左侧，这是一张曝光不足的典型照片的。通过扩展色阶的范围可以消除这个错误。

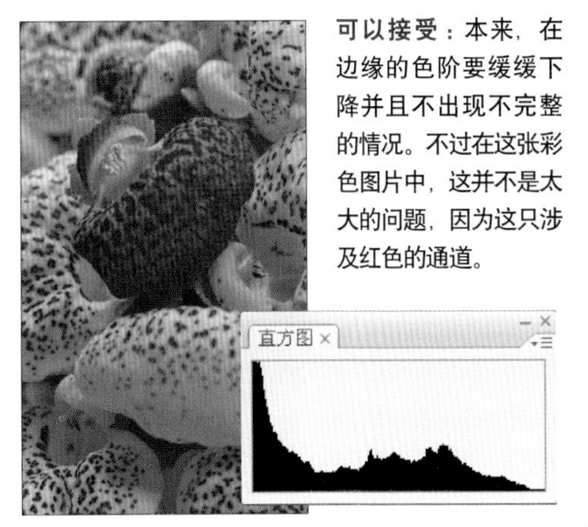

可以接受：本来，在边缘的色阶要缓缓下降并且不出现不完整的情况。不过在这张彩色图片中，这并不是太大的问题，因为这只涉及红色的通道。

专业技巧：实现完美输出的黑白点

在Photoshop中，黑点和白点具有核心的地位。例如在色阶或者曲线调整时，Photoshop总是不断读取这两个数值。其中，你会发现吸管形式的黑点、白点和灰点。利用这几个吸管，你可以卓有成效地工作，当然前提是这些点要正确定义。

调出吸管：通过"图像|调整"或者"Ctrl + L"键调出"色阶"命令。这里，你会看到3个吸管：黑色的吸管用于确定图像中最暗的位置，白色的吸管用于确定最亮的位置，而灰色的吸管则用于确定中性的中间值——这是一个在后期调整白平衡时有用的工具。

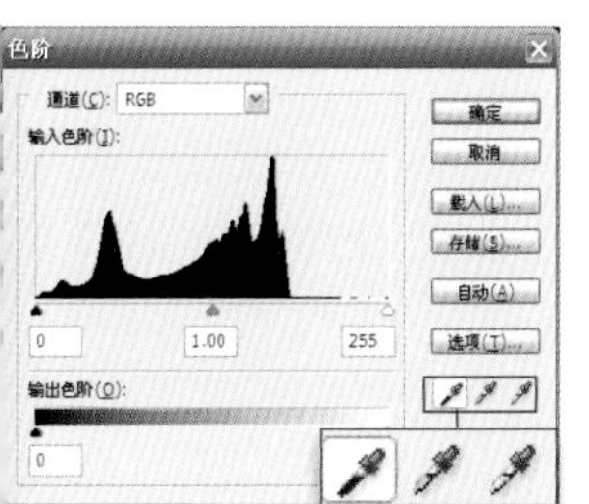

定义黑点：双击黑色的吸管。然后会弹出一个"拾色器"对话框，在其中的彩色区域中，你可以定义"阴影"部分的目标颜色。一般情况下，在红、绿和蓝色的数值中默认的均为"0"。从数学上来说这是正确的，因为在RGB模式的拾色器中，数值"0"意味着没有颜色，也就是纯黑色。但是这个颜色在打印时无法表现，因为这个区域由于要加入太多的颜色而无法实现。

因此，你可以设置一个在实际中可用的数值。通过把这几个数值都设为10，可以把这个黑色减弱大约4%。其中，色阶标尺最大为255。一般情况下，略微亮一些的黑色可以保证，在深色的阴影区域中仍然还有图像，也就是在复制过程中最微小的细节依然可以识别出来。通过使用同样的红、绿和蓝色数值，颜色可以保持中性。现在单击"确定"之后，新的"目标阴影颜色"就会存储在黑色的吸管中。

定义白点：在这里，通过双击白色的吸管开始编辑工作。接下来会弹出一个与在定义黑点中类似的窗口，这里你要定义的是"目标高光颜色"。作为默认设置，红、绿和蓝色的数值分别都定义为"255"这个在数学上正确的白色。同样，这个数值也是无法复制的：因为在纯白中没有任何一种颜色，在打印到纸上时，就会发现"高光部分"就被吞噬了。因此，要给出均为"245"新的红、绿和蓝色数值。这样，你就可以得到一个4%的明亮的中灰。在定义完白点之后，单击"确定"。

设置默认值：为了能一直使用这个新定义的目标数值，你需要重新把这些数值定义为默认值。这实现起来非常简单：在完成色阶调整单击"确认"之后，Photoshop会询问是否把这个新定义的目标颜色作为默认颜色。你要单击"是"。现在，这个目标颜色已经存储了下来，当然只是到你重新定义新的目标颜色为止。很多功能都会读取这些相同的正确数值。现在，通过吸管实现有意识的颜色和色调编辑已经不再是问题。

使用吸管：这些自定义的含有"目标数值"的吸管可以在"色阶"、"曲线"以及自动调整中使用。你可以这样使用这些工具：用黑色的吸管在图像中最暗的位置单击鼠标，用白色的吸管在最亮的位置单击吸管形状的鼠标。这样，Photoshop就会根据预设值改变这些色阶（更多参见144页内容）。

快速白平衡：唯一一个你无需定义的工具是对应于"目标中性颜色"的灰色吸管。这里，3种颜色中的数值均为"128"，这代表着一个协调、平均的灰色色调。此外，你还可以利用这个工具计算图像中的颜色色斑：在一个实际中为灰色的区域上单击灰色的吸管，这样Photoshop就会把图像中的所有颜色数值根据这个新的中性颜色进行调整，色斑也就因此消失了。

其他色彩体系：当你在"拾色器"窗口中看一下其他的项目时会发现，你用新定义的白点对其他颜色模式产生了影响。在"HSB"（Hue，Saturation，Brightness）模式2中，亮度数值（Brightness）改变为96%。LAB模式3中的明度数值减弱为97%。CMYK的数值4是由颜色配置文件给出的。因此定义CMYK中的白点并没有什么作用：这里只是存储整体颜色色调，准确的数值在转换过程中生成。

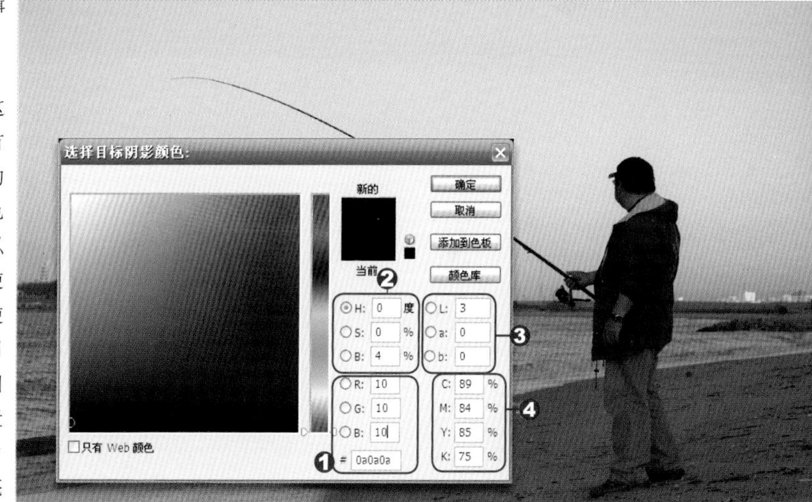

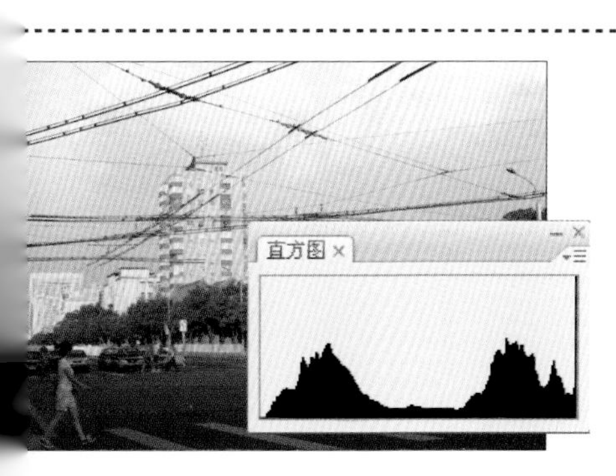

高的动态范围：太亮的云彩让相机力不从心。直方图右侧的边缘显示出不完整的高光区域，图像丢了细节。这里，Photoshop 也帮不上什么忙。

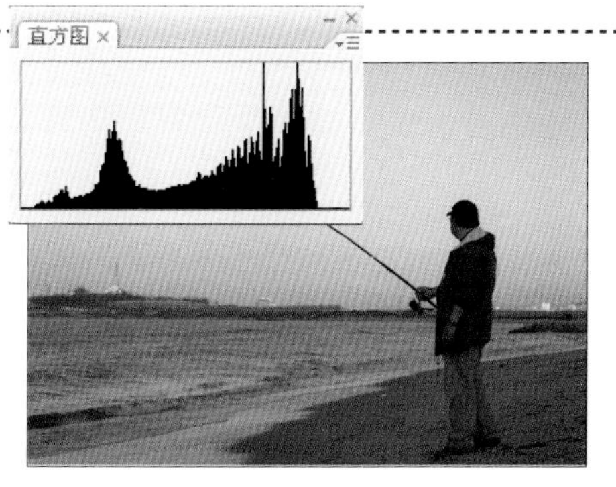

需要调整：这个直方图看起来不错，但是色阶还可以明显向右扩展，以便让整体颜色变得更真实。这里，色阶吸管可以派上用场。

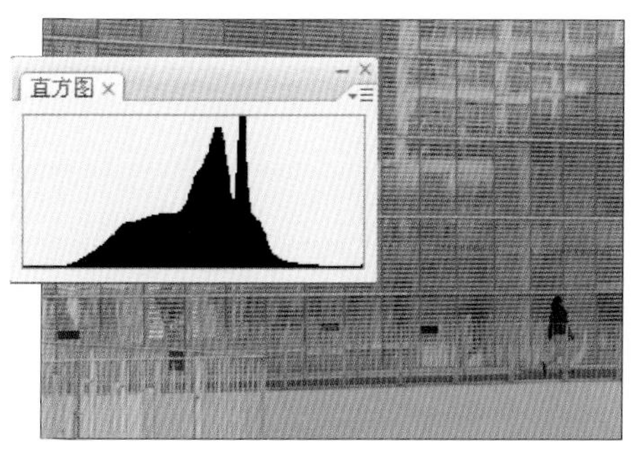

低对比度：由于没有亮色的区域，因此色阶拥挤到了左侧。不过，这张平淡的照片也可以拥有更大的对比度，这可以通过调整色阶曲线实现。

精确调整色阶

黑色、白色和中间色调——有了自定义的吸管工具，图像编辑就不再是问题。我们将通过一张示例照片来展示如何精确调整色阶。其中，我们只是对照片的亮度和对比度进行了更精细的设置。你在用Photoshop CS3编辑图像？那么你可以先了解一下Photoshop CS3中的新特性。

使用测量点：首先，我们来分析这张照片并寻找最亮和最暗的区域。比用肉眼观察更为精确的方法是使用“阈值”，你可以在“图像|调整”中找到这个命令。“阈值”命令把所有超过所设置阈值的色阶显示为白色，把低于阈值的色阶设置为黑色。

在你向左移动阈值滑块 ❶时，白色的区域会增加，直到黑色区域最终完全消失。现在小心向回拖动滑块，直到第一批黑色像素点可见。这就是最暗的图像区域，也就是你以后进行“阴影”调整的目标。为了以后还可以找到这个点，你可以在按下“Shift”键的同时用吸管形状的鼠标单击这个点完成标记。这样，这个用于吸取颜色的吸管就成为了以后可以一直使用的测量点。

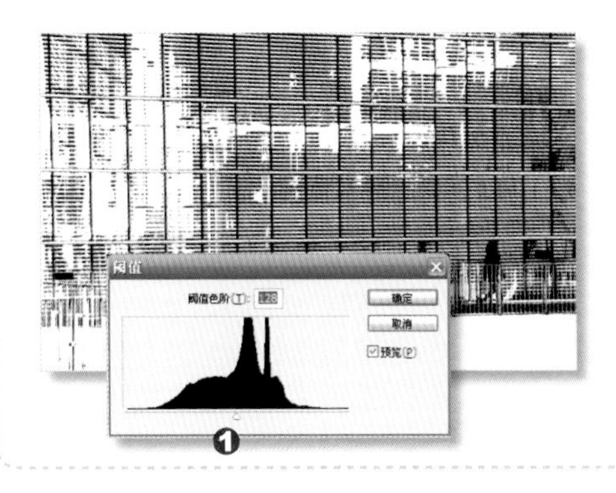

接下来，你可以通过向右移动滑块直到白色像素点完全消失来寻找最亮的色阶。然后，你再向回移动滑块来定位最亮的像素点。你也可以通过吸管，并按下“Shift”键标记这个点。

注意：在退出“阈值”命令时，千万不要单击“确定”，因为你并不想继续编辑黑白图片。在选择“取消”之后，测量点就会保留在照片之中。

调整色阶：利用“Ctrl + L”键打开“色阶”命令。单击黑点吸管，并在最昏暗的区域所对应的测量点上单击鼠标。这样，低对比度的题材就马上获得了更多的暗部图像，同时颜色也会发生改变，这是因为吸管存储了相应的参考颜色。接下来切换到白点吸管，并在已经标记为最亮的点上单击吸管。这样，在过于昏暗的图像中，特别是涉及到的相关颜色就出现了明显的增亮效果。通过把预定义的“高光”颜色进行传输，所有在图像中的色阶和颜色都进行了调整。如果事先自己定义了白点吸管（参见143页技巧），就不会出现任何被吞噬的图像区域。你会得到一个亮白色，并且其中有足够多的图案。

调整颜色情调：然后，你可以利用中间调吸管调整白平衡。在拍摄对象中寻找一个“在实际中”是中性的位置。沥青、石头或者灰色的水泥墙壁都是合适的选择。中间调吸管只是传递颜色信息，而不传递亮度值。因此，你无需找到任何色阶严格为“128”的图像位置——另外，你怎么能找到这个点呢？然后，你要集中精力找到一个Photoshop可以进行颜色调整的中性区域。

Photoshop CS3中的新特性：Adobe在最近推出的这个Photoshop的新版本中设计了一个功能明显更强大的曲线，利用它可以更快速地完成准确的色阶调整。通过“Ctrl + M”键，可以调出“曲线”。单击这个黑色小三角 ❷，并激活“直方图”选项 ❸。然后，你可以激活“显示修切”（Show Clipping）这个复选框 ❹。现在，移动黑色或者白色的色阶滑块，预览图就会显示出最亮和最暗的区域。在按下“Shift”键的同时通过吸管来使用测量点，并取消了刚才的复选框。通过在按下“Alt”键的同时单击“取消”，你可以取消在图像中最后一次的改变。然后你可以用吸管重新调整色阶范围。

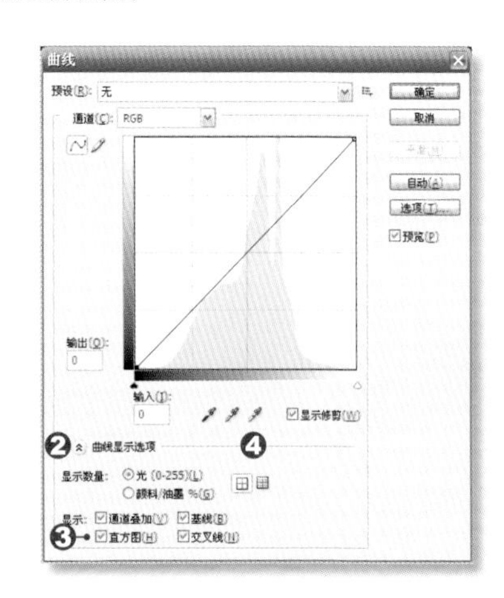

曲线：打造亮丽的效果

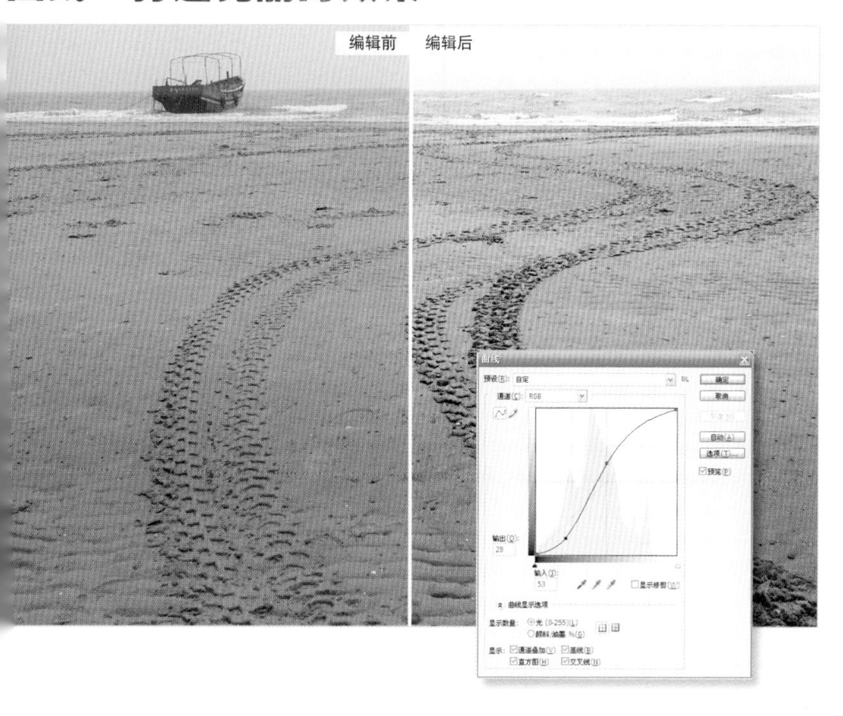

在平淡的照片中，下面这个技巧可以帮上忙：让亮色调更亮，暗色调更暗，这样可以获得更大的对比度，并因此让照片效果明显提升，这可以通过“曲线”来完成编辑。我们在下面的示例中会告诉你，专业人士是如何进行工作的。

更大的对比度：在“图像|调整”下调出“曲线”。你可以直接用鼠标来调整其中所显示的直线。通过“抓取”在直线上半部分和下半部分的中点，你可以这样拖动曲线，使得曲线展现出S形——这样，亮色调更亮，而暗色调则更暗，中间色调则保持Photoshop所给出的数值。这个改变只有在其中有色阶的区域才会显得自然。同时，你也要显示直方图。

精细调节：为了获得更好的效果，你要用鼠标在照片中单击你想提高亮度的地方。同时，你要按下“Ctrl”键。在“曲线”对话框中的直线上会出现一个小方框，这会显示这个图像点在色阶标准上处于什么位置。下面，同样可以对暗色调进行编辑。现在你知道，你必须怎样做：把对应于亮色阶的锚点向上拉，同时把对应于暗色阶的锚点向下拉，直到这条直线变成S形曲线为止。这样，你无需改变中间色调或者整体的曝光就可以改变对比度。

使用自动功能更快地编辑

Photoshop的自动功能完全可以实现小的图像编辑工作。利用“自动对比度”、“自动色阶”和“自动颜色”，你可以更快地实现复杂的改变，照片也因此获得更多的光彩。但是需要注意的是，有些功能会“野蛮”地改变图像信息。因此，在编辑完之后一定要检查一下效果。

自动功能：“曲线”或者“色阶”功能显示出，在自动编辑过程中到底发生了什么。在上述功能中单击在“自动”按钮下面的“选项”。在“算法”中你可以选择，图像的哪些参数需要增强。这3个设置分别对应于在“图像|调整”下的3种自动功能。

“自动对比度”：这个算法对整体的黑白对比度进行了编辑，具体来说就是，把最暗的色阶调整为黑色，把最亮的色阶调整为白色——这个结果与“快速色阶调整”中的情况类似（参见142页内容）。

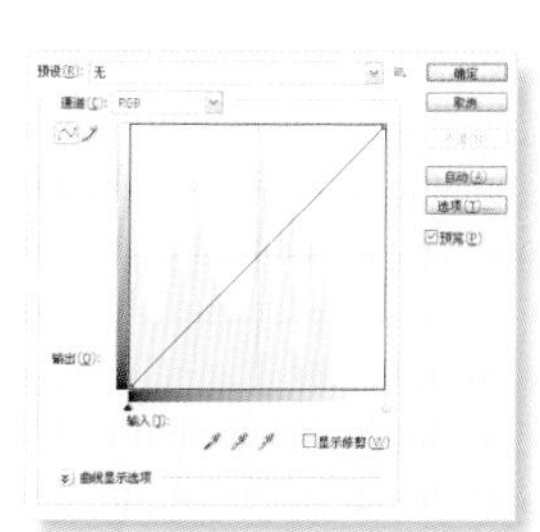

“自动色阶”：这个方法与“自动对比度类似”，不过，这里的色阶通过每个通道进行扩展。其中，颜色色调会发生改变。如果在几个通道中存在不平衡的情况（原则上在任何特别的光线下都会有这样的情况），这种不平衡会被消除。在有色斑时，这可以发挥作用；在特殊色调照片中，这种干扰不太管用。

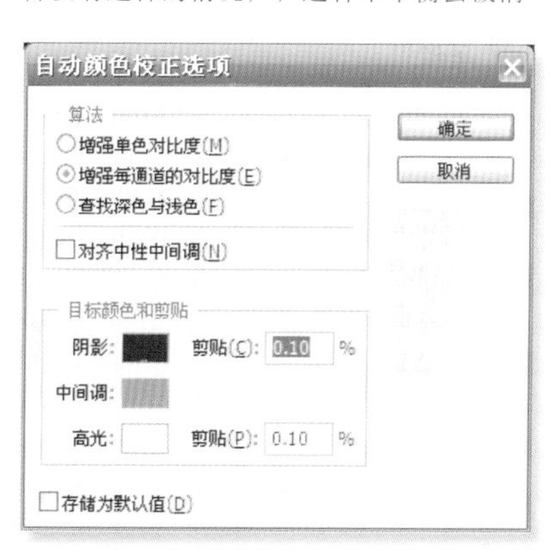

“自动颜色”：这是这3个功能中最为智能的一个，因为这通过吸管确定“阴影”和“高光”的目标颜色，并根据这些目标颜色对图像中最亮和最暗的点进行调整。在正确的设置下，并不会出现不完整的阴影和高光部分。

“自动颜色”可以使用“曲线”选项中的“自动颜色校正”这个选项，这通过中间色调吸管与白平衡匹配起来。你可以根据曲线中的颜色通道看到，这个功能在校正时发挥着多么重要的作用。

数码照片10大杀手

光比过大、色彩黯淡、清晰度不高、甚至错误的后期调整与前期设置等众多问题，都会是照片的劲敌。本文通过介绍相机功能的合理运用方法，再加上数码后期调整技巧，为你讲解如何应对这些致命的照片杀手。

杀手1号：超大的光比

在风光题材的拍摄中，经常会遇到光比过大的情况。数码相机可以记录从亮到暗的范围远比不上人眼，因此光比过大的拍摄题材在照片上就会表现为严重的曝光过度或者曝光不足，让题材完全丧失表现力。然而，改变并不是不可能的事情，我们完全可以依靠相机的先进功能和后期调整来解决这个问题。

这张照片在拍摄时就遇到了光比过大的情况。在秋季的上午10点左右，强烈的阳光赋予山峰丰富的层次。但是由于太阳在斜侧方，再加上层叠的山峦遮挡，山脚下的所有景物都淹没在阴影中，并且与山峰的亮度等级差别远远超过了数码相机动态范围的极限。

保守的方法：遇到这种情况，最传统的方法就是架上三脚架，分别对最亮和最暗的部分测光，对好焦后切换至手动对焦模式，按照之间的光比每隔半挡光圈拍摄一张照片。这种最保险的拍摄方法可以同时获得题材亮部和暗部的所有细节，并且由于三脚架的支持，每张照片的取景范围也完全相同。后期编辑时可以使用Photoshop中“文件|自动|合并到HDR”功能，来制作高动态范围的照片。

快速拍摄素材：对于这种高光比较集中的场景，更值得推荐的是一种快速解决的方法，这种方法也适合行摄匆匆的旅行摄影。快速解决方法就是使用相机内部的包围曝光功能，将相机设为包围曝光模式（有些相机要同时设置为连拍模式），根据测光数值调整每张照片之间相隔的曝光值，保证题材亮部和暗部的细节都能记录下来。

简单的后期：如果拍摄的素材没有使用三脚架，后期编辑时首先要将这几张曝光不同的照片对齐。一般情况下选择包围曝光中两张细节表现最好的素材在Photoshop CS3中打开。将其中较暗的一张使用“移动工具”拖入较亮的素材中，按住键盘“Shift”在右侧图层窗口中将两个图层同时被选中。选择菜单“编辑|自动对齐图层”，使用“自动”模式即可将两张素材照片对齐。在图层窗口中选中最上面的图层，使用橡皮擦工具（或图层蒙版工具）再配以适当的画笔大小和不透明度，就可以将较暗的素材照片下方没有显现细节的部分擦除，让下面图层中丰富的暗部细节得以显现。

阴影/高光一步到位

Photoshop中“图像|调整|阴影/高光”也是对付大光比题材的好工具，但是它的功能只是调整，并不能像上面提到的依靠照片拼接来显现真正丢失的细节。如果只拍摄了一张兼顾到天空与地面曝光的照片，那么使用这个工具最好不过了。

这张照片拍摄于下午2点左右，光线将地面和山体顶部照亮，但是这种比较硬的光也赋予了照片非常大的反差。“阴影/高光”工具的好处在于可以分别控制阴影部分和高光部分的亮度，这样就可以在保证天空和云彩细节不损失的情况下提亮地面和山体的亮度。

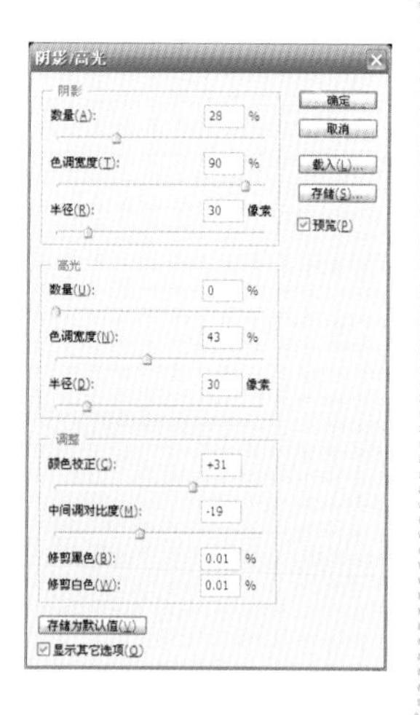

杀手2号：混乱的色温

人像题材中皮肤严重偏黄，日出日落的题材却因为没有偏红而显得平淡，雪景、雾气以及流水的题材因为没有偏蓝而缺乏表现力，遇到这种问题的影友不在少数。

当我们用眼睛观察这个多彩的世界时，在不同的光线下，对相同的颜色的感觉基本是相同的。比如在早晨旭日东升时，看一个白色的物体，感到它是白的；而我们在夜晚昏暗的灯光下，看到的白色物体，感到它仍然是白的。这是由于人类从出生到以后的成长过程中，大脑已经对不同光线下的物体的彩色还原有了适应性。

由于在传统彩色摄影中，色温是大多数人不能干预的。那时影友普遍使用日光型胶片进行拍摄，对于阴天、白炽灯下色温的修正，除了少数影友拍摄时使用色温滤镜，大多数照片还是要冲印店来解决。在数码摄影中，通常会在拍摄时使用相机的白平衡功能以及后期对色温进行校正。

建立色温的概念：色温全称为开尔文温度，色温的单位是K。和平时使用的摄氏温度一样，色温也是温度的一种计量单位，只不过色温是对光的温度的一种描述。色彩和开尔文温度的关系起源于黑体辐射理论，对黑体(能够吸收全部可见光的物体)加热直到它发光(就像把铁加热一样)，在不同温度下呈现的色彩就是色温。将黑体从绝对零度(摄氏−273.15度)开始加温，温度每升高一度称为1开氏度(用字母K来表示)当温度升高到一定程度时候，黑体便辐射出可见光，其光谱成分以及给人的感觉也会着温度的不断升高而发生相应的变化。于是，就把黑体辐射一定色光的温度定为发射相同色光光源的色温。

当这个黑色物体受热后受到的热力相当于500～550摄氏度时，将变成暗红色，如果继续加热达到1050～1150摄氏度时，就会变成黄色，然后是白色，最后就会变成蓝色。当黑色物体的温度达到3200开尔文时会发出红光，我们平常使用的白炽灯的钨丝也会发出这种光芒。当温度上升到5500开尔文时，黑色物体会发白光，这种光线强度相当于正午的太阳光，平时我们在黎明时看到的淡淡蓝光则和处于12000开尔文的黑色物体发出的光线强度差不多。

根据这一原理，任何光线的色温是相当于上述黑体散发出同样颜色时所受到的“温度”。按照以上的开尔文理论，即可以推算出：温度越高，蓝色的成分越多，照片就会偏蓝；温度越低，红色的成分越多，图像就会偏红。摄影是光影的艺术，而色温又是光源光谱特性的标志。所以在摄影领域，光源要根据它们的色温进行定义，两者就结合在一起成为了摄影的专业名词。

校正偏色

数码相机可以自动感知周围环境，从而调整色彩的平衡，这一针对输出的信号进行修正的过程就叫做白平衡的调整。但是在光源复杂的环境当中，相机的自动白平衡功能很可能出现判断错误，进而出现照片偏色的现象。

有很多种方法可以修正这种偏色的照片。对于JPEG格式的照片，可以使用“图像|调整”中的照片滤镜功能。这个功能相对简单，事先选择相应的滤镜后调整“浓度”值便可达到效果。

另一种比较方便的方法就是拍摄RAW格式照片，之后在Photoshop自带的Camera Raw中进行设置。在Camera Raw可以使用白平衡工具，单击照片中作为取样标准的部分，照片的色温就会相应进行调整。使用白平衡工具后，可以从界面右边的色温数值中观察其变化，如果对取样和设置不满意，可以单击白平衡右侧的小三角，在下拉菜单中选择“原始设置”。

利用色温增加画面感染力

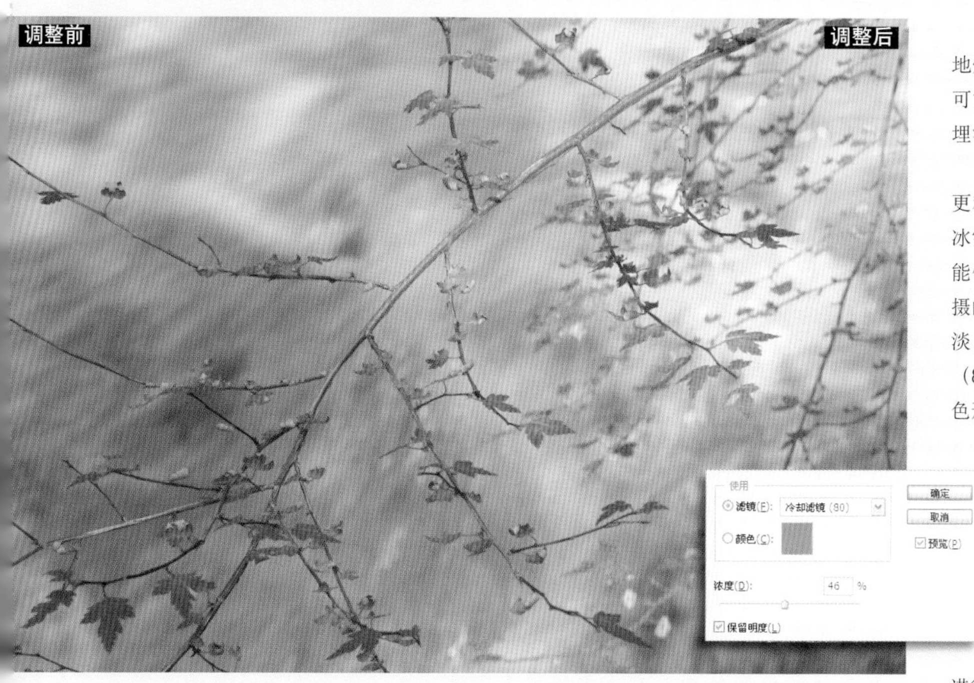

对于一些题材来讲，特殊的色温可以很好地烘托气氛。这时，相机的自动白平衡设置很可能起到相反的作用，将一张照片的魅力永远埋没。

尤其对于日出、日落的题材，温暖的色调更利于传达拍摄现场带来的感受；对于流水、冰雪以及雾景的题材，高色温带来的蓝色调更能体现静美的感觉。在这张使用自动白平衡拍摄的照片中，由于整体色温偏低让照片归于平淡。在通过照片滤镜功能，使用“冷却滤镜（80）”后，溪水更趋近于蓝色，与叶子的红色形成鲜明的对比，为画面增色不少。

拍摄小技巧：对于这种题材的把握有一个好方法，就是在拍摄时使用RAW＋JPEG格式，同时将相机的白平衡设置为“日光”模式。这样，以不变应万变的日光白平衡模式拍摄出的照片就可以真实表现题材中的冷暖色调。对于色温偏差较大的题材，使用RAW格式的照片也可以进行量化的调整，同时将画质损失降至最低。

杀手3号：复杂的光线

虽然先进的数码相机都能实现自动测光的功能，但相机不会告诉你在拍摄时什么是最正确的曝光数值。于是在复杂的光线下，各式各样曝光不正确的照片诞生了。很多图像调整软件都提供了修正照片曝光的工具，像Photoshop这样的专业软件对于曝光问题也提供了多种解决方案。

量化调整：对于曝光不足或者曝光过度的照片，Photoshop中“图像|调整”中的曲线工具显然最适合不过，但是如果曲线工具使用不当，会改变照片的反差。而且，这种调整方法很难量化。使用图层混合的方式是大多数高手常用的方法：打开图层窗口,使用快捷键“Ctrl＋J”复制当前图层，在图层混合模式中选择“滤色”可以修正曝光不足的照片，在图层混合模式中选择“正片叠底”可以修正曝光过度的照片。调整图层“不透明度”可以减弱修正效果，继续复制最上面的图层可以增强修正效果。

测光方式：曝光失误的照片即使可以调整，但是所受的损失是不可估量的，最好的解决方法就是前期拍摄时得到一个好的素材。在复杂光线下拍摄，首先要确定表达的主体。这种情况下，相机的平均测光显然只会帮倒忙，而中央重点测光、点测光以及曝光锁定功能就显得更加重要。普通数码单反相机和带实时取景功能的相机在使用点测光的方法上有所区别：实时取景的数码相机在使用点测光方式时，可以通过液晶显示屏直接看到效果，并可以根据曝光需求分别对景物的亮、暗以及过渡部分测光，以决定哪种曝光数值更利于表达；大部分数码单反相机由于没有实时取景功能，拍摄时要对想保留的层次亮、暗两部分分别测光，在这一曝光范围内按照需要表达的重点和相机的动态范围来权衡曝光值。

杀手4号：难以取舍的饱和度

有谁不喜欢色彩艳丽饱满的照片，可是对于不同的拍摄题材来来讲，增加饱和度的同时会带来更多的负面影响。错误地增加饱和度不仅会破坏照片传达的信息，还会带来强烈的杂色和噪点。

从这张示例照片中可以看出，调整前的画面色彩平淡且缺乏生气。合理调整饱和度后，色彩较原图更纯，画面明显更亮丽和抢眼。相比之下最右边是调整过度的效果，很多有层次的颜色变成了纯色，从而导致细节大量损失，许多颜色块也破坏了画面效果。

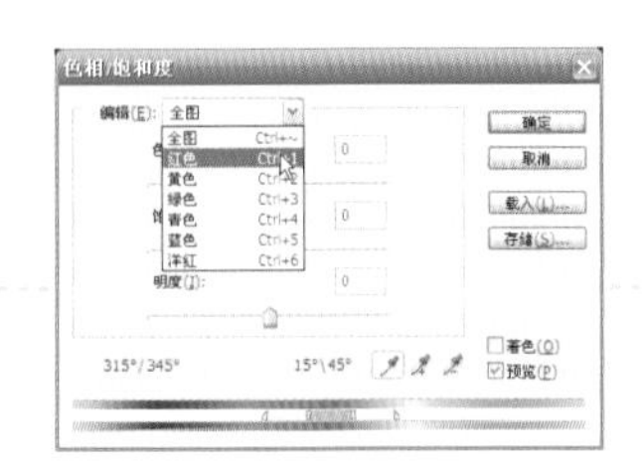

调整技巧：在调整饱和度时，可以对画面中不同部分的颜色分别调整。在Photoshop的菜单中打开“图像|调整|色相/饱和度”，在色相/饱和度的“编辑”的下拉菜单中分别选择需要强调饱和度的色彩，把鼠标移到照片中，单击要改变饱和度的具体部分。此时在“色相/饱和度”窗口中最下方就会提供将要改变颜色的范围，通过这种方法就可以精细地调整照片中不同部分的饱和度。

调整饱和度的技巧

饱和度是指色彩的纯度。以阳光的光谱色为标准，越接近光谱色，色彩饱和度越高。如果一种色彩中掺杂了别的颜色，或者加了黑或白，饱和度便降低。饱和度越高，色彩越艳丽，越能发挥其色彩固有的特性。当色彩的饱和度降低时，其固有的色彩特性也随之被削弱和发生变化。比如，红花绿叶配置在一起，往往具有一种对比效果，但是只有当红色和绿色都呈现饱和状态时，其对比效果才比较强烈。如果红花绿叶的饱和度降低，红色变成浅红或暗红，绿色变成淡绿或深绿，把它们仍配置在一起，相互对比的特征就减弱，趋于和谐。

饱和度和明度不能混为一谈。明度高的色彩，饱和度不一定高。如浅黄明度较高，但饱和度比纯黄低。颜色变深的色彩（即明度降低），饱和度并不提高。如红色中加黑成为暗红，它的饱和度也降低了。在摄影中，颜色受到强光的照射，明度提高，但色彩饱和度降低；颜色受光不足，或处在阴影中，它的明度降低，饱和度也降低。所以这张照片中为了增加饱和度，在很多局部进行了压暗和提量，而并非一味地在Photoshop中提高“图像|调整”中的饱和度数值得来的。

室外的被摄体色彩的饱和度随它所处位置的远近不同会有所变化。如果被摄体所处的位置离观看者较远，看上去它的色彩饱和度会降低。这是因为，当观看远处的被摄体时，视线要透过较厚的空气介质（如水分子、尘埃等），它们能对光线产生漫射作用，使远处的景物看上去显得发亮，色彩饱和度降低。所以这种环境拍摄的照片通过一定的色阶调整，也可以达到增加饱和度的效果。

曝光对色彩的饱和度也有影响，纯正的色彩，当它被正确曝光时，再现出的色彩饱和度最高；曝光过度或不足，饱和度均降低。

杀手5号：模糊的照片

锐化功能是一个对付模糊照片的利器，但它同时也是一把双刃剑，错误的锐化很可能会让你的作品彻底报废。人的眼睛常常把边缘反差大的物体视为清晰，锐化的原理就是利用人眼的这种特性，以增加像素之间的明暗反差及边缘轮廓反差，来造成提高清晰度或增加更多细节的假相。刚接触锐化功能的影友都会兴奋不已，一张模糊的照片通过简单应用滤镜就可以变得清晰，感觉真是一件神奇的事情。没有想到的是，锐化不当给照片带来的层次损失是无法挽回的。

锐化的技巧：在做锐化之前首先要明确照片的用途，是网上展示、还是小幅面或大幅面输出，对于不同用途的照片来说，锐化的方法都是不同的。一般来讲锐化都是后期调整的最后一步。其他后期调整完成后，在Photoshop中使用快捷键“Ctrl＋Alt＋0”将照片以100%原大小在屏幕上显示，在菜单中打开“滤镜|锐化”中的USM锐化窗口。对于锐化“数量”、“半径”等数值要根据照片尺寸和实际需求来设置，不可一概而论。

在这张800万像素的照片中，锐化的数量被控制在80%以内，半径控制在2.5像素，在观察画面中没有出现明显的失真后完成保存。这样的锐化方式属于相对简单的，如果要精益求精，应当对照片进行多次分批的锐化，每次只使用较小的数量，直到达到满意的效果。对于人像等题材，局部锐化也是常用的方法。为了避免皮肤质感因锐化而被破坏，可以用套索等选取工具分别将头发、眼睛、嘴唇等需要强调清晰度的部分选中进行锐化。

只要是锐化都会对照片的质量带来影响，而现在很多流行的锐化方法都可以将这种损失降到最小，如通道锐化、Lab模式下锐化，在今后的文章中，《数码摄影》将会陆续介绍给各位影友。

模糊的原因

大多数的数码相机都使用三色滤镜阵列应用在CCD或CMOS图像传感器的表面，使单个设备可生成彩色影像，这样的设计极易导致画面出现失真和摩尔纹。为解决这个问题，多数数码相机在感光器前方安放了低通滤镜(anti-aliasing filter)来轻微模糊光线、滤掉高频率信号。这种设计带来的负面影响就是导致画面失去细节。如果拍摄时使用RAW＋JPEG模式，通过两张格式不同的照片放到100%显示对比，便可发现经过相机部内处理的JPEG格式照片明显锐度更高。

同时镜头的解像能力、拍摄时的不稳定、对焦的错误、景深不足、拍摄时误用了数码变焦、ISO数值过高等问题都会导致照片的模糊。

杀手6号：牵强的数码转黑白

在彩色摄影繁荣的今天，黑白照片凭借它特有的魅力依然保持着旺盛的生命力。而如今，数码转黑白又成了后期谈论的热门话题。

直观来看，拍摄彩色照片要比拍摄黑白照片容易得多，因为彩色照片与在取景器中看到的物体更为相像，而黑白照片在拍摄时必须考虑物体外貌和彩色照片中显现结果之间存在的差异。但是，一般来讲这还是要比预测物体颜色将转变为何种单色影调容易。

数码转黑白的方法有很多种，分别适合不同的拍摄题材。如通道混合器的使用、Lab模式的使用、灰度模式的使用，最新的Photoshop CS3中也提供了数码转黑白的专用工具。但是，并不是任何照片都适合转换为黑白效果，尤其是靠色彩表达画面内容的题材。同时，使用错误的方法转换出的黑白照片，会产生难看的颗粒，画面的清晰度也会下降。

不适合的题材：这张照片是在色彩最丰富的秋季拍摄的，当转换为黑白效果后，画面明显显得平淡而无生机，使照片失色不少。即使使用了多种方法转换，画面也很难改善。前景中蓝色的地面在转换后明显比最远处的树木亮度低，其中没有任何明亮抢眼的部分可以起到视觉引导线的作用，因此这是一个明显转换失败的案例。

错误的方法：现在流行的通道混合器转换黑白照片也有一个弊病。使用这种方法转换带有大面积天空的照片，其效果非常优秀，大面积天空有种被压暗的效果，但是将转换后的照片放大到100%观察时便会发现，天空部分充满了大量杂点，并且随着亮度的降低或反差的增加，这些杂点变得越来越明显。这说明转换黑白时不能完全依靠后期调整，在拍摄时，也要考虑好后期的问题，尽量使用偏光镜和渐变镜来为后期提供一个高质量的素材。

适合黑白的题材

在选择彩色还是黑白方式记录时，是没有固定不变的规则的，最重要的还是把看到的景色想象成黑白的，当然也可以同时拍摄黑白和彩色两张照片来进行对比。把景物“看”成黑白的窍门是：辨别出颜色的影调和密度，相同色调的不同色彩在黑白片中会有同样的影调，用这种方法可以消除那些并没有美感的杂乱颜色的干扰。同时黑白相比彩色拍摄更要注重用光，因为去掉了颜色的照片中，光影的塑造力进一步加强了。

这张照片转换为黑白效果后让画面变得更加简洁，原本画面中的色彩由于逆光的关系显得无足轻重，通过通道混合器的方法转换后让天空呈现出深沉的效果。

杀手7号：历史一去不返

你是否遇到这种情况：在Photoshop中处理了无数步的照片，忽然发现效果没有之前看到的效果好，然而想回到30步甚至40步以前的状态时，系统并没有将调整中间步骤记录下来。就这样，你白白付出了很多辛苦劳动，并且当时的创意再也找不回来了。下面这些技巧就是专为对付这样的问题而准备的。

历史记录：在Photoshop中有一剂后悔药，就是窗口菜单中的1“历史记录”。在调整照片时，可以通过历史记录中记录的调整步骤进行还原。通过快捷键“Ctrl＋Z”可以向上恢复一步，要是恢复多步操作的话，就要在历史记录中向上寻找，通过按下键盘“F12”键也可以恢复到照片的原始状态。但是Photoshop对历史记录可反悔的默认设置只有20步，通过菜单“编辑|首选项|性能”可以调出2性能菜单，在菜单中可以更改Photoshop中历史记录的数量。

充分利用图层：支持图层是Photoshop软件的一大特色，通过复制图层“Ctrl＋J”，可以在照片调整的过程中随时将中间结果备份，尤其是在做一些尝试性调整的工作时。另外一个功能就是3“创建新的调整或填充图层”功能，它把对照片常用的调整功能囊括其中，并以新的图层方式出现，并不会破坏照片的原始形态。尤其是对照片的亮度和色彩的调整时，新建的调整图层可以随时进行更改和删除，并且不用像历史记录一样回到很多步骤以前。另外，这个功能还支持4图层蒙版，可以通过画笔让局部调整后的效果失去作用。

例如在对照片调整完曲线后，想把曝光过度的地方恢复成初始的状态，就可以使用黑前景色和画笔直接在要更改的照片部分涂抹。

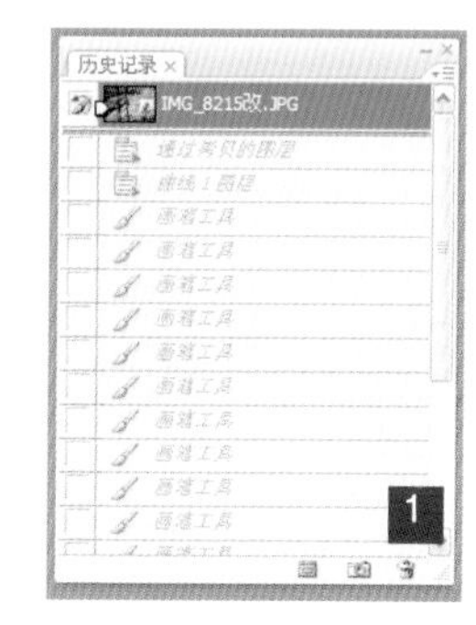

杀手8号：画质公敌

在日常对照片的处理中，往往因为错误的操作、不正确的存储格式让照片画面质量严重下降，并带来无法挽回的灾难。在下文中，我们将为你从理论到应用一一讲解。

像素与分别率：像素是组成图像的最基本单位。在日常生活中，通常以厘米、米等来作为描述对象大小的单位，而在数码世界中，像素是描述图像大小的依据。每个像素都是以独立的小方格，在固定的位置上显示出单一的色彩值。屏幕上所显示的图像就是利用这些个小方格一点点模拟出来的。分辨率是指单位面积（英寸）里所包含的像素的数目（pixels per inch简称ppi），基本上分辨率越高，单位面积里所含的像素值也就越多，输出的画面也就越精细。如果分辨率不高，那么画面就会呈现锯齿状。了解像素与分别率的概念后，大致就可以掌握照片裁剪的规律了。当一张照片被裁裁剪后，其中的像素就会被删除，这样带来的损失是无法恢复的。

存储格式：JPEG是常见的一种照片格式，扩展名为jpg。它以全彩模式显示色彩，是目前最有效率的一种压缩格式。JPEG格式用有损压缩方式去除冗余的图像和彩色数据，获取到极高的压缩率的同时也能展现十分丰富生动的图像。换句话说，就是JPEG可以用最少的磁盘空间得到较好的图像质量。但是这种格式采用的压缩是破坏性的压缩，因此会在一定程度上有损图像本身的品质，所以在照片的存储上尽量要采用无损的TIFF格式。

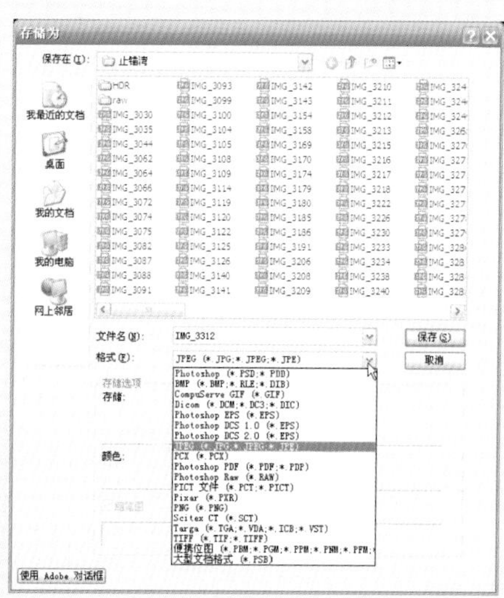

杀手9号：不准的显示器

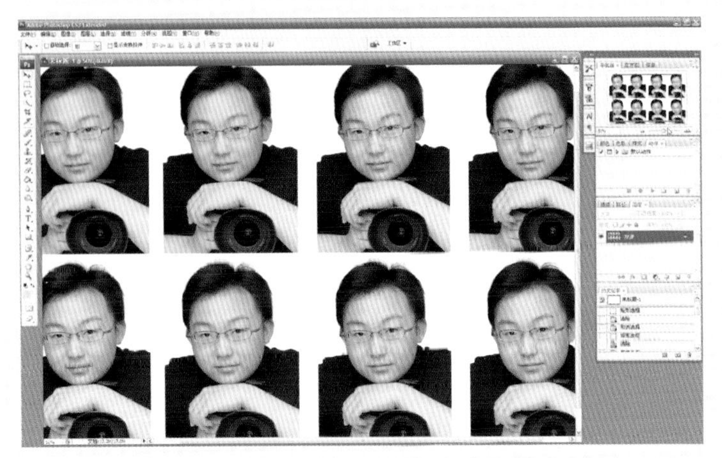

当你将照片精细地调整完色彩、反差和亮度后，看到满意的作品精美地呈现在显示器上时，不要得意得太早，显示器这个隐藏的杀手从始至终都在破坏着你的照片。这也是为什么很多影友在拿到输出的照片后疑惑不已的原因，数码摄影将在下文中给你答案。

显示器的色域：我们现在普遍使用的时LCD液晶显示器，而体积庞大的CRT显示器基本已经很少有人使用。但是从理论上讲，CRT可显示的色彩跟电视机一样为无限，而LCD只能显示大约26万种颜色，绝大部分产品都宣称能够显示1677万色（16777216色，32位），但实际上都是通过抖动算法（dithering）来实现的，与真正的32位色相比还是有很大差距，所以在色彩的表现力和过渡方面仍然不及传统CRT。同样的道理，LCD在表现灰度方面的能力也不如CRT。

使用数码单反的影友通常会发现色彩空间这一设置选项，通常相机的默认值都是sRGB，并另外提供Adobe RGB色彩空间供选择。对于专业的输出要求来讲，使用具备Adobe RGB色彩模式的显示器，来显示数码相机所拍摄的Adobe图像，色彩会更加真实，校正时的精度也会相应得到提高。但是市面上大多数的液晶显示器色度都达不到Adobe RGB的标准，这样拍出的照片在显示器上也不能正确地显示。不过也有少数厂家如三星推出的XL20专业液晶显示器，可以完全覆盖Adobe RGB色域，完全可以满足专业摄影后期的要求。

显示角度：目前大多数纯平CRT显示器的视角都能达到180度，也就是说，从屏幕前的任意一个方向都能清楚地看到所显示的内容。而LCD液晶显示器则不同，它的可视角度根据工艺先进与否而有所不同，部分新型产品的可视角度已经能够达到160左右，跟CRT的180度已经非常接近。也有一些LCD虽然标称视角为160度，实际上却达不到这个标准。在使用过程中一旦视角超出实际可视范围，画面的颜色就会减退、变暗，甚至出现正像变成负像的情况。

简单的测试：如果你使用的是19英寸以上的液晶显示器，可以做个试验。在Photoshop中排一个照片的版，也就是建立一个3000×2000像素、分辨率为300的背景，将1张头像照片上下排两排，一共8张。使用快捷键"Ctrl＋Alt＋＋"将照片放大至接近充满全屏。按下键盘"Tab"键后，调整工具和窗口会隐藏，连续按键盘"F"键3次，这幅照片会以黑底显示。这时注意观察，很有可能这8张相同照片所显示的亮度和色彩略有不同。不要怀疑是显示器的亮度不均匀造成的，因为再严重的亮度不均匀也只会产生轻微的暗角。产生这种问题的原因通常是显示器可视角度决定的。

现在流行的显示器通常分为TN面板和VA或者IPS面板，他们最大的差异就是可视角度不同。对于低切割成本的TN材质的液晶面板使得液晶显示器迅速平民化，22英寸的显示器个别售价已不足2000元，但是这种面板垂直角度上面的色彩衰退现象非常明显，因此对于色彩有更高需求的摄影发烧友，应当选择VA或者IPS面板的液晶显示器。

校准显示器颜色

校正显示器的颜色是件非常复杂的工作，一般影友也很难做到精确的校准。即使显示器的颜色通过高端的校色仪器校准后，也不能完全保证无误差。因为在照片调整的环境当中，显示器的观看角度、室内的墙壁和窗帘颜色、自己的衣服颜色等诸多原因都会对观看的效果产生影响。不过我们在此也推荐一些简单方法和校色工具。

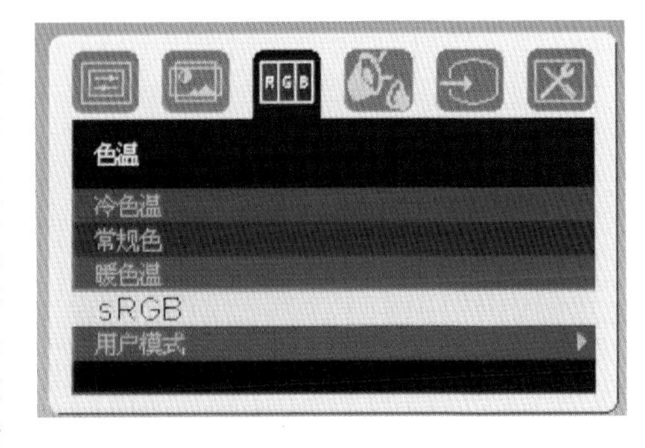

对于大多sRGB色彩空间的数码照片，后期调整前一定要将显示器调整至sRGB色彩空间模式，否则显示器的色温会有偏差。如果安装了Photoshop的影友，可以通过Windows系统控制面板中的Adobe Gamma辅助校准。更精确的校准可以购买或租用市面上常见的校色设备，如Spyder校色蜘蛛和eye one校色仪。

杀手10号：相机内的设置

后期处理不仅限于在电脑上，在你的数码相机中也有着很多针对照片效果的设置选项。由于相机的液晶屏幕尺寸小，在屏幕上看到的画面与电脑的显示器有一定差别，在相机内进行这些设置时一定要慎重，损失的照片细节很难再寻找回来了。

照片风格：几乎每台数码相机都有一些对照片的处理模式，这无非是增加照片的饱和度、提高照片的锐利程度以及反差和色调的设置。这些设置一定程度上方便了普通使用者，让他们能直接拍出看上去效果更好的照片。而对于高手来讲，是不会看重这些功能的，因为这些设置远不如在电脑上的后期调整更容易把握。

初始设置：对于数码单反相机的初始设置，对照片的一些内部处理功能相对少些，但这并不代表没有。你可以进入数码单反相机菜单中查看一下，是否最常用的模式中对照片增加了锐度。我们在上文中提到了数码相机的设计，直接拍出不增加锐度的照片恐怕会让你无法接受。对于其他类单反或者小数码相机，这些设置可能会隐藏得更深。例如在一些相机中，照片模式有锐利、标准和柔和3种选项，而恰恰柔和模式才是机内设置锐度最低的选项。

机内设置的危害：如果在相机内将锐利度设置过高，那么即使后期高手也很难在电脑中恢复这些因过度锐化而损失的细节，并且因为这种设置产生的噪点数量也是难以估量的。而相比之下，过高饱和度设置则会让照片看起来不真实，甚至让人脸变成红苹果。过高的饱和度所带来的层次损失也很难在后期挽回。最严重的要算是反差的设置，即使在雾天或者空气透视不好的情况，也不要轻易在相机内加大照片的反差，还是尽量把调整反差的工作交由电脑后期来处理。尤其是大光比的场景，如果机内设置过高的反差，就会让照片的亮部更亮、暗部更暗淡，这样明暗部分的细节都会受损失。如果你执意要使用机内设置，那么建议你使用“RAW＋JPEG”的拍摄模式进行拍摄。在这种设置下，只有曝光数值和ISO值会对RAW格式照片产生影响，对于后期可以保留一个原始的素材，而同时拍出的JPEG照片，就让它尽情被相机处理吧。

相机屏幕亮度

在室外的强光下拍摄，通过液晶屏回放会发现拍出的照片颜色黯淡，甚至感觉严重曝光不足。发现这个问题后，很多影友会立即开大圈或放慢快门速度，直到拍摄回来才发现照片全部曝光过度。很多影友在相机中找到调整液晶屏亮度的选项，在强光环境下通过提高液晶屏的亮度进而来获得正确的曝光。这种方法并不是不好，但是最好结合相机内的直方图一起使用。对于曝光，参考直方图可以方便得多。这对于很多非单反用户有一个好处，那就是在取景拍摄时可以直接开启直方图功能，参考它进行曝光。对于不能实时取景的数码单反相机，就只能参考拍摄后回放照片中的直方图查看功能了。

随心而得好天气

并不是每个影友都有时间和精力在拍摄时等待最佳的天气出现。而通过后期的合理调整，完全可以改变照片中天气所带来的不良影响。下面，《数码摄影》将告诉你，如何用 Photoshop 改变天气带来的不利影响。

调整色温

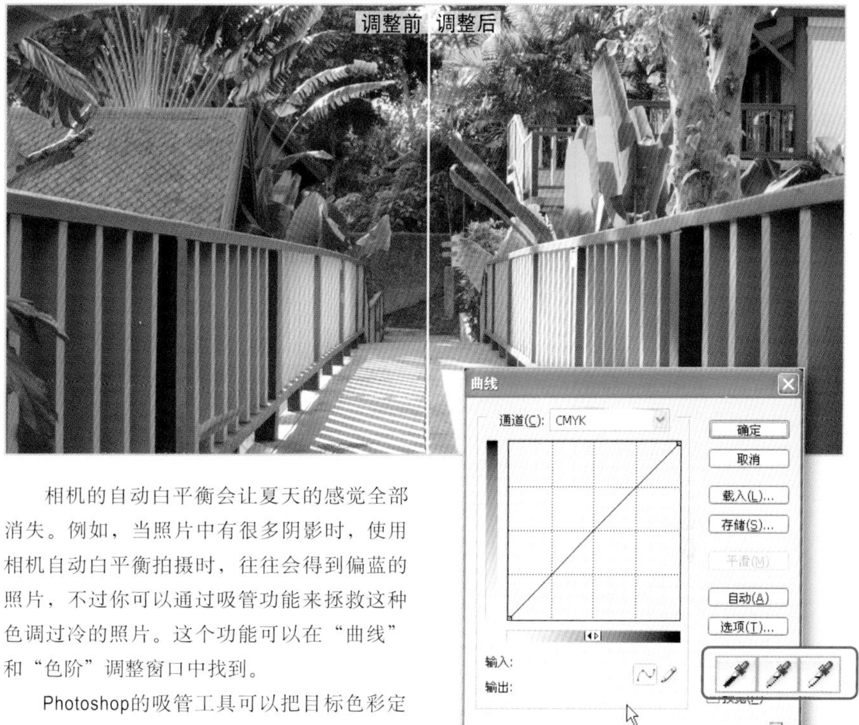

相机的自动白平衡会让夏天的感觉全部消失。例如，当照片中有很多阴影时，使用相机自动白平衡拍摄时，往往会得到偏蓝的照片，不过你可以通过吸管功能来拯救这种色调过冷的照片。这个功能可以在“曲线”和“色阶”调整窗口中找到。

Photoshop的吸管工具可以把目标色彩定义为白场、黑场和灰点。专业人士希望尽可能准确地得到真实的色彩，他们会在拍摄时带着针对拍摄题材的灰度卡，之后在电脑上利用吸管工具输入这些拍摄过的参考值。这里，Photoshop会调整整张照片的色彩。你不必担心太多，这种调整并不会耗费你太多时间。因为在几乎所有拍摄题材中，都存在色彩方面处于中性的部分。在接下来的几步中，我们要告诉你，如何用吸管对所需要的色彩进行校正。

1 打开一张要进行色彩调整的照片。可以看出，这张示例照片明显偏冷。通过按下“F7”键，可以把图层面板调到最前面。在下方的面板边缘单击“创建新的填充或调整图层”，并生成一个“曲线”功能的调整图层。

2 在默认的设置下，这3个吸管从左到右分别对应于黑、灰和白3种目标颜色。例如，你可以通过在灰色的吸管图标上双击鼠标进行确认。接下来，会弹出拾色器窗口。正常情况下，这个标记点会停留在红、黄和蓝3种颜色的数值同为128的位置，也就是在色阶标尺图的最左侧中间位置。

3 关闭拾色器窗口，并在示例照片中可能含有中性颜色值的区域，例如灰色的甬道路面上点一下吸管。照片中的整体颜色分布马上就会发生改变，并变回到拍摄时在现场看到的暖色调。

4 你想知道，Photoshop到底改变了些什么吗？如果想进一步了解，你可以看一看曲线中的颜色通道。为此，可以在曲线调整窗口中的通道下拉菜单中分别选择红、绿和蓝3种颜色。曲线可以显示出，哪些颜色被减淡或者加强了。

小技巧：你也可以直接通过“图像”菜单调出曲线和色阶选项。不过，通过调整图层来调整曲线和色阶，可以在多步其他调整后更改之前的曲线和色阶调整数值：

你可以通过降低图层的“不透明度”来减弱调整带来的影响。

如果之后想继续对色阶进行调整，可以通过在图层窗口中这个调整图层的符号上双击鼠标，来返回到这个曲线调整窗口中。其中，你可以对设置进行修改或者对其他区域进行中性化处理。

尽管有阴霾，但色彩依然清晰

晨雾弥漫的照片具有一种迷离、柔和的情调。但可惜的是，这些照片并不能复现出我们在拍摄时所看到的所有细节。通常，利用曲线进行的轻微对比度调整，可以获得更清晰的效果。然而你应该在调整前进行分析，之后再决定哪些色阶要提高以及哪些应该保持原样。为此，你要在调整之前，在曲线上确定测量点。

这样操作：打开“曲线”对话框。在按下“Ctrl”键的同时，在你想强化效果的部分上单击鼠标。Photoshop会标定相应的参考点到曲线中。现在，你可以非常准确地看到，在哪些位置上需要对曲线进行调整。其中，S形曲线适合提高对比度。这样，你可以在不损失原片特色的情况下，让你拍摄的照片更生动。

其他调整：通常，改变曲线还可以强化照片中的颜色。在需要时，你还可以通过在“色相/饱和度”中略微降低饱和度，对上述调整进行补充。在“图像 | 调整”中可以找到这个功能，不过利用“色相/饱和度”调整图层的话，后期的调整灵活性会更大一些。如果在高光或者阴影区域中的对比度调整显得太强，你应该提前利用蒙版把这部分区域保护起来。为此，先要通过“色彩范围”（参见下面的“明亮的颜色”技巧）选择高光或者阴影区域，然后在调整图层上调整曲线。

明亮的颜色

有时候，调整时只需加强特定拍摄题材中的部分颜色，例如一片草地上要突出黄色野花。在这种情况下，则适合使用所谓的“色彩滤镜图层”。为此，在“选择”菜单下调出“色彩范围”调整窗。在需要突出的区域上单击一下吸管。利用颜色容差滑块，你可以决定与所选颜色类似的颜色部分集成到所选区域内的程度。确认这个所选区域，并通过组合键“Ctrl + J”马上生成一个图层副本。这样，你就得到了色彩滤镜图层，现在你只需要指定相应的图层混合效果。这需要在图层面板中设置图层模式下拉菜单中进行选择。例如“柔光”可以强化这种色彩。

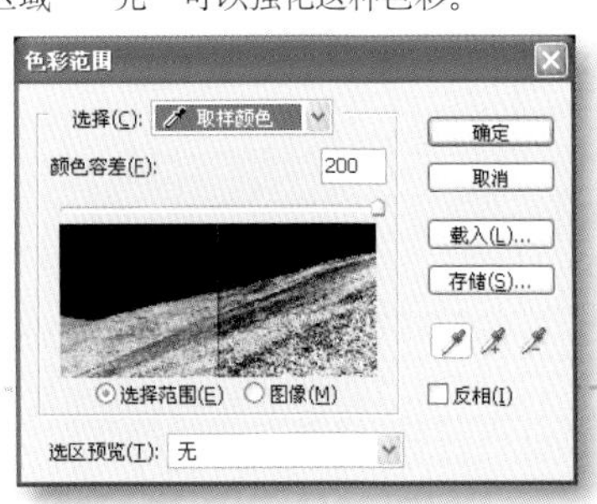

雪中的白平衡

无论是冰河还是滑雪场，反光的表面对于相机的测光设备来说，始终都是一个特别的挑战。即使微小的曝光不足也会对照片的色彩带来影响。加上在冬天中常见的冷色温，这会在每一个有关雪的拍摄题材中产生出杂色块。

正如已经在“调整色温”部分中所描述的那样，吸管通常都会在调整白平衡时有出色的表现。在“色阶”对话框中，你同样可以使用这个办法。在雪的部分中，不要选取设置灰点的吸管，而要选择用来定义目标色彩的设置白场的吸管。Photoshop给出的默认设置（红255、绿255和蓝255）是不能用的，因为这会产生出一个纯白色调，这在打印中将会被吞噬，细节也就无法再看到。更好的选择是给出大约248的RGB色阶。现在，有了这样的数值，你就可以重新定义照片中的明亮颜色。

专业技巧：在单击照片之前，你要首先找出高光点，也就是颜色最浅的部分在照片中的位置。为此，你要按下“Alt”键，并同时移动直方图中的白点滑块。在照片中，最浅色的部分会显示出来。你可以在上面使用设置白场的吸管，并给这个高光点指定一个新的目标色彩。

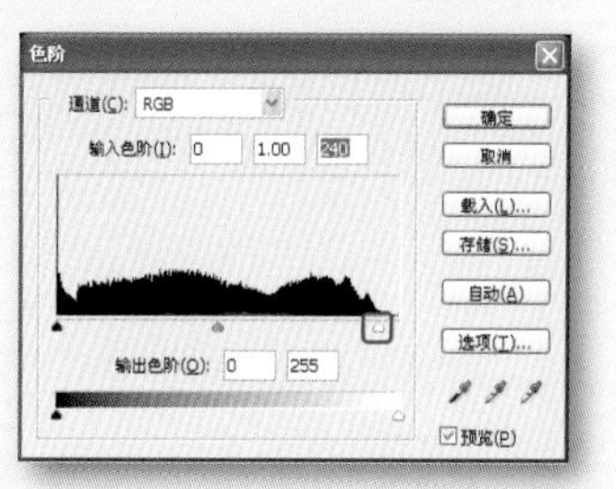

调整雨前的照片

六月的天气随时都会让人大吃一惊。在一个阳光明媚的下午，可能会有不请自来的雨云在拍摄地点的上空飘然而至。在雷雨前的短短几分钟，会带来让所有影友兴奋的光线效果：乌云布满天空，但强烈的阳光仍然照耀着拍摄题材。现在，要迅速做出反应，用相机捕捉下这个不可多得的情景。在匆忙之中，很可能忘记调整白平衡设置。于是，拍摄题材产生了蓝色色斑。

快速调整：你可以通过使用“图像”菜单下的“调整”选项中的“匹配颜色”功能，轻松对这种整体性的色斑进行调整。选中“中和”选项前方框中的对钩之后，不同颜色通道的色阶之间就会相互进行调整。

精益求精：你还想得到具有生动效果的云彩？要是这样的话，首先复制当前图层，并在这个图层副本上应用“匹配颜色”功能。然后添加一个图层蒙版，并生成一个效果更自然的黑白渐变效果。

强化天空的蓝色

有没有理想的天蓝色？可能没有，但是如果现有的所有颜色部分尽可能减少，天空就可以从大地色彩中鲜明地突出出来。在大自然中，绿色和蓝色色调往往占有统治地位。你可以把天空的颜色向互补的方向移动。这样，就可以得到最大的颜色对比度。

最简单的办法是应用在“图像”菜单下的“调整”选项中的“可选颜色”功能。通过“青色”色调对一个显得太黄的天空进行校正：在这里提高洋红部分的比例，直到出现饱满的蓝色。黄色部分的减少将会妨碍色阶的加深。在“可选颜色”中，你一定要激活“相对”选项，因为只有这样Photoshop才会对目前现有的青色部分按照比例应用给出的调整数值，并可以避免在浅色的图像部分中出现像乌云一样的色斑。

经典的照片滤镜

由于有了Photoshop软件的辅助，在数码摄影中，你完全可以放弃传统摄影中经典的81或者85系列加温滤镜。通过“照片滤镜”图像调整功能，你可以简单地在电脑上随意模拟出各种滤镜效果。这个效果可以通过“浓度”进行控制。在窗口的“颜色”区域内单击鼠标可以打开拾色器，在其中你可以提高色饱和度。通过“保留亮度”的选项，可以获得一个清晰、更为温暖或者更加清爽的风格，而不是通过一个彩色的图层对照片进行处理。

保护图像区域：暖色调的设定会同时给明亮的蓝色天空带来负面影响。因此，应该通过图层蒙版的使用对此调整进行限制。这非常简单，首先选择天空，最好通过上面介绍过的“选择｜色彩范围”中的吸管功能来完成。只有这样，你才能生成一个“照片滤镜”类型的调整图层。这时，Photoshop也会自动从所选区域中生成一个保护天空避免被染黄的蒙版。

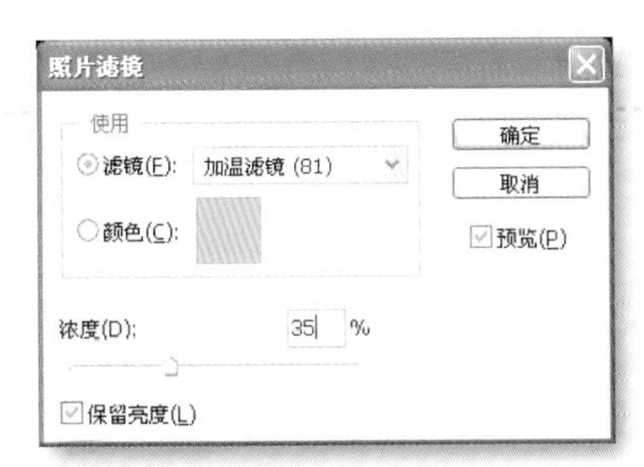

强化颜色

怎样才能让照片中充满着一种完全独特的情调？要达到这种效果，就必然要借助强化这种色调的工具，我们可以让穿透云层照射过来的阳光变得更加金黄。在这里，也可以使用“照片滤镜”这个简单易用的功能。

拾取颜色：在“照片滤镜”对话框中，通过在颜色区域上单击鼠标打开拾色器。在其中，你可以任意选取颜色。不要只选择照片中的一些特殊色调，而是要在照片中占大部分颜色的区域上单击鼠标，这样吸管就会拾取新的照片滤镜颜色。现在，你还可以在拾色器中通过选择一个更高的色饱和度数值来加强这种效果。在这里，甚至100的数值都是可以的。现在返回到“照片滤镜”对话框，对浓度数值进行细微调节。

选择性强化：只有当你把某个特定图像部分的色彩调整撤销时，你的照片才会真正“鲜艳”。为此，你最好使用亮度选择的原则。首先，切换到通道面板，并找到使拍摄题材产生差别最明显的通道，在这个示例中是红色通道。

现在，在按下“Ctrl”键的同时用鼠标单击这个通道。这样，这个通道就作为选区载入到图层面板中。只有这样，你才能生成“照片滤镜”类的调整图层。单击图层窗口下方的“建立图层蒙版”按钮。利用图层蒙版，对照片颜色的调整就可以非常精准地进行。蓝色的像素点更适合进行标记，因为这些像素可以让颜色调整结果分批地执行。

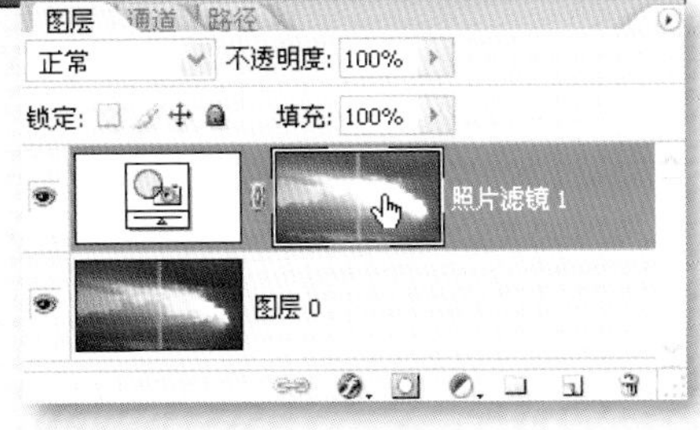

你还可以通过图层蒙版的调暗或者增亮来调整整体的效果。当你在图层蒙版中使用“色阶”功能时，这也会变得最简单。

减弱明显的阴影

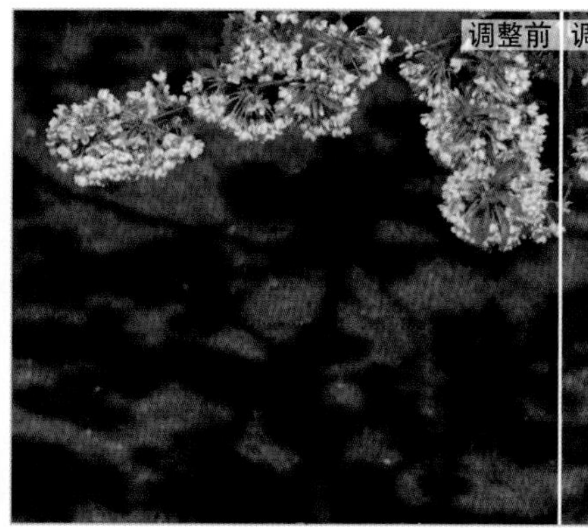

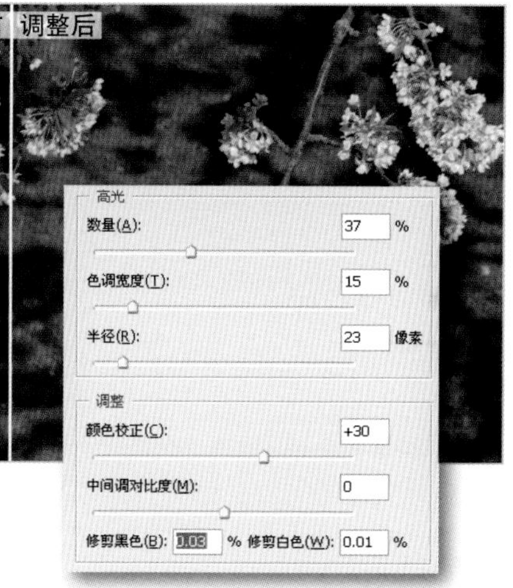

阳光越强，数码相机所能覆盖的整体对比度范围就越弱。这样得到的结果就是，照片上会存在无法显示任何细节的阴影部分。应对这个问题的解决方案仍然可以在“图像｜调整”中找到，这就是“阴影/高光”。为了避免出现不自然的色彩，你应该在“显示所有其他选项”的扩展模式中进行调整。

精细调节：通过“色调宽度”选项，你可以把调整范围限制在所希望的阴影上，并且避免对中间色调产生过强的影响。“半径”选项同样重要，通过在像素上的一个最小数值来对面积进行限制。你可以避免让细节的亮度同时提高，这对于保留细节层次来说很重要。在“修剪黑色”区域中的相应数值把调整限制在完全深色的色阶区域中，并可以获得阴影部分的图像细节。在每个阴影增亮之后，应该对“颜色调整”区域进行检查，以便让以前是黑色、现在是灰色的阴影可以重新获得色彩强度。

专业技巧：“阴影/高光”功能有一个非常大的缺陷，就是它不能在调整图层上应用，这意味着以后的每一次修改都是不可能的。作为另外一种选择，你可以通过常见的色阶调整或者通过曲线增加阴影的亮度，并通过图层蒙版对这个调整范围进行限制，其中图层蒙版以亮度选择为基础，正如在“强化颜色”中所描述的那样。这样，色阶调整就只会在照片的深色区域中显现出来。

拯救苍白的照片

夏天的正午阳光是无情的。可是如果你所在的拍摄地点没有其他时间可选呢？这样的话，有一张照片总比没有要强。以后在电脑中，你可以通过Photoshop把阳光调整为午后的时间。

快速调整：通过“图像”菜单调出“色相/饱和度”这个功能。不要整体提高饱和度，而是要通过“色相/饱和度”窗口中“编辑”的下拉菜单，选择在你的拍摄题材中占主要部分的色彩范围。在这张示例照片中是绿色和蓝色色调。你也可以用吸管在照片中的这个色彩区域中单击一下，这样就可以准确选择在拍摄题材中的色彩标准范围。这里，Photoshop自作主张地把绿色色调改成了黄色色调。

通过组合的色饱和度向着所希望色调的方向轻微移动滑块，你可以把两种色调更好地进行调整。

修整灰暗的肌肤

在坏天气和阴影中，一个本在阳光下柔和的肌肤很快就变成了灰暗的皮肤颜色。作为摄影者，你不必对此感到恼火，因为通过Photoshop的吸管，你可以给任何一张脸赋予希望达到的皮肤色调。而你所需要的只是一张具有清晰、温暖皮肤色调的参考照片。

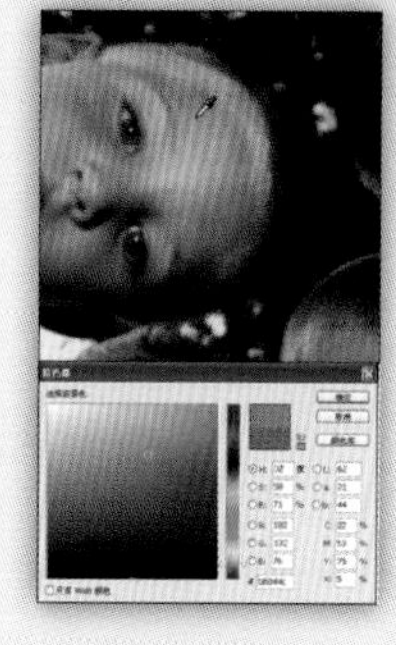

拾取灰暗的肌肤颜色

在Photoshop中打开两张照片，并通过“窗口｜排列｜层叠”命令排布两张照片，使得你可以同时最大限度地看到两张照片。激活你想调整的照片，并建立“曲线”功能的调整图层（参见89页的“调整色温”技巧）。现在重要的区别在于，你要在设置灰点的吸管之后，重新定义目标颜色的灰点，而不是要接受这个已经有的灰点。为此，用吸管在你的参考照片上让人感觉舒服的皮肤色调中单击一下。需要注意的是，已经拾取的颜色色调含有一些黑色的部分。因为只有这样，调整后的皮肤色调才能真正具有真实的细节和层次。

传输皮肤色调

现在，原来灰色的吸管“嫁接”了这种皮肤色调。通过单击鼠标，在目标照片上应用这个设置。在这里，你应该选择一个在旁边皮肤中处于轻微阴影中的位置。这样，针对参考色调的调整则会产生一个合理的调整结果。通常，皮肤色调调整会在红色通道中带来明显的变化，通过通道设置就可以看到。

添加蒙版

在关闭曲线设置时，你会被询问，是否要把新的目标颜色作为默认颜色存储。你一定要选择“否”，不然你就会让整个程序将皮肤色调设定为中性的灰点。由于通过这种方式的调整会对整张照片起作用，因此要把这个调整限制在皮肤的范围之内。自然，又要使用蒙版来完成这个工作。为此，在蒙版中选择一个非常柔软的画笔和灰色的前景色。然后用它在脸部周围涂抹。其中，调整图层必须被标记下来。正如你所看到的，图层蒙版部分地撤销了原来的调整。

其他技巧：收集皮肤色调

如果你添加了一个带有皮肤色调细微差别的主文件，你就始终可以得到一个合适的参考皮肤色调。为此，你要使用工具条上的吸管在样图中的深色皮肤色调上单击一下，然后通过按下“Alt”键在浅色的皮肤色调上单击一下。这样，你就定义了前景和背景颜色。在一个新的文件中，利用渐变工具生成一个从前景到背景色的渐变，这样就得到了参考文件。不过要注意的是，每个人的皮肤色调都有着明显的差别，绝对不可一概而论。

经典特效 第7例

制作移轴效果

有时候遇见好的题材，拍回来的效果却大打折扣。要是这样的话，可以在平淡的照片上面添加一层模糊效果，来转换为一张有趣的模型照片。下面我们要为你介绍，如何使用 Photoshop 通过简单 4 个步骤生成移轴镜头的效果。

专业摄影师在拍摄时会避免使用大景深，他们更愿意通过模糊对场景中的元素进行强调。使用可以随意移动景深平面的专用镜头，可以特别好地实现上述效果。或者，也可以通过使用像Google Picasa软件的特效制作来模仿这种效果。不过完全没必要使用这个软件：我们会告诉你，如何在Photoshop中非常轻松地模仿这种移轴效果。原则上来说，使用Paint Shop Pro、GIMP或其他支持图层蒙版的软件，都可以达到上述目的。

移轴镜头

通常情况下，一款镜头的镜片是平行排列的。在有些特殊镜头中，这些镜片可以相互间倾斜或移位。而移位使得影像中梯形失真的校正成为可能，而利用倾斜功能则可以任意移动景深平面，这样就可以把照片从前景到背景都清晰拍摄下来。因此，专业摄影师喜欢使用移轴镜头。一个价格更便宜但不容易调节的备选是Lensbaby镜头（大约1250元，www.lensbabies.cn）。

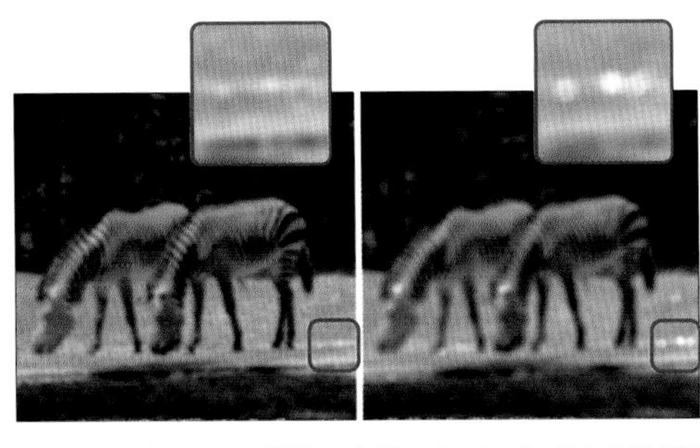

滤镜：与"高斯模糊"功能（左）相比，"镜头模糊"（右）不仅可以制造出整体的模糊，而且还可以把光圈斑加入到题材中。

1 复制背景图层

具有明显延伸感的照片适合使用移轴效果，其中景深平面会根据它进行排列。此外，具有对角线构图的照片也可以同样从中受益，因为通过智能锐化可以更明显地塑造出这种效果。在Photoshop中打开照片，然后按下"F7"键把图层面板调到最前面。接下来通过按住鼠标左键把照片拖到旁边的这个纸张符号上，完成背景图层的复制。

2 生成模糊

在图层面板中选中上一步复制出的图层副本，然后在"滤镜"菜单中依次选择"模糊|镜头模糊"。这样，就可以模仿镜头所产生的模糊。在"光圈"选项框中的"半径"滑块中，设置模糊的整体程度。通过"形状"，确定镜头焦外成像的柔和程度，也就是光圈斑可见还是消失。然后，通过"叶片弯度"和"旋转"精细调整图像的轮廓。在"镜面高光"下，可以选择是整体提高这个模糊图像的亮度，还是只提高特定图像区域的亮度。

可惜的是，这并不是不言自明的，因此我们要试验不同设置下的效果——为了减轻电脑CPU的负担，最好在"更快"选项下进行试验。只有在发现了合适的参数之后，才需要更换到"更加准确"选项并单击"确定"。

3 生成景深平面

现在，这个模糊处理过的图层副本遮盖了清晰的背景图层。接下来，我们让原始的素材部分重新可见。为此首先生成一个图层蒙版，然后单击“渐变工具”。在工具条中选择“对称渐变”，并确保把前景和背景色设置为“黑色”和“白色”。

现在，通过单击这张图并为所需要的图层垂直拉一条线，生成这个景深平面——其中，起始点应该在渐变过程的中间位置。当松开鼠标之后，Photoshop会生成一个让依然清晰的背景图层重新可见的图层蒙版。你要试验的是，在什么样的宽度下以及在什么样的位置上，这个景深平面会显示出最佳效果。在示例照片中，沿着背景中的铁轨延伸，照片因此从远山那里获得了更多的深度。

延长焦距

通过虚化背景而除去干扰物体，属于必备的拍摄技巧。大家都知道，这在使用长焦拍摄时通常会成功。不过有时在电脑上仔细查看照片时才发现焦距不够长，背景中的很多东西依然明显可见，并因此会分散观

众的注意力。幸运的是，可以利用Photoshop的“镜头模糊”滤镜消除这个缺陷：方法与在我们的示例中类似，不同之处是蒙版并不使用渐变，而是覆盖到需要除去的物体上。然后，可以像在第4步中那样使用画笔。根据物体的不同，通过使用像魔棒或“色彩范围”这样的功能会加速整个过程。

4 在图层面板中的精细调整

根据题材的不同，这个图层蒙版可能不会覆盖所有应该清晰显示的区域。在我们的示例中，火车头车厢的一角仍然显得模糊。现在还可以手动进行改进，这最好使用画笔实现。单击这个工具，然后在工具条上设置画笔的主直径和硬度，其中前景色应该还设置为黑色。对于远在背景前方处的有明显轮廓的物体，适合使用小的画笔主直径完成最后的编辑。如果不小心碰到了背景，也没有关系：使用键盘“X”键把前景色切换为白色，然后修改出错的地方。通过在背景中的景深渐变，照片明显获得了更多的景深，因此显得更富视觉效果。

原始照片：只有鼻子和耳朵周围的光亮部分曝光正确——这是一张非常适合以暗调风格编辑的素材。

制作暗调效果

看到曝光不足的照片后不要马上就按下删除按键，如果巧妙地利用这些照片作为素材，就可以制作出意想不到的暗调效果。在下面的示例中，我们会为你介绍如何通过 Photoshop 软件和后期调整，将曝光不足的失败照片变成别出心裁的创意作品。

使用暗调手法处理过的照片，会显得充满神秘感：背景沉浸在黑暗之中，只有一缕光线让所拍摄物体的轮廓若隐若现。画面中，色彩的饱和度明显减弱或者完全转换为单色。尽管如此，照片也不会显得乏味，这完全归功于后期对光亮部分的完美强调，同时与黑暗的背景形成了鲜明的对比。

在中午顶光或者逆光的情况下，最亮的图像区域只有一个大主体的照片，这样才适合作为原始素材。否则，这些照片就会显得太暗或太平淡，这正如示例照片一样。为了完成单色转换，适合使用Photoshop CS3中六个颜色滑块的“黑白”功能。如果你使用的是版本相对较老的Photoshop软件，可以通过菜单“图像|调整|通道混合器”，在控制面板中勾选“单色”后，调整颜色滑块来完成黑白转换。

Photoshop CS3 的替代方案

原则上来说，使用其他软件也可以完成上述编辑步骤。在Lightroom中，可以像在Photoshop CS3中一样通过灰度转换调整颜色。利用这个方法，可以轻松找到最优化的对比度。在需要时，可以降低整个颜色区域的对比度，正如在示例照片中的绿草一样。Photoshop Elements、Paint Shop Pro和PhotoImpact等软件也提供了一些略微简单的黑白转换功能。

使用老版本Photoshop或免费软件GIMP的用户，只能求助于经典的转换工具——通道混合器。这个通道混合器控制着红、绿和蓝3个颜色通道的组成。因此，原则上来说可以获得同样好的结果，只是操作起来要略微复杂一些。

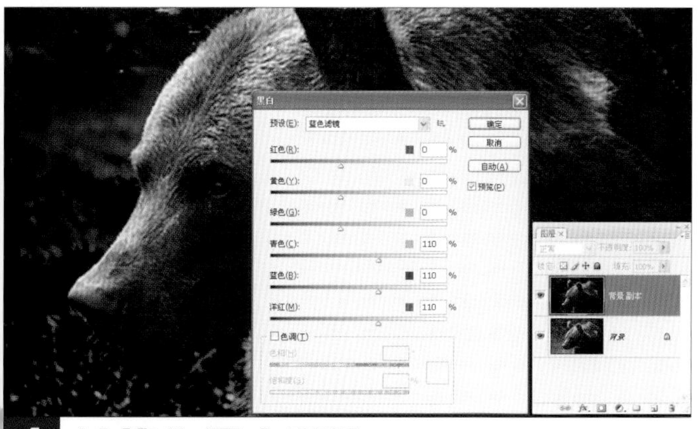

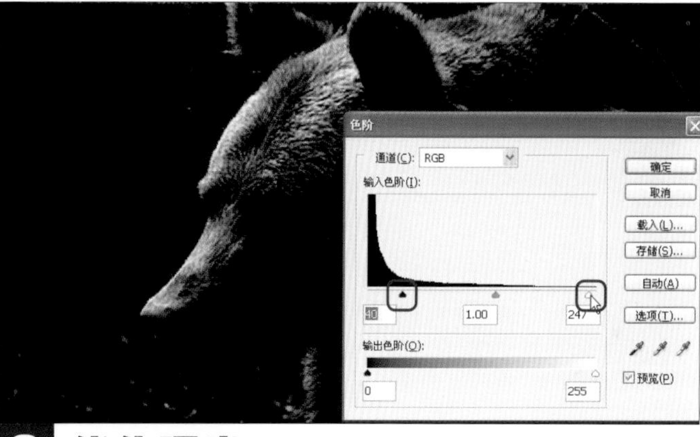

1 转换为黑白照片

首先使用快捷键“Ctrl+J”，复制一个当前图层作为备份。在“图像”菜单中选择“调整”子菜单下的“黑白”功能。在“预设”下拉菜单中，存储了像“红外线”这样对应于传统滤镜的一些设置。当你熟悉这些选项后，会对所有调整选项所产生的对比度有个初步印象。对于我们的示例照片来说，我们选择了“蓝色滤镜”，另外通过向左移动绿色滑块来除去背景中的细节。

2 优化曝光

通过按“Ctrl+L”快捷键调出“色阶”命令。然后按下“Alt”键并向左移动白色滑块，调整光亮部分。在停止移动滑块之后，白色斑点就变得可见。在通过黑点滑块设置阴影区域时有更多的自由度，可以把背景“淹没”。不过需要注意的是，在重要区域中的细节不能完全消失。

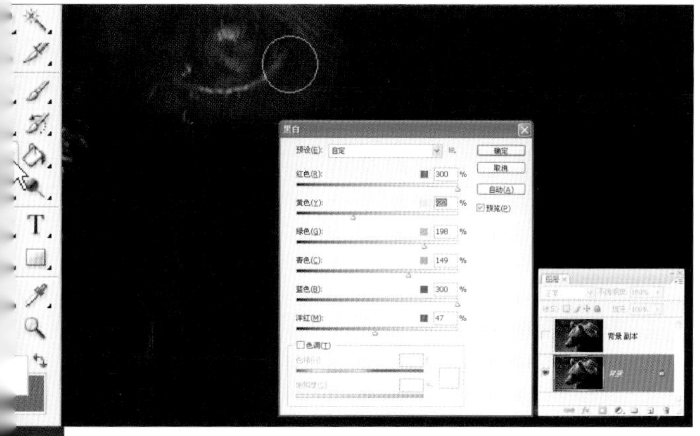

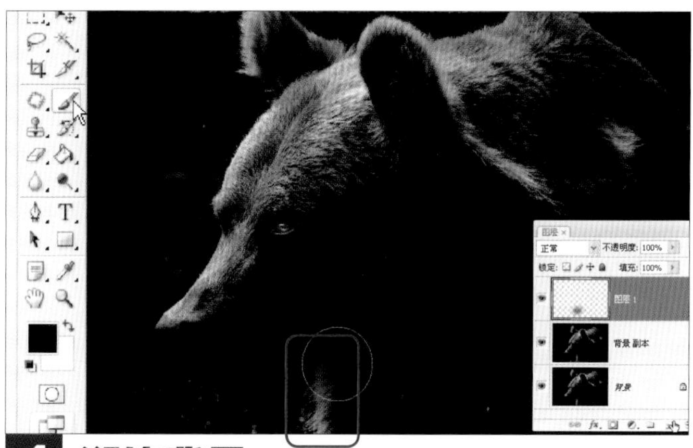

3 添加眼睛

当由于这样的转换而导致重要的细节丢失时，则需要用到第一步中复制的图层。在图层窗口中让背景副本图层不可见，同时选中下面的图层，进行第二次黑白转换，这时的调整是为了更好地塑造这只狗的眼睛。之后在图层窗口中选中上面的图层，并让其可见。这时可以给上面的照片挖个洞，来露出下面的眼睛。并使用橡皮擦工具，注意选择柔和的笔尖来生成一个自然的过渡。

4 润饰背景

在精细调整的过程中，要把题材缩减到最基本的内容上，最好是在一个单独的图层上编辑。为此新建一个空白图层，在狗脑袋下方的一个亮角处用黑色的画笔来重新着色，这样可以更好地塑造鼻子到额头这一线条。此外，我们使用低透明度的黑色画笔，让过于突出的背部变得不那么显眼，并通过模糊工具对其进行进一步弱化处理。

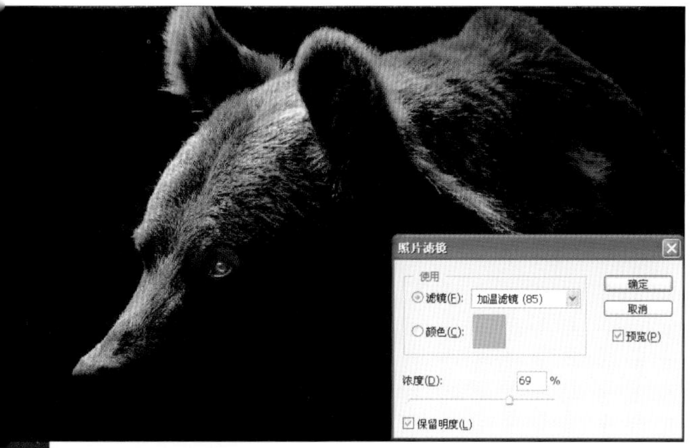

5 染成深褐色

有时纯黑白色会显得有些乏味，需要进行着色处理。你可以在刚才“黑白”功能中实现，或者最后使用菜单“图像|调整”中的“照片滤镜”。照片由多个图层组成时，应该首先在滤镜菜单中选择“转换为智能镜”。如果使用老版本的Photoshop编辑图片，要把所有内容都合并到背图层上。

6 检查效果

在我们的示例照片中，最后还需要两个步骤：为了给照片带来更多的情趣，我们用“Ctrl+Alt+C”组合键调出“画布大小”设置，把“画布扩展颜色”设为黑色，并把图片重新裁切为16:9格式。此外我们使用“减淡工具”提高了狗眼睛中细节的亮度，这样就可以获得进一步的强调效果。提示：暗调照片在毛面相纸上打印出来显得特别有质感。

重现彩色

柔和的色调以及有目的的着色可以让很多黑白照片展现出另外一种韵味。接下来，我们将为你介绍，初学者和专业人士如何把单色图片转换成为精美的艺术品。

无论是使用老照片效果还是为照片着色，原始的素材都是由一张黑白照片组成。关于如何把一张数码照片转换为黑白色，我们已经在第二例中进行了详细的介绍。我们在这里简要再介绍一种转换方法：

最简单的黑白转换方法就是把图像模式转换为“灰度”。在这之后，图像模式要重新设置为“RGB颜色”，否则这些照片就无法进行着色处理。与此相比，使用通道混合器可以获得更好的转换效果，之后还可以通过颜色滑块调整对比度，你可以在所有的Photoshop版本中找到这个功能。如果用Photoshop CS3或者Lightroom编辑图像，可以通过“黑白”功能或者相应的滑块轻松实现转换——这样就大功告成了。

完美添加颜色

最著名的色调叫做“老照片效果”。这个柔和的红褐色显得非常温暖，不过也有些老套。有时另外一种色调，例如淡蓝或者鲜绿色会更为合适。你可以简单进行试验，到底哪种色调能最好地增加拍摄题材的表现力。

快速色调：利用Photoshop CS3，你可以在“图像|调整|黑白”中通过激活“色调”（Tint）复选框，在黑白转换过程中进行着色；在老版本的Photoshop中，你可以使用“色相/饱和度”功能。这两种方法都可以提供良好的效果，当然还可以做进一步修整。

专业技巧：如果编辑后的色调显得平淡或者有人工雕琢的痕迹，那么有意识地在亮色或者暗色区域中减淡这些颜色就是很好的选择。不过，只有你分别在照片上设置色调时，这才会起作用。为此，你要生成一个新图层，用所需要的颜色填充这个图层并设置合适的不透明度。你可以通过“填充”选项精细调整这个彩色滤镜图层的属性。因此需要通过在彩色滤镜图层的缩略图上双击鼠标，打开“图像样式”对话框。现在这里让我们感兴趣的只有“混合颜色带”中的滑块，因为这些滑块可以决定，上方图层中的哪种色调与下方图层的色调进行叠加。

分配颜色：向左移动在下面滑块中的白色三角。这样就可以让下方图层，也就是照片中的亮色区域重新显现出来。现在，高光区域显得自然，但是向中性色调过渡的区域还是显得有些粗糙。在下一步中，你可以通过按下“Alt”键的同时向回移动白色滑块中的右侧三角，以生成一个柔和的过渡。

作为另外一种方法，你可以利用同样的方式将暗色的色调区域进行中性化的调整。不过，这样一种色调与阴影区域深色交叠会显得很明显，因此会引人注意。利用上面描述的对高光区域的调整，你可以获得最好的效果。

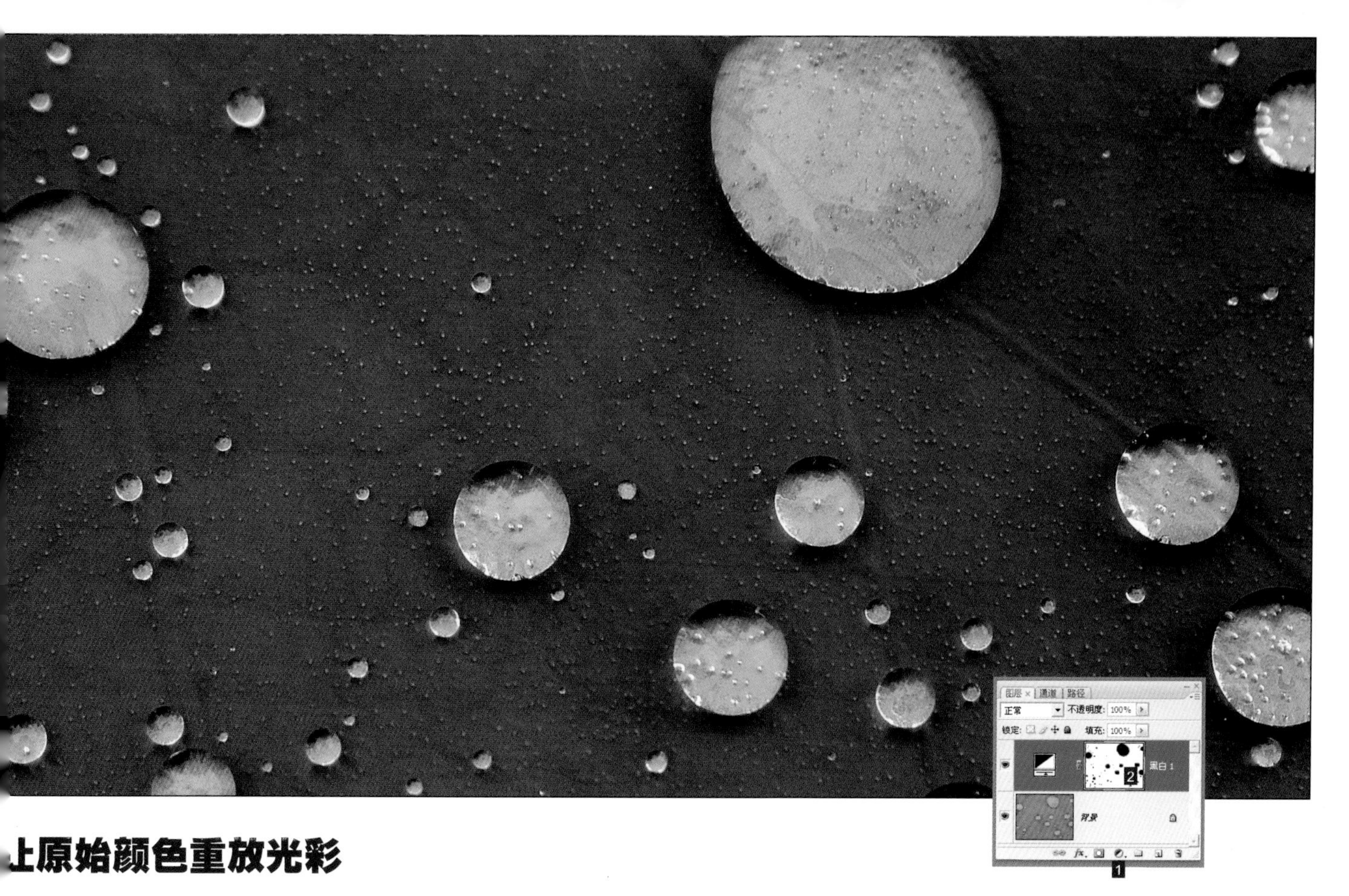

让原始颜色重放光彩

当一部分原始的颜色得到还原时，很多题材会呈现出特别的魅力。当然，为此你需要原始图片，它可以在转换过程中通过调整图层得到。单色的调整图层1像一个滤镜一样位于彩色图片上方，它可以起到蒙版的作用。调整图层中的“黑白”和“通道混合器”则可以作为设置图层使用。

着色：Photoshop利用一个图层蒙版2自动填充这个调整图层。为了给题材着色，首先要建立调整图层，然后单击图层蒙版的符号，并选择黑色的画笔，建立调整图层，利用你想重新设置的颜色进行着色处理。黑色的蒙版让原始颜色又重现出来，而其他未使用蒙版的部分依然保持单色。

为了生成一个透明的效果，你可以在工具选项条中设置一个低不透明度，也可以选择一个中性的色调作为前景颜色。通过这个半透明的蒙版，你可以获得蜡笔效果的着色。也可以通过设置画笔笔尖的不透明度或者多次上色确定着色的强度。

给细节着色

你还可以利用一种与众不同的颜色给黑白照片的少数元素着色。打开一张单色照片，并在上方添加一个空白图层3。这个图层的模式要设置为“RGB颜色”，否则将无法生成任何颜色。最后，在图层混合模式下拉菜单中选中“叠加”。

强调效果：在工具栏上双击左侧的彩色区域。这时会弹出一个针对前景色的拾色器4。这里，可以选择任意的颜色。不过需要注意的是，所选颜色饱和度不能太高。将对应于黑色部分（“B”）的滑块调整为50%以下，否则整个区域会显得色彩太艳。

在画笔工具条中把“流量”设置为大约90%，以保证获得清晰的边界。这样，可以通过变换画笔的大小画出所需要的细节。画笔的“不透明度”应该为100%，否则会形成“水彩画效果”。接下来，通过图层的不透明度设置颜色的强度。

仿制iPod广告

上至楼顶的灯箱，下至地铁中的广告牌，我们时常能看到设计独特的Apple白色音乐盒海报。下面我们来介绍一种简单的方法，让你自己也能轻松制作出这种时尚效果。

图像选择

动作：照片上的人物应该在运动的过程中被拍摄下来。这样制作的海报才有动感。原始的iPod海报使用的是跳舞的人。

亮点：拍摄的素材照片中，应该含有一样需要突出其视觉效果的东西，这不一定是iPod。比方说，你可以用数码相机完成一张自拍像并手持其他类似的东西。

细节：剪影并不要处理成全黑的，人物要保留一些细节，虽然保留的细节不是很多，但是会有一些韵味，并且成为iPod独特外观的一大组成部分。

1 准备文件并选择颜色

首先，在文件夹中将照片复制一份留做备用。只有这样，才可以安全确保原始照片不会由于存储时被覆盖而丢失。在背景图层中双击鼠标，并把副本图层名改为“iPod-Original”。

为照片生成一个背景颜色的新图层。当使用鲜艳的颜色时，海报才会显示出最好的效果。如果不能作出决定，可以建立多个图层，并用油漆桶工具为每一个图层选择不同的颜色，而这些图层在以后可以根据需要方便地显示或者隐去。

2 抠出人物

有很多办法可以抠出一个对象。其中，一个快速、简单的办法是使用“抽出”滤镜。不过由于这个滤镜精确度不够高（然而对于头发这样的对象就可以很好地完成任务），你可以利用图层蒙版来一起工作。首先，通过把“iPod-Original”图层拖到图层面板的“创建新的图层”按钮上完成图层的复制。选择“滤镜｜抽出”，打开编辑窗口。现在利用“边缘高光器工具”，粗略地描出人物的轮廓。你可以在“工具选项”中调整画笔的粗细来适应相应的对象。绿线的分界线越暗，Photoshop就可以越好地识别出物体的边缘，并越好地把对象从背景中提取出来。现在利用填充工具在轮廓圈定的范围内单击鼠标，并按下“好”确认。

按下“Ctrl”键，并单击被裁切掉的图层缩略图，人物周围会出现蚂蚁线。激活“iPod-Original”图层，并在“添加图层蒙版”符号上单击鼠标，生成所选区域的一个蒙版。此时，人物的背景会隐去。可以用画笔工具对这个蒙版进行细化，这样便会省去大量抠图的时间。

3 把人物缩减成一个轮廓

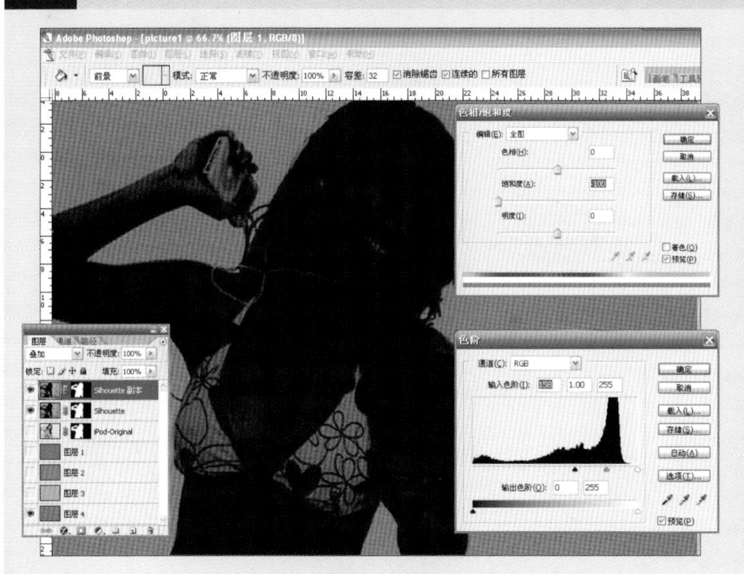

现在可以把之前生成的图层副本删除掉，并生成“iPod-Original”的一个新副本。为清楚起见，把这个图层命名为“Silhouette”。把原始图层隐去。在“Silhouette”图层的图层混合模式中选择“叠加”。在“图像｜调整｜色相/色饱和度”下，把色饱和度的数值调整为“-100”。使用“Ctrl＋L”键，调出“色阶”命令，把“输入色阶”的左侧数值设为“158”。

多次复制“Silhouette”图层，直到所希望的变暗效果出现为止。对细节的把握要得当，要使整体变黑并保留一定颜色。为此，你要利用不透明度进行试验。

用 Gimp 代替 Photoshop

你也可以用免费图像处理软件Gimp来仿制海报主题。Gimp虽然没有提供任何裁切助手，但是它有磁性剪功能，它可以把身体的轮廓裁切得更干净。不过，对

图层的处理在Gimp中明显要比在Photoshop中更困难。并且，Gimp中也没有“合并拷贝”的功能。值得推荐的是，把中间结果以JPEG的格式导出，并且在需要时导入到一个简化的项目中。具体操作方法可参考Gimp的官方网站www.gimp.org。

4 强调对象

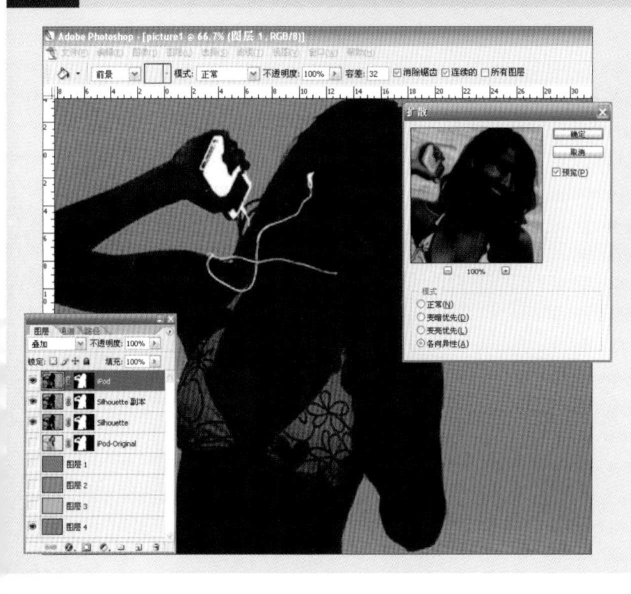

生成一个新图层并用白色填充，然后把图层模式设置为“叠加”。把背景图层隐去。然后通过“Ctrl＋A”键选择所有的工作区域，并选择“编辑｜合并拷贝”。现在，当你应用一个新图层并按下“Ctrl＋V”时，Photoshop就会把所有的图层合并起来。现在，可以把白色的图层删掉。

把新图层命名为“iPod”，并选择“图像｜调整｜阈值”。移动滑块，直到iPod看起来不是太黑，也不是太白为止。现在，单击“好”确认。应用“风格化”滤镜中的“扩散”滤镜，并选择“各向异性”。现在，选择“图像｜调整｜色阶”，并在第一个区域中给出“170”的数值。把彩色的背景图层重新显示出来，给iPod图层生成一个图层蒙版，除保留iPod部分；其余全部擦除。

5 添加文字

如果你愿意，还可以在海报上写下一些有趣的话。“Arial Black”字体与Apple所使用的字体非常相近。现在，使用粗体的字体，并把前景色设置为白色。在上面写上一些适合你照片的话，当然最好是以“i”开头的一个句子。

利用Arial Black的半粗或者标准字体，你还可以加入一行小字——大功告成。

数码晕染墨荷

水墨画是中国最古老的艺术形式之一，有着上千年的历史。直至今天，它仍然具有鲜活的生命力，很多数码摄影人依然渴望通过后期制作，将自己的照片制作成水墨画效果。下面，我们就来介绍一下水墨荷花的后期制作方法。

1 选择原始照片

正确选择原始照片，对于水墨画效果的制作非常重要，它必须能融入中国水墨画的3个基本要素：单纯性、象征性、自然性。这张照片就基本涵盖了3个基本要素，且易于墨的浓淡、层次变化的处理——荷花的实，荷叶的湿笔晕墨，荷塘水面的留白。

2 处理荷花主体

首先，复制图层留作备用。抠出荷花，用“复制”和“粘贴”的方法建立荷花图层，将底部用橡皮擦工具擦虚。再复制一个荷花图层，将前景色设为黑色，在菜单中应用“滤镜｜素描｜影印”命令，设定“细节”滑杆为15，“暗度”滑杆为3，设置图层混合模式为“正片叠底”，获得一个类似国画线描的效果。

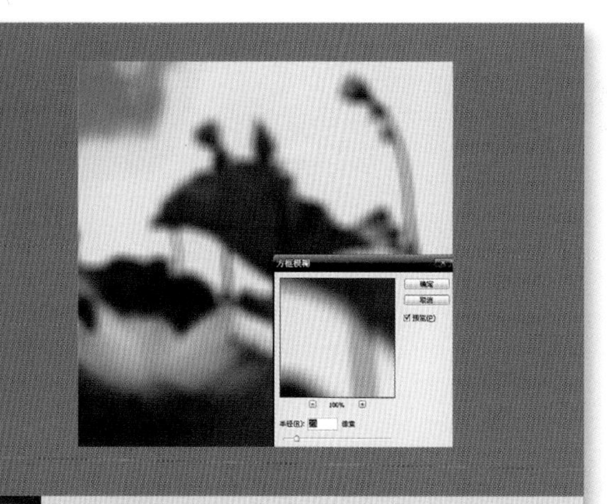

3 处理背景

先把背景去色，再作模糊处理，这里选用的是“方框模糊”模式（这是Photoshop CS2的新增功能）半径设定为23像素。“方框模糊”模式不同于老版本的那种平均模糊样式，它具有晕染的味道。

4 做湿笔晕墨

“滤镜｜画笔描边｜喷溅”效果更能显现出水墨画湿笔晕墨在宣纸的效果。这里设定“喷色半径”为13，“平滑度”为8。

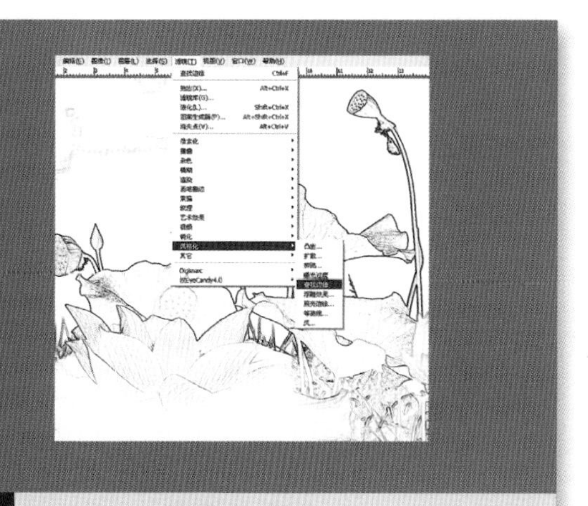

5 有“肉”还需要有“骨”

水墨味是有了，如同人体的“肉”，却少了支撑的“骨”。现在，我们将最初复制的背景图层去色，选择菜单“滤镜｜风格化｜查找边缘”，得到一个线描的图层，设置图层混合模式为“正片叠底”，“不透明度”为40%。这样荷叶有了茎络，荷杆也硬直了起来。

6 最后的调整

为使画面鲜活，放置了一只红蜻蜓，需要注意的是，别忘了抠下蜻蜓的翅翼，设置50%以上的透明度。合并图层以后，花费一点时间来调整画面的墨色浓谈和前后层次，有道是“淡墨轻岚为一体”，可见这个环节很重要。最后，题上几个字，加盖一方红印，一幅墨荷由此而生。

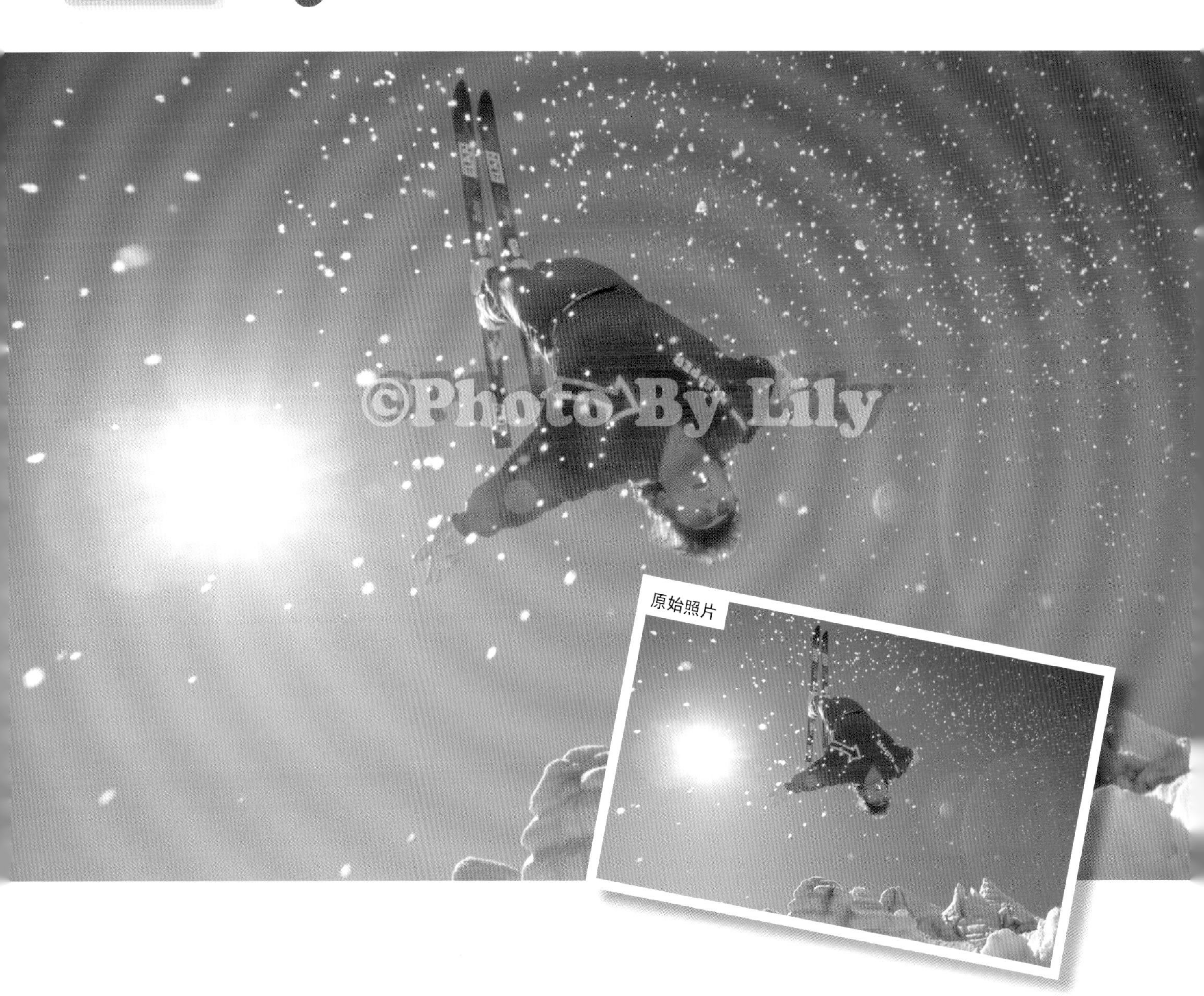

速成水印特效

在每款Photoshop中实际上已经集成了一个为照片添加水印的功能，并以此保护照片不被盗用。如果留意的话你会发现，在Photoshop中的"滤镜"菜单中会看到有"水印"一项。单击这个"水印"功能会发现，这只是个未经授权的演示版本。如果要购买这个名为"Digimarc"的水印功能，至少要80美元，这笔花销对于个人用户来说实在太不值得了。

在下面的文章中，我们将通过实例来展示，如何免费得到一个看上去专业并且美观的水印。其中，水印的基本形状是一个由同心圆环组成的白色图形。你不必担心生成它的复杂程度，因为整个制作过程都可以借助现成的选项，如样式面板、图层面板等，从始至终的操作只是把Photoshop作为工具使用。为此，也不需要其他的插件和额外的软件。

最后，可以添加自己的名字和一个附加图案，覆盖在整张照片上。这样不仅让盗用照片的行为不能得逞，还能为自己加以宣传。

对Photoshop不感兴趣？如果这样的话，你可以在www.neoimaging.cn下载免费软件光影魔术手。通过光影魔术手"工具"菜单中的"水印"功能，可以为照片添加简单的文字水印。遗憾的是，光影魔术手中没有内置水印图标。如果有条件，可以请身边的Photoshop高手帮忙设计一个属于自己的个性水印。另一个方法是：在光影魔术手网站的素材库中下载水印图片。解压缩后会发现，这些水印图片的格式为PNG，通过光影魔术手的水印功能即可打开这些图片。

下载网址：http://fodder.neoimaging.cn/watermark

1 生成图层

打开照片并通过单击图层面板上的“创建新图层”图标生成一个新图层。利用菜单栏中的“编辑|填充”命令或通过键盘快捷键“Shift+F5”用黑色填充图层。对于横幅的照片，要使用“图像|旋转画布|90度（顺时针）”命令旋转照片。旋转画布这一步操作，只有在横幅照片中才需要，如果素材是竖幅照片，就可以忽略这一步。

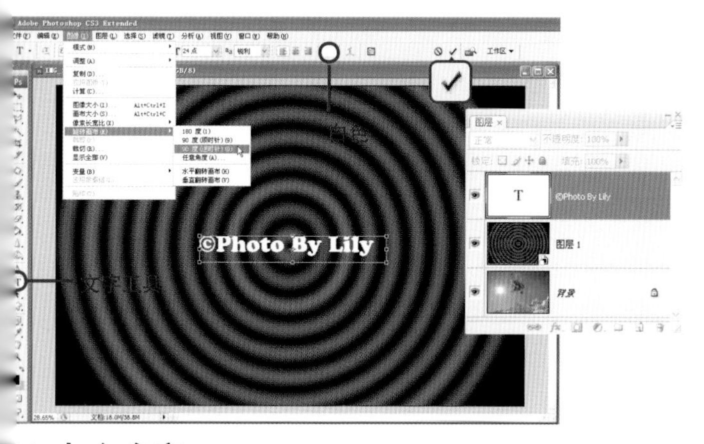

3 加入名字

如果原图是横幅照片，此时要通过“图像|旋转画布|90度（逆时针）”把照片重新旋转为横幅格式，原本是竖幅的照片，就可以省略这一步。为了把这个“样式”应用到整张照片的平面上，横版照片的这次旋转操作是必须执行的。利用左侧工具栏中的“文字工具”，以白色添加文字，单击“提交所有当前编辑”的对勾图标确认输入。从工具栏中选择位于最上方的“移动工具”。

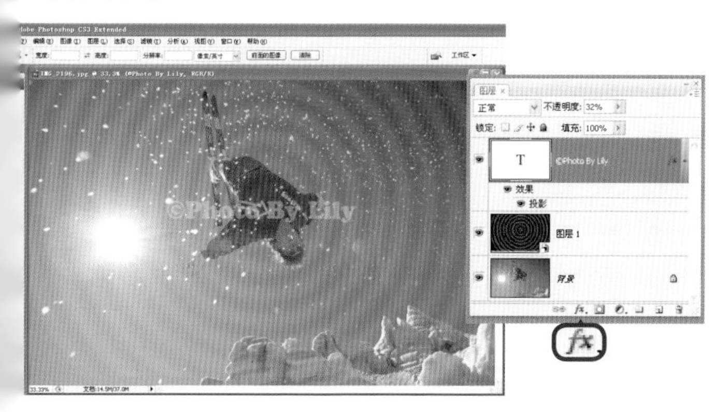

5 投影

切换到文本图层，并使用“添加图层样式”命令生成一个对于这个文字来说合适的投影。通过主界面中“图层”菜单中的“拼合图像”命令完成图层的合并，也可以使用快捷键“Ctrl+Shift+E”。注意：一定要通过“文件|存储为”命令存储这张嵌入水印的照片。这样，就可以避免覆盖原文件的问题。

2 生成图案

在“样式”面板中选择“条纹锥形（按钮）”**1**来添加这个图案（“样式”面板可以通过菜单“窗口|样式”来激活）。单击图层1右边缘的三角**2**，然后单击相应的眼睛关闭“斜面和浮雕”这个图层效果**3**。在图层1上单击鼠标右键，进入面板菜单。在弹出的菜单中选择“转换为智能对象”选项。

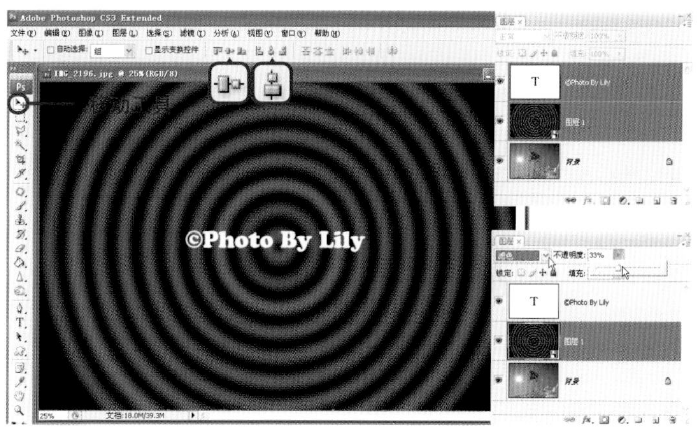

4 对齐图层

为了把文字和图案移到照片的中心，按住键盘“Shift”键，在图层面板中同时选中文字图层和图层1。从Photoshop界面上方的工具选项条中选择对齐方式：“垂直居中对齐|水平居中对齐”。然后选中图层1，在图层面板中将它的混合方式设置为“滤色”，并分别降低图层1和文字图层的不透明度。

专业人士的提示

自动添加水印

为了不必每次都重复这些步骤，你可以在Photoshop中添加一个动作。

准备工作：生成一个新的文件夹（例如在桌面上）。在其中，用来存储制作后带水印的照片文件。

操作：在动作面板上，通过“创建新动作”图标新建一个名为“竖幅照片水印”的动作。仔细地执行一遍制作水印的全部步骤，最后单击“停止播放/记录”图标，关闭对刚才所有操作的记录。由于只有横幅照片必须要旋转来在整张照片中添加“条纹圆锥”，因此你需要针对竖幅和横幅照片分别创建一个动作。

建立完动作后，通过“文件|自动|批处理”命令，可以在整个文件夹中应用添加水印动作，让所有照片自动添加上水印。

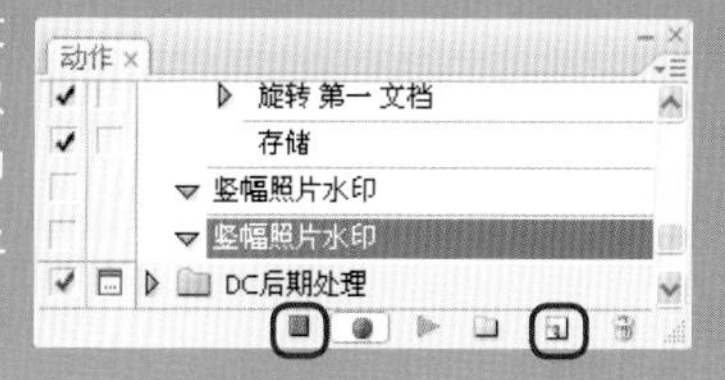

经典特效 第7例

自制个性相框

这是Photoshop新手的一个经典问题："相框在哪里？"答案是："哪也没有，必须自己制作。"要想拥有个性的相框，就首先忘掉其他软件生成的标准化相框。之后通过照片素材自己动手制作，给照片镶上相框：这里介绍的制作方法是，使用一个简单别致的边框、一个通过拍摄获得的独特相框或一个花时间制作的相框模板。要是能熟练使用图层进行编辑，甚至可以把自己制作的相框作为其他照片镶嵌的模板使用。

一些好心的网友把一些模板免费放到网上供大家下载。这里推荐一个下载地址：www.86ps.com。单击"PSD模板"一项，依照缩略图下载模板即可。下载后进行解压缩，将PSD格式各模板载入到Photoshop中，在图层面板中可以控制每个图层的可见性。最后，使用移动工具将照片拖入模板，使用"Ctrl+T"调出自由变换工具，按住键盘"Shift"拖动照片进行缩放，以适合模板的大小。

注意：给自己的照片加相框的做法让人上瘾。所以在选用相框时要注意，片的题材应该和相框匹配。因此应该用判性的眼光来关注结果：如果因为使用相框，影响了照片画面的表现力，让照变得暗淡或杂乱，那么你应该试验一个的相框，或者干脆完全放弃为照片加框念头。

在Photoshop中用一个非常简单的技巧，可以在照片周围拉出一个彩色的边框：首先要扩展画布。这不仅可以闪电般的实现，而且还有一个优点，就是可以保持题材的完整性。按下键盘快捷键“Ctrl+Alt+C”调出“画布大小”对话框，激活“相对”复选框，输入边框宽度和高度数值，并在“画布扩展颜色”处选择所需要的颜色——一切就完成了。如果觉得边框效果过于单一，也可以任意重复这个结构，制作出富有创意的相框效果。提示：在实例中，我们从照片背景中虚化的银杏叶中吸取了黄色。为此，简单在“画布扩展颜色”旁边的方块上单击鼠标，然后利用吸管在照片中吸取颜色即可。

重点：像花型图案这样的附加元素，可以让相框变得更加生动。为了载入题材画笔，你要激活工具栏中的标准画笔工具，并在Photoshop上方工具条中单击小三角：Photoshop CS3中，在追加的“特殊效果画笔”中可以找到这个花型画笔。你可以像往常一样通过工具栏中的前景和背景色区域来影响花朵图形的颜色。此外，你可以在互联网上搜索，例如http://ps.onegreen.org这类网站上就可以找到很多免费的画笔。

使用正片框的新奇效果

你可以拍摄一张正片框，或是一张宝丽莱的照片，也可以是一个巴洛克式的镀金相框。之后，你可以把这些拍摄的边框照片做成特效边框模板。

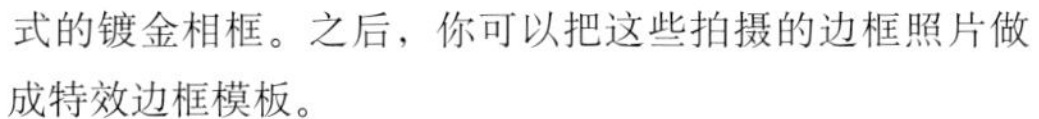

打开这个拍摄的边框照片或者相框，并在其中选择照片应该出现的位置。在实例中，我们使用了Photoshop中“选择”菜单下的“色彩范围”命令。简单利用吸管在黑色或白色的中心部分单击，并设置颜色容差。接下来在Photoshop菜单中运行“选择|反相”。在图层面板中，在照片图层的锁定图标上双击鼠标，并通过在蒙版符号上单击鼠标生成一个蒙版。

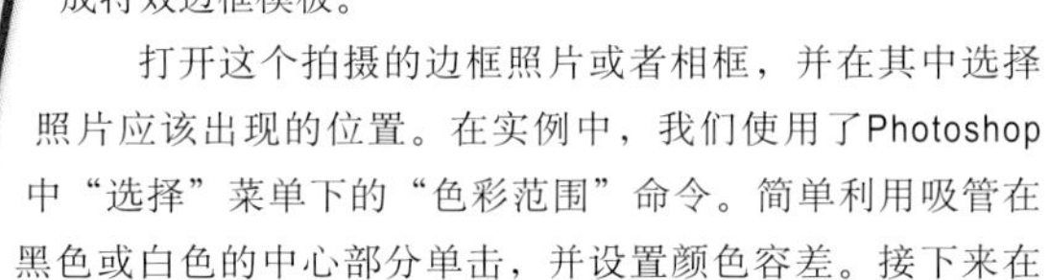

完成模板：现在建立一个透明新图层，用鼠标在图层窗口中向下拖动这个图层。通过Photoshop主菜单“文件|置入”选择要加入边框的照片。Photoshop会把照片放在这个裁切过的正片框下，这时你必须按比例进行缩放并确定截图范围。此外，你可以把这个空的边框存储为PSD格式的模板，并在需要时加入其他的照片。这样慢慢积累的照片就像一个漂亮的摄影画廊。

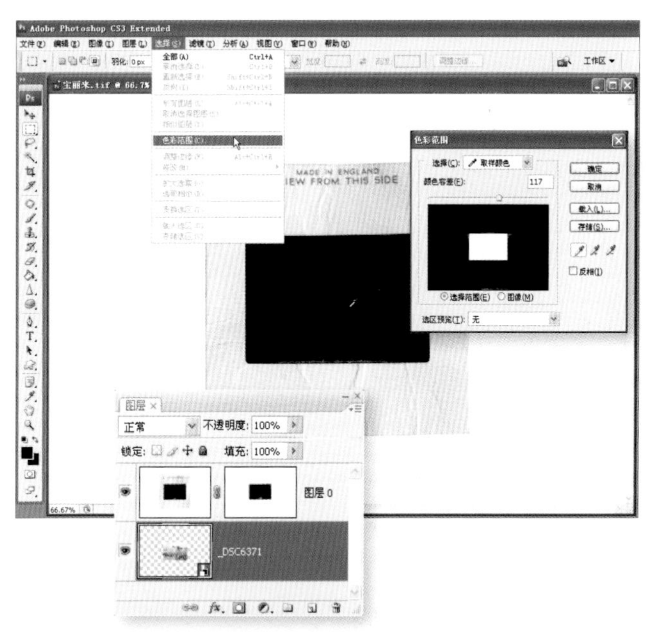

使用边框模板的专业效果

打开一个具有所需尺寸和分辨率的空文件。选择一个适合的形状生成一个选区，在实例中我们决定使用圆形。反选选区并生成一个类型为“纯色”的调整图层。如果需要，你可以在上面叠加一个标题或你名字的文本图层，这样一个边框蒙版就完成了。你可以像上面实例中描述的那样仔细地放置照片。此外，你也可以随时改变调整图层的颜色，并用它调整照片。

如果此时添加一个投影，这个边框会显得更具立体感。这可以非常简单地实现：通过在纯色图层上单击鼠标右键，选择“混合选项”。在双击“投影”之后，其他的设置选项立即会出现在阴影的预览图和对话框窗口的中心。并且，你可以改变阴影的尺寸、角度甚至颜色。

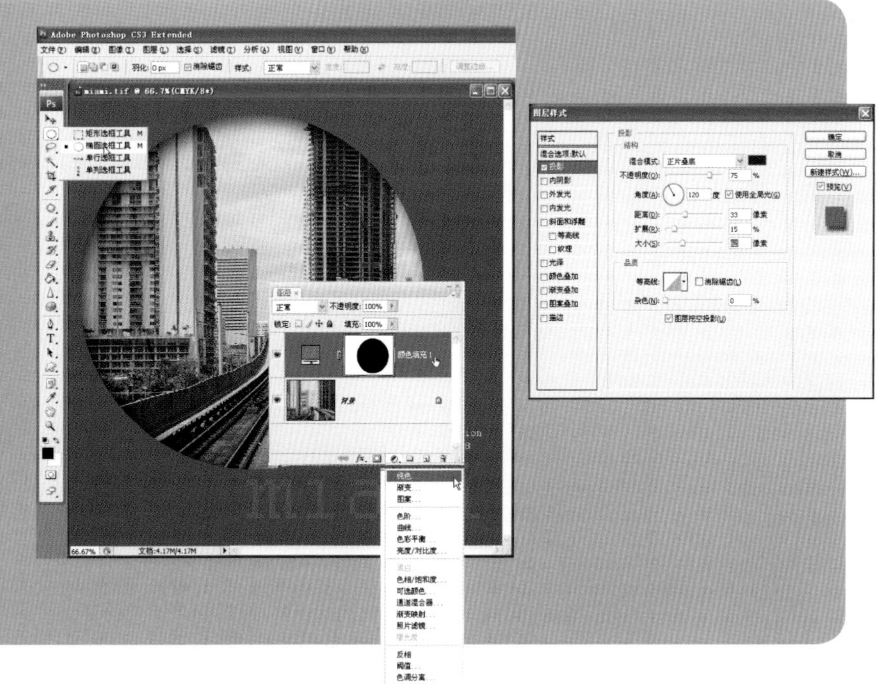

释放暗夜精灵魔术

时下流行的魔幻色彩创意着人像作品，它们大都具有充满想象力的构思和天马行空的画面。接下来，本文将为你介绍暗夜精灵人像特效的制作方法。

暗夜精灵的创作构思，来自作者对魔幻世界和神话中有关精灵的描写及崇拜。无论是好莱坞魔幻巨片《指环王》，还是儿时曾经让我们如痴如醉的动画片《花仙子》，都不会缺少精灵的美丽身影。如何用人像摄影的拍摄手法并结合“后期处理”将这个魔法棒点石成金，一直是作者思考的问题，渐渐地，作者找到了表现精灵主题的巧妙方法和在创意摄影画面中的表现载体。在那些表现精灵内容的影视画面中，都少不了晶莹剔透的半透明白色光球，它们有大有小，时而黯淡时而发光，时而清晰时而消失，围绕在精灵的周围，在空中慢慢飞舞，那是精灵们天生的庇护，是他们圣洁的光环。作者明白，只要能通过Photoshop，将这些代表精灵魔力的画面符号表现出来，就能诞生充满魔力的精彩照片。这里想要强调的是，数码照片的后期处理不但要注重方法，更要掌握创意的构思。后期处理的方法固然重要，但其实并不复杂，而后期处理的巧妙构思则往往是一张精彩作品的灵魂所在。

下面，将按步骤讲述暗夜精灵在Photoshop中的诞生过程。

1 营造气氛

打开照片文件，为了营造神秘的蓝绿色调，使用色彩平衡工具进行调整，打开菜单：图像｜调整｜色彩平衡工具，对画面的中间调进行调整，将滑杆向青色和蓝色偏移。

2 调整背景

对画面的阴影进行色彩平衡调整，此操作必须顾及人物的皮肤，不能使皮肤的颜色变化太大，因此用套索工具将人物大概轮廓选出，然后在照片中单击鼠标右键，选择“反向”，并对选区进行羽化，这样人物就在色调调节的范围以外了，打开菜单：图像｜调整｜色彩平衡 工具，对画面的阴影进行调整，将滑杆向青色和蓝色偏移。

3 制作暗角

为了使画面效果更加神秘，需要对画面的四角进行压暗处理，用套索工具不规则地选出画面四周的一些区域，不规则的选取可以使压暗效果更加自然，随后对选区进行羽化，“Ctrl+Alt+D”是羽化的快捷键，羽化半径的数值，影友们可以根据照片的情况进行调节。

4 压暗背景

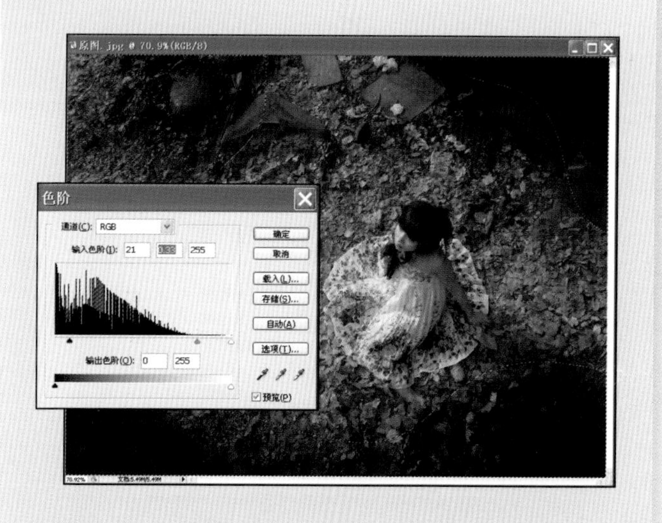

打开菜单“图像｜调整｜色阶”，将色阶窗口内处在输入色阶中间位置的中灰滑杆向右偏移，以压暗此前选取出的区域。由于羽化的作用，暗部和亮部间的过渡显得十分自然。

写真爱恋

受朋友之托拍摄了一组情侣照片，时间选择在阳光明媚的清晨，虽然之前策划了一套脚本，但两个人在拍摄时仍然无法避免有些紧张。在保证拍摄技术的前提下，拍摄出来的照片也略显得生硬，于是后期处理的氛围考虑以暖色系为主，再加上浓厚的胶片颗粒感，让人感觉到甜蜜和温暖的存在，同时也能感受到回忆的爱恋。

1 曲线调整图层

调入原照片，在图层面板单击“创建新的填充或调整图层 | 曲线”新建一个曲线调整层，分别选择红、绿、蓝通道进行设置，具体参数如图。

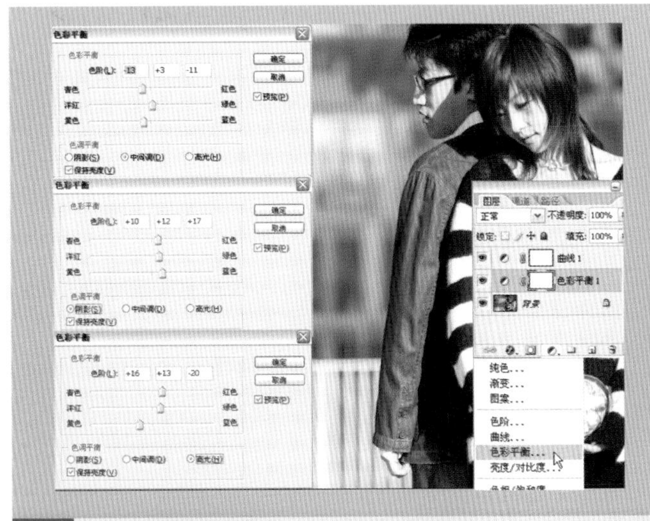

2 色彩调整图层

在图层面板单击“创建新的填充或调整图层/色彩平衡”新建一个色彩调整层，分别选择中间调、阴影、高光部分进行设置，参数分别为“－13、＋3、－11”、“＋10、＋12、＋17”和“＋16、＋13、－20”。

3 用蒙版调整人物部分

通过观察会发现，照片整体过亮，这可以通过增加一个“曲线调整层”来解决。适当压暗后，背景已经达到我们需要的效果，但人物色彩不是很理想。现在，我们对人物的色彩进行恢复。复制一个背景层，通过拖动将它放在所有图层的上面。使用“套索工具”，并设置“羽化”为16，选取人物部分后，单击“添加蒙板”按钮，适当调整不透明度。

4 照片滤镜调整层

为了使照片怀旧，我们增加一个照片滤镜调整层。在图层面板单击“创建新的填充或调整图层｜照片滤镜”新建一个滤镜调整层，具体参数如图。

5 增加照片质感

为了使照片更有质感，我们使用菜单中“滤镜｜杂色｜添加杂色”滤镜给照片增加一些颗粒感，设置如图。最后，按快捷键“Ctrl＋E”合并所有图层，将照片保存为JPEG格式。

6 渲染写真照片

首先，我们为照片制作个性边框。新建图层，选择“画笔｜大涂抹炭笔”涂抹出边框的效果，使用“滤镜｜画笔描边｜喷溅”进行渲染，将所有图层应用“正片叠底”的图层混合模式并合并。选择“自定形状工具”可以画出“桃心”形状，添加文字后使用白色羽化笔触的画笔在文字周围增加温馨梦幻的效果后，这张写真的制作就完成了。

合成连拍照片

每个看过滑雪板或滑板短片的人都知道：这是一段短视频的图像，其中记录了玩家带着板子经过一个复杂的旋转后"滑"到栏杆上——可这一切都只能在一张照片上显示出来。摄影者如何能拍出上面这样一张照片？非常重要的是单张照片的原始素材。这些照片相互间应该准确对齐，摄影者在拍摄过程中不能移动相机。当使用三脚架进行拍摄时，才会成功。

此外在玩家快速移动的过程中，使用具有高速连拍功能的相机会更有优势：这应该至少达到3张/秒的速度。在示例中的系列照片是使用5张/秒的速度拍摄的为了让每张照片的曝光完全一样，应该用全手动"M"模式拍摄，并在开始拍之前确定合适的曝光量。由于人物是运的，因此要把自动对焦设置为"连续自对焦"。

准备文件和添加图层

打开这张原始照片，然后调出系列照片中的其他照片，并通过Photoshop左侧工具栏中的“移动工具”把照片拖动到原始照片之上，于每一张照片，都要生成一个新图层。你要激活“图层1”，并把上面的层隐藏起来。

2 通过图层蒙版进行遮挡

为了让在背景图层中的人物可见，选中图层2，单击“添加图层蒙版”这个符号，并利用黑色的画笔，在人物所在的位置上涂画。这样，人物就重新变得可见，因为这个蒙版为“图层1”的这个区域腾出了空间。

突出精致的细节

在其他图层上重复步骤2，直到所有图层上的人都可见。在重叠的情况下，需要时你要降低在图层面板上的透明度，并使用具有高边缘清晰度的画笔编辑，来处理这些细节的遮关系。

4 除去干扰元素

为了突出这个流畅的运动过程，你还可以通过仿制图章除去图层背景中的干扰元素。通过按下键盘“Alt”键圈定仿制源，也就是从附近的环境中定义一个作为模板的源点，之后松开键盘“Alt”键，并用仿制图章工具连续除去这个干扰元素。

用Photoshop CS3简单快速地编辑

使用CS3版本的Photoshop，可以利用这些单张拍摄的照片更简单地完成合成。通过软件集成的自动对齐图层功能，拍摄时也不再需要三脚架了。甚至像在拍摄全景中的跟拍照片，都可以完美地组合起来。

在Photoshop界面主菜单中选择“文件|脚本|将文件载入堆栈”，在文件夹中选择并打开这些连拍的照片，之后软件会自动将这些照片变成一个背景中的多个图层。按住键盘“Shift”键，在图层窗口中单击最下面的一个图层，这样所有图层就会被选中，单击软件界面左上方的菜单“编辑|自动对齐图层”。为了获得最好的结果，你要选择“自动”。然后单击“编辑|自动混合图层”，这样CS3会为每一个图层生成一个蒙版。现在，已经有一部分图像可见了。为了让其余的运动过程变得可见，你需要激活相应图层的蒙版，通过按组合键“Ctrl+I”进行反相查看人物的位置，并利用画笔工具涂抹蒙版，让这个滑板玩家可见，并在每个图层蒙版上重复使用上述组合键。

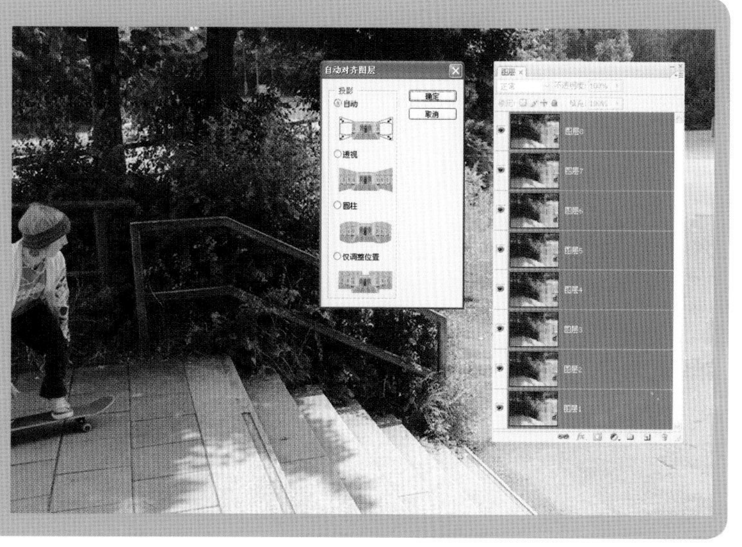

炎热的夏季让人不禁怀念起飘雪的冬日，本文特别为你带来了将夏日风景制作成为冬季雪景的方法，为处在炎炎夏日的影友增添一份凉爽。

1 色彩范围选择

打开素材照片，首先将照片中的绿色部分选中。单击菜单中“选择 | 色彩范围”，打开色彩范围窗口。选择色彩范围窗口中的“吸管工具”，单击照片中的绿色部分。调整颜色容差为“131”后单击确定。

2 调整绿色部分

在图层面板中单击“创建新的填充或调整层 | 色相/饱和度”图标，新建一个饱和度调整层，设置饱和度和明度分别为“－110；＋100”。这时，从照片中已经隐约能看出雪的痕迹。

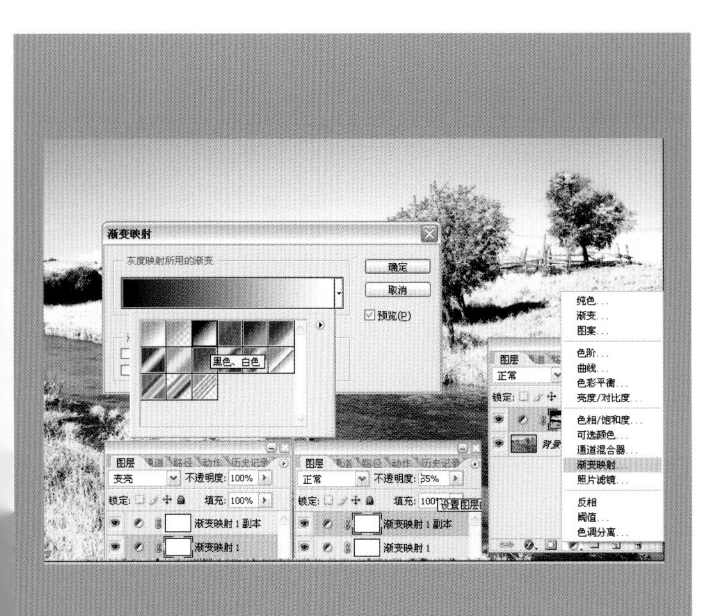

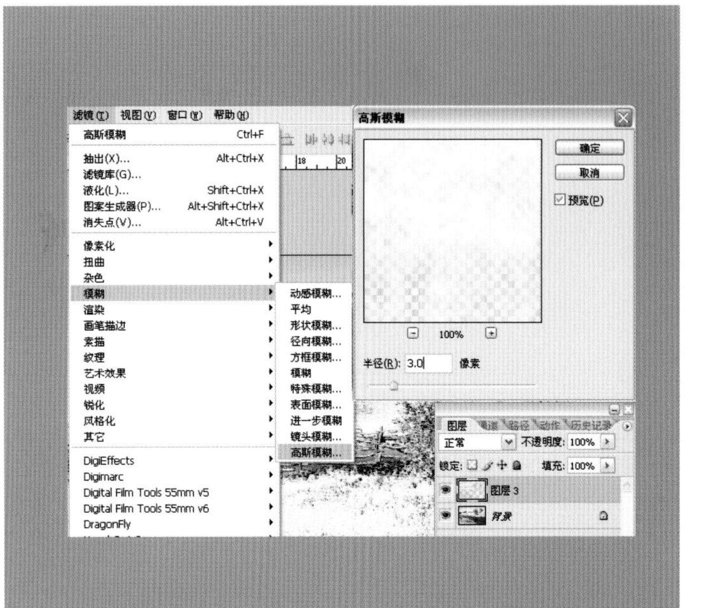

3 渐变映射

在图层面板中单击“创建新的填充或调整层”，选择渐变映射，双击色条并设置为黑白色渐变后确定。使用快捷键“Ctrl＋J”复制一个“渐变映射1”图层为“渐变映射 1 副本”；设置图层“渐变映射 1 ”的混合模式为变亮，并将图层“渐变映射 1 副本”的不透明度改为55%。在图层窗口菜单中选择“图层 | 拼合图像”，或使用快捷键“Ctrl＋Shift＋E”。

4 渲染高光部分

使用键盘“Ctrl＋Alt＋~”组合键选择照片的高光部分。然后按键盘快捷键“Ctrl+J”复制当前选区。选择菜单中“滤镜 | 模糊 | 高斯模糊”，设置半径为3.0。

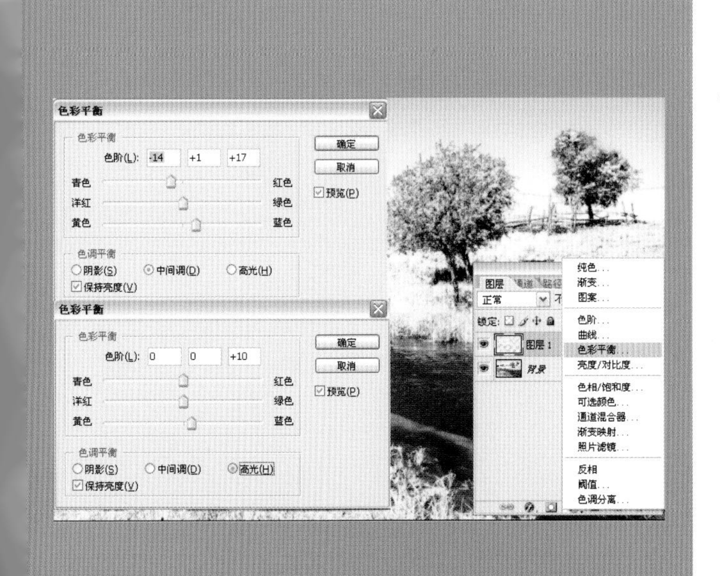

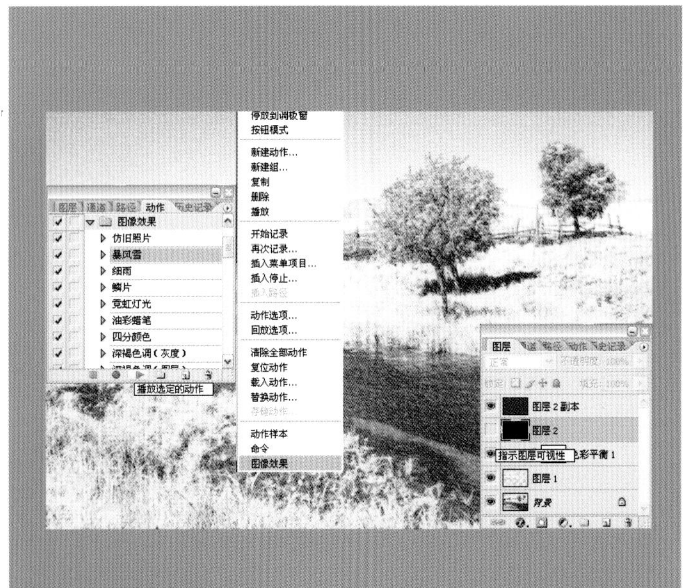

5 调整色调

调整色彩平衡使照片偏冷色，具体在图层面板中单击“创建新的填充或调整层 | 色彩平衡”新建一个色彩平衡调整层，分别对中间调、高光进行设置，参数分别为“－14、＋1、＋17”和“0、0、＋0”。

6 制作雪花

在Photoshop CS2中可以很简单地制作飘雪效果。先新建一个图层为“图层2”并使用“油漆桶”工具填充为黑色。打开历史记录右边的动作面板，单击面板左上角的小三角，选择“图像效果”。回到动作窗口，选择“图像效果”下面的“暴风雪”并单击面板中的播放按扭。等动作执行完毕后，在图层面板可以看见已经自动增加了一个“图层2”副本。删掉“图层2”后，所有效果制作完毕。

制作模糊特效

初学摄影时，每位影友都想练就一副铁手，在任何恶劣的情况下都能将照片拍清楚。但在实际当中，并不是清晰的照片就最有利于表达。本文将为你介绍，如何通过 Photoshop CS3 的滤镜制作经典模糊特效。

制作爆炸效果

推拉镜头获得爆炸效果是变焦镜头普及之初的最流行的一种拍摄手法，通过 Photoshop 中的模糊滤镜，也可以精确地模拟这种效果。

1. 建立选区

在 Photoshop 中载入照片，在工具栏中矩形选框工具处单击鼠标右键，在弹出的菜单中选择椭圆形选框工具。接下来，在照片中最有特点的人物腿部附近按住鼠标左键，向右拖出一个选区。

2. 处理选区边缘

由于刚才的选区比较生硬，因此需要对边缘进行处理。单击上方“调整边缘”按钮，在弹出的调整边缘窗口中，主要调节平滑度和羽化值，让选区周围形成均匀的过渡。如果你使用的是 Photoshop CS3 以前的版本，可以在菜单“选择 | 羽化”中使用羽化功能来进行类似的操作。

3. 反选选区

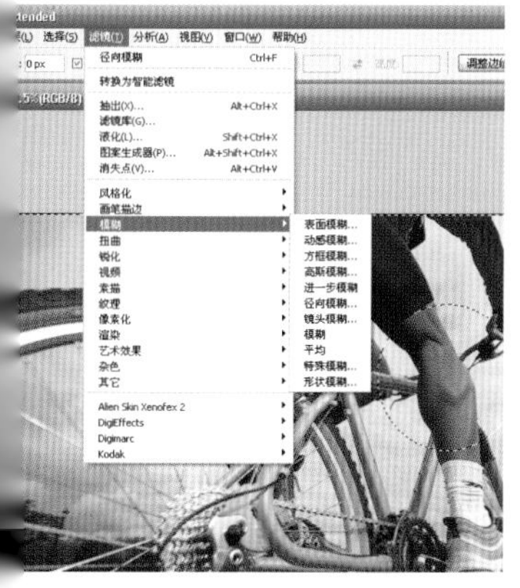

通过使用快捷键“Ctrl + Shift + I”来反选选区，这时的选区变成照片中除了腿部的其他部分。接下来就要进行重要的模糊内容了。在菜单中单击“滤镜 | 模糊 | 径向模糊”，这样可以调出径向模糊调整窗口。

4. 径向模糊

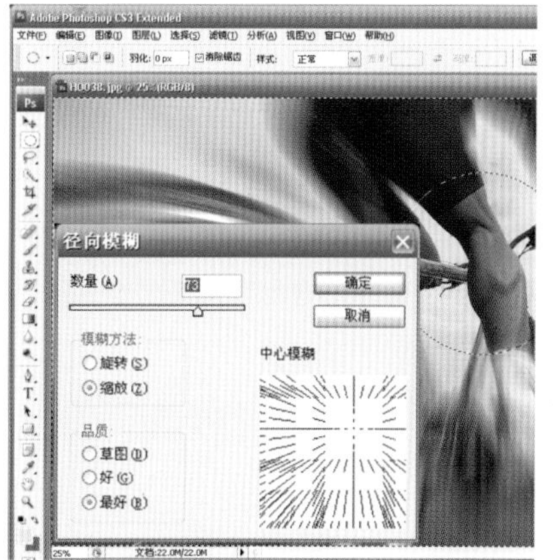

在径向模糊调整窗口中，“数量”代表模糊的程度，“模糊方法”选择缩放方式，“品质”选择最好。这里要注意的是，如果你的电脑速度很慢或者你处理的照片尺寸过大时，应该了解品质越高，处理速度越慢。在右侧中心模糊处可以通过鼠标拖动，来确定放射模糊的中心点。

制作爆炸效果的题材

爆炸效果不仅适用于运动题材，像乐队中卖力吹号的队员，舞台上闪耀的明星，动物园中慵懒的狮子、老虎大开口，甚至可以是杂乱环境中你想突出的任何主体，都可以使用爆炸效果的处理方法炮制。制作爆炸效果时对于素材是有一定要求的，那就是照片中的色彩和线条需要相对杂乱，如果只是单一的天空或者沙漠，使用这种方法制作的效果并不会很理想，因为这些单一的背景并不会产生任何发散效果。

如果你翻遍自己的照片库还是找不到合适的素材，那么不妨来尝试图中的花卉处理。这里同样使用上面介绍的处理方法，只是羽化值被加强了。

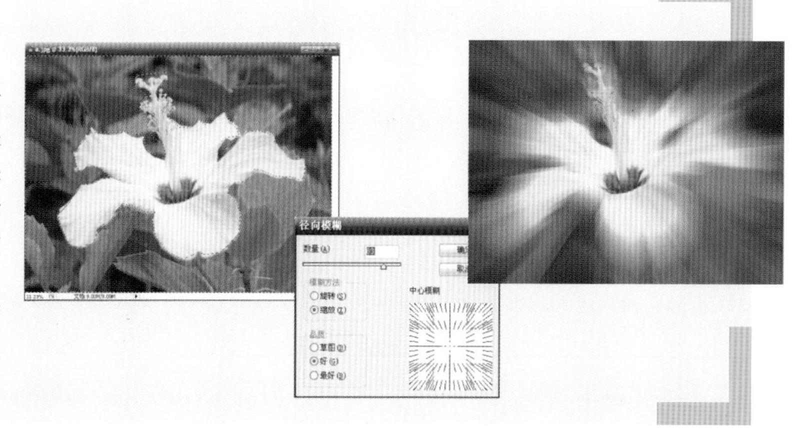

打造老照片特效

读图时代，无论是电脑网络、报刊杂志，或是各类媒体广告招贴，都充斥着色彩斑斓、极具冲击力的彩色画面。久而久之，人们的视觉产生了疲劳，渴望得到一种新的缓解。倏然，艳丽的画面海洋里显现出一张破旧、发黄的老照片，即刻便会吸引众多异样的目光，这是一道耀眼的风景，勾起人们的一份怀旧情结，你试图在这幅斑驳发黄的画面里，找到自已孩提时期的共鸣，刷新几近遗逝的记忆……这就是“老照片”的价值所在。数码制作“老照片”，尽管缺失真实，但它在显露技术的基础上，同样能够让你触景生情，默默地忆想一番，或许这就是数码“老照片”存在的理由。

1 转成黑白效果

首先，要把素材转换为单色调。在Photoshop软件中打开选定的彩色原片，单击上方菜单“图像｜调整｜去色”，把照片简单地变成黑白照片效果。

2 基础制作

老照片的特点在于影调反差小，暗部不黑，亮部不白。根据这一特征，我们可以用Photoshop CS以上版本的新增功能“阴影/高光”命令来达到上述效果。单击菜单“图像｜调整｜阴影/高光”，设定“阴影”滑杆的数量为44，“高光”滑杆的数量为19。老照片的基础制作就完成了。

3 纹理的制作

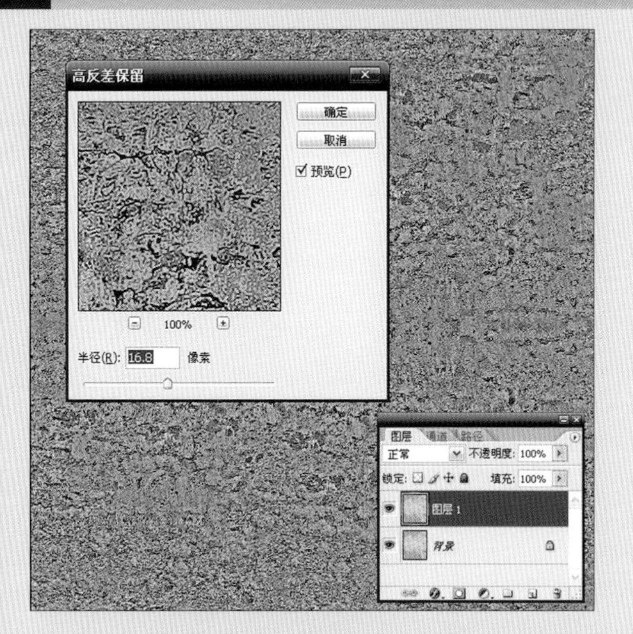

接下来我们要为照片罩上一层斑驳的肌理。打开事先拍摄的老墙纹理照片。当然，诸如干裂的土地、锈蚀的铁板，或是陈年腐败的木板，也都能派上用场。要让龟裂的纹理更加显现，需做如下处理：复制一个图层，单击“滤镜｜其它｜高反差保留”，设定“半径”滑杆的数量为16像素。

4 图层的设置

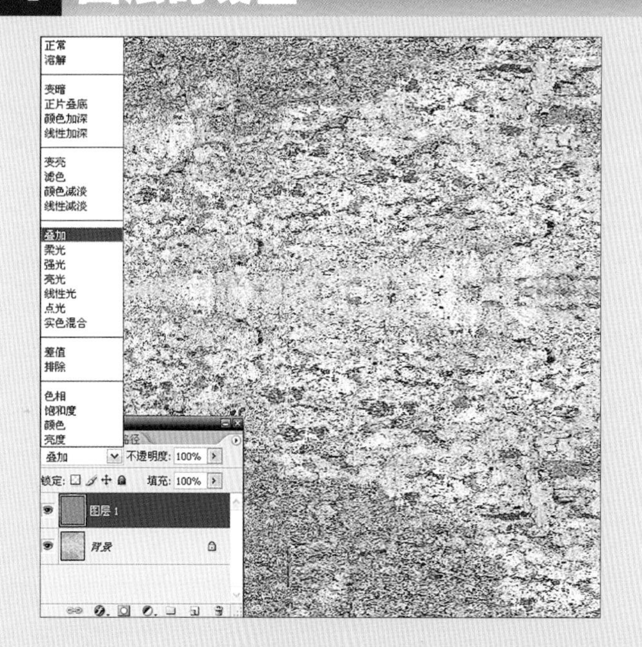

激活图层1，设置图层混合模式为“叠加”，“不透明度”为100%，这时，照片的斑驳效果更明显了，接下来按快捷键“Ctrl＋E”将两个图层合并。

5 纹理的叠加

按“V”键使用移动工具，将处理好的老墙纹理照片拖拽到“老照片”背景图层中，调整大小到满画幅，设置图层混合模式为“柔光”，“不透明度”为50%。即刻，照片便被罩上了一层陈旧斑驳的肌理。

6 制作划痕

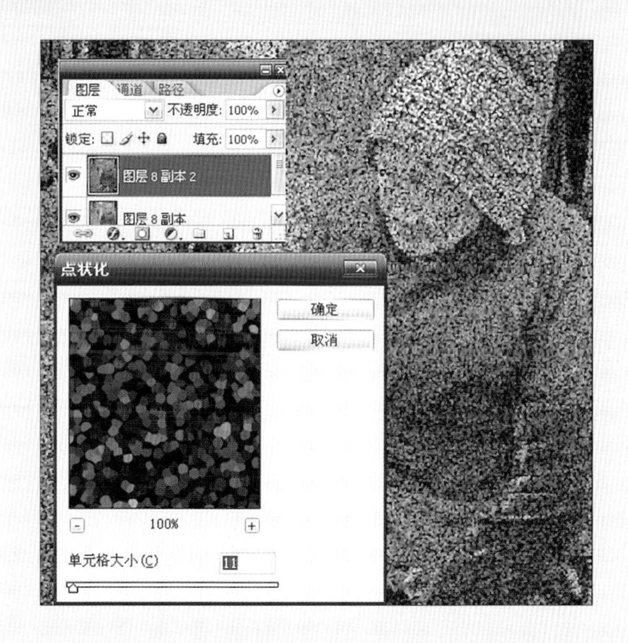

除此之外，我们还可以让照片产生一种胶片被划伤的效果。复制一个图层，单击菜单“滤镜｜像素化｜点状化”。注意“单元格大小”的设定不宜过大，通常视照片的预览效果能产生明显的白色杂点即可。

7 制作划痕的轨迹

对于制作划痕的轨迹，需要单击“滤镜｜模糊｜动感模糊”，设定“角度”为-90，并且“距离”设定尽可能长一些，这可以让划痕贯穿整张照片。

8 图层混合模式

对于两张照片的叠加，图层混合模式的设定非常重要。你可以进行多次尝试，感受不同的效果。这里，将图层混合模式设定为“线性光”，“不透明度”为30%。通过混合后照片上类似胶片划伤的效果便显现出来。

9 色彩的调整

放置年代旧远的老照片通常呈黄褐色，这里我们用“色相/饱和度”命令来调节。设定“编辑”选项为“全图”，按快捷键“Ctrl＋U”，将“色相”调整到22，“饱和度”调整到21，“明度”调整到+1。这时，照片色调发生了变化，老照片的陈旧感呈现出来。

10 制作裂痕

不要认为做到这一步就够了，我们还可以让照片做出真实的撕扯和拼接效果。随意地撕开一张废弃的照片，用相机拍下照片白色的背面，在电脑上打开，用“魔棒工具”选出撕边，将选区完全调白，拖曳到“老照片”，用“自由变换”命令调节“撕边”，以压掉齐平的边缘，然后合并图层。

11 撕碎拼接的效果

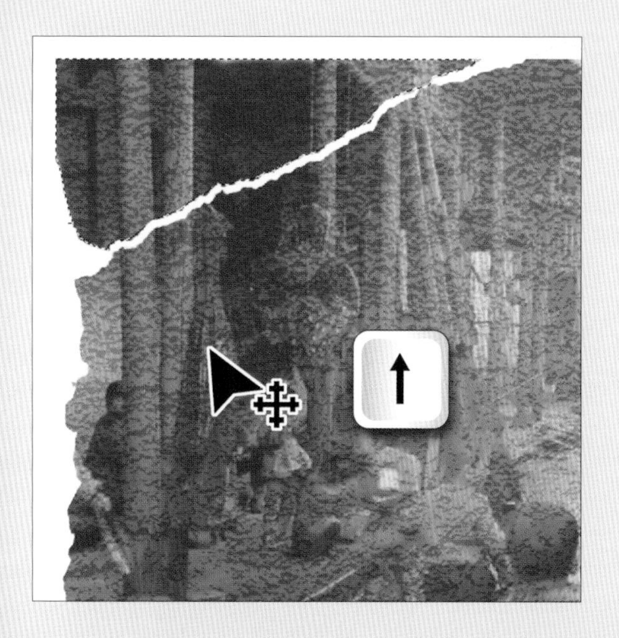

在照片的一角做出撕碎拼接的效果。用“套索工具”随意勾选照片一角，选择“移动工具”，按下键盘的方向键，使选区与画面略为分离。

12 制作投影效果

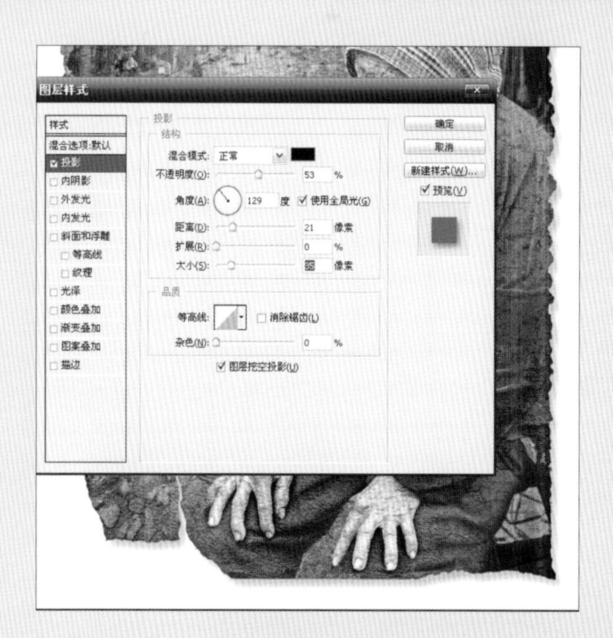

用“魔棒工具”选出撕状白边，按组合键“Shift＋Ctrl＋I”进行反选。复制图层，单击“图层｜图层样式｜投影”，选“混合模式”为正常，按照预览效果调节“不透明度”、“角度”、“距离”和“大小”。按组合键“Ctrl＋E”合并图层。至此，“老照片”制作就完成了。

重建金刚摄制组

拍摄一部电影大片既费时又费力，然而对于影友来说，拍摄和制作电影大片风格的图片小故事却并不难。购买一个金刚玩偶并邀请一位漂亮的女士，分别给两者拍照片，然后通过图像编辑软件巧妙地合成，完美的故事情节和画面就会展现在你的眼前。

富有情趣的场景设置和精彩的特效——彼得•杰克逊重新导演的大片《金刚》给很多人留下了深刻的印象。受到这位好莱坞导演作品的启发，我们也想布置并拍摄出这样的电影场景。为此，我们需要的仅仅是简单的设备和一台数码单反相机。

像这种牵扯到后期合成的照片，马上进行拍摄并不是最好的选择：想要模仿电影场景的话，应该事先画出一张草图。在图中要画出用光的情况，并粗略勾勒出每一个场景中的元素和结构。

最好选择以A3幅面打印出的照片作为拍摄背景。对于我们的图片故事而言，我们需要一张日落的照片、一个街道的场景、一片森林和一张俯瞰的大城市照片。首先，要在合适的背景前拍摄金刚玩偶（在玩具商店中购得），然后在简易影棚中拍摄扮演安•达柔的女演员莫林•富克斯。这个顺序很重要，因为根据作为模板的金刚照片，你可以更好地调整模特的姿势来进行配合。

大小悬殊的一对美女和金刚的实际比例。

用光

让照片富有情调的方法：只有通过正确的用光，照片看起来才会与真正的电影场景相仿。接下来将告诉你，如何仿制日落的场景。

金刚和安•达柔正在观看着日落。在电影中，这个场景是在一块岩石上拍摄的。因此，在我们这个大约20cm高的金刚玩偶下面，需要一个比它更大的石头作为底景。

为了让这个场景沉浸在一片温暖的光线之中，我们在闪光灯灯头前固定了一片橙色的薄膜。需要注意的是，不只光线的颜色需要调整，光线的方向也是需要考虑的：在日落时，这涉及到逆光的情况，也就是说，安•达柔和金刚要面对光线，而我们要从后面拍摄。利用这样的用光，可以勾勒出两者的剪影。对于所有的示例照片都有效的是：为了让背景看起来足够亮，必须要用额外的灯光照亮被摄对象。在“日落”这个题材中，光线从右侧射入，因此我们要把影室灯放置在右侧。

拍摄信息
佳能 EOS 400D
焦距 ： 50mm
光圈 ： F8
曝光时间 ： 1/125s
ISO ： 100
拍摄信息
佳能 EOS 400D
焦距 ： 80mm
光圈 ： F8
曝光时间 ： 1/125s
ISO ： 100
profoto

仿制特效

安•达柔和金刚在纽约的一条雾气缭绕的街道上偶遇了，我们也不想放弃这种特效。

你可以向摄影工作室租借造雾机，也可以在摄影器材城中买到这种装置。雾气可以产生出照片所需要的神秘效果。在逆光下，雾气可以让整个照片充满神秘感。可惜的是，与自然的雾气相比，这种化学生成的雾气上升得很快。这从下方的原始照片中可以看出来。为了让这个场景显得神秘，必须要通过图像编辑让整个雾气弥漫在这个画面中。

为了制造景深，我们让雾气以不均匀的形式向金刚的方向延伸（见上图）。在这种情况下，我们使用仿制图章工具进行编辑。利用粗一些的笔触，可以相对快地完成编辑工作。为了让石子路还能看得清楚，我们略微降低了图层不透明度。

拍摄信息
佳能 EOS 400D
焦距 ： 40mm
光圈 ： F8
曝光时间 ： 1/125s
ISO ： 100
拍摄信息
佳能 EOS 400D
焦距 ： 28mm
光圈 ： F7.1
曝光时间 ： 1/30s
ISO ： 200

调整清晰点

进行拍摄参数的设置后，我们的主角金刚可以完美地从后面的房屋中烘托出来。这张背景照片看起来与一个真正的街景相仿。

在拍摄这样的照片时，要使用三脚架。这样，你可以把精力完全集中在布置场景、用光和相机的设置上。此外，你应该放弃使用相机的自动功能，要使用手动模式进行拍摄。如果你的相机没有提供这种模式，可以使用半自动功能“光圈优先”。在这种模式下，你可以预先设置光圈，并通过[+/-]曝光补偿来调整曝光量。

为了让照片看起来尽量生动，你可以尝试把清晰点缩小到我们的主角金刚身上。在镜头的使用上，大光圈和长焦距的组合是个完美的选择。如果手中的器材有限，你也可以利用大约F7.1的光圈和大约70～100mm之间的焦距在背景照片前拍摄主角金刚。

不过与此相比，拍摄安•达柔时，情况就完全不同了：为了让人物可以在后期进行自由裁切，这张人像需要大景深。因此光圈应该设置为F11～F16之间的数值。只有这样，所有的轮廓才能清晰可见。

调整姿势

为了让我们的女演员后期可以完美地适应金刚的“大手”，需要拍摄一些测试照片。细微的轮廓可以在后期通过图像编辑实现。

这个场景要比其他场景在后期制作上更困难一些，因为模特的胳膊必须要在后期制作中使其搭在金刚的拇指上。为了检验这个姿势是否合适，我们拍摄了一些测试照片并对这些照片进行了粗略的裁切。只有这样，我们才能看到模特的身体姿势是否与金刚相匹配。

为了精确定位女模特的胳膊，还需要一些精细的工作。在Photoshop中，这个工作按照下面所述进行：利用套索工具选中胳膊，并复制这个图层。接下来，通过“编辑|变换|旋转”，把胳膊调整到合适的位置上。现在，还要对模特这只胳膊进行一些编辑。为此，在图层工具面板上单击“添加蒙版”的符号，并激活有女演员的图层（在我们这里是图层1）。在已经生成的图层蒙版上单击鼠标右键之后，通过画笔（黑色前景）将原始的胳膊隐去。这个蒙版的优点是，利用白色前景，可以让胳膊重新显现出来。

PHOTOSHOP：改变脸型

难看的牙齿、不真实的眼睛：对于这个告别场景来说，金刚现在的面容是不合适的。不过只要花费一些时间，就可以对它的造型进行优化处理。

1. 拍摄眼睛

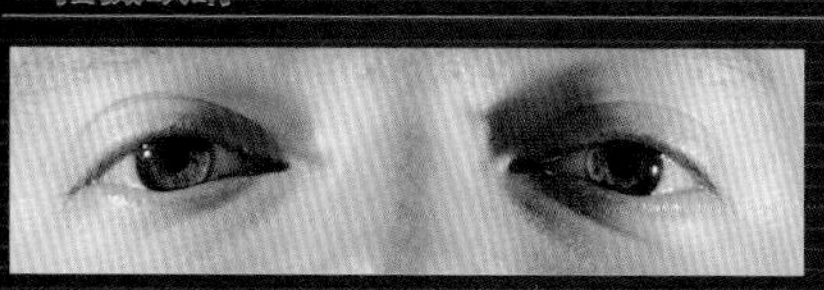

为了赋予金刚生命的灵气，我们拍摄了一个有黑色或者至少是深色眼睛的人物。这双眼睛可以后期加入到金刚的照片中，赋予金刚真实而富有感情的目光。

2. 修饰嘴巴

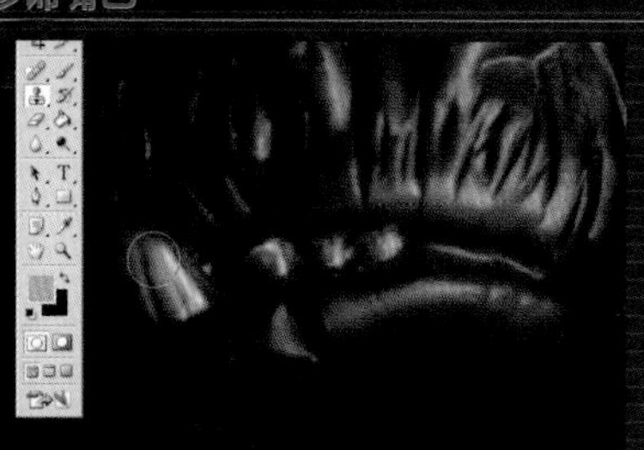

可以通过仿制图章工具让这个黄色的牙齿消失。

3. 选择眼睛

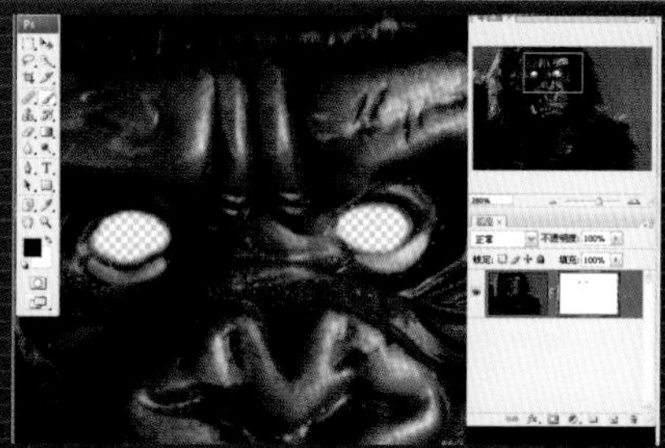

为了选择眼睛，我们添加了一个图层蒙版（单击这个蒙版图标）并利用画笔（使用黑色前景）快速选中这双难看的眼睛。

4. 调整大小

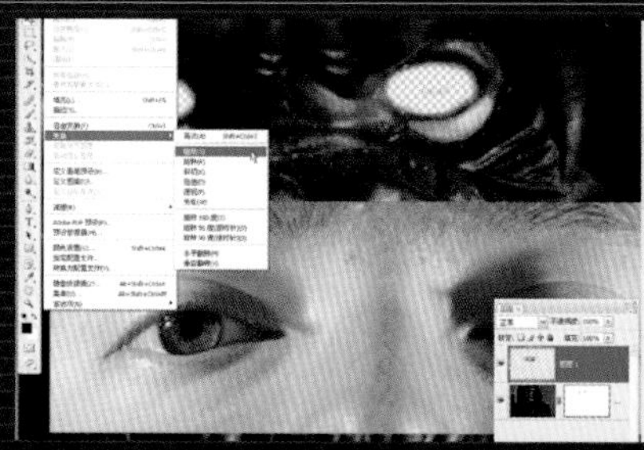

在接下来的这一步中，这张有一双眼睛的照片要添加到金刚的图层中。通过“编辑|变换|缩放”，可以缩小眼睛的大小。在按住“Shift”键的同时，可以按照比例进行缩放。

5. 复制图层

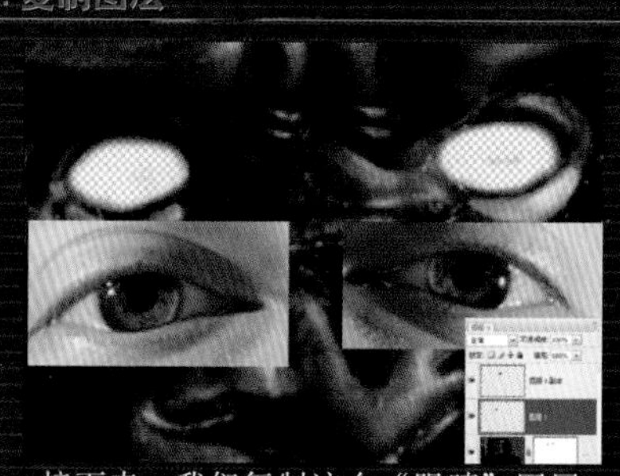

接下来，我们复制这个“眼睛”图层，并裁切下左眼和右眼。这样做的好处是，两只眼睛可以分别进行移动和调整。

6. 精细调整

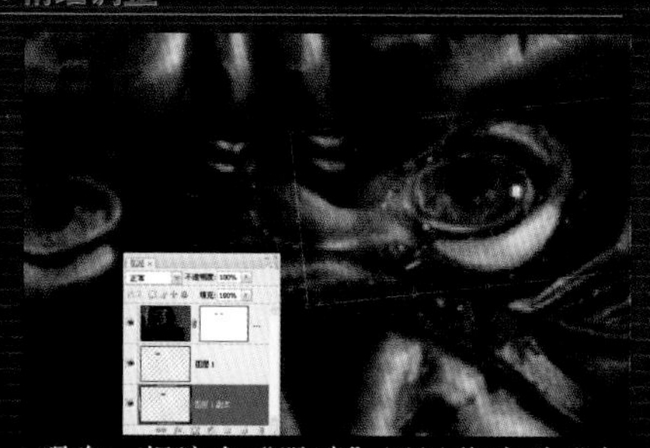

现在，把这个“眼睛”图层移动到“金刚”图层下，其中眼睛只能看到眼窝。为了实现完美的调整，必须要移动眼睛并通过“编辑|变换|缩放”再次进行调整。

回归传统：利用自行编制的动作，Photoshop成功地利用数码照片仿造出一款国产中画幅LOMO相机的拍摄效果。

LOMO 批处理

利用“动作”这个功能，Photoshop 可以切换到加速模式：只需按下一个特定的按键，这个图像编辑软件就会在一张照片上应用程序预先编制的命令，或者通过批处理命令对整个文件夹的照片进行高速的全自动处理。

Holga：中国的Lomo

Holga是一款国产的廉价中画幅相机。相机几乎完全由塑料组成，甚至镜头也是如此。Holga镜头的焦距大约为60mm，曝光时间为1/100秒，光圈大约为F8。Holga没有自动功能，也没有测光功能。毕竟这是多余的，因为拍摄时不需要改变曝光量或者光圈。对于这款号称漏光大师的Holga相机，我们需要做的是黏合相机所有的缝隙，以保证光线只通过镜头进入胶片。在欧洲，这款相机在Lomo摄影中得以闻名并大受欢迎。

作为一款专业软件，Photoshop提供了一系列自动处理功能，可以迅速缩短单调重复的工作，并因此可以节省出时间来实现更有创意的编辑。“动作”就属于这些聪明的自动功能中的一种，它可以自己执行命令，并可以实现对整个文件夹照片的批处理功能。

Photoshop中的“动作”与Office软件中的“宏”类似。它的作用是记录需要频繁使用的工作步骤，以便将来可以仅通过一个按键就能自动处理出相同的照片效果。比如，可以这样使用“动作”功能，把多张不同尺寸和格式的照片自动转换为同样尺寸和格式，例如把RAW格式文件转变为JPEG格式，以便实现更快地预览和处理。此外，将照自动处理成统一的效果也是它的专长，例使用“动作”功能将大量照片自动转换成黑白照片或者反转负冲效果。

接下来，我们想通过生成这样一“动作”来向大家介绍“动作”的用法。中要模仿的是廉价LOMO相机拍摄的照片果，例如“神奇”的漏光大师Holga相机摄的特殊效果。

实例：一个动作的生成

1. 打开模板

随便打开一张图片，图像质量越差越好，注意不要有强烈的曝光过度或者不足的问题。当然，你可以使用一张在技术上完美的照片。不过还有条件，这个模板照片要与你以后准备在其中应用动作的照片具有相同分辨率和设置。最好打开一张没有旋转和裁切过的原始照片。

2. 调出动作面板

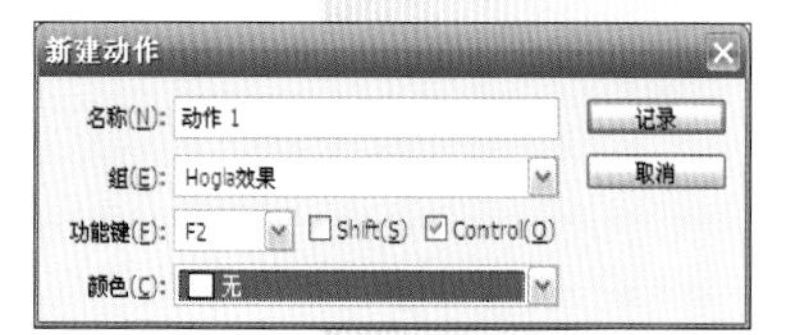

通过“窗口|动作”调出动作面板。在面板脚标上单击“创建新组”，生成一个新组。在其中输入一个名字。在本实例中，命名为“Hogla效果”。

3. 开始记录

现在，在面板脚标上单击“创建新动作”符号。在其中输入一个易懂的名字。这里，你可以选择一个功能按键。对于这个实例，所选择的是“Ctrl+F2”组合键。然后，单击记录。从现在开始，Photoshop会记录下你执行的所有命令。你也会在动作面板的脚标的红点旁看到它。由于Holga相机使用的是传统的正方形中画幅格式，因此我们首先调整图像大小和尺寸。

4. 转换为正方形格式

按下组合键“Alt+Ctrl+I”。把照片的短边一侧缩短为一个合适的数值，如果以后还要改变分辨率，这就更实用了。然后，单击确定。利用组合键“Alt+Ctrl+C”调出“画布大小”对话框。现在调整图像长边的长度，使得高度和宽度的尺寸相同。这样，就把一个长方形的数码照片调整为中画幅相机的典型正方形格式。单击“确定”来确认输入的数值。接下来，可以通过“继续”命令确认图像被裁切的信息。

5. 选定图像中心点

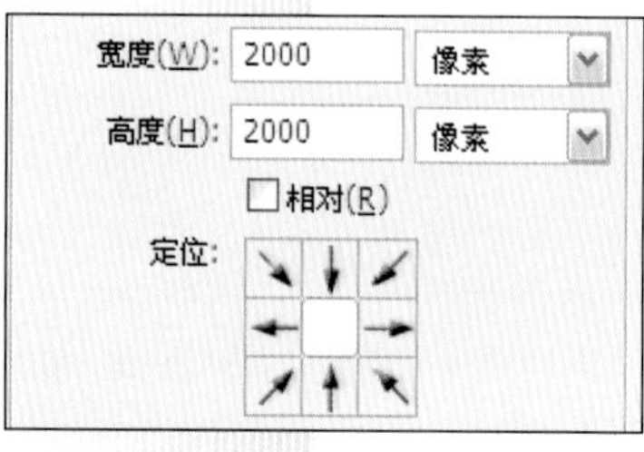

使用“Ctrl+J”组合键复制这个图层。接下来，添加两条在图像中点交叉的参考线。为此，首先通过按组合键“Ctrl+R”显示标尺。然后在其中一根标尺上单击鼠标，并在按下鼠标的同时向外拖曳参考线。定位这根线时，要使它刚好准确地通过图像的中心点。为了以后还可以改变参考线的位置，必须要激活移动工具。接下来，用同样的方法生成第二根参考线。

6. 生成暗角

现在，激活选择椭圆选框工具。在按下“Alt+Shift”组合键的同时，从中心点拉出一个圆形选区。这个圆形选区应该延伸到图像的边缘。通过使用“Ctrl+Shift+I”组合键完成反选。在选项工具条中单击“消除锯齿”复选框。使用Photoshop CS3的调整边缘功能羽化选取，会生成一个非常柔和的选区边缘。提示：在老版本的Photoshop中，可以选择“羽化选区”的命令。

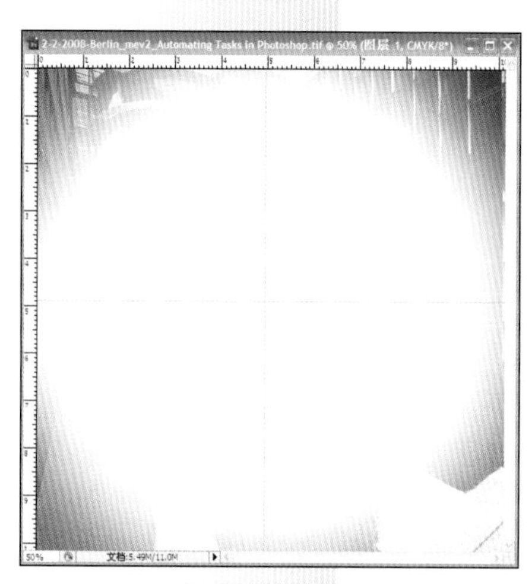

7. 让边角变暗

接下来，生成一个新图层。为此，在图层面板中单击“创建新图层”符号（快捷键为“F7”）。通过“G”键选择油漆桶工具，并用黑色前景色填充选区。然后，通过使用“Ctrl+D”组合键重新取消选区。

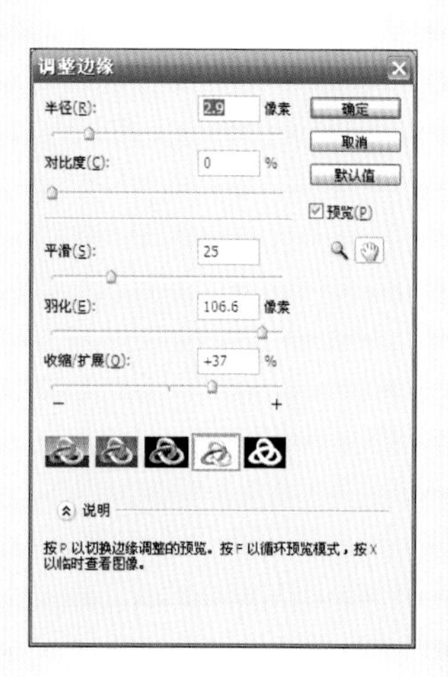

8. 添加颜色噪点

在下一步中，我们要模拟在像Holga这样的Lomo相机中典型的不规则噪点。为此，我们以不同的方式在图像中计算出干扰噪点。首先，切换到图层1。现在，从“滤镜”菜单中的“杂色”滤镜组中选择“添加杂色滤镜”。提示：在老版本的Photoshop中，你可以在“杂色滤镜”中找到上述效果。在“高斯分布”下添加低数值的颜色噪点。然后重新调出“图像大小”对话框，你可以在“图像”菜单中找到这个命令。现在，把“文档大小”减为70%。从“滤镜”菜单中的“模糊”组中选择“模糊”滤镜。最后，再次添加图像噪点，这一次使用“平均分布”并选择小的数值。

9. 添加颗粒效果

现在，重新把图像尺寸放大为原始大小，在实例中是每边1200像素。利用“表面模糊”这个模糊滤镜，这个后期添加的噪点会转变为传统的颗粒。现在，通过在图层面板的填充方式中选择70%不透明度的“柔光”，把这个图层与背景图层关联在一起。利用组合键“Ctrl+E”，把这个图层与背景图层合并在一起。现在，切换到带有暗角的图层。为这个图层设置一个90%的不透明度，然后同样合并到背景图层中。在这之后，使用2%的数量添加“平均分布”的单色噪点。

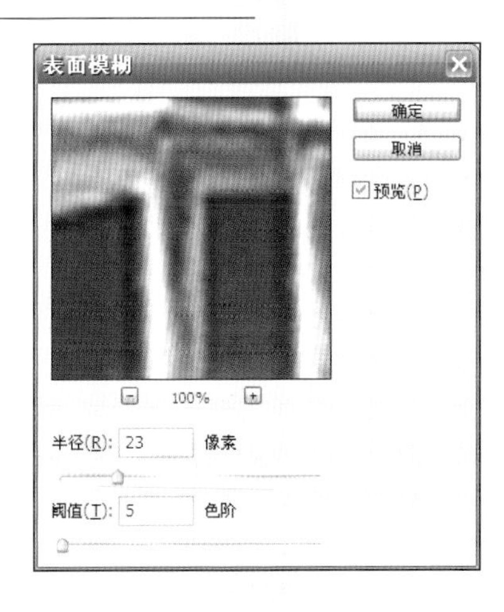

10. 转换为黑白图像

通过在图层面板中单击“创建新的调整图层或填充图层”符号，生成一个调整图层。选择“黑白”功能，并将“预设”值设置为“中性密度”。然后单击“确认”。接下来，通过曲线提高第二个调整图层的对比度。提示：在老版本的Photoshop中你可以使用通道混合器实现黑白转换功能，但是这不能作为调整图层出现。

11. 最后的精细调整

最后，把所有图层与背景图层合并在一起。你可以在“图层”菜单中找到“拼合图像”功能。然后，最后一次使用“模糊”滤镜。现在，删除参考线。你可以在“视图”菜单中找到相应

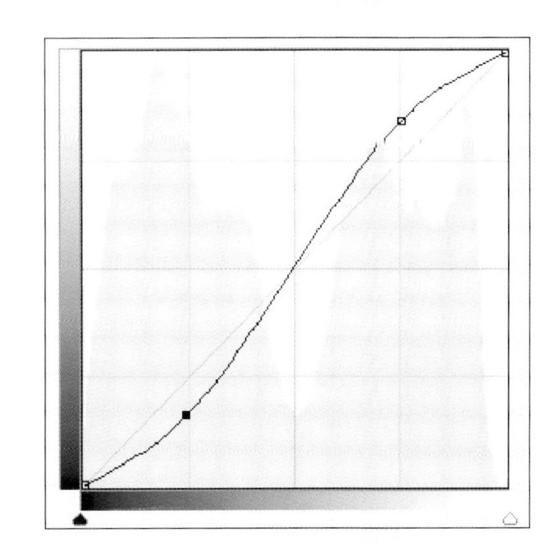

的命令。通过单击动作面板脚标中的“停止播放/记录”符号，中止记录过程。

12. 转换图片

利用编制好的动作“HolgaLook”，你可以把其他任何一张照片转换为一张完美的Holga效果。为此，只需要打开这张照片和动作面板，用鼠标单击“Holga效果”并单击下面的小三角。此外，也可以使用刚才设置的组合键。

注意错误源

一定要注意的是，在工具条中把黑色设置为“前景色”。否则边角就不会更暗，而是更亮。

最好只在与模板照片具有相同分辨率和设置的照片中应用这个动作，因为在裁切、图像格式以及通过标尺确定图像中心位置时，Photoshop都要使用预设的数值。

实例：批处理

“动作”只有与批处理功能组合在一起时，才能节省大量的时间。这样，Photoshop就会自动对一个文件夹中的所有图片自动应用“HolgaLook”这个动作。

1. 调出批处理功能

把前景色设置为黑色。在“文件”菜单中依次选择“自动|批处理”。在“播放”方框区中选择包含你所需要的动作的组。然后把它设置到“动作”中。

2. 找出源文件夹和目标文件夹

在“源”中找出包含你想编辑的图片的文件夹。在“目标”中，给出目标文件夹。为此，单击“选择”以给出精确的路径并生成一个目标文件夹。然后单击“确定”。

3. 确定文件名

在“文件命名”方框区中，设置统一的文件名，并确定文件编号的类型。在单击“确定”之后，Photoshop会对这个文件夹中的所有图片执行这个动作。

提示：如果动作中含有存储命令的话，你需要激活“覆盖动作中的‘存储为’命令”，因为在这种情况下，Photoshop会简单覆盖原始文件。

数码塑身形

任何人的体态都不是绝对完美的，这也是最近塑身运动兴起的原因。这次，专业人士将告诉你，如何用Photoshop实现在现实中不可能完成的快速塑身。

当我们谈论图像优化时，通常所指的是清晰度、对比度、色阶范围和色饱和度的后期改进，而这次我们要针对外观形态来大动手术。数码照片的处理几乎没有什么局限，不仅可以对照片进行优化，还可以通过调整来模仿接近完美的形体，甚至会涉及人体形体的模仿。

? 问题：我在上一个暑假拍了一些很棒的度假照片，现在想把这些照片寄给一个朋友。我想用Photoshop除掉一些小的赘肉。能不能给我提供一些在显示器上毫无痛苦地进行小型美容手术的方法呢？

! 回答：Photoshop已经提供了可以完成这种手术的必要工具。如果你有新版本的Photoshop软件，"液化"滤镜就是最好的选择；同时，从Photoshop CS2开始，又添加了"扭曲"滤镜。而在老版本的Photoshop中，你可以使用"球面化"或者"挤压"这类扭曲滤镜。这样，每一个人的形体都可以通过数字化的手段而变得与帕米拉·安德森或者阿诺德·施瓦辛格一样完美。

不过根据大众明星为模板所完成的修改是具有两面性的。观众虽然期待着在屏幕中的完美效果，同时会产生的一个问题是，人们在镜子里看过自己原貌的话可能会感到过分自悲。

1 挑剔的审视

人们要是用特别挑剔的眼光观察自己的身体时，总会发现一些不尽如人意的细节。裤子的松紧带把腰束紧时，小的赘肉不经意便会显现出来。如果想去掉它们，Photoshop中提供的必要工具完全可以解决。

2 描画蒙版

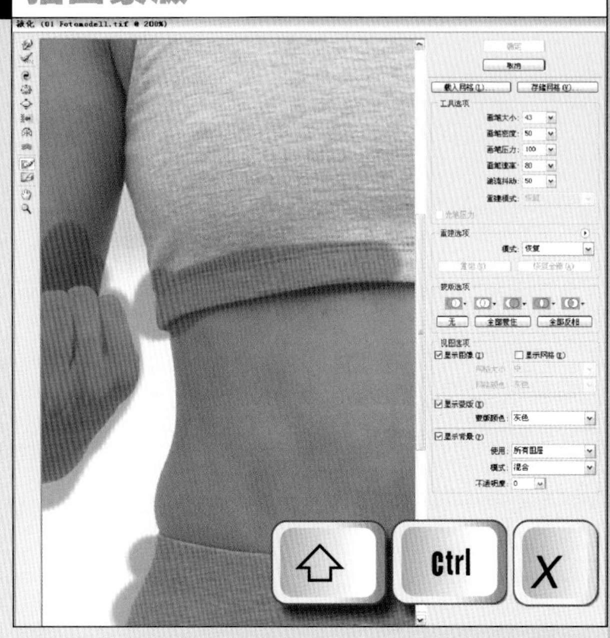

为了完成这个手术，可以使用“液化”命令。你可以从Photoshop 6.0以后版本中的“滤镜”菜单中找到这个滤镜。如果在图像中有需要保持不变的元素，你可以利用“冻结蒙版工具”把这部分图像保护起来。

3 调整轮廓

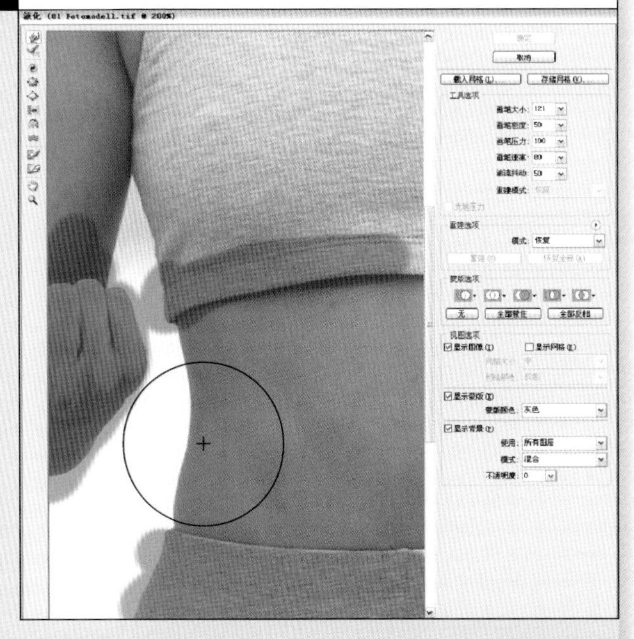

在“液化”滤镜面板左上方的第一个工具叫做“向前变形工具”，这个名字不算好听，但是用它实现的效果会给人留下深刻的记忆。现在，选择一个合适粗细的画笔，并放大显示要调整的局部。

4 拉紧肚皮

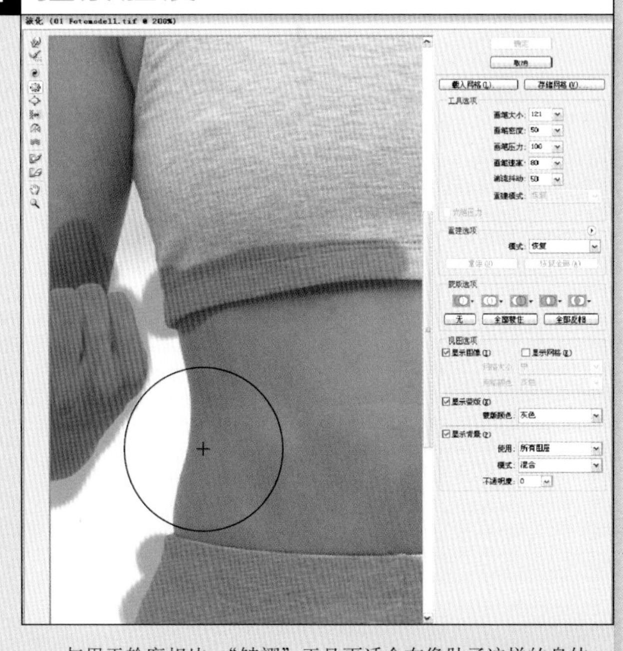

与用于轮廓相比，“皱褶”工具更适合在像肚子这样的身体平面上使用。现在，把这些像素从工具笔尖的范围之内移到中心部分。你可以利用所有的工具单击鼠标，或者画一条笔迹。

5 仔细查看效果

在调整后，腰部看起来好多了。但这个手术并不是在所有的照片中都会成功，复杂的背景会加大手术的难度。你也可以标记身体的轮廓线，但是周边背景的像素点可能会因此而被弄脏。

6 使用老版本的Photoshop

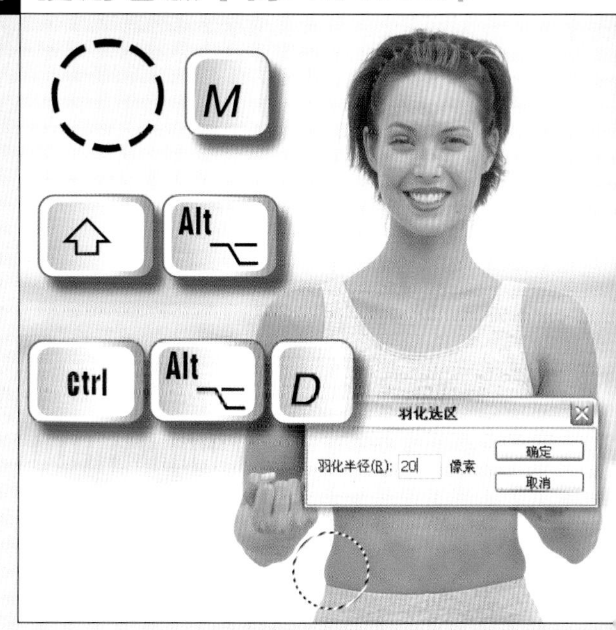

在老版本的Photoshop中，你可以利用“扭曲滤镜”来帮忙。首先，利用“椭圆框选工具”选中这部分区域。这里有一个技巧，按下“Shift”键拖动鼠标可以生成一个圆，而同时按下“Alt”键时，这个圆就会以鼠标起始点为圆心。最后，设定数值较大的边缘羽化值。

7 扭曲外形

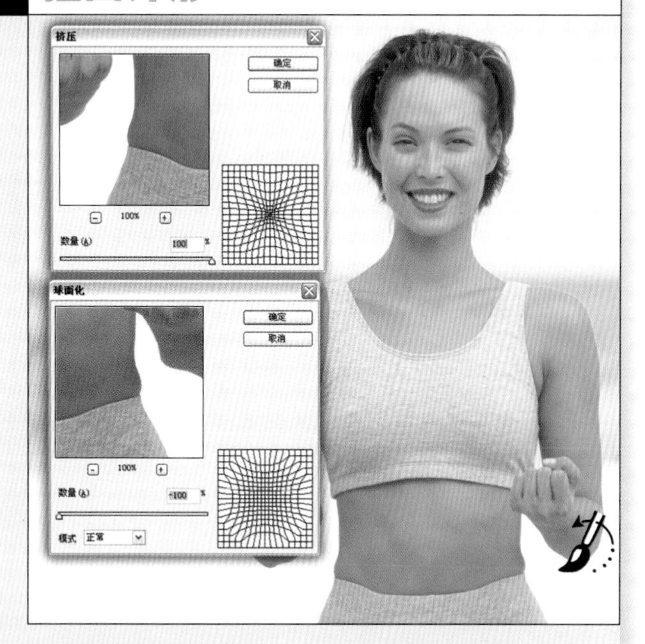

现在，使用“球面化”滤镜（右侧轮廓）或者“挤压”滤镜（左侧轮廓）。如果在这个过程中，周围的像素不小心被扭曲了，例如在右前臂处，你可以之前在“历史记录面板”中这个步骤，并利用画笔重新调整这个范围。

8 使用“扭曲”滤镜

从Photoshop CS2开始，你可以在“编辑”菜单中的“变换”选项下找到一个新的“扭曲”命令，这个工具可以将所选对象进行非透视的扭曲。这样，就可以对所选对象进行曲线变形。在上面你可以看到处理的框架，下面是效果。

9 在增加肌肉之前

男人也同样需要保持体形，在电脑上，我们可以动一动鼠标就让天生瘦弱的你变成彪形大汉，让看过照片的人都会投来羡慕的眼光。

10 选择身体各部分

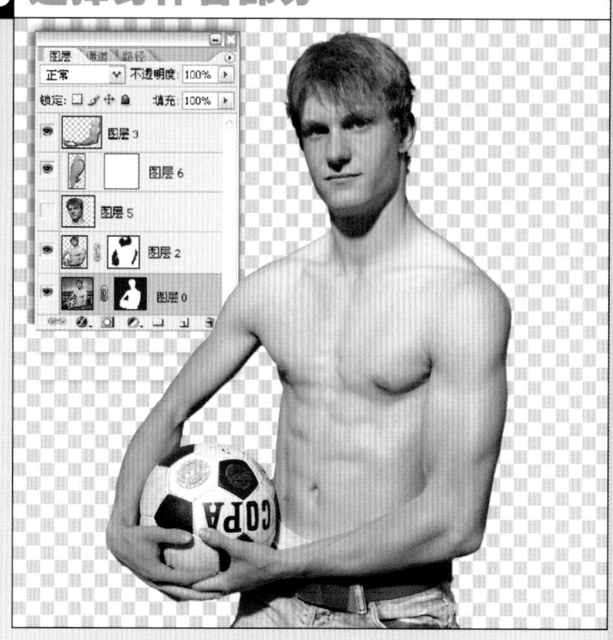

由于这个模特与先前的照片不是在同一个地方拍摄出来，所以背景有很大差异。因此对于后续修改最简单的办法是，选择身体以及身体的各部分，并把它拷贝到新图层上。

11 给肌肉塑形

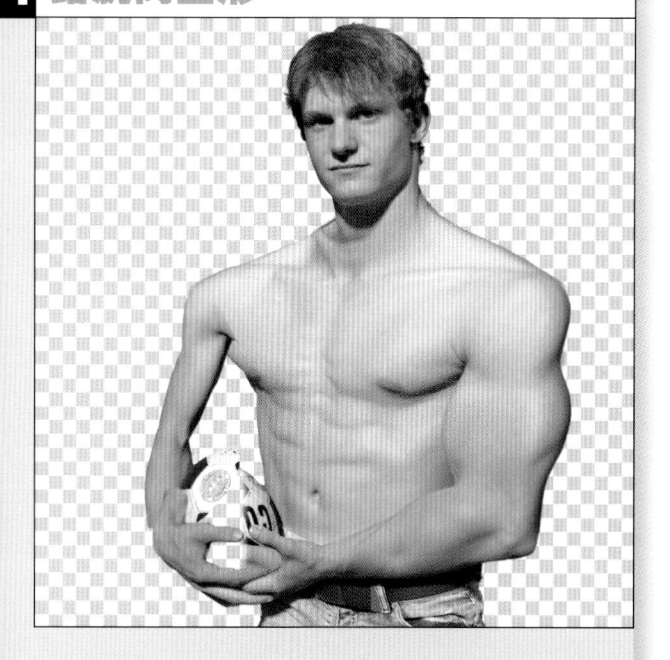

在处理每一个图层的同时，这张图片可能看起来会很不自然。肩膀要使用“扭曲”滤镜进行大幅度的变换处理，右臂的肌肉要通过“液化”滤镜往里收缩一部分。这其中，你要注意整体形态和谐地过渡。

12 变换背景

最后，我们的足球运动员已经完全拥有了健美明星的身材。发达的肩膀、胳膊和胸部肌肉，黝黑的皮肤，阳刚味十足的胡须。为了完美起见，我们还把软绵绵的足球换成一个石球。

数码倒影

谈起倒影，“绿树阴浓夏日长，楼台倒影入池塘”的幽雅景致便会浮现在人们的脑海中。可遇到只有楼台无倒影的照片，我们就束手无策了吗？针对这个问题，我们为你介绍如何利用 Photoshop 制作出逼真的倒影效果。

严格说来，谁要是想用Photoshop在水面上添加一个看起来自然真实的倒影，就是在尝试不可能完成的任务。举个例子来说，你可以想象一下放在水洼里的一张桌子。在你给这张桌子加了数码倒影之后，水洼中的桌面依然会令人惊奇地让人分辨出来。事实上，这个倒影必然要显示出在照片中看不到的一面。而且，这只是在Photoshop中进行数码后期处理时遇到的一个难点而已。除此之外，看起来真实的颜色和对水中波纹的考虑，这些都需要你具有非常敏锐的洞察力才行。

? 问题：我在一张沙滩的照片中加入了另外一个天空的背景。现在的问题是，太阳光并没有映在海面上。通过使用“高斯模糊”滤镜，我已经让在大海中复制过的透明背景图像消失了，可是最后的结果和我之前的想象仍然有一定的差距。实在想不出下一步该如何调整了。

! 回答：这个问题是水中倒影的一个特例。现在，人们常常要自己生成一个水面，并要利用波浪让倒影扭曲。只有3D软件才能提供正确的解决方案，然而也有其他方法可以让你的作品不会马上穿帮，个过这种处理结果缺乏真实性。在讨论可以模拟海面上阳光倒影的方法之前，我们先来关注一下，人们是如何生成波浪，因为在其中已经有了另外一个场景的倒影以及如何利用滤镜的帮助添加并扭曲倒影的。最后会告诉你，如何处理这张沙滩的照片。

1 示例照片

当你想在后期利用数码方法仿制出一个让人信以为真的自然现象时，首先要仔细研究一下实际的情况。在这里，我们以一张照片为例：在宁静的乡村，一栋房屋在河中映出了倒影。

2 手动生成波纹

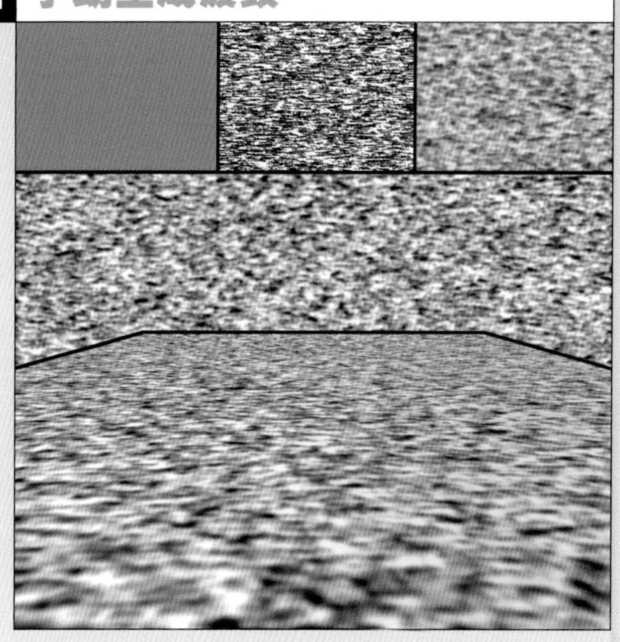

人为地生成波纹：把一个图层填充为灰色，并在应用“滤镜｜素描｜绘图笔”时，将描边长度设高且方向设为水平。高斯模糊这个结果后，将其对比度变大。应用“编辑｜自用变换”工具，在图像右上角按住鼠标左键和“Ctrl＋Shift＋Alt”键进行视角转化。

3 存储为源图

选择整幅图像并复制，然后在“文件”菜单下选择“新建”，生成一个同样大小的图像文件，并把上述图像添加到其中。接下来，选择“灰度”模式拼合图层并把文件存储为Photoshop专用的PSD格式。这个文件以后将作为源图使用。

4 制作倒影

选择你想要生成倒影的照片相关区域，并分两次将其复制到新的图层上。对其中一个图层应用“编辑｜变换｜垂直翻转”并向下移动。接下来，利用“图层｜新建调整图层｜色阶”把这部分图像的颜色略微加深一点。

5 使用“置换滤镜”

在这个被制作为倒影的图层中，调出“滤镜｜扭曲｜置换”。其中，“水平比例”的数值应明显高于“垂直比例”的数值。在单击“好”后，选择在第3步中生成的PSD格式源图，按“打开“键替换现有的图像。

6 添加波浪

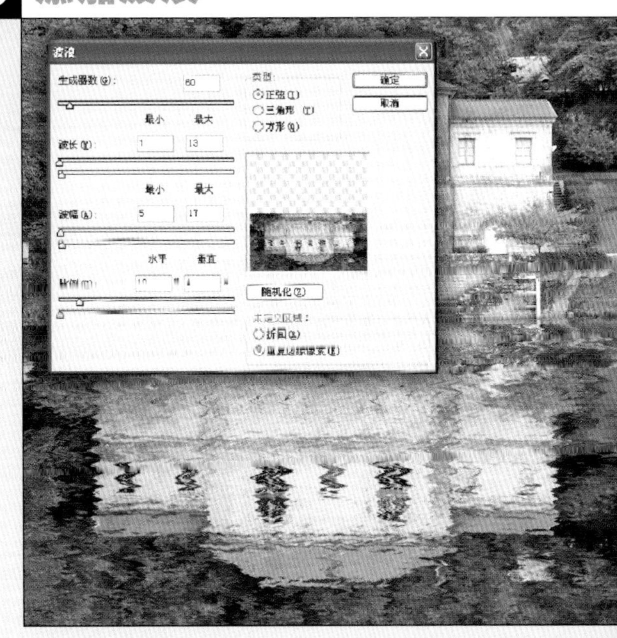

此外，如果必要的话，你还可以利用“滤镜｜扭曲｜波浪”这个滤镜进一步展示水波的效果。其中，“垂直比例”的数值（最下方）应该设为最小。同时，除了“生成器数”之外的其他参数也要选择较低的数值。

7 使用“动感模糊”滤镜

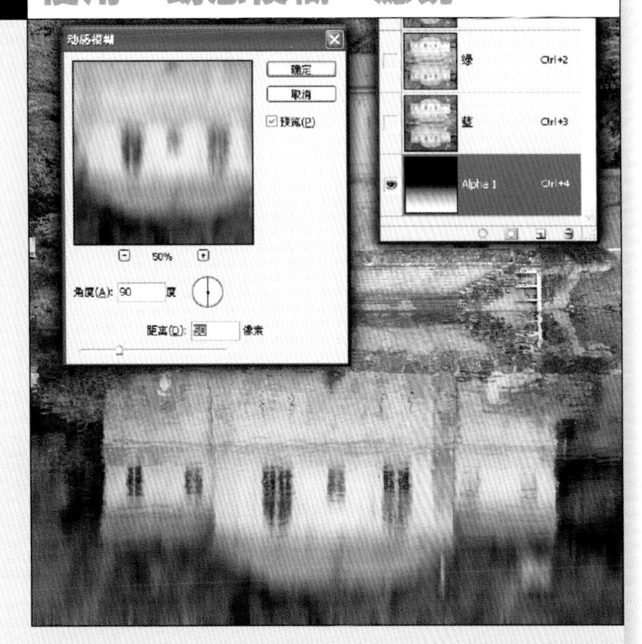

在通道面板中生成一个新的通道，然后用黑白渐变填充这个图层。现在，切换到倒影图层，并在“图像”菜单下的“载入选区”中单击“Alpha 1”。接下来，在角度为90°的情况下，应用“滤镜｜模糊｜动感模糊”滤镜。

8 作为替代选择的FLOOD插件

在考虑到视角、视点高度和波浪特征的情况下，Flaming Pear的“Flood”是一个可以复现出波纹倒影的出色工具。你可以在www.flamingpear.com中下载这个滤镜。

9 视角倾斜的物体

如果像这张照片所显示的那样，需要生成倒影的物体没有方正的范围可供选择，这种数码倒影的生成过程就会变得困难很多。在这张中世纪古桥的照片中，倒影的轴线倾斜着穿过整张照片。

10 逐步生成桥梁部分的倒影

本来相当复杂的过程，在这里被简化了。你可以在每一部分物体，严格来说是每一个小的区域中，进行特定的选择、复制、垂直翻转并从前向后进行定位和调整。

11 读者照片

在经过了上述准备过程之后，现在我们可以一起来讨论题图那张照片了。他已经在一次数码处理的尝试中，把有太阳的橙色天空加入到了背景中。不过，这幅照片中的其他部分并没有什么变化。

12 调整曝光

首先要做的是，对日落时分这个场景中其余部分的色彩情调进行调整。调整时，一切都是在“线性光”模式下，使用50%的不透明度在一个橙色的图层上完成的。此外，由于逆光的原因，还要加入变暗和投影的图层。

13 使用晃动的线条

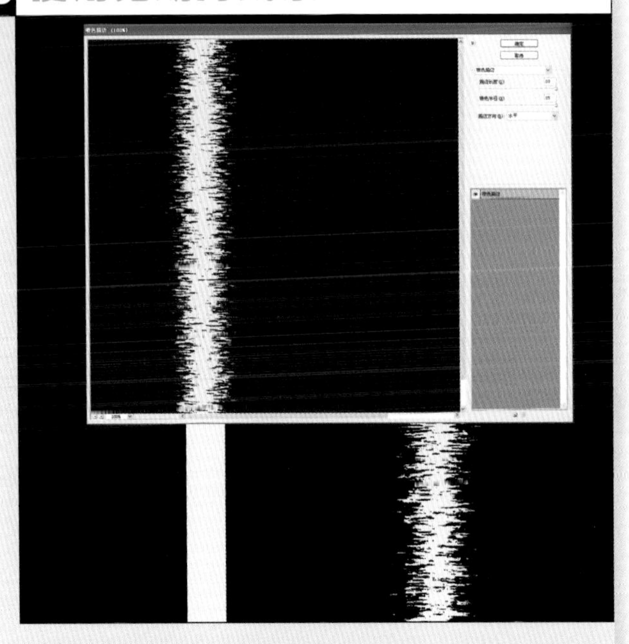

新建一个图层并使用“油漆桶”工具将其填充为黑色，然后在垂直方向上加入与太阳宽度相同的黄色条带（可利用矩形工具和油漆桶工具）。使用“滤镜|画笔描边|喷色描边”进行处理。在其中，我们要选择“水平方向”以及最大的长度和半径。

14 线性减淡图层

根据拍摄题材的不同，会有多种图层混合模式适合上述已经准备好的倒影图层。在这里，我们使用的是“线性减淡”模式。为了进行更好的调整，要通过选择相关区域并复制到新图层，把倒影分为3个图层。

15 减淡颜色范围

现在，来看一下这个区域的中间部分。单击“图层|图层样式|混合属性”打开“图层样式”面板，也可以在这个图层缩略图的图标上双击鼠标。在这里，可以找到用于减淡颜色区域的滑块。在按下“Alt”键的同时滑动滑块，可以让波浪中深色的像素略微变淡。

16 制作完成

由于这些在海的后面和沙滩的前面变淡的位置与其他的颜色区域相交，因此在上述3个图层上要用低数值进行处理。在完成的作品中，阳光倒影作为和谐的照片元素展现在了大家眼前。

细节色彩两手抓

要想获得令人印象至深的 HDR（高动态范围）照片，只需要一款数码单反相机，再加上 Photoshop 或专用软件就够了。本篇文章将会为你介绍，在拍摄合成素材时应该注意些什么、色彩生动的 HDR 照片制作技巧，以及在处理中如何避免出现难看的失真。

对于HDR（High Dynamic Range，高动态范围）照片的拍摄和制作，可谓仁者见仁智者见智：照片鲜亮的色彩和高对比度的细节虽然看起来十分打眼，却面临着矫揉造作的危险。不过就连HDR的反对者也必须承认一个事实，这是目前捕捉具有高动态范围题材的最佳技术手段。因为现在世界上没有任何一款相机能同时把非常亮的高光和非常暗的阴影以忠实到细节的程度再现出来。不过至于颜色和对比度最终提高多少，这完全是个人喜好问题。

从一组包围曝光照片开始

对于HDR照片来说，日出和日落是影友拍摄最多的题材。这种曝光条件让一款正常成像的相机黔驴技穷。因此需要通过一组包围曝光照片来分别记录高光、中间调和阴影部分。当这些照片要作为HDR照片的原始素材时，在分别拍摄时应该注意改变曝光时间。与此相比，光圈要始终保持一致，否则不同景深效果的照片合成以后会显得很不真实。你要把相机设置为光圈优先，并激活“包围曝光”模式。然后设置+/-2 EV的大范围，毕竟你想要记录一个尽可能高的动态范围。需要注意的是，高光部分在最暗的照片中不能“溢出”，因为这些细节非常重要。

一般来说，一张HDR照片由3张RAW和单张JPEG格式的照片组成。一组多张的包围曝光照片会让合成结果更精细，但是也会很快产生让电脑无法承受的大量数据。理想的情况下，使用三脚架拍摄会让这些单张照片完全重叠。不过使用Photoshop或Photomatix软件进行编辑的话，完全可以把这个笨重的摄影器材留在家里：这些软件会事先分析单张照片并将它们精确到像素点进行对齐，不过大量的运算可能会让你的电脑不堪重负。免费的HDR工具或像友立公司推出的PhotoImpact也具有完全可用的HDR功能，不过在对齐照片方面却显得力不从心，因此在这种情况下，使用三脚架进行拍摄是必不可少的。

针对移动题材的选择

并不是每个题材都能转换为HDR照片。虽然大多数软件能良好地处理像水波纹这样轻微的背景移动，但是如果一个物体动得很剧烈，这样就会导致所谓的“鬼影”出现，也就是一种很难除去的半透明失真。

针对这样的情况，这里有一个经典的RAW格式转换备选方案：在这种格式下，相机要比在JPEG格式下存储更高的动态范

软件一览：最好的HDR工具

Adobe Photoshop CS3（www.adobe.com.cn）

从CS2版本开始，Photoshop可以生成具有32位颜色质量的HDR照片。不过并不是所有的图像优化功能和工具都支持这样高的颜色质量，因此推荐把颜色质量降低到16位。很多算法都可以实现色阶压缩，其中“局部适应”可以提供最好的结果。不过在设置灵活性和易操作性方面，Photoshop只能败下阵来。

＋ 对齐图片，32位颜色质量，自然的结果。

－ 在色阶压缩时几乎没有选项可供设置。

Photomatix 3.0（www.hdrsoft.com）

最受HDR粉丝欢迎的无敌工具。Photomatix可以对齐RAW和JPEG格式的单张照片，然后计算拼合成HDR照片并压缩色阶。“细节增强器”和“色调压缩器”算法可以用于曝光、对比度和颜色的设置。在批处理模式下，如果照片以相同的前提条件进行拍摄，就可以生成任意多张HDR照片。遗憾的是Photomatix没有提供蒙版和选择工具。

＋ 对齐照片，非常简单的色阶压缩。

－ 在数据量大时反应缓慢，不能选择性地进行调整。

Dynamic Photo HDR 3.0（www.mediachance.com）

这款软件的名字可能对各位HDR爱好者来说比较陌生，但如果你用一组包围曝光的照片试着调整一次，一定会给你留下深刻的印象。这款软件相比老版本的Photomatix设计得更加完善，并且有国内的汉化版本提供下载；最新的Photomatix 3.0版本相比前作也有一些小改进，但是很难找到中文界面的版本。Dynamic Photo HDR 3.0最大的特点就是完善，从载入素材的那一刻起，就有绚丽的HDR效果预览图，这样不必经过复杂的调整，就能对调整后的结果有个大概的了解。另外，这款软件在色调映射时，提供了多种预设选项，例如：艳丽、高对比度、平滑压缩等，对于新手来讲非常实用。

＋ 载入素材时就能看到合成后的预览效果，提供预设选项。

－ 占用系统资源较多，EV估算有时不准确。

围，至少色彩深度是12和8位的差距。当你将照片在Lightroom这样的RAW格式转换器中打开，然后修复高光区域或通过增亮提高阴影部分的亮度时，你就获得了一张在亮、暗区域中具有明显更多细节内容的照片。如果不想放弃具有局部高对比度的"HDR效果"，可以以这张RAW格式照片为素材，制作出3张不同曝光的单张照片并以此生成一张"假HDR"照片。

高颜色质量的优势

一张HDR照片明显含有更多的图像信息。例如一张由三张分别为8位颜色质量的单张JPEG照片组成的HDR照片，理论上具有最大24位的颜色质量。当然在实际中并没有这么多，因为色阶范围会有部分重叠。对于RAW格式单张照片和更多的包围曝光照片，Photoshop的HDR功能支持最大32位的颜色质量。

不过这些"原始"的HDR照片在显示器上看起来并不太美，因为显示器只能显示最大10位的颜色质量。HDR照片的这种潜能，可以在Photomatix的"放大镜"功能中显现出来，它会调整一个截图的亮度并因此让这些细节变得可见。只有"色调映射"能生成一张具有高对比度的JPEG照片：其中色阶被调整，直到在显示器上显示出一张细节尽可能丰富的照片为止，理想的情况下，这样处理后会产生一张具有鲜亮色彩的照片。在这个调整过程中，算法和滑块在软件之间会有不同，不过到现在为止Photomatix都是无法匹敌的。其中特别受欢迎的是"细节增强"功能：这里，会尽可能大幅度地调整曝光，并尽可能地提高局部对比度，直到一张照片的细节丰富得像一张经典的油画一样为止。在其中，摄影的特性可能会完全丢失，但这是软件有意实现的。

在Photoshop中除去失真

虽然利用这些软件，可以生成一张HDR照片，但是没有一款软件能生成完美的结果。照片中出现必须要修复的失真是常有的事。如果能手动在中心区域提高曝光和对比度，那么很多照片都会从中受益。如何从合成后的HDR照片中得到一张完美的照片，这在下面的实例中会进行介绍。

索尼、尼康和佳能具有动态范围优化功能的相机

相机厂商们已经针对极端的光线条件研制出一种备选解决方案：除了索尼和尼康之外，现在佳能也在一些机型中添加了自动动态范围优化功能。

如果在拍摄前激活这个功能，那么相机会针对高光区域曝光，并在照片以JPEG格式存储在卡上之前，通过相机内部的图像编辑提高阴影区域的亮度。这个结果可以或多或少在RAW格式转换器中通过熟练的色阶调整进行校正。

尽管这种色阶优化有时被称之为"HDR功能"，但是下面的例子显示出，这个结果无法与一张典型的HDR照片相提并论。原因当然很简单：单张照片不能随意提高亮度，因为阴影部分在某些时候会显示出图像噪点。

而在Photomatix中的情况则不同：这款软件从一组曝光包围照片中计算出图像信息。当一张原始素材的照片在阴影区域进行了完美的曝光之后，这就足够了。图像噪点可以通过照片的组合而抑制。

细节对比：左图通过索尼 α700 进行了动态范围优化，右图则通过 Photomatix 进行了处理，后者明显具有更多的细节。

Photoshop CS4中的新特性：调整曝光

只有这是最好的：根据这种方法，在Photoshop CS4中的一个新功能会把一组照片的一部分组合成一张优化过的照片。

为此可以使用"堆叠图像"（Stack Images）功能来提高景深，而且它也可以同样从一组具有不同曝光的照片中生成一张亮暗信息丰富的蒙太奇作品。

通过"自动对齐图层"（Auto-Align Layers）命令，Photoshop首先对齐这些照片，然后通过"自动混合图层"（Auto-Blend Layers）调出"堆叠图像"功能。Photoshop自动提取出每个单张照片中对比度最大的部分并将其余部分遮盖起来。这项技术并不新颖，从道理上来说这涉及DRI技术（Dynamic Range Increase，动态范围增强）。与此相比其中的新颖之处在于，Photoshop自动添加了蒙版。与HDR照片相比，这种方法的优势在于，像亮边（明亮的高度比边缘）这样的失真以及鬼影就不会出现。

根据题材的不同，这个新功能会显示一个相对于HDR来说更合理的备选结果。在像树枝这样的精细结构中，"堆叠图像"也会有问题，因为其中的过渡显得不够均匀。不过由于编辑结果由蒙版组成，因此随时可以进行后期编辑。

自动拼合："堆叠图像"这个新功能可以在单张照片中遮盖过亮和过暗的区域。

后期编辑：HDR照片这样就完美了

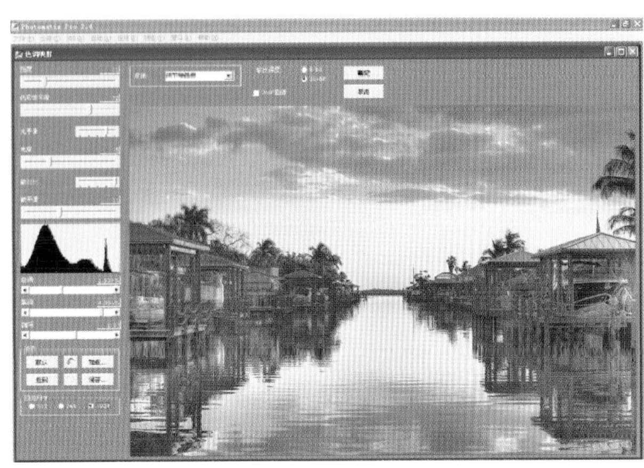

1 在Photomatix中生成HDR照片

为了进行后期编辑，你需要尽可能保持原样的高像素素材照片。在“细节增强器”中需要注意的是，只能少量调整强度选项，否则会有亮边出现。你要根据需要设置颜色并把照片以16位颜色质量的TIFF格式存储。后续内容参见第4步。

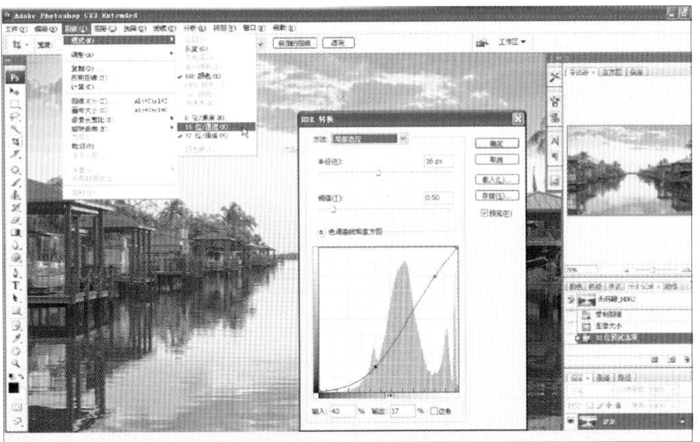

2 在Photoshop中生成HDR照片

当使用Photoshop进行编辑时，你可以通过“文件|自动|合并到HDR”把这些照片组成一张HDR照片。然后，通过选择“图像|模式|16位”减少数据量。其中，“方法”下拉菜单中的“局部适应”提供了最好的结果。如果你的电脑合作，你应该会获得这个颜色深度并根据第6步进行色阶压缩。

3 强化颜色

与Photomatix编辑过的照片相比，使用Photoshop生成的HDR照片色彩显得有些暗淡和不自然。你要通过“色相/饱和度”调整色调。在实例中，我们通过“色相”滑块把全图的色调向冷色调方向移动并强化了饱和度，此外还强化了洋红区域。

4 调整色阶

几乎所有的HDR照片都会通过最终的色阶调整而变得生动。在Photoshop编辑的例子中，我们通过复制这个图层并把混合方式设置为“叠加”，以此提高了岸边的对比度。天空和水面则用一个蒙版保护起来。在Photomatix中，岸边区域通过曲线调整提高了亮度。

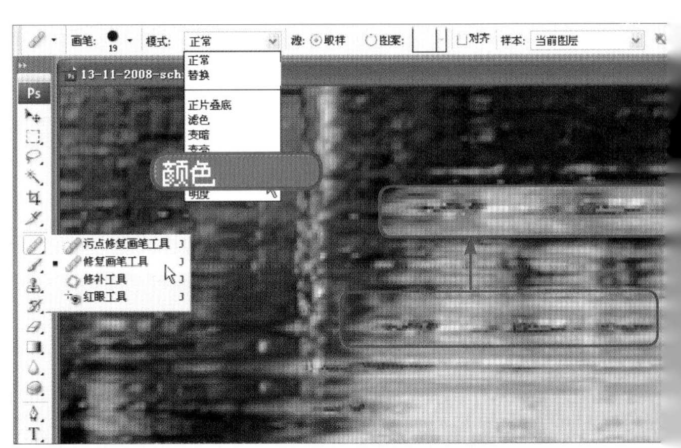

5 除去失真

在像波纹或水流这样的运动题材中，还必须对个别产生的失真进行修复，例如可以使用修复画笔工具。为了只除去颜色错误同时保留结构，你可以把修复画笔的模式设置为“颜色”。注意：最好在一个调整图层上进行编辑。

6 后期锐化

很多HDR照片显得有点模糊。你可以通过使用“USM锐化”滤镜让照片获得更多的清晰度。在设置“数量”和“半径”时要注意的是，不要造成任何失真。在需要时通过“阈值”进行调整。最后，把颜色质量降到8位，并把照片存储为JPEG格式。

高级锐化技巧

通过锐化，可以挖掘出照片中更多的隐藏细节，提升照片的品质。本文将为你介绍一些完美润饰照片的方法，从简单的“USM 锐化”滤镜到锐化画笔高级技巧，让你的模糊照片大变身。

你感受过带上一副新眼镜后所产生的吃惊效果吗？就算你以前没有体验过完全近视的感觉，也可能有这样的经历：在穿越城市散步时，突然会有以前从未注意过的细节映入眼帘。一张数码照片在经过巧妙的锐化以后，同样会出现类似的效果：照片展现出了以前对于肉眼来说看不到的结构。正因为如此，数码后期锐化才成为整个图像编辑过程中必不可少的环节。

清晰点这样出现

在相机这方面，拍摄的清晰度取决于镜头、图像传感器和处理器的性能水平，同时也取决于这些部件之间相互配合的能力。在观看照片时，主观的清晰度印象会起着决定作用，而这在很大程度上取决于对比度水平：在精细结构和细节中的亮度差别越大，图像看起来就越清晰。像Photoshop这样的图像编辑软件的锐化滤镜在这里就可以派上用场。巧妙地提高对比度，会让以前看不到的细节都展现出来，因为以前这些轮廓的对比度在人眼感知能力之下。

不过如果不加区别地过度使用滤镜的话，图像质量可能会急剧下降。锐化过的图片中典型失真会表现为图像噪点和对比度边缘的精细白边（光晕）；在极端

况下，会出现颜色偏差。就是没有任何见的失真出现，过分锐化的照片也显得常不自然。

相机中的锐化

数码相机的处理器在存储每张JPEG照前，都会调整边缘并提高对比度。只有在数高端数码相机中，才可以关闭这个"在几中锐化"的功能以及调整锐化的程度。过，这种相机内部的滤镜效果无论如何都能完全替代在电脑上针对单张照片使用的明锐化。

此外，还有一方面的因素对于这种几内部的锐化不利：因为这发生在错的时间点。锐化滤镜应该始终都在数后期工作流程的最后一步使用，因为样才可能消除其他编辑步骤所产生的糊效果。

进一步讲，当输出尺寸确定时，锐化才特别有意义：如果一张照片在原始分辨率下进行了锐化处理之后又缩小了像素值，这样会出现再次丢失锐化效果的可能。另外，输出设备也在其中起着决定作用：对于打印来说，基本上要进行更强的锐化，因为绒面和粗面纸会增加模糊效果。此外，从远距离角度观看的海报幅面的图片，同样需要更强的锐化处理。

在显示器屏幕上评判清晰度中重要的一点是，要把视图的模式切换到"实际像素"，在有些软件中也被称作"100%显示"。在这种视图显示下，屏幕上的一个像素点完全准确对应着图片中的一个像素点，这样就可以避免由于换算而引起的错误。

经典的方法

目前，最受欢迎的滤镜依然还是"USM锐化"。这个名字暗示着以前的一项传统技术，在其中把模糊的负片放在底

经典的锐化方法

Photoshop中的滤镜

可以使用不同的方法锐化照片。Photoshop CS3提供了最多的功能选择，不过像Corel Paint Shop Pro或者免费的GIMP软件，其中一样包含有允许精细调节的"USM锐化"滤镜。接下来，我们要向大家介绍最常用到的锐化技术。另外，把手从Photoshop工具栏的锐化工具那里拿开：因为这很容易造成失真。

这排颜色欢快的房屋显得相当模糊。这并不奇怪，毕竟这是在长焦端利用长曝光时间拍摄的。在这里房屋可以获得更高的清晰度，不过根据滤镜的不同，可能会出现不同程度的失真。

锐化/进一步锐化：这是Photoshop中最方便但并不是最好的方法。第一眼看上去，图像显得非常清晰，但是看过第二眼之后会发现明显的图像噪点这样的失真。

锐化边缘：这个滤镜只是很明显地提高了边缘的对比度，因此在数码摄影中几乎不适合用来进行编辑工作。

USM锐化：这是在Photoshop中锐化图片的经典方式。利用这些滑块，可以很好地控制清晰度并最大程度地降低失真。不过从一定数量开始，会出现光晕。

智能锐化/移去高斯模糊：从CS2开始，Photoshop提供了这个比较受欢迎的功能。不过，这个滤镜是个容易引起失真的工具。"高斯模糊"设置特别容易受影响。

智能锐化/移去镜头模糊：智能锐化滤镜的这第二个设置所产生的光晕更少。天空和暗处的失真点，也可以通过"阴影/高光"减少到最低。

高反差保留：锐
边缘

另外一个方法
合针对有着强烈
暗反差的照片使用
“高反差保留锐化
造成的失真较少，
且强化了生动的
果。具体来说，可
这样进行操作：复
图层并利用“高反
保留”滤镜（“
镜|其它”）对其
行编辑，然后利
“Ctrl+Shift+U”组合
除去该图层中的其
颜色，最后利用“
光”或者“弱光”
层混合模式来叠加
个图层。

高反差保留
确定
取消
预览(P)
100%
半径(R): 4.8 像素

片上方以提高局部的对比度。现在，Paint Shop Pro或者Photoshop Elements这价格实惠的图像编辑软件，在这方面表现良好。甚至免费的GIMP现在也提了“USM锐化”这个用于后期锐化数码片的最重要滤镜。不过可以看到的是“USM锐化”滤镜虽然在每个软件中都据同样的方法工作，但是这些软件的算并不相同，因此相应的理想设置也就不同。也就是说，在Photoshop中的精确值不能直接移植到其他软件中。

从Photoshop CS2起，“USM锐化”有一个强劲的竞争对手：“智能锐化”滤镜提高对比度时，不仅可以像“USM锐化”用“高斯模糊”，而且还提供了减弱光晕真的“镜头模糊”以及在晃动过程中实现好效果的“动感模糊”。重要的是，“更准确”的复选框一定要激活，因为这里

Nik Sharpener

没有比这更方便的工具了

Nik Sharpener这个锐化工具源于Nik Software这个针对专业工作者的插件库，它不仅可以嵌入Photoshop，也可以嵌入其他很多图像编辑软件。Franzis一方面对这个老迈但依然无以匹敌的好插件进行了授权，另一方面还提供了价格合适的900元的简装版本（原价为2000元）。这个工具的特别之处是，它根据输出尺寸、观看距离甚至是打印机品牌来自动调整锐化的程度。当然，用户也可以根据需要自行设置，例如通过“Selective”对话框完成改变。一个可选择的滤镜，最多可以有5种颜色。唯一的遗憾是，想要在大尺寸的原始照片上调整清晰度的话，就必须得购买完整版。

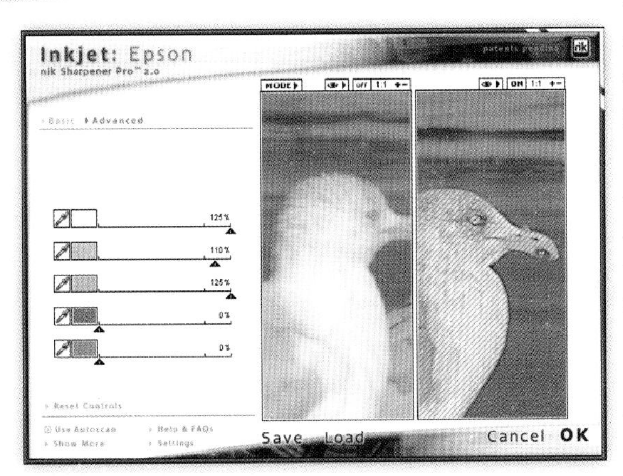

网址：www.niksoftware.com

无需后期锐化而获得更高的清晰度

这张编辑过的绣球花照片要显得鲜艳得多，但是并没有进行过锐化处理。这听起来有些不可思议，但事实的确如此：只是通过提高对比度并调整颜色，就可以让人获得更清晰的印象，这样每一片叶子的更精细的细节和叶脉就明显更好地展现了出来。基本上，这与在“USM锐化”中的锐化处理过程类似，但是并不会出现失真的危险。

会增加计算强度，但是会获得精确的锐化效果。此外，在“智能锐化”滤镜中的新颖之处，还包括把锐化限制在特定亮度数值范围的“阴影”和“高光”选项卡。

另外，RAW格式转换器也明显改进了锐化滤镜。在从1.3版本开始的Lightroom中，不仅可以设置“半径”和“数量”，而且还可以设置细节和蒙版的清晰度。此外，“清晰度”滑块在模糊的风景中也显示出神奇的效果：你可以大幅提高中间调的局部对比度，直到风景看起来具有立体感为止。

专业人士的锐化技巧

在这些常见技巧之外，每位摄影者和图像编辑人员都有让图片变得清晰锐利的绝招。这要从使用“USM锐化”滤镜的数量说起。这里，有些人信赖在低数量下多次进行后期锐化的方法，他们通过图层和颜色通道面板进行编辑工作。

在有明显图像噪点的照片中，适合在“Lab颜色”模式下的亮度通道中进行锐化处理。在“编辑”菜单中的“渐隐”命令，提供了在锐化之后使干扰像素点变得中性化的替代选择：在“明度”模式下，这可以用来重新除去“USM锐化”滤镜所造成可能出现的颜色偏差。

可惜的是，“Lab颜色”模式以及“渐隐”命令只有在Photoshop中才能找到。与其相比价格更便宜的图像编辑软件并不提供上述功能。在使用这些软件编辑题材时，只能锐化每个颜色通道来限制失真出现的可能。

要想进一步掌握锐化技巧，就不可能绕开利用图层的编辑工作。通过使用不同的计算模式，可以完全精确地控制对比度的提高，并将其限制在轮廓范围之内。

实例

自创锐化画笔功能

在有些照片中，只希望进行局部锐化：在人像照片中，模糊处理的平滑皮肤就希望得到保留；与之类似的是利用浅景深拍摄的照片，其中由于强化主要题材而模糊的背景也要保留下来。在这些情况下，需要有针对性地进行锐化处理。Photoshop的锐化工具几乎不适合在此使用，因为这会产生明显的失真。更好的办法是使用“个性化定制”的锐化画笔。接下来，我们通过Photoshop对此进行了介绍，当然利用其他每一款支持图层蒙版的软件也可以实现上述功能。

1. 复制并锐化图层

在图层控制面板中将背景图层拖曳到“创建新图层”图标上来复制当前图层，并在你需要编辑的区域中（在我们的这个实例中是海鸥）根据你所需要的程度对背景图层进行锐化处理。

2. 添加图层蒙版

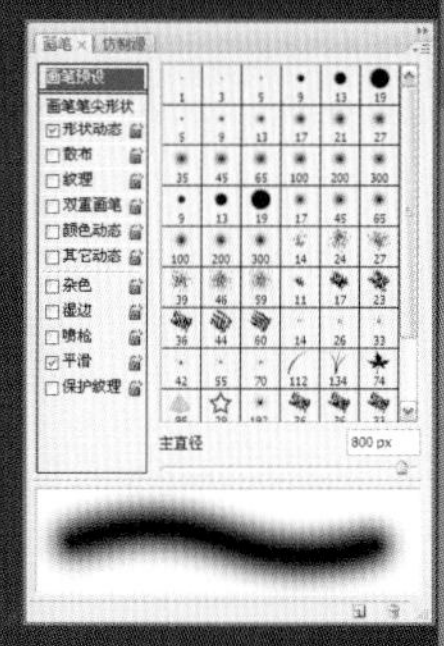

按下“Alt”键的同时，在图层面板中单击“添加图层蒙版”的符号。Photoshop会自动把蒙版填充为白色，相当于在原图上覆盖了一层透明纸。

3. 画出清晰点

现在，激活工具条中的画笔，并将前景色设置为黑色。为了能顺利锐化所需要的题材，要在工具条中确定合适的主直径并选择一个低硬度。用它在需要锐化的区域上画线。这样就可以一笔一笔完成锐化。

更强的失真

正如这个截图所显示的那样，“USM锐化”滤镜会引起明显的失真：在城垛周围的白色边缘（光晕）就很明显。此外，干扰像素点的数量和颜色明显增多。

更少的颜色噪点

这里，我们只是在“Lab颜色”模式下的明度通道中执行了“USM锐化”命令。图像同样清晰，可是正如这个细节截图所展示的那样，其中的颜色噪点明显没那么突出了。

在人像和具有明显边缘的题材中，非常受欢迎的是用“高反差保留”或者“浮雕”滤镜找到边缘，然后通过像“强光”或者“柔光”这样的图层混合模式，有针对性地强化对比度。此外，使用不同图层的编辑还有个优点，就是可以用蒙版遮盖并保护不需要锐化的图像部分。

秘密技巧：从 Photoshop CS2 开始，就有了“智能锐化”滤镜。其中，在“镜头模糊”模式下可以表现出出色的效果。

使用USM锐化

针对人像的锐化

如果自然光下拍摄的人像照片因为光线而缺乏立体感，或者因为镜头的锐度不足看上去模糊的话，可以使用一种特殊的锐化方法。在Photoshop中使用快捷键“Ctrl+Alt+1”可以选中红通道的亮部，继续按下“Ctrl + Shift + i”来反选选区。使用“Ctrl + J”复制选区为图层，对这个复制出来的图层进行USM锐化。如果觉得效果不满意可以使用“Ctrl + F”再执行一次锐化强调这个效果。

实例

正确设置锐化滤镜

尽管“USM锐化”滤镜是使用最为频繁的滤镜，但是只有少数人能正确使用它。这个滤镜的锐化过程由3个滑块控制。“数量”决定锐化的程度，通过“半径”可以确定周围有多少像素要进行相应的处理，“阈值”用来重新把锐化限制在更均一、对比度更弱的区域内。图像编辑的艺术在于根据题材调整这3个滑块。我们在这里介绍了针对不同题材的参考值作为辅助，其中针对的是具有800万像素、在A4纸张上打印的文件。在更低的分辨率下，你可以相应调整这些数值。

通常在每个题材中都应该调整“数量”和“阈值”。Photoshop马上会在原始图像以及直接在对话窗口中显示锐化效果。一个用于进行前后快速对比的技巧是：当你用鼠标一直单击对话窗口中的预览图时，还可以看到模糊的图像。

柔和的题材

像这样的题材，只能使用小半径的轻度锐化，否则羊毛看起来会明显粘在一起。在高阈值下，只有高对比度的区域，例如眼睛的周围会被锐化。

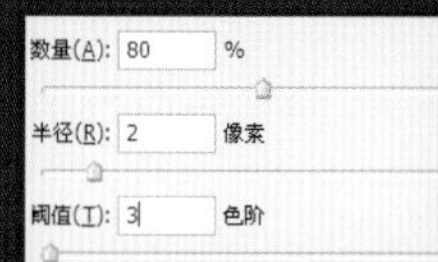

人像

利用上述数值，图像也只是进行了轻微锐化，特别是在眼睛和头发上是如此。如果明显强调了皱褶，最好使用“USM锐化”滤镜而不是工具栏中的锐化工具进行编辑。

建筑

在房屋中，你可以给出100%的数量以及更大的半径。这样，边缘会比原图显得更漂亮。如果与天空的过渡之间出现了明显的光晕，适合通过“Lab颜色”模式完成锐化。

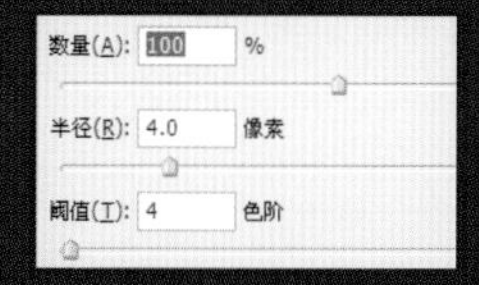

风景

在风景中，也适合使用适度的锐化调整，特别是在极端的设置下所能察觉到的镜头的自然模糊。这样，很多不见的细节又重新显现出来。

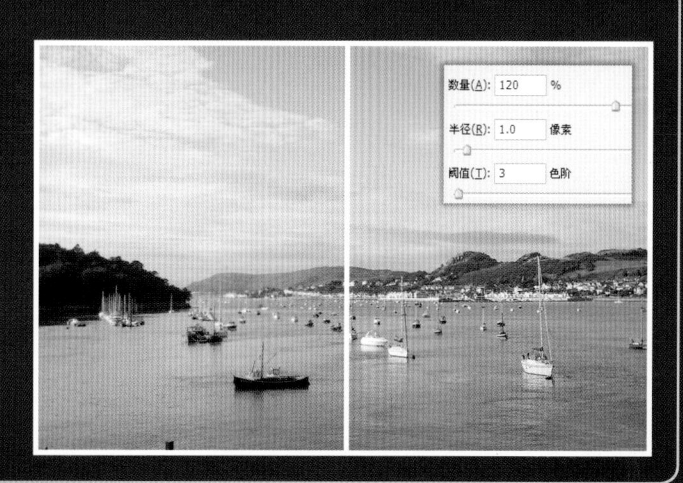

黑白看世界

黑白照片有着永恒的魅力。当影像失去色彩后，现实世界变成了抽象的艺术作品。本文将告诉你，如何选择适合的拍摄题材，以及如何在个人电脑上把照片转换为精美的黑白效果。

长期以来，黑白照片一直是传统摄影中的一朵奇葩。可无论是充满颗粒感的ISO 3200胶片，还是具有精细分辨率的人像题材，摄影者都必须在拍摄前决定他想要获得什么样的效果：是选择彩色还是黑白照片。当然，现在已经时过境迁，由于有了高智能的软件和大量的滤镜，人们随时都可以把拍摄题材转换成为单色效果。

其实在数码世界中，根本没有所谓的黑白照片，因为数码相机传感器所接收的就是色彩和亮度数值。当然，你可以直接在黑白模式下完成拍摄。为此，也无需再拿出专用的滤镜，因为这些滤镜已经集成在不少数码单反相机中了。此外，可以用图像编辑软件Photoshop通过不同的形式，模拟出不同滤镜下的黑白效果。

由于大多数题材都是以RGB格式的文件进行拍摄，只有以后在Photoshop中才会转换成为黑白照片。这种方法特别是那些想获得高品质黑白照片的摄影者所需要的，因为Photoshop可以利用图像信息来获得最好的黑白照片转换效果。

隐藏在通道中的秘密

那些热切盼望着获得好的黑白转换效果的用户，要从根本上忘记下面提到的两种方法：这就是简单将图像的模式转换为灰度和降低色饱和度。这两种方法对于正确完成照片的黑白转换过程并没有什么帮助。

其实，每一张黑白照片的转换都基于同样的方式和方法，这就是寻找隐藏的对比度。如果把它找出来了，照片就可以获得在彩色照片中所不能达到的效果。在搜索时，始终奏效的办法就是在明度通道或者在单色通道中查看照片的亮度信息，因为这里的每个通道都相当于一张灰度照片。你可以从通道中把灰度信息提取出来，或者在通道混合器中相互组合成新的单色照片。这样，通道混合器就成为在制作黑白照片时的标准工具。

Photoshop 中的黑白照片

在Photoshop软件推出的CS3和CS4版本中，通道混合器有了强大的对手。因为“黑白”转换工具不仅具有便捷的黑白转换功能，而且还把滤镜技术推向了顶峰：现在你可以从6种颜色中对颜色信息进行过滤，并且将各部分组合成一张黑白照片。此外，经典的滤镜已经作为默认选项保留在程序当中。没有其他什么转换方法比这更直观了。

正确选择适合制作黑白照片的题材

在现场，拍摄题材给人留下了深刻的印象，可是在转换成黑白照片之后，图像就失去了魅力。通过这两张示例照片，我们将告诉大家，什么时候值得按下快门以及在遇到哪些拍摄题材时根本无需浪费你的快门次数。

左侧图：由于具有强烈的亮度对比，黑白世界里的企鹅成为了真正的亮点。企鹅白色的肚皮由黑色的燕尾服装点。明亮、蓬松的云彩与天空和灰色的石头背景之间形成了明显的对比。

右侧图：具有明显线条的题材，原则上非常适合转换成为黑白照片。可是线条并不意味着一切。天空的蓝色反射到玻璃上。这在彩色照片中，让照片充满吸引力。可是在黑白照片中，这就显得有些无趣，因为两者的亮度差别太小了。

相机中的数码滤镜

黑白照片效果不仅可以在个人电脑上成功实现，也可以在现场就直接进行拍摄。从红色到绿色，目前很多数码单反相机中都集成了专用的滤镜。《数码摄影》告诉你，这些滤镜会产生怎样的效果。

彩色模式

示例照片是用佳能EOS 400D拍摄的。除了上面列出的滤镜之外，EOS 400D还提供了橙色和黄色的滤镜。这些滤镜效果绝不可忽视，滤镜会让本色通过，而将其他颜色阻挡下来。这样本色就会更亮地显示出来，而其他颜色就会变得更暗一些。

红色滤镜

通过使用红色滤镜，整张照片呈现的反差较弱，玩具娃娃微红的嘴唇变得更亮。娃娃的皮肤显得和谐但是有些平淡，好像婴儿皮肤一样光滑细腻。如果外拍的话，蓝蓝的天空由于红色滤镜而变得几乎如黑色一般。

绿色滤镜

绿色滤镜会阻止红色信息，这样娃娃的嘴唇会变得更暗。对于人像来说，这是非常漂亮的效果。然而，绿色滤镜也让皮肤色调变得更暗。这意味着，如果你的模特有非常漂亮、均匀的肤色的话，绿色滤镜也适合拍摄人像。

对比度和清晰度

在高对比度的光线条件下，“清晰度”和“对比度”应该处于中性的状态。如果你提高了相机内部的参数，拍出的照片风格会显得相对更硬朗一些。结果正如在我们的示例照片中看到的那样，在眼睛和鼻子周围出现了阴影。

棕褐色色调

如果你不想在个人电脑上继续编辑照片，可以在相机中选择棕褐色色调。通过使用棕褐色效果，你可以赋予图像怀旧的魅力。此外，棕褐色色调会让皮肤变得好看。除了这种色调之外，你还可以选择将拍摄题材“染”成蓝色或者紫色。

利用其他相机拍摄

并不是只有佳能的数码单反相机提供了把照片转换为黑白色的功能。利用其他品牌的相机，也可以把题材用单色拍摄下来。

奥林巴斯：你可以在设置菜单中确定图像模式。为了成功把照片转换为黑白模式，你要选择“单色”选项。通过使用“中灰”色调，你可以获得一张正常的黑白照片。当然，你也可以选择用绿色、紫色、蓝色或者棕褐色强调照片。相机所提供的黑白滤镜有以下几种颜色：中灰、绿色、红色、橙色或者黄色。

索尼：可以在“色彩模式”的菜单页中设置黑白模式。为此，可能会使用功能转轮和“menu”按键。

尼康：除了黑白模式之外，一些尼康数码单反相机还提供了色调设置功能。在尼康D40、D40x和D80中，拍摄题材可以转换为棕褐色或者蓝色。不过像在佳能数码单反相机中所集成的滤镜，并没有在这几款尼康相机中提供。为此，尼康相机的用户可以在彩色模式下拍摄照片（最好使用RAW格式），然后通过Nikon Capture NX这款软件进行转换。

宾得：题材在彩色模式下进行拍摄，并且在后期转换为黑白色。为此，可以使用红、绿或者蓝色滤镜的模拟效果在棕褐色中强调照片。此外，滤镜的强度也可以进行调整。

正确选择拍摄题材

明显的结构、强烈的对比度，黑白照片会以经典的艺术方式展现其内在的魅力。可是什么样的题材在单色的模式下看起来好看呢？下面我们将告诉你，哪些是完美的题材以及如何用相机完美地将其捕捉下来。

抽象结构

大自然中的抽象题材

与田园风光相比，抽象题材的优点是到处都可以找到。因为利用正确的取景，就算是平日常见的题材看起来也像是艺术作品。你要去努力寻找这样的结构。这可以通过光影效果完美地突出出来。特别是在侧面用光的情况下，这会成功展示出来。你可以把自然形成的线条，例如在退潮时的沙滩作为题材拍摄下来。

不同的物体表面都有着自己的魅力：你可以把木头和金属以及层次丰富的路面和水流这样有着明显对比结构的景物组合在一起。

制造气氛

利用雾气和波浪帮忙

如果有更高的或者更精细的灰度等级，那么黑白照片就会显得特别有情调。为了生成从高光到柔和的平稳过渡，有雾的题材是上等的选择。这意味着，拍摄者本人很早就得起床，这样才能把太阳也一同拍摄下来。在逆光条件下要使用遮光罩拍摄，这样可以制造出更多的光辉并且减少干扰光线的进入。

与一般图画的雾景相比，海浪与海中礁石也同样是非常具有动感的题材。在剧烈的波浪撞击下，明亮的波浪与安静的环境之间形成了强烈的对比。

通过后期调整制作单色照片

喜欢试验转换黑白照片的人，一定离不开 Photoshop 的帮助。在个人电脑上，颜色信息的转换可以在亮度和对比度中精确控制。下面将告诉大家，如何让题材在黑白世界中充分展示其魅力。

独立存在的亮度

在Photoshop中，直接转换为黑白色的方法是在图像模式中把RGB颜色改为灰度。不过这种方法常常会产生出平淡的单一灰色的结果。如果将颜色信息忽略掉，只把亮度信息进行转换，那么拍摄题材会显得更亮。这只有在“Lab颜色”模式下可以做到，这种模式与“灰度”都可以在图像菜单中激活。现在，你可以将常见的照片分别转换成灰度照片和Lab模式下的照片，并对这两种版本的黑白效果进行比较。

Lab模式：Lab模式把亮度（也被称为明度）存储在一个单独的通道中，因此容易读取。首先通过“图像|模式”把一张彩色照片转换为“Lab颜色”模式。然后通过“窗口”菜单调出“通道面板”。单击“明度”**1**，这时照片已经转换为黑白效果。

除去颜色：通道面板也列出了“a”和“b”通道。两者都可以放心删除，因为这其中只含有我们在转换黑白照片时并不需要的颜色信息。通过在“a”和“b”两个通道中单击鼠标右键并从右键菜单中选择“删除通道”，可以把两个通道快速删除。这样，明度信息就被单独提取了出来。在删除第一个通道之后，就不再有完整的Lab照片了。Adobe把这种未知的照片命名为所谓的“多通道图片”，其中“Lab”亮度通道包含“Alpha”这个名字。

现在，只需要把这个照片转换为常见的文件格式。因为这个图片看起来虽然像一个灰度图片，但是其格式只有在Photoshop中可以进行编辑。为了避免在输出时出现麻烦，你可以在“图像|模式”下选择“灰度”。

提示：大多是打印机和图片社都只支持RGB格式下的照片。为此你最好把这张灰度图照片重新转换为“RGB颜色”，这其中当然保存了黑白信息。此外在这种模式下，很多打印机可以输出比“灰度”模式更好的结果，因为在“RGB”中照片的深度是不同的，这可以黑色的打印颜色提供更多的东西。

Photoshop中的高级滤镜

对于喜欢黑白照片的人来说，升级到Photoshop CS3或CS4特别重要：Adobe开发出了全新的转换对话框“黑白”，这可以从图像菜单中的“调整”选项调出。这项新功能可以让拍摄者进行几乎随心所欲的调整：通过移动滑块，可以移动6种颜色滤镜，并且在需要时可以混合使用。

手边的这个题材可以通过默认值开始编辑：在“黑白”菜单中“具有高对比度的红色滤镜”已经把天空染得非常有戏剧化效果，为此只需要在昏暗和低对比度的前景中进行少量调整即可。不过问题是，通过加强红色色调，前景虽然更亮了，但是对比度太大了。

使用鼠标的技巧：这个难题完全可以直观解决——用鼠标指针单击图片中的某个图像区域。这些鼠标指针首先变成测试吸管。当按下的鼠标指针向左或者向右移动时，灰度会发生改变并且完全由每种在这个区域中具有的“颜色”进行控制。这样，你就可以自动得到正确的颜色差异。

使用通道混合器的经典方法

在RGB模式下，你可以单独查看通道的颜色信息。为此，你可以通过“窗口”菜单调出“通道”面板，并用鼠标单击一个通道。其他的颜色信息就会自动从图像中消失。通过这种方法，你可以明确一个颜色通道，与正常转换为灰度图片相比，这能更好地把图片转换为黑白色。

人像特例：在黑白的人物照片中，面部要显得明亮清晰。暖皮肤色调中大部分都在红色通道中。你也可以把这个通道作为明亮皮肤色调的基础，通过通道混合器，你可以将其他细节混合起来。你可以在老版本的Photoshop以及其他一些图像编辑软件中找到这个功能。

这样做：通过“图像|调整”调出“通道混合器”。利用这个功能，你可以把不同部分的颜色通道组合成新的输出通道。单击“单色”复选框 **1**，并将红色通道设置为“100%”，其他两个通道设置为“0”。

像雀斑这样的细节，通常在绿色通道中出现，而阴影则在蓝色通道中出现。为了让其可见，你可以略微提高每个颜色通道的比重。这样，图像整体会变亮。你也可以通过降低“对比度”进行控制。一个粗略的原则是，红、绿、蓝相加的总颜色值不应该超过100%，否则照片的曝光值将受到影响。

组合滤镜

在传统的黑白摄影中，天空的蓝色常用红色或者橙色滤镜使其变暗。有时，对比度也会随之从其他题材部分中消失。通过在个人电脑上设置不同的黑白滤镜并把这些应用在图片上，可以在数码摄影中解决这个问题。在通道混合器中，Photoshop的黑白功能有一些预设选项可以准确模拟彩色滤镜的效果。

评价拍摄题材：首先看一下"通道"面板，以便挑出最好的滤镜效果。在这个题材中，红色通道将天空戏剧化地进行了转换，绿色和红色通道可以让建筑物重新变得清晰明亮。

这样做：通过"F7"键调出图层面板，并通过调整图层 1 生成一个黑白版本。在我们的示例照片中，我们通过"黑白"功能中的默认值"红色滤镜"开始编辑。在老版本的Photoshop中，你可以通过通道混合器进行工作。为了让天空进一步变暗，你可以重新设置绿色和蓝色色调的数值。接下来打开对话窗口，并通过眼睛符号 2 将调整图层隐藏起来。

为了实现第二个题材区域的转换，你要设置一个"黑白"或者"通道混合器"形式的调整图层。双击这个符号 3，打开对话框。有一个简单的办法可以把所有的数值都归0：你可以在按下"Alt"键的同时，单击"取消"选项，这会将已经变的全部数值"复位"。当你同时要针对这个建筑物的单色转换过程对绿色和红色通道进行加权时，你可以得到一个非常漂亮、明亮和柔和的色调。

编辑：现在把两个滤镜效果组合成一张图片。首先重新显示下面的调整图层，这样红色滤镜的效果就重新可见。现在，你可以利用标记将红色滤镜隐藏起来并让两个滤镜图层变得可见。这样，你可以在图层面板中标记下面的调整图层，并且用画笔和黑色在红色滤镜不应该改变的区域内画画。

控制原始照片中的对比度

有时，这所有的滤镜技术都会失效。这样，就必须在彩色版本中编辑题材，以便可以达到良好的黑白对比度。这里，调整图层可以帮助你。因为有了它，你可以在调整彩色图时就可以查看黑白效果。

首先测试最好的黑白转换效果。与以前一样，看一下"通道"面板是有帮助的。然后，通过调整图层把图片转换为"黑白" 1。

S曲线：在原始照片，也就是背景图层上单击鼠标，选择另外一个调整图层，这次是"曲线"。通过经典的S曲线，可以提高对比度。预览图直接在黑白转换结果中显示编辑后的原始照片的组合。为了精细调整，现在你可以改变高对比度图层的不透明度 2。

棕褐色及更多的色调：快速色调

棕褐色色调和其他细微颜色的色调滤镜，原则上是在放在黑白图片上方的透明的彩色滤镜。你可以利用Photoshop CS3或CS4快速地完成这个任务：在“黑白”下的“色相”复选框中点击鼠标。在老的Photoshop版本中，你可以使用“色相/色饱和度”的功能，这可以在颜色和强度中对其进行控制。注意：单纯的灰度图片必须首先重新转换为RGB模式。

着色：通过“图像|调整”调出“色相/色饱和度”功能。更好的办法是，你可以通过一个调整图层来进行编辑。这样，你可以在后期对颜色的印象进行改变。在移动任何一个滑块之前，要激活“着色”这个复选框。这样，照片原则上就进行了强调，并且只需要根据你的需要进行调整。

精细调整：确定你要编辑的色调颜色。为此，有一个覆盖整个颜色范围的色相滑块可供选择。预览图和一个彩色的示例条可以用于判断。利用色饱和度，你可以控制色调的强度。对于精细调整来说，这是最重要的。如果只是谨慎地提高了色调，图片通常看起来都是好看的。通过降低色饱和度数值，可以快速实现这个目的。

具有彩色滤镜技术的色调

还有另外一个提高色调的相当简单的办法。利用彩色填充规则的图层，并降低不透明度。

这样做：在工具条上的前景色中双击鼠标调出拾色器。在其中找到一个合适的色调。颜色不应该太饱和，否则结果会显得过于鲜艳。通过“Alt+Enter”键生成一个新图层，并用前景色填充。将这个图层作为透明的滤镜使用，更为有效。你可以通过你要调整的图层的不透明度来弱化这个效果。

提示：大约50%的数值通常会导致颜色过于夸张的结果。通过降低色彩饱和度，黑白照片的特点可以更好地塑造出来。

软化滤镜

随着数码相机的普及和后期技术的日益成熟，大部分滤光镜的效果，都可以在后期软件中实现。在这期“软化滤镜”的专题中，我们将为你介绍几种传统滤光镜的效果，以及如何轻松地用软件实现。

在过去，传统摄影先天的缺陷和后期操作性差的问题，决定了滤光镜不可替代的地位。且不提特殊效果的实现，仅仅为了克服影响成像清晰的诸多因素，就要使用各种不同的调节滤光镜，日光下拍摄要使用紫外线滤镜；压暗天空要使用偏振镜；在不同色温的光源下拍摄更是复杂。

当你被种类繁多的滤镜搞得手忙脚乱时，很多精彩的瞬间早已从你身边流逝。如今，你看到周围还有哪个影友身负全套数码器材，还乐此不疲地用着各种滤光镜?如果有，那么只有两种可能：要么他对数码相机的功能和成像原理了解甚少；要么他是个数码后期的门外汉。

数码影像的最大优势就在于，其后期有着强大的可编辑性。论影像的色温、色调还是密度、反差，你只需在电脑中单击几下标，就能实现滤光镜的效果，调整后的结果也会快速直观地展现你的眼前。在数码摄影时代，传统滤光镜几乎没有了用武之地，件实现的滤镜效果凭借其自身优势几乎已经完全取代了传统滤光的位置，并将成为未来的主流。

不过，数码后期处理也并非万能，为了更好地配合软件滤镜使用，最终能获得高质量的照片，我们还是要保证前期拍摄中能得高质量的素材。

渐变镜

拍摄风光题材时，遇到光比过大的场景是一件非常令人头疼的事情，相机无法将天上的白云和地面景物的细节同时保留下来，要求你必须要作出取舍。这时，渐变镜就派上了用场。

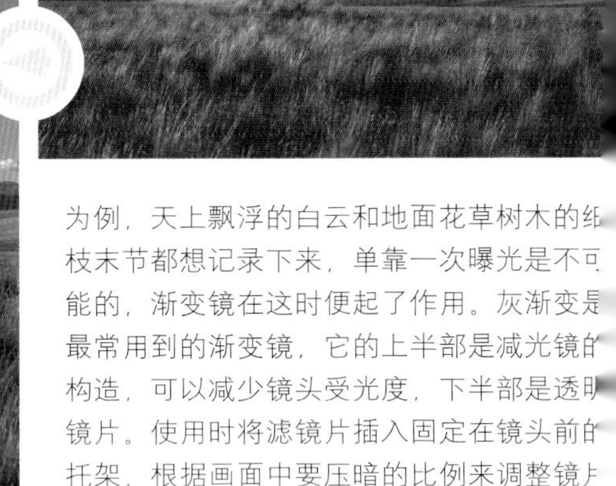

蓝色渐变镜的使用，使这张天色灰暗时拍摄的原野照片增色不少。

外出拍摄风光照片时，赶上蓝天碧澈万里飘云的好天气，一定会让你激动不已。兴奋过后端起相机拍了几张后一回放，心一下就凉了半截。翻看自己的照片，有的天空部分曝光过度、层次没了，有的地面曝光不足几乎变成了剪影，即使使用包围曝光拍摄的照片也没有幸免于难。

在传统摄影时代，我们就受到胶片宽容度的困扰，如今数码时代中相机的动态范围再一次让我们不得不正视这个问题。我们在光比较大的场景中拍摄时，相机只能保证其动态范围之内从高光到阴影部分成像细节和层次丰富，而亮度超出了相机动态范围的景物，相机只能记录成黑和白。因此，我们在拍摄中只能通过取舍，保留下有助于突出主体的那部分细节。以拍摄上面这张风光照片为例，天上飘浮的白云和地面花草树木的细枝末节都想记录下来，单靠一次曝光是不可能的，渐变镜在这时便起了作用。灰渐变是最常用到的渐变镜，它的上半部是减光镜的构造，可以减少镜头受光度，下半部是透明镜片。使用时将滤镜片插入固定在镜头前的托架，根据画面中要压暗的比例来调整镜片的高低。通过灰渐变的使用，画面中天空的部分被压暗了，云层显现出来的同时，地面的亮度也提高了，整张照片的层次也变得更加丰富。

灰渐变不仅可以作用于天空，当要着重表现水面质感或遇到水面反差较小时，也可以借助它。下图这张湖面为主体的照片在使用了灰渐变后，水面影调立刻变得浓重起来。

灰渐变镜使照片下半部分的反差增大，让水面变得清澈如镜。

器材提示

市面上有很多不同颜色的渐变镜，如蓝色渐变镜、茶色渐变镜、紫色渐变镜、粉红色渐变镜、翠绿色渐变镜和黄色渐变镜，都是比较常见的。你可以根据拍摄题材和表达意图来自由选配，每一种颜色的渐变镜还有很多分支型号，如蓝色渐变镜就有半深蓝、半浅蓝、淡蓝、软蓝和全蓝5种不同型号。

通过滤镜托架，我们还可以将多片不同颜色的渐变镜组合起来使用。通常滤镜托架能承载3片滤镜片，如果3片不同颜色的渐变镜混合使用就成了名副其实3色渐变镜，并且上中下3片滤镜的颜色可以由你来随意搭配。

将渐变图层设定不同色相和饱和度值的效果。

变出你的色彩

传统渐变镜利用它减光的特性实现了真正降低光比的作用，丰富了画面的细节。后期Photoshop同样能起到降低光比和改变色调的作用，但是在拍摄时，失去的细节却很难再找回来了。不过不用担心，后期制作中我们可以打破很多传统滤镜的限制，在这里有数不清的色彩可供你选择和搭配，渐变的覆盖面和过渡范围都可以灵活掌握，只需简单的几步，你可以让照片变出属于自己的色彩。

1.设置图层

打开一张天空颜色黯淡的素材照片，在图层控制面板中单击新建图层按钮创建一个图层，在图层混合选项中选择叠加。

2.设定颜色

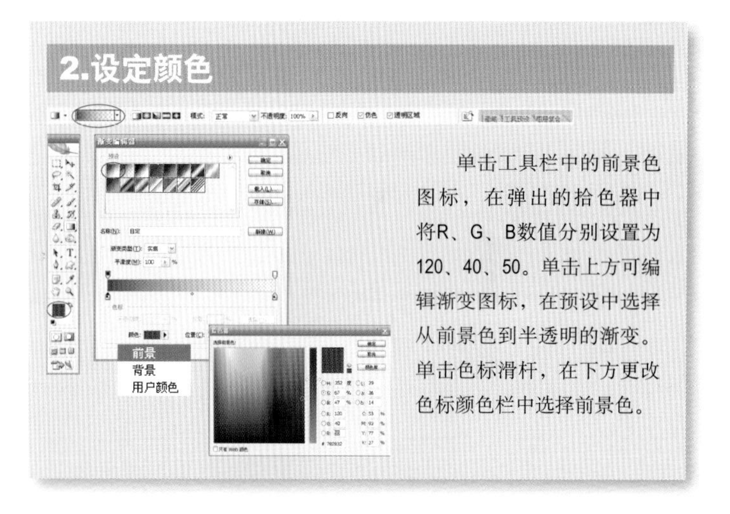

单击工具栏中的前景色图标，在弹出的拾色器中将R、G、B数值分别设置为120、40、50。单击上方可编辑渐变图标，在预设中选择从前景色到半透明的渐变。单击色标滑杆，在下方更改色标颜色栏中选择前景色。

3.生成渐变

在素材照片的左上方按住鼠标，向右下方拖动拉一条渐变，具体如图所示。天空的颜色随着有色渐变的叠加而发生了变化。

4.变换色彩

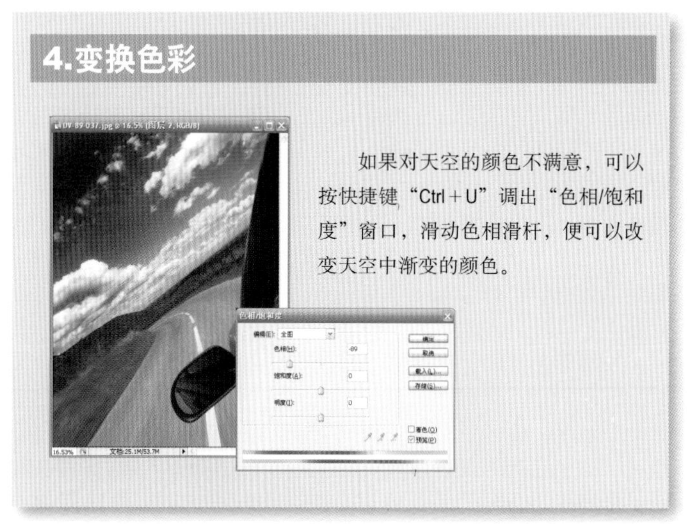

如果对天空的颜色不满意，可以按快捷键"Ctrl+U"调出"色相/饱和度"窗口，滑动色相滑杆，便可以改变天空中渐变的颜色。

偏振镜

带着传统摄影的经验走进数码领域的摄影师，自然对包括偏振镜在内的各种滤色镜了如指掌。对于初学摄影就上数码的影友来说，掌握偏振镜的使用和后期实现方法可以丰富你的摄影知识，令你的技术更加成熟。

偏振光与偏振镜

要了解偏振镜首先需要我们知道什么是偏振光。自然界主要的偏振光光源，是非金属物体表面的反射形成的，例如水面以及打磨光滑的石头表面；油漆、玻璃和塑料制品等都能产生反射光。当光在这类物体表面以30°～40°角反射后便变成了平面偏振光。偏振镜又称偏光镜，分为圆型偏振镜（CPL）和线型偏振镜（PL）两种，它是相机的附属配件，主要用来去除影响成像清晰度的偏振光。偏振镜可以选择让某个方向振动的光线通过，于是使用偏振镜可以减弱物体表面的反光，可以突出蓝天白云和压暗天空。因此，在静物摄影和风光摄影中，偏振镜起着十分重要的作用。

线型偏振镜（PL）是最普通的偏振镜，但是这种最常见的偏振镜是不能配合自动化程度较高的数码相机使用的。因为现在的数码相机都具有自动对焦和自动曝光的功能，这些自动功能所需的部分光线信息会被线型偏振镜滤除，从而导致自动对焦不准甚至失效，这种情况下就要使用圆型偏振镜（CPL）了。自从美能达在1988年出售世界第一台自动对焦单镜头反光相机后，由于自动对焦相机的构造（光栅的存在）特点，线型偏振镜（PL）在偏转时造成相机自动对焦和测光功能时常罢工。这就迫使厂家研发新的产品来满足使用者的需要，于是市场就出现了圆型偏振镜（CPL）。

使用偏振镜后，天空的大朵浮云异常突出，地面油菜花的颜色也更为饱和

偏振镜的使用和拍摄实例

把偏振镜直接安装在照相机镜头前端，一边慢慢旋转偏振镜，一边通过液晶显示屏或取景器观察被摄景物中的偏振光源，直至其消失或减弱到预期效果时为止；如果是消费级数码相机，可能通过液晶屏取景，效果不是很明显。这时，可将偏振镜先直接放在眼前，边取景边旋转偏振镜，直至偏振光消失或减弱至预期效果，保持偏振镜方位不变(即偏振镜边缘上的标志所指示的方向保持不变)，将偏振镜平移并套在摄影镜头前端进行拍摄。但是这时相机不可随意改变拍摄方位，否则必须重新调整偏振镜的偏振方向。还有一点要注意的是，价格较低的镜头往往在对焦时最前端会转动。如果使用的是这种镜头，就要先对被摄物对焦后再调整偏振镜。

偏振镜在拍摄中的重要作用

保谷牌 58mm 口径圆形偏振。

偏振镜一般是用于拍彩色照片，它可以滤除偏振光使天空变黑蓝，可以滤除部份反射光，与此同时却不影响成像的彩色平衡。然而不容忽视的是，偏振镜在拍黑白照片时，不需改变画面上不同颜色成分的色调平衡，也能获得压暗天空的效果。

在拍摄照片时，偏振光进入镜头后产生的反光和空气透视下降的情况，影响了影像清晰度。例如我们在拍摄橱窗中的物体时，由于玻璃的反光 (偏振光)导致橱窗中被摄物体不清晰；某些角度拍摄的花卉的绿色叶子发灰、发白；在风光摄影中，拍摄的蓝天不够蓝、云层不够明显，水面不是清澈见底等。因此在很多情况下，偏振光不利于获得高品质的影像。那么如何解决偏振光对影像的影响呢?我们可以加装一片偏振镜来解决这个问题。

当然，偏振镜不是万能的。如果阳光角度不合适，非金属表面反射的眩光可能含有偏振光的成分很少，拍摄树叶时往往不能消除所有反光。如果使用超广角镜头，很难在画面中取得一致的效果。尤其拍摄天空时，与太阳夹角成90°的方向呈现黯淡的蓝色，而其他方向则一片惨白，造成天空颜色和亮度不均匀。偏振镜由两片镜片组成，使用时前组可以转动，所以镜片的边框厚度较大，用在超广角镜头上有可能形成暗角。

左图为没有使用偏振镜直接拍摄的照片，右图使用偏振镜后的效果，玻璃和窗台的上的反光有效抑制了。

后期完成偏振镜效果

偏振镜最常见的用处之一就是在成像中可以使天空蓝色的密度加大，增加白云的反差，调节空气透视。下图这张照片拍摄于一个夏末的中午，为了顾及地面的曝光准确，使得天空曝光过度、密度不够，白云的层次损失严重，即使用了偏振镜也无济于事，在使用Photoshop后期处理中，我们可以很容易地解决这个问题。下面我们介绍可选颜色和阴影高光两种调整方法来加大天空云彩的密度，达到使用偏振镜的效果。

可选颜色调整法

在Photoshop中，可选颜色命令估计是大家用得比较少的一个功能，特别是在矫正颜色方面。下面我们就来实际操作一下。用“矩形选框工具”框选天空的区域，设定羽化半径为200，复制一个图层。单击菜单 “图像｜调整｜可选颜色”，选“颜色（O）”为“中性色”，调节“青色(C)”滑杆至+97，“洋红(M)”滑杆至+8，“黄色(Y)”滑杆至-15，“黑色(B)”滑杆至+35，选择“方法”为“绝对(A)”，确定后，我们看见天空出现了丰富的层次。但是这种方法也存在不足，因为在调整中会改变中间层次的色性，偏向统一的蓝色调。

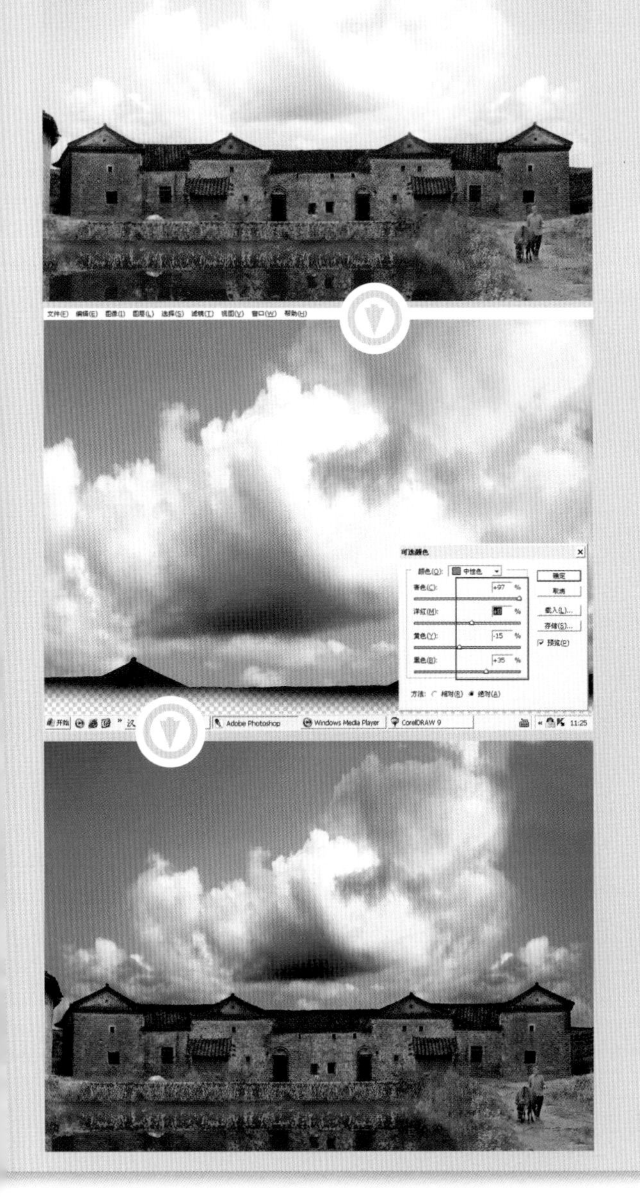

阴影高光调整法

阴影高光是Photoshop CS以后版本新增的功能，它能快速改善图像曝光过度或曝光不足区域的对比度，同时保持照片的整体平衡。使用时用“矩形选框工具”框选天空的区域，设定羽化半径为200，复制一个图层。单击菜单 “图像｜调整｜阴影｜高光”，勾选“显示其他选项(Q)”，即向下跳出下拉菜单，调节“高光”选项的“数量(A)”滑杆至60%，再调节“调整”选项的“中间调对比度(M)”滑杆至-38，确定。我们除了得到了与上一方法同样的丰富层次的天空外，色性没有改变，尤其是云层的阴影部分更加自然真实。

柔焦镜

我们拍摄时为了获得清晰的照片，想尽办法选用锐利的镜头、缩小光圈，但有一种滤镜却偏偏干扰镜头生成清晰的图像。有了这种滤镜，你便再也不用担心模特的皮肤质感影响画面效果，平淡的画面也透着神秘的朦胧与梦幻。

拍摄人物特写时，恐怕最让人担心的就是模特脸部皮肤的质感问题，柔焦镜的诞生让这个问题从此迎刃而解。柔焦镜又称漫射镜，它可以将成像光线扩散并有效地降低反差，达到柔化影像的作用。柔焦镜这一特性源自它特殊的结构。它是由无色光学玻璃制成，并在其表面腐刻了方格、圆圈以及不同形状的图形。当光线投射在柔焦镜上，一部光线分被扩散形成了焦点虚化的影像，另一部分未被干扰的光线则透过镜头结成了清晰的影像，使得拍摄的照片成为了清晰与模糊融为一体的效果。由于柔焦镜的这种特性，摄影师常用它来拍摄人像特写。这样，模特面部的瑕疵都可以被修饰，皮肤也变得细腻光润。

通过这张照片的比较，我们可以看出，左侧的人像照片不仅平淡无奇，人物的脸部质感和稍显杂乱的头发都不太令人满意。右面这张照片在应用了柔焦镜后，皮肤明显净白了，照片中的朦胧感并没有让人联想到焦点不实的情况。这张照片是在逆光环境下拍摄的，由于人物脸部没有进行补光，造成噪点增加，还略带曝光不足。柔焦镜把一切不想保留的瑕疵都去掉了，最后留下的是模特亮白的肌肤。

柔焦镜让午夜的灯光变得更加朦胧。

柔焦镜增加了照片的朦胧感，使人像照片流露出几分画意。

柔焦镜并不是人像题材专用的，它同样可用于其他主题的拍摄。在拍摄风光小品时，可以产生梦境般的朦胧感，加强画面的感染力。根据它的原理，在拍摄时要尽量保证构图中有不均匀的光线射入，这样明亮的虚像就可以向较暗的地方漫射，达到意想不到的效果。左边这张夜幕下火车车灯照亮铁轨的照片，就是一个很好的例子。

后期柔焦

传统滤镜的最大弊病，就是不能对其成像效果施加更多的干预，柔焦镜也不例外。根据柔焦镜的原理，所有透过它的景物统统都被均匀地柔化了，而模特最传神的双眼也不利外，性感的双唇也隐没了。如果你觉得这不是你最终想要的结果，那就尝试数码后期加柔吧，这是千万摄影师梦寐以求想学到的后期技术。

数码后期加柔的原理与柔焦镜有异曲同工之妙，都是依靠清晰与模糊的重合，只不过在电脑中更容易控制局部的效果。当模特脸部均匀柔化后可以通过修改让双眼、唇部等部位恢复焦点的清晰。右图就是在Photoshop中将复制的图层进行透明度设置并应用高斯模糊，用蒙版工具擦出眼部和唇部做成的。下面，介绍一种操作更为简单，效果更加显著的柔焦方法。

后期柔光细化了模特面部的皮肤，但双眼和唇部依然清晰。

1.准备工作

首先在Photoshop中打开素材照片，按快捷键“Ctrl＋J”复制当前图层，设置图层透明度为60%。这样，处于上层的图层就不会将下层图层完全遮挡住。

2.两步模糊

单选“滤镜/模糊/动感模糊”，在弹出的对话框中将角度设为0°、距离设为200像素。选择“滤镜/模糊/高斯模糊”调整模糊半径的同时观察照片的变化。模糊半径数值设定得越高，照片的柔化效果就越强，这里我们设置的数值为30。

3.关键一步

这步也是最简单的一步，我们只需单击并挪动一下鼠标就可以完成。在工具栏中选择移动工具，在画面中按住鼠标稍稍向上拖动，照片中的人体立刻就生成了朦胧的幻影效果。

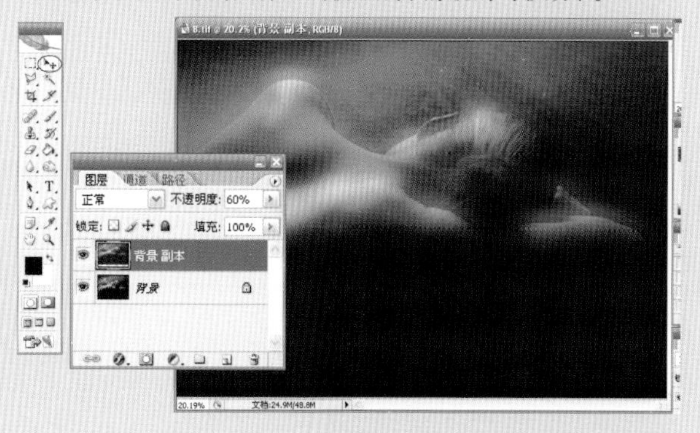

4.细微调整

细微调整图层的透明度，以达到最佳的柔化效果，调整时要注意观察画面的变化。朦胧感过强的话，可以在背景图层中对色阶进行微调，以增大照片的反差。

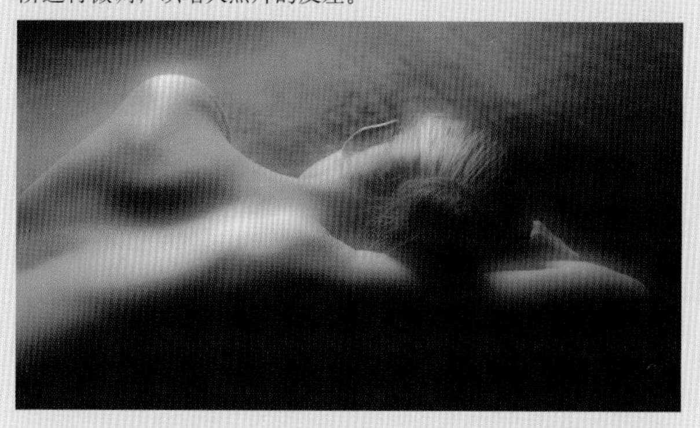

星光镜

面对一些平淡的场景，当所有的构图和用光技巧都无能为力时，我们还有最后一丝希望，这就是依靠烘托气氛的滤镜来配合拍摄。作为其中之一的星光镜，对画面能起到特殊的渲染作用，它可以将灯火通明的夜景变得流光异彩，波光粼粼的水面刻画得犹如宝石般晶莹璀璨。

午夜灯光

天气晴好的夜晚便是我们行动的时刻，带上你的星光镜，以及保证画面清晰的三脚架。另外我们还要注意，灯光对镜头的直射会产生眩光，严重的会影响照片的清晰度，所以我们一定不要忘了带上遮光罩。因为夜景拍摄以灯光为主光源，把握构图中的光源数量就变得十分重要，少数几个光源在星光镜的作用下可以产生美丽的发散线，但是数量过多、过强，整张照片就会显得杂乱。在使用星光镜拍摄时，我们最好先摘下日常安装在镜头前的UV镜（紫外线滤镜）。不要忽视这个小小的细节，为了保证画质，通常不推荐镜片叠镜片的做法。不仅是出于画质考虑，如果使用广角镜头拍摄，叠加滤镜的做法很可能会引起镜头边缘失光，在画面的四周形成难看的暗角。

星光镜的使用让节日的气氛变得更加浓厚

更多的用途

星光镜就只能用来拍摄夜景，在你的大脑中千万不要形成这种定势。根据星光镜的原理，我们可以将它用在室内有光源照明的场景。例如下面这张古船的照片，环境光对气氛起到一定烘托作用，再加上星光效果就变得更加与众不同了。在朋友的宴会上，星光镜同样可以派上用场。会场中的装饰彩灯也属于明亮的光源，在镜头前装上星光镜拍下一张由星光点缀的宴会照片，无疑添加了几分温馨与惬意，你的朋友也会对你和你的作品另眼相看。白天，星光镜一样可以发挥作用，在阳光照射强烈的正午，配合星光镜可以让波光粼粼的水面闪现出片片幻彩星光。直接构图中包含太阳，同样可以产生星光，但为了保证你的眼睛不受到伤害以及摄影器材不受到损害，一般不推荐这种做法，不过我们可以借助建筑物上玻璃的反光作为产生星光的光源。

星光的颜色会随着室内光源的色温而变化，散射出多彩的光芒。

器材提示

星光镜是一种特殊效果镜，它的镜面上刻画了格状的细纹，这些纹线的交点能够把光源放射成不同形状的光芒从而产生星光般的效果。

星光镜有很多种类，常见的有“一”字星光镜、“十”字星光镜、“雪花”星光镜、“米”字星光镜和可变"十字”星光镜，他们的区别在于光线放射的条数。现在，滤镜厂商推陈出新，研发出了许多让拍摄效果更加绚烂的组合型星光镜。例如彩虹星光镜，配合这种滤镜拍摄的照片，在光源处出现的并不是简单的放射十字光，而是具有彩虹般效果的发散线。

用后期软件实现逼真的星光镜效果。

星光镜的后期实现

并不是每一个场景都适合使用星光镜拍摄，尤其是遇到光源数量和种类较多的情况。在这种拍摄场景中，星光镜发散的线条铺天盖地，星光便也成了“蛇足”。另一种是明确拍摄主体的情况，星光往往根据光源的强弱而改变大小，这样星光就很可能发散到人物的脸上或者主体的重要部位。而通过Photoshop进行后期处理，同样可以让灯火通明的夜景变得星光闪闪，并且不必担心星光的位置和大小，因为每一个星光的形状、大小和透明度都可以由你来掌控。

根据星光镜的原理，我们使用了一种制作相对简单的方法。首先，使用椭圆选框工具制作细长的发散线，在线的头尾两处进行动感模糊，复制两次后用“编辑 | 变换 | 旋转”将这3根线排列成星光的形状。之后我们只要复制星光图，在照片中有灯光的地方使用星光粘贴即可。为了获得真实的效果，我们还要对添加了星光的照片进一步调整。不同强度的光源发散的星光大小应该是不同的，我们在实际调整中可以利用“自由变换”工具进行调整，在拖动的同时按住“Alt＋Shift”键，可以保证星光的中心位置不变。另外就是透明度的调整，使用星光镜拍摄的照片，在星光处往往成半透明状，而在Photoshop中调整时，我们可以通过调整图层的透明度来增加星光的真实感。

1.创建背景

新建一个透明背景，在图层控制面板中单击创建图层按钮，设置前景色为黑色，将下面的图层1用油漆桶工具进行着色。

2.椭圆选框工具

设定羽化值为3，通过椭圆形工具勾勒出星光的轮廓，选择白色的前景色，使用油漆桶工具将其着色。

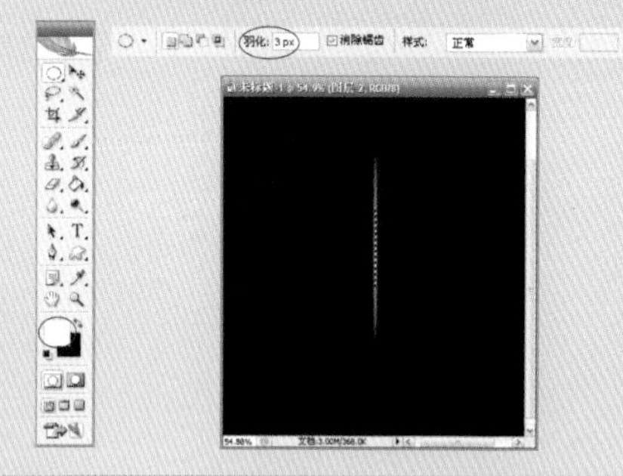

3.动感模糊

选择“滤镜 | 模糊 | 动感模糊”，选择角度为90°，根据星光线条的大小设定模糊数值。

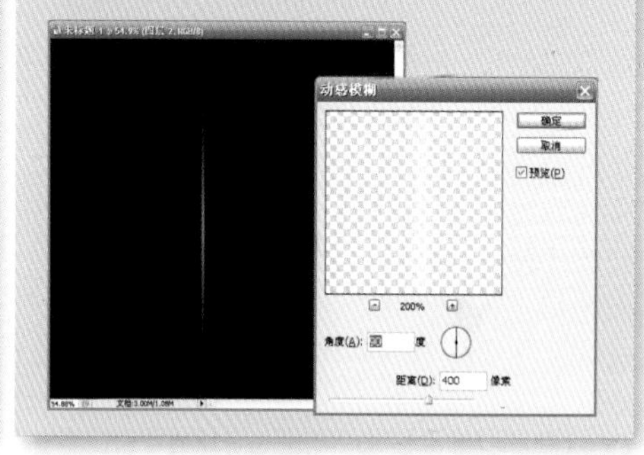

4.复制星光

选择工具栏中的移动工具，按住键盘的“Alt”键，单击星光线条并拖动，线条就会被复制，再次重复这个动作。

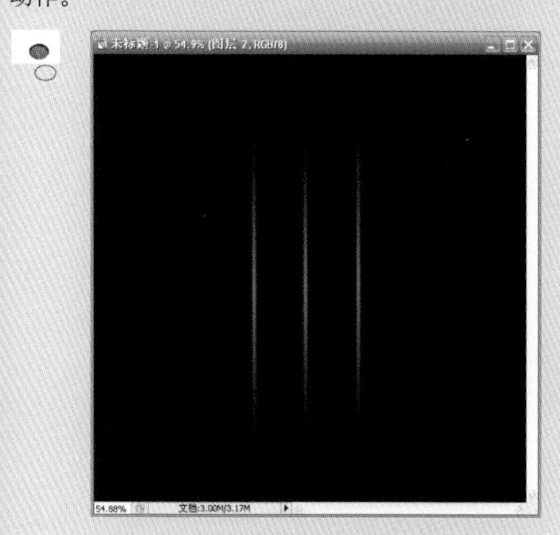

5.自由变换

选择一个线条的图层，按“Ctrl＋T”快捷键进入自由变换状态，旋转并调整好星光的角度，按“Ctrl＋E”快捷键合并星光图层。按“Ctrl＋A”快捷键全选该图层，在照片中的星光位置粘贴，使用移动工具调整位置，并根据星光的大小使用自由变换调整大小。根据光源的强弱，适当调整图层透明度。

色温滤镜

我们曾经背一大包的滤镜去拍摄，也很难准确地保证照片的色温；如今，单凭数码相机的白平衡功能，就能将照片的色温完全掌控，拍摄后我们还可以通过Photoshop对照片的色温进行精确调整。

制造特殊效果是色温滤镜的强项，80B降色温滤镜的使用让傍晚的天空更加迷人。

传统摄影中，色温是由胶片决定的，使用日光型胶片拍出的效果，如同数码相机将白平衡设为日光模式拍摄的一样。对于传统相机，在不想更换胶片型号的情况下获得正确的色温，只能依靠升、降色温转换滤镜。对于色温转换，数码相机有着先天的优势，凭借它灵活可变的白平衡设置，在不同场景下拍摄时，只需自动或手动调整相机的白平衡即可。可以肯定地说，使用数码相机是没有必要配备色温滤镜的，因为色温滤镜的功能，已经由数码相机的白平衡功能全部模拟实现了。

你可以做一个有趣的试验：将相机的白平衡设为日光模式，在户外中午的阳光下和早晚的阳光下各拍摄一张照片，你会发现早晚时分的照片中景物相比中午时带有更多的暖色调；同样的白平衡设置，在阴天或大面积阴影中拍摄，照片中景物会蒙上一层冷色调。这是因为，在中午的阳光下拍摄时，光源为不显现颜色的白光；在早晚的阳光下拍摄时，光源含有较多的黄橙色光致使色温较低；在阴天或大面积阴影中拍摄时，光源中含有较多的蓝色光致使色温较高。当把相机的白平衡设为自动模式时，在上面的几种场景中再各拍一张照片后，你会发现这些照片的色调都会变得出奇地相似。

色温滤镜以及相机的白平衡设置不仅可以用于获得正确的色温，为了实现一些特殊的色彩效果，我们可以违背常规地使用色温滤镜或白平衡设置进行拍摄。拍摄夕阳西下的天边景致时，并不用担心会赶上灰暗的天色，我们可以将相机的白平衡设为荧光灯模式，相机拍出的照片便会带有强烈的暖色调；为表现林海雪原、天寒地冻的场面，可将相机的白平衡设为钨丝灯模式，无论什么场景入镜之时即为寒气尽染。

器材提示

色温滤镜分为升色温滤镜和降色温滤镜两种，左侧的81C降色温滤镜可以起到微弱减小色温的作用；右侧的82C升色温滤镜可以起到微弱增加色温的作用。

实拍对比

对于色温的转换，在人像题材的拍摄中显得尤为重要。左图是在钨丝灯下，手动将相机设置成日光白平衡模式拍摄的，儿童的皮肤看上去明显偏色；中图是在同一场景下，手动将相机设置成白炽灯白平衡模式拍摄的，模特的脸部呈现出自然的肤色；此时，如果手动将相机设置成日光白平衡模式，使用80A升色温滤镜拍摄，照片的色调就会与中图相同。

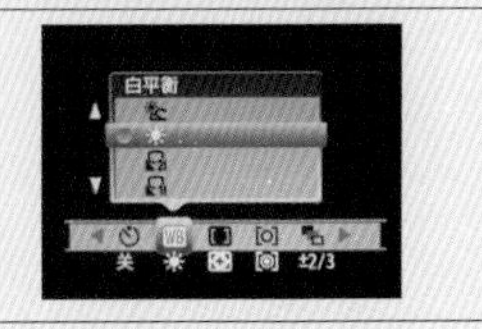

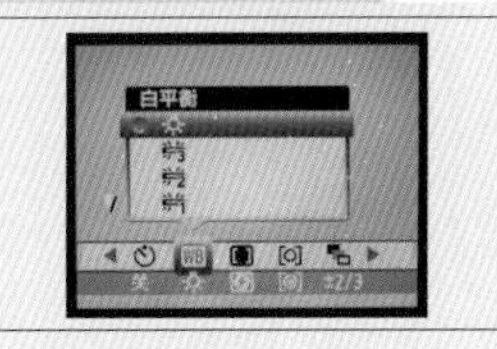

过去，摄影师的摄影包中都会有一个用来存放多个滤镜的滤镜袋，如果没有这个滤镜袋，零散的滤镜盒就会充斥着摄影包，让摄影师手忙脚乱；如今，照片后期处理软件 Photosho CS 及之后的版本中提供了便利的“照片滤镜”功能，并在其中预设了 20 种可变浓度的滤镜，所有的颜色滤镜效果唾手可得，滤镜袋便随传统摄影时代，一去而不复返了。

我们通常建议前期把更多的精力投入在拍摄中，对色温的精确修正和特殊效果实现可以留给后期实现，毕竟瞬间相比之下更难以把握。在拍摄这张傍晚车流涌动的照片时，我们并没有多考虑利用冷色调来强调效果，而是把更多精力花费在怎样让车流产生动感的问题上。在电脑后期调整中，我们通过使用冷却滤镜（80）色温滤镜，将色温有效提高，强调了夜幕降临的气氛。

使用冷却滤镜使热闹喧嚣的街道变得阴冷凄凉。

1.冷却滤镜

在Photoshop中打开素材照片，单击“图像/调整/色温滤镜”，在“滤镜”的下拉菜单中选择“冷却滤镜（80）”，并将浓度设为40%，去掉保留亮度里的对钩，这时的照片中会有种气温骤降的感觉。

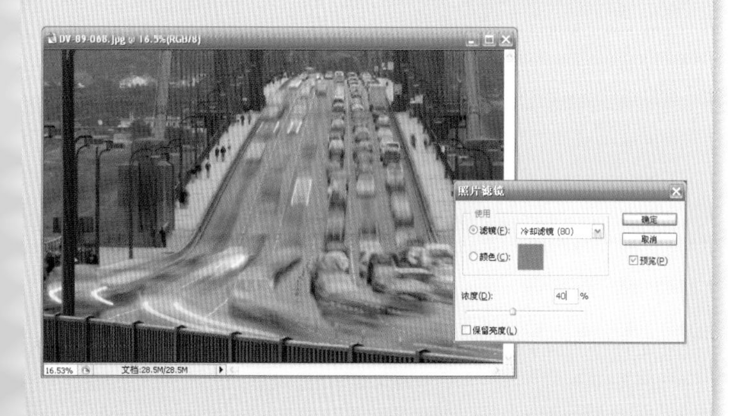

2.调整色阶

按快捷键“Ctrl＋L”可以调出色阶调整菜单，我们将输入色阶和输出色阶分别向中心略微调整，这样可以取出照片中的灰雾感。仅此两步，便大功告成。

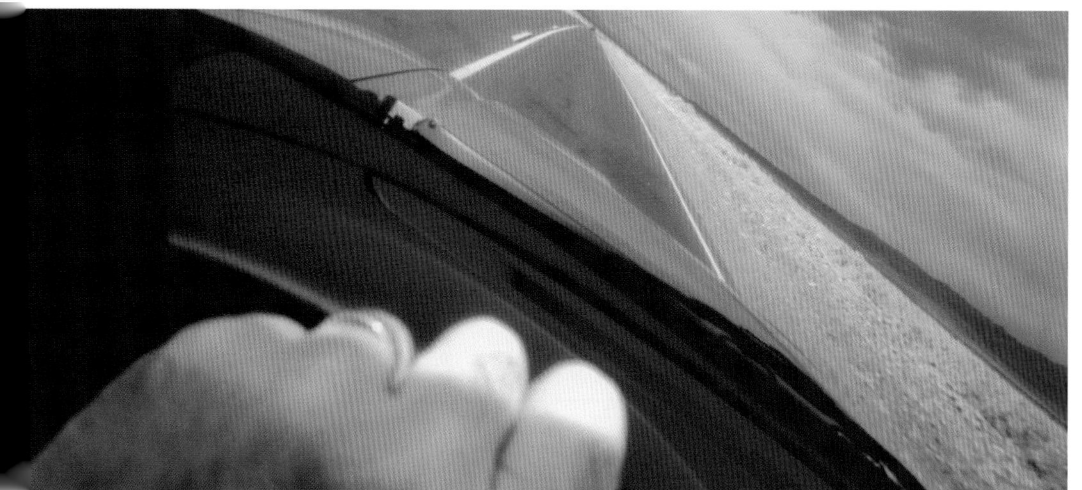

水下效果

Photoshop的色温滤镜中还能实现一些有趣的效果，在色温滤镜菜单的最后一项，有一个水下效果滤镜，通过使用可以实现在水下拍摄的神奇色温效果，左边这张本是很平淡的照片，在应用了水下照片滤镜效果后，变得犹如驾驶着汽车在海底潜行一般有趣。

接片进行时

在数码接片中，最简单易行的要数原地旋转拍摄的平面全景接片。在拍摄时控制好曝光和镜头焦段，并注意画面中的移动物体的前提下，后期接片的工作量并不是很大，甚至依靠自动软件就可以轻松完成。下面将为你讲解如何高效地拍摄和制作平面全景接片。

相机的选择与使用

拍摄数码接片的素材时，一定要选用带有手动曝光功能（M挡）的数码相机，并使用M挡拍摄，相机的白平衡也要从默认的自动更改为手动。这样，才能保证每张素材照片的曝光数值基本一致，使后期制作的素材能够无缝结合。一些小型数码相机在功能菜单或功能模式转盘中包含了辅助接片功能，例如佳能的PowerShot A570，当使用辅助接片模式拍摄时，相机会自动锁定白平衡与曝光数值，并且在拍摄一张照片后，将其设为半透明状显示，为拍摄下一张照片做参考，这样完全可以省去三脚架。使用数码单反相机拍摄较大场景时，要首先将相机的光圈缩小，保证拍摄的场景能拥有大景深；拍摄浅景深或者照片中主题鲜明的场景时，在对主体对焦后要将相机设为手动对焦模式，以保证素材照片景深统一。

三脚架选择与使用

对于大部分数码单反相机来讲，由于不能使用液晶屏取景，接片的拍摄只能依靠取景框中的场景与回放上一张拍摄的照片进行对比。当然，如果在场景中选定参照物进行拍摄，也会对后期合成有帮助。但对于初级影友，这样拍摄的照片往往后期合成难度较大，如果使用三脚架来辅助进行拍摄，对提高最终合成的成功率会有很大帮助。这里有一点要注意：档次较高的三脚架通常可以选配多种云台，通常来讲只有三向云台更适合接片的拍摄，而一般的球形快速云台是无法做单独水平移动的。选择一些配备了水平仪的三脚架或云台也很有必要，它可以帮助影友将相机调整至水平；大部分三脚架的云台都有水平旋转刻度，在做水平旋转时可以参考刻度来进行。

使用有刻度和水平仪的云台，可以提高素材拍摄的成功率。

使用佳能 PowerShot A570 方便的辅助接片功能进行拍摄。

拍摄时要使用畸变较小的镜头中焦焦段，并且设为手动对焦模式。

1 载入素材照片

从Photoshop CS2起，自带的Photomerge可以辅助影友对全景素材进行快速拼接，对一些高质量的素材，这个软件还可以实现自动拼合。首先单击Photoshop中“文件｜自动｜Photomerge…”，调出Photomerge素材导入窗口。在窗口中单击“浏览”，选择素材照片后单击“打开”。

2 手自一体调整

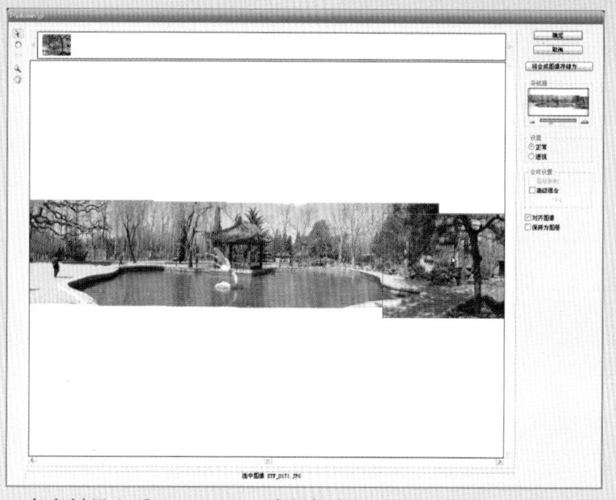

当素材导入后，Photomerge会根据素材重叠的特征自动拼合，但也会因为重合部分过小，变形过大等问题出现拼合错误。这时，只需使用左上方的“移动工具”，选中并拖动素材手动拼接即可。无法拼合的素材，软件会将其置于顶端的灯箱栏，手动拼合时可以使用“移动工具”将其拖入下方的工作区，让软件自动识别重叠区。

3 整体优化设置

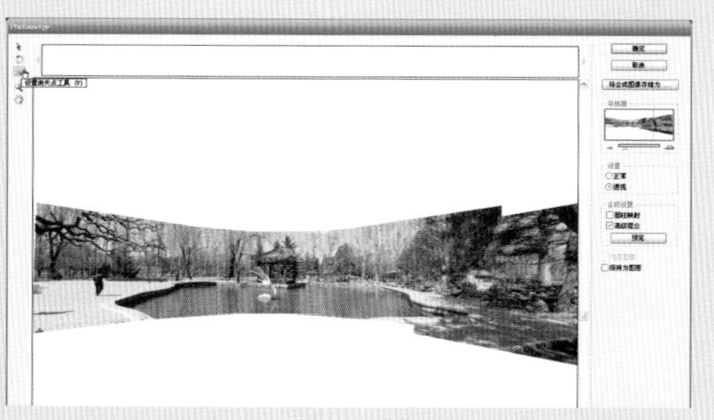

在右侧设置栏中选择“透视”，整张全景照片会产生透视变形。此时，左侧的“消失点工具”被激活，利用它可以为透视变形的全景照片设置消失点。右侧“合成设置栏”中的“圆柱映射”可以在一定程度上降低应用透视校正时出现的扭曲。“高级混合”选项则可降低因素材颜色不一致产生的失真。

4 剪裁与修整

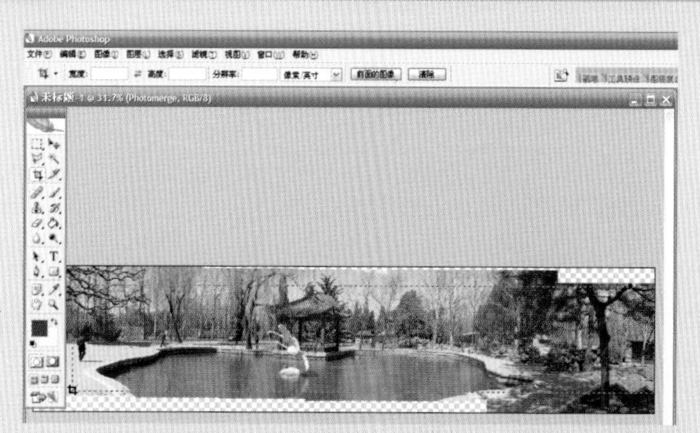

前面的工作结束后单击“确定”，拼接好的全景照片就会自动载入到Photoshop的工作区。示例素材由于没有使用三脚架拍摄，合成后的照片上下会参差不齐。使用工具栏中的裁减工具，可以将照片修剪整齐，整体调整对比度与色调后，一张具有宽广视角的全景照片就制作完成了。

高动态范围接片

风景照片大多难以表达拍摄者的现场感受，因为取景范围看起来总是太小，光线总希望能更充足一些。这样，唯有通过数码后期合并HDR的方法把多张照片组合成为壮丽的高动态范围宽幅照片，才能真正突破取景和画幅的限制，发挥数码相机的优势，让自己的作品更具感染力。

从2006年开始，"高动态范围"（HDR，High Dynamic Range）的魅力逐渐为影友所知。现在，很多影友已经对这种技术进行了尝试，并把一系列包围曝光的照片组合成为了一张具有高动态范围的照片。现在我们还要更进一步利用这个功能，来生成高动态范围的全景照片：这种照片打破了常见的2:3或者4:3的画幅比例，并且可以将广阔风景充分展现出来。

现在，我们将告诉你，如何利用工具软件Photomatix（www.hdrsoft.com，大约750元）和PTGui（www.ptgui.com，大约650元）来生成一张高动态范围的照片。即使不注册，你也可以永远不受限制地免费使用Photomatix这个HDR工具软件，只是在"Details Enhancer"（细节放大器）模式下，Photomatix会在生成的照片中计算出一个水印。与此相比，你可以在30天的时间里免费使用PTGui的测试版本，不过无法使用像"存储项目"这样一些功能。

除了这些软件之外，你还需要一系列在不同曝光设置下拍摄的全景照片的素材。每个系列照片之间的曝光量差别应该约为"2 EV"（Exposure Value，曝光值）。对于每个场景的局部照片来说，3张不同曝光的照片就够了。根据宽度的不同，总共可能需要24张以上的照片。Photomatix的2.4版本也能处理RAW格式的文件。因此你最好在这种格式下拍摄照片，这样可以获得尽可能高的图像质量。

两种实现目标的方法

可以通过两种方法把一张高动态范围的全景照片组合在一起。方法一是：首先利用不同曝光量的照片生成高动态范围照片，然后把这些照片组合成为全景照片。方法二是：首先生成宽幅照片，然后提高动态范围。这里，我们将对两种方法分别进行介绍。如果由于相机在拍摄过程中的轻微移动，使得逐张拍摄的照片并不是准确相互叠加在一起的话，那么第一种方法本身就可以提供良好的效果。当你在组合照片时激活"Align source images"（对齐源照片）命令

时，Photomatix会把这些照片笔直排列好。为了避免在全景中各局部照片之间的过渡上出现跳跃，要对所有的文件使用同样的HDR算法。

真实的颜色

由于Photomatix进行的是复杂的“手术”，因此小数量的色彩偏差是无法完全避免的。所以有些影友更喜欢第二种方法，在第一步中利用PTGui生成全景照片。就是在这种情况下，也需要进行细致的编辑工作：几何失真和所有照片接缝的校正，一定要在同样的方式下由软件生成，这样才能保证生成的几套全景照片除曝光外完全相同。利用PTGui可以以同样的拼接设置对3套素材照片进行处理。

你应该只保留文件名和文件夹中的排序，因为全景软件PTGui可以将生成一个类似Photoshop中动作的执行程序，如果使用TXT文本编辑器打开它生成的文件，改变文件名和其中调用的照片名，软件就会自动将其他几组的不同曝光的照片分别拼接成全景照片。最后，你再把这3张全景照片在Photomatix中组合成为一个HDR文件，然后执行“Tone Mapping”（色调映射）。

最后的校正

Photomatix生成的大多数高动态范围照片，一开始看起来就非常好。不过在全景照片中，色彩最好还是在Photoshop中进行修正。这是因为，全景中不同于一般的曝光调整：为全景拍出一系列照片中，有些是逆光下完成的，而另外一些照片则是背对太阳拍摄的。因此，Photomatix就很难实现这些高难度的调整。

Photomatix生成的高动态范围照片由于具有精细过渡而显得迷人，但是同时也会让照片某些部分的颜色看起来有些不真实。与在Photomatix中进行大量调整相比，更简单的办法是在Photoshop中打开已经完成的照片并进行修正。因此，我们推荐在Photomatix中以16位颜色质量存储HDR照片文件。这样，Photoshop就能为后续的调整留出更多的余地。

视觉冲击 **这个题材的所有全景照片都是来自佳能 EOS 5D 拍摄的至少 24 张单张照片。由于具有包围曝光功能，相机以 3 种不同的曝光设置拍摄每张局部照片。**

用Photomatix生成全景照片

■ 如果每张照片并不是完全重叠在一起，就要首先把拍摄的照片转换成为HDR格式，然后组合成一张全景照片。接下来，我们要告诉你在Photomatix中一些最重要的设置。

生成具有高动态范围的局部照片

为了保证全景照片中的每一张局部照片都具有相同的动态范围和亮度，我们就要生成一个模版作为参考。首先从素材中寻找一系列具有代表性的包围曝光局部照片。这系列应该既有曝光不足的，也有曝光稍过度的。然后打开Photomatix，在“HDR”菜单上单击“Generate”（生成）命令，并选择相应的曝光包围照片。Photomatix会把这些照片组合成一张具有高动态范围的图片，你可以利用“HDR|Tone Mapping（色调映射）”调整曝光量，为输出做好准备。设置这些参数，直到你对预览窗口中的图像效果感到满意为止。利用该窗口中的“Save”（存储）命令把这些设置存储为XMP文件，作为以后批处理的模板。

现在，关闭所有文件并在Photomatix中选择“Automate”（自动）菜单下的“Batch Processing”（批次处理）命令。其中，选中“Generate HDR Image”（生成HDR图片）和“Process with Detail Enhancer”（以细节增强器处理）两个选项前的对钩。在“Process with Detail Enhancer”（以细节增强器处理）右侧的“Setting”（设置）下，通过“Load”（加载）选择以前存储的XMP文件。单击“OK”（确定）确认上述设置。其中，“Select 3 Images at a Time”（同时选择3张图片）已经默认选中了。

然后，在“Location”（定位）下选择这些曝光包围照片。这个给出的文件夹应该包含上面已经设置的数字所对应倍数的单张拍摄照片。在“Destination”（目标）中，选择要输出的文件夹。然后单击“Run”（运行）启动这个过程，接下来就是等待Photomatix完成相应的工作。现在，你可以查看结果了。如果一切都合适的话，就可以把这些具有高动态范围的素材照片组合成为全景照片了。

用PTGui组合全景照片

■ 通过使用这种方法，你可以得到高质量的全景照片。为此，首先要在第一步中将逐张拍摄的照片事先组合成为具有不同曝光量的全景照片。注意：为了能使用这个接片功能，你需要使用注册版的PTGui。

1 打开文件

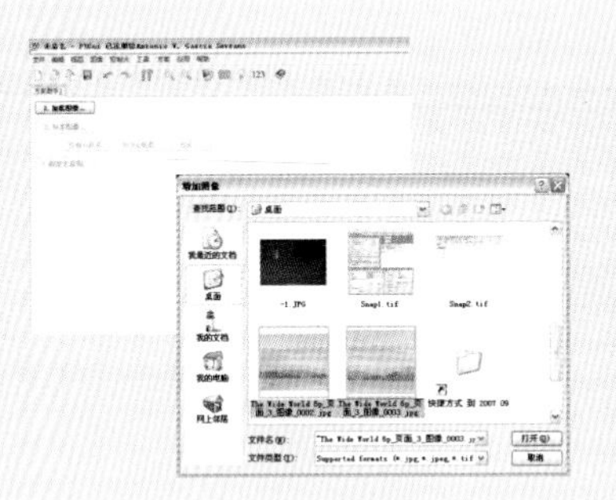

启动PTGui，并单击“Load image”（载入图片）。接下来会弹出一个对话框，在其中，你可以选择这第一张全景照片所需要的文件，最好从曝光正确的一组照片开始。通过这种方式，你可以在以后更快地找到全景照片所需要的正确设置。在单击“Align image”（排列图片）之后，PTGui会试图把这些单张的照片组合在一起。

2 生成控制点

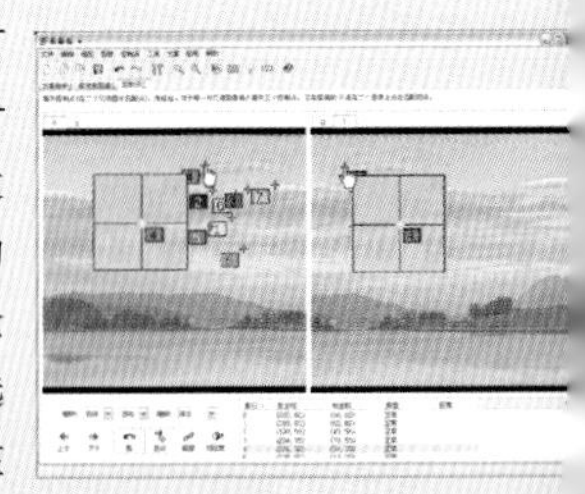

控制点功能是PTGui的一大特色。在照片并不是足够重叠的情况下，PTGui不能独立合成全景照片。在这种情况下，你要选择“Adcanced”（高级），并在“Control Point”（控制点）选项卡中生成控制点。这里，每次可以显示两张并排在一起的照片。如果PTGui发现了接口，会把它显示为一个控制点。如果什么也看不到，就得手动完成这个过程：为此，要在相对应的区域上单击鼠标。你必须手动输入两个点，PTGui可以自己找到第3个点。软件自己寻找的控制点有时并不是很准确，这时就要全部删除它们并手动进行添加。

3 优化

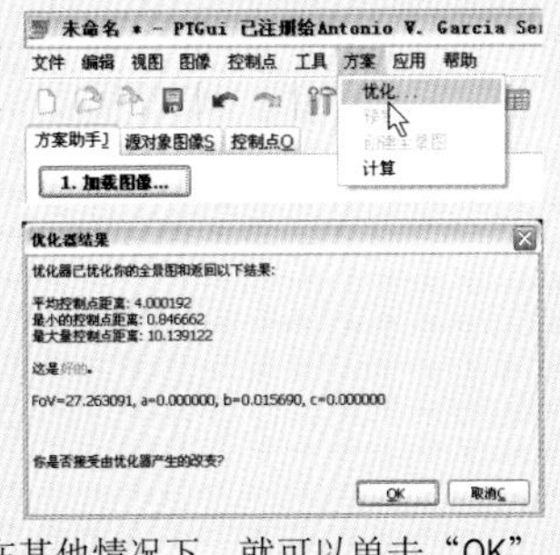

在PTGui的菜单栏上选择“Project|Optimize”（方案|优化）命令。现在，PTGui会执行所有需要的计算并显示一个对话窗口。这个窗口显示出组合的照片效果如何：这包括very good（很好）、good（良好）、average（一般）或poor（较差）。如果是“average”或“poor”的话，你应该退回到上一步，继续设定控制点。在其他情况下，就可以单击“OK”确认。

4 调整全景照片

在下一步中，你要裁切全景照片并确定中心点。为此，在菜单中单击“Panarama Editor”（工具|全景图编辑器）。你要检查的是，“Cylindrical”（圆柱）模式的“Projection”（项目）是否激活，并通过横、竖滑块进行试验，直到图片获得正确的裁切比例为止。关掉窗口，在“Preview”（预览）选项卡中输入较大的分辨率数值，软件会把你的全景照片以更大的尺寸进行预览。如果一切顺利的话，就可以单击“文件|保存”把这个文件项目存储在硬盘上。你最好给这个项目输入“panorama _0EV.pts”（panorama为全景的意思，在命名时尽量避免使用中文字符）的文件名：这会让你想起，这个全景的主项目。

5 改变脚本

```
panorama _+2EV.pts - 记事本
文件(F) 编辑(E) 格式(O) 查看(V) 帮助(H)
#-outputfile C:\jp\3.jpg
#-ccdcrop 4.843815
#-hasbeenoptimized 1
#-morphmode 2
#-jpegparameters 100 0
#-tiffparameters 8bit packbits alpha_assoc
#-psdparameters 8bit packbits
#-colorcorrectlayers
#-useexif1
#-stitcher ptgui
#-blender ptgui
#-optimizerptgui
#-interpolator lanczos2
#-simpleproject
#-autocpdone
#-simpleoptimizer
#-imgrotate44
# Panorama settings:
p w2773 h1443 f1 v45.434500 u20 n"JPEG g0 q100"
m g1.000000 i0 f0

# input images:
#-dummyimage
# The following line contains a 'dummy image'
containing some global parameters for the project
o w1 h1 y0 r0.000000 p0.000000 v29.764065 a0.115847
b-0.316993 c0.286911 f0 d0.000000 e0.000000 g0.000000
t0.000000
#-imgfile 2848 2136 "5.JPG"
o f0 y-8.569090 r0.357840 p0.951130 v=0 a=0 b=0 c=0
d=0 e=0 g=0 t=0
#-imgfile 2848 2136 "6.JPG"
o f0 y9.484607 r-0.335755 p-1.051431 v=0 a=0 b=0 c=0
d=0 e=0 g=0 t=0
```

为了使用自动功能组合剩下的全景照片，你要把“panorama 0EV.pts”这个文件拷贝两次，并分别将文件名改为“panorama +2EV.pts”和“panorama -2EV.pts”。在一个文本编辑器，例如Windows XP中附件目录中的“写字板”中分别打开这两个文件，你会看到许多字符。在这些字符中间部分找到“#-imgfile”（可以利用快捷键Ctrl＋F”进行搜索）这行字符，分别将后面调用照片名改为曝光过度那组的一系列照片名；在这个文本中继续找到“#-outputfile”这行字符，将完成后要生成的全景照片名进行更改，否则就会发生后生成的全景照片将之间生成的结果覆盖的风险。改名时可以使用像“panorama _0EV.jpg”、“panorama -2EV.jpg”和“panorama +2EV.jpg”这样的名字。之后，分别保存并关闭这些打开的文件。

生成全景照片

如果这些项目已经完成，你就可以开始组合全景照片。选择“Tools”（工具）菜单下的“Batch Stitcher”（批次拼接器）命令。接下来，会弹出一个对话框。在这里，单击“Add Project”（添加项目）符号（或者从文件菜单中选择同样的命令）并选中上一步中制作的3个项目。现在，你可以安静等待一段时间了，PTGui会在这段时间里自动完成剩余的工作。你再回来时，你会发现在你的硬盘上出现了3个完成的全景照片。现在，你可以在Photomatix软件中把这些照片合成一张具有高动态范围的宽幅照片。

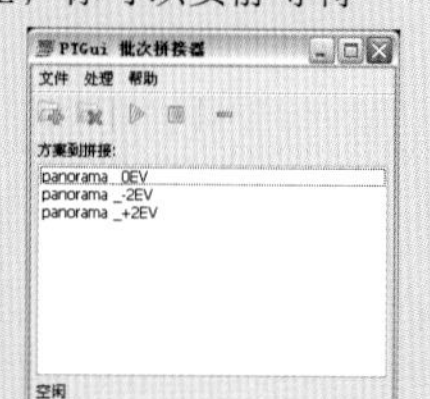

Photoshop中的精雕细琢

■ 有些具有高动态范围的全景照片可以通过Photoshop的后期编辑做进一步调整。在上面的照片中，蓝色和黄色的区域原来都过于饱和，因此给人一种并不真实的感觉；此外，轻微的灰雾也对整体效果产生了影响。

1 色阶校正

首先要除去灰雾。为此，单击“图层|新建调整图层|色阶”命令。将对应于黑点和白点的滑块在直方图上相互靠近。现在，照片对比度明显有了提高，但是在深色区域中的精致细节消失了。所以，你要利用图层面板中的蒙版工具，并用黑色填充所有在色阶调整前应该保护的区域。你可以利用画笔或者套索工具来完成这个任务：按下键盘“D”键把黑色设置为背景色，利用套索工具选取深色的区域，依次在主菜单中选择“选择|羽化”命令并输入大约100像素点的羽化半径，然后按下回车键。复制当前图层，单击生成图层蒙版按钮，刚才所选的区域都填充了黑色。之后，便可以放心地对下面的图层进行色阶调整。

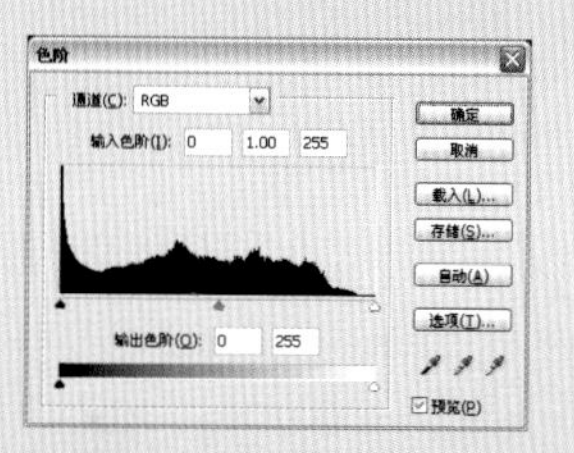

2 调整蓝色色调

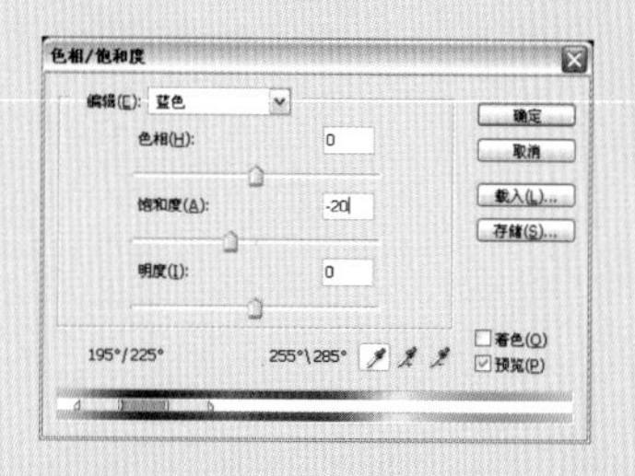

在接下来的步骤中，我们要降低蓝色色调的饱和度。为此，利用“图层”菜单下的“新建调整图层|色相/色饱和度”命令，重新生成一个调整图层。在“编辑”下拉菜单中选择“蓝色”和“青色”，并将色饱和度的数值降低大约20。

3 调整黄色色调

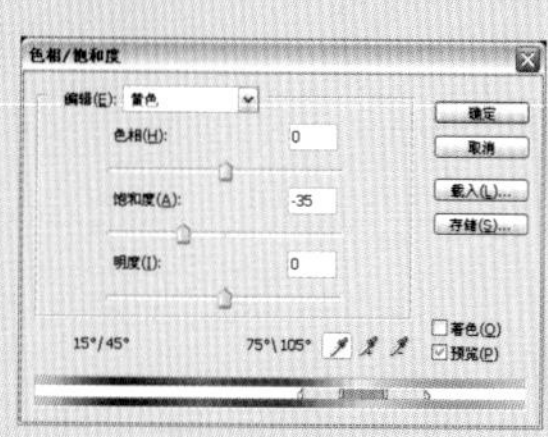

现在，我们要调整黄色区域的色饱和度，这在我们的示例中是海岸：利用套索工具选择相关的位置，并生成大约100像素点的羽化边缘。现在，在图片中添加“色相/色饱和度”类型的调整图层。在“编辑”下拉菜单中选择黄色的通道，将色饱和度设置为“-35”。在示例图片中马上可以看到的是，这个改变只在所选区域内执行。

4 局部调整对比度

现在，我们要略微提高树的对比度。利用套索工具，选择树左边的区域，然后在按下“Shift”键的同时，在右边不断圈选添加这些树。重新生成一个羽化的边缘。然后，依次选择“图层|新建调整图层|亮度/对比度”，并将对比度设置为“+10”。

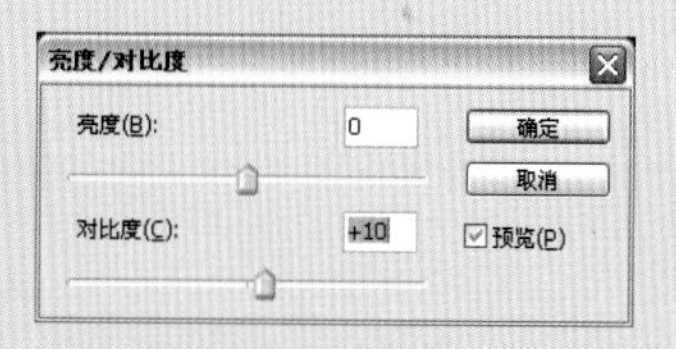

更好的图像质量

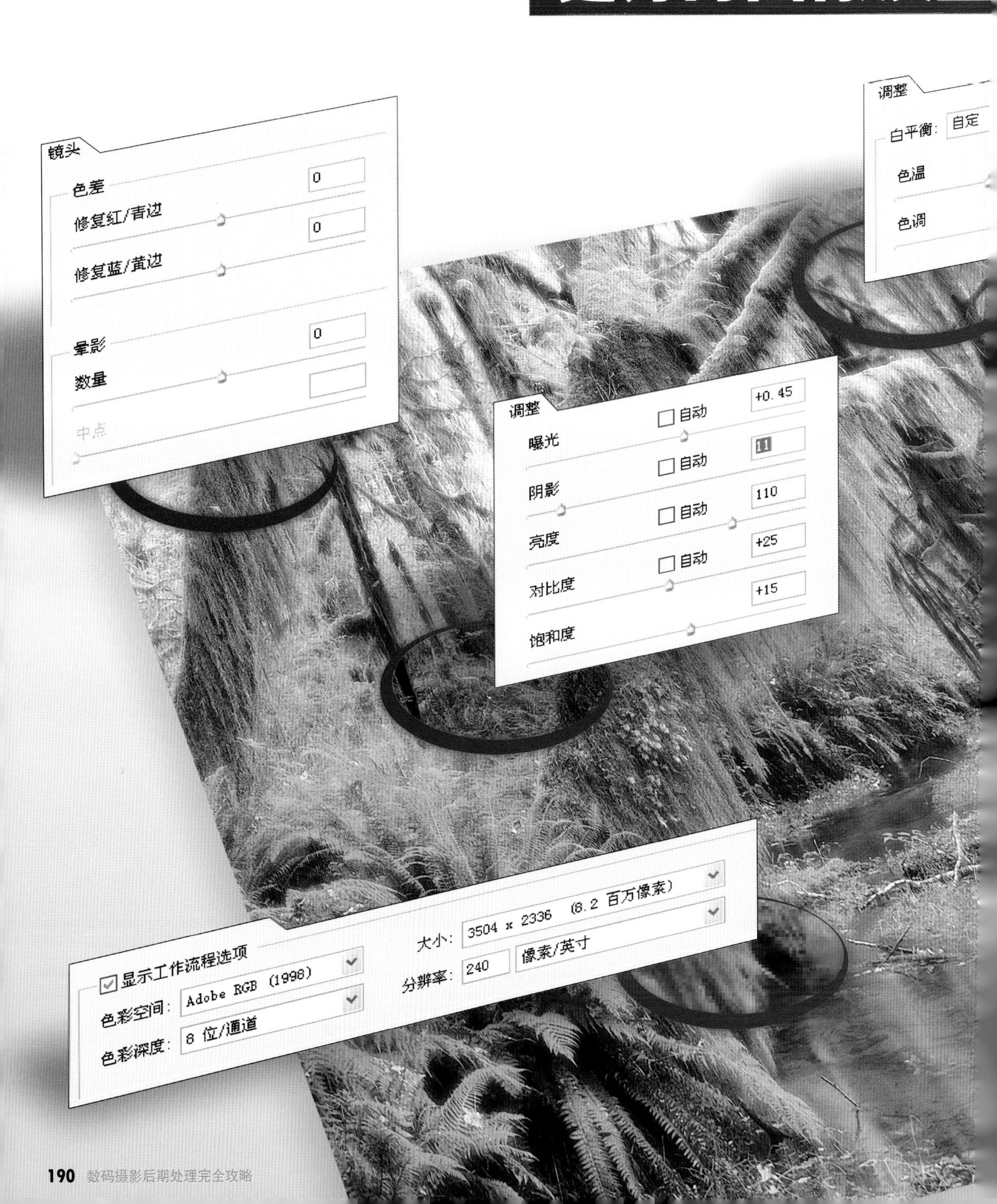

镜头
色差
修复红/青边
0
修复蓝/黄边
0
晕影
0
数量
中点
调整
白平衡：自定
色温
色调
调整
自动
+0.45
曝光
自动
11
阴影
自动
110
亮度
自动
+25
对比度
+15
饱和度
显示工作流程选项
色彩空间：Adobe RGB (1998)
色彩深度：8 位/通道
大小：3504 x 2336 (8.2 百万像素)
分辨率：240 像素/英寸

RAW 格式揭密

在RAW格式的照片中，保存有相机传感器获得的最高质量的图像。专业摄影人士会从RAW格式中获益，同时喜欢在个人电脑上调整照片的影友们也能如获至宝。

当你兴奋地把一张RAW格式照片放到显示器上，并在旁边放上一张常见的JPEG格式照片时，经过第一眼快速浏览之后，失落感便会油然而生。你不禁会问，我使用RAW格式照片时拍摄后得到了什么？难道只是照片边缘的一些微不足道的区别吗。其实，在RAW格式中还隐藏了大量的信息，而这些信息只有在编辑过程中才能显露出来。如果你进行大幅度的颜色和亮度调整时就会发现：RAW格式还远远没有达到"精疲力竭"的地步，而与此完全相反的是，JPEG格式的照片很快就会显得模糊而且脏斑点点。

更多的色彩

由于有了RAW格式，才使得照片有了明显更高的色彩深度。在JPEG格式照片中，数码相机通常会使用24位的色彩深度存储照片（每种RGB色彩8位），而与此相比，RAW格式至少具有36位的色彩深度，有些甚至具有48位色彩深度。这意味着，在标准的JPEG格式的照片中，对于蓝色来说会有256种色阶等级可供选择，这包括从纯白、浅蓝、深蓝直到纯黑；而在RAW格式中，相应的色阶等级至少有4096种。

JPEG和RAW两种格式照片亮度的精细差别，在显示器上以及从打印机上打印出来以后，几乎都是看不出来的，因为即使是专业级的设备也只支持24位的色彩深度。尽管如此，追求完美的影友也不会放弃这种高色彩深度。因为在照片编辑过程中，色阶会随着亮度和反差等调整而变小。一张JPEG格式的照片马上就会显得非常平淡，因为照片中不会再有足够的色调提供给拍摄题材的细节使用。RAW格式的高色彩深度可以确保在极端变亮的情况下，照片最亮处的细节依然能分辨出来，同时深色的区域在处理后看起来也不会非常暗淡。直方图让这个问题更容易理解：在JPEG格式的照片经过色阶校正后，会出现典型断档线条，RAW格式的照片却能显示出堪为典范的完整曲线。

另外，RAW照片格式并不是只为专业人士量身定做的，那些经验不太

RAW格式的优势：自主控制图像质量

数码相机在JPEG和TIFF两种照片格式的质量方面的影响力很大。在这两种格式中，传感器的图像信息并不是简单地被存储下来，而是存储之前进行了处理。这会涉及彩色插值、颜色校正、颜色深度和锐度。当然，即使是在RAW格式中，相机也确定了感光度（ISO）和分辨率。JPEG是3种格式中"体积"最小的，如果追求更快的存储速度和更高的软件兼容性，那么JPEG是最好的选择。但需要注意，JPEG是一种有损压缩格式，也就是它在压缩过程中丢掉了原始图像的部分数据，而且这些数据是无法恢复的。并且根据压缩比例的不同，照片信息量减少的程度也会不一样。

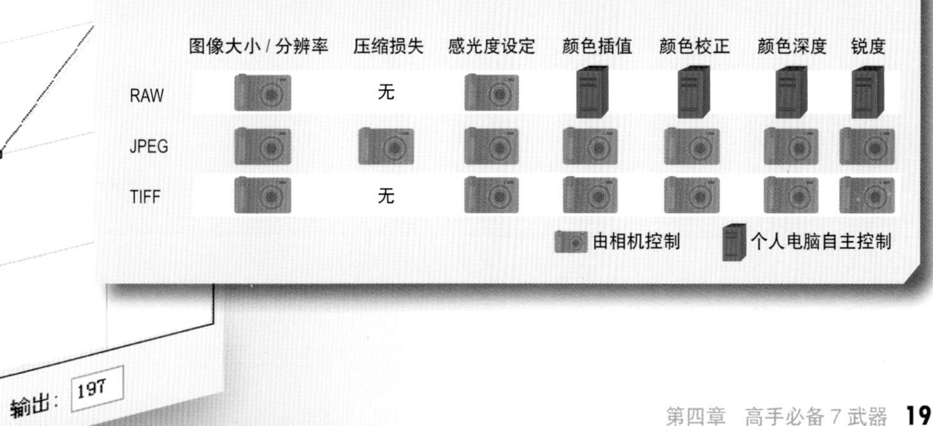

	图像大小 / 分辨率	压缩损失	感光度设定	颜色插值	颜色校正	颜色深度	锐度
RAW	由相机控制	无	由相机控制	个人电脑自主控制	个人电脑自主控制	个人电脑自主控制	个人电脑自主控制
JPEG	由相机控制	由相机控制	由相机控制	由相机控制	由相机控制	由相机控制	由相机控制
TIFF	由相机控制	无	由相机控制	由相机控制	由相机控制	由相机控制	由相机控制

由相机控制　个人电脑自主控制

丰富的影友依然可以从RAW格式中受益。因为利用这种格式，影友可以在个人电脑上的照片后期处理过程中获得更大的施展空间。

彩色插值：一张数码照片的诞生

数码相机的传感器只会以红、绿或蓝中的某种颜色记录下每一个像素点。在RAW格式的文件中，这些不完整的信息被存储了下来。在个人电脑上，RAW格式转换软件会从这些信息中插值出一张完整的照片。在JPEG格式中，这个“彩色插值”过程已经在相机的内部完成了。

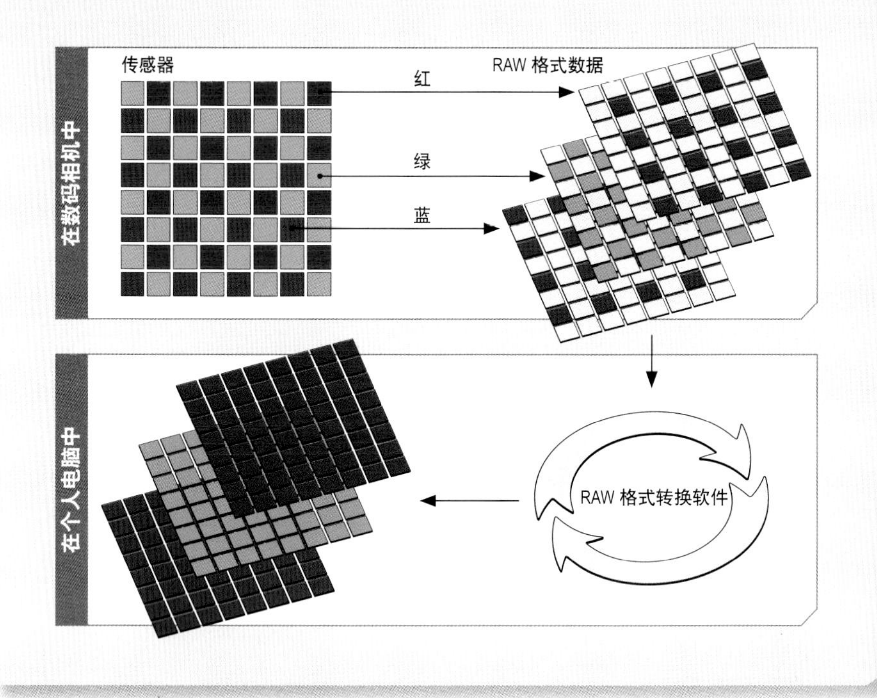

真实的记录

一些影友不希望相机的设置让照片的原始信息受到影响，所以采用RAW格式进行拍摄。在使用JPEG格式拍摄时，相机内部会自动对照片进行一系列处理，这涉及照片的锐度、白平衡，还包括颜色的所有调整。很多信号处理器喜欢把颜色计算得比现实中更鲜艳。谁要是不喜欢这种碧蓝的天空，就必须得在电脑上重新去掉这些美化措施。不过在多数情况下，大量丢失的原始色调已无法再重新获得。

相比而言，RAW格式遵循了另外一种理念：在这里，相机并没有采取什么处理措施，而只是把从传感器那里得到的原始图像信息忠实地记录下来。相机对RAW格式照片唯一有影响的因素就是传感器的感光度、光圈和曝光时间。所有其他的设定都留在电脑中进行修改，这包括日期和光圈，也包含像白平衡这样的附加信息。以后在电脑上进行RAW格式转换时，你可以调出这些信息进行修改。要是不愿意这样，还可以自行设定数值。

因此，RAW格式的照片完全可以与传统的胶片相媲美，只是后者采用了不同的方式进行曝光而已。

RAW格式照片的另外一个优点是，图像信息进行的是无损压缩。相比而言，在JPEG格式中，根据设定的不同，会有不同程度的亮度和颜色信息损失。而且，损失的到底是哪些信息，影友们也不能对其施加任何影响。例如，一个压缩比特别大的JPEG照片，会由于皮肤色调过渡不自然而显得非常扎眼。

RAW 格式的缺陷

在日常生活中，JPEG的压缩算法有着无以伦比的优势：它可以保证大压缩比下的高画质。根据相机型号的不同，RAW格式的文件会在存储卡上不同程度地占用更多存储空间。像佳能EOS 350D在最高分辨率下一张未压缩的RAW格式文件会占用8MB的空间；而如果用质量最佳的JPEG格式存储同样的拍摄主题，则只需要大约3MB的空间。在另外一些数码相机中，RAW格式存储文件的大小会超过30MB。这样，按下快门后的存储过程就要耗费相当长的时间。

使用RAW格式拍摄照片时往往要省着用存储卡，如果本来就对JPEG格式的图像

照相机专家谈RAW

您对拍摄照片时使用RAW格式有什么看法？

钱元凯：任何事物都有两面性。使用RAW格式拍摄的照片能忠实地反映出相机图像传感器记录的信息，为照片的后期调整带来了很大的空间。但是对于曝光与白平衡处理得很准确的照片，RAW格式的优点就不是很明显了。

钱元凯，北京电影学院摄影学院客座教授，原北京照相机总厂高级工程师。

使用RAW格式拍摄是否适用于所有摄影者？

钱元凯：使用RAW格式拍摄的文件数据量很大，浏览、转换、调整照片都要耗费时间，劳动生产率低。如果对于新闻等时效性很强的拍摄题材来说就不是很适合。另外，使用RAW格式时要求使用者要对图像、色彩有充分的了解，才能更好地进行调整，发挥出它的优势。还有一点，RAW格式色彩的调整是靠肉眼进行选定，当我们进行严格的色彩管理时，使用RAW格式是不行的。

您认为前期拍摄和后期调整的关系是怎样的呢，使用RAW格式是不是前期拍摄就不用投入过多精力了呢？

钱元凯：当然不是。在这里首先要提醒大家的是不要滥用RAW格式以及过多依赖后期调整。对于照片的后期调整，宏观上讲是越调越好，但微观上讲却是越调越坏，这里的坏指的就是图像损失。使用RAW格式拍摄并不是万能的，前期拍摄做得好，后期调整起来也会更容易。所以，建议拍摄经验丰富的传统摄影师使用数码器材后，要继续发挥拍摄方面的优势，而年轻的数码摄影师则应多在前期拍摄上下工夫。

量感到满意的话，可以继续自己的老习惯。这样你会省去大量在个人电脑上利用"数字暗房"处理照片的时间。因为在一切顺利的情况下，后期的编辑工作并不会花费太多的时间。不过如果你希望有更完美的质量及更多的自主调整，还是推荐你加入到使用RAW格式文件的阵营中。

RAW 格式转换软件

RAW格式的照片在个人电脑上处理起来相对复杂的原因在于，几乎每一个厂商都采用了不同的方式存储这些图像信息。甚至像尼康NEF或者佳能CR2这样常见的RAW格式都是独来独往，因此大多数后期处理软件在没有相应的更新文件或者插件时都不能与之兼容。因此，相机厂商就为他们的相机产品提供了RAW格式转换软件，这些软件可以解析出RAW格式文件的图像信息，有些软件还可以对图像信息进行处理，并根据用户的需要输出为JPEG或者TIFF格式的文件。

部分工具软件可以完成相机中信号处理器在生成JPEG格式时所做的工作。其中，最重要的工作步骤被称之为"彩色插值"。在这里，缺少的图像信息会被插值出来。这样，在显示器上就不会出现由分离的红、绿和蓝3色像素点组成的RAW格式照片，而是一张我们已经看习惯的照片。然而，一张RAW格式照片，在没有经过后期处理时，看上去会显得又暗又平淡。因此，大多数转换软件都具有自动处理功能，例如白平衡、Gamma或者亮度校正，这是从RAW格式文件的数据中得到的。与JPEG格式不同的是，这些设定选项不会对文件产生影响，而只有当RAW格式的文件转换为JPEG或者TIFF格式时才会被采用。

转换为 JPEG 格式

这种转换使得照片的文件大小变得完全合理，同时转换后的照片也可以在其他软件中做调整。因为JPEG格式照片在占用存储空间较小的情况下还能保证较高的画质，并且通用性很强。因此在大多数情况下，还没有能够替代JPEG格式的其他图像格式。

RAW格式的看家本领

高动态范围

每个颜色通道具有12位色彩深度的RAW格式文件，可以更好地记录下大光比的场景中亮部和暗部的细节。根据相机型号的不同，这个所谓的动态范围会有大约4挡以上的光圈等级。

真实的白平衡

日光、灯光，还有闪光灯的闪光：在这种混合照明的情况下，要想获得真实的白平衡是件困难的事情。在这里，RAW格式转换软件中提供了用于色温、色调设定的最佳工具。

降低图像噪点

在清晨和晚上拍照片时，很快就会在RAW格式的照片中出现所谓的图像噪点问题。很多转换软件带有可以除去杂色点的滤镜。在Camera RAW中，这些调节选项被称为"亮度平滑"和"杂色深度减低"。

真实的绿色色调

在绿色色调中，彩色色斑会非常快地显现出来，这是由于人眼对这种颜色极其敏感所致。同时，数码相机更喜欢把绿色色调计算成深绿色。你要是更喜欢真实的绿色，可以使用RAW格式。

更细腻的灰度表现

RAW格式也为那些主要在黑白世界中工作的影友提供了很多的好处：通过更高的颜色深度，可以实现明显更柔和的灰度过渡和没有中断的色阶曲线，为一幅精致细腻的黑白照片的产生提供了保障。

数字暗房“冲洗”RAW 轻松实现完美的照片

在电脑上如何处理RAW格式的数据，与你的个人喜好有关：有的人喜欢让照片显现出正片的鲜艳色彩，而另外一些人则想在显示器上看到尽可能真实的色彩。如果你无所适从，我们可以推荐一些基本规律和方法。

Adobe 的 Camera RAW

在Camera RAW的示例中，我们将向大家介绍在RAW格式的转换过程中需要注意哪些问题。Camera RAW是Photoshop和Photoshop Elements中附带的一款免费插件。这个转换程序可以打开大多数相机拍摄的RAW格式文件，其中也包括像索尼Cyber-shot DSC-R1这样的高端便携相机和像佳能EOS 5D Mark II这样的专业级数码单反相机。不过使用老版本Photoshop的用户，就只能使用以前的转换程序了。

这个插件的安装过程与其他插件一样简单：在厂商的主页www.adobe.com.cn下载“Camera RAW update”，然后解压为“Camera RAW.8bi”的文件。接下来，在资源管理器中找到插件所在的文件夹。通常情况下，你要按照“C:\Program Files\Adobe\Photoshop CS4\增效工具\滤镜”的路径去浏览。在找到“Camera RAW.8bi”的文件之后，将其删掉（Photoshop应该处于关闭状态）。然后，把新的解压缩文件写入到这个文件夹中。现在当你在资源管理器中双击一个RAW格式的文件时，这个文件就会自动在Photoshop的转换程序中打开。

1 关闭自动校正功能

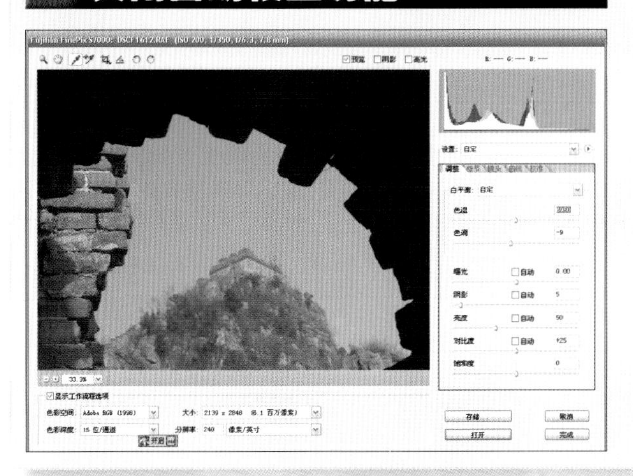

当你在Photoshop中打开这个RAW格式的照片时，它便会自动出现在Camera RAW程序中。首先，你要把所有的自动校正功能关闭：单击“设置”选项旁边的箭头，并去掉勾选“使用自动校正功能”选项。接下来，切换到“曲线”选项卡，并确保在“色调曲线”中的“线性”标签被选中。现在看来，这张照片显得有些暗淡和模糊。

2 设定白平衡

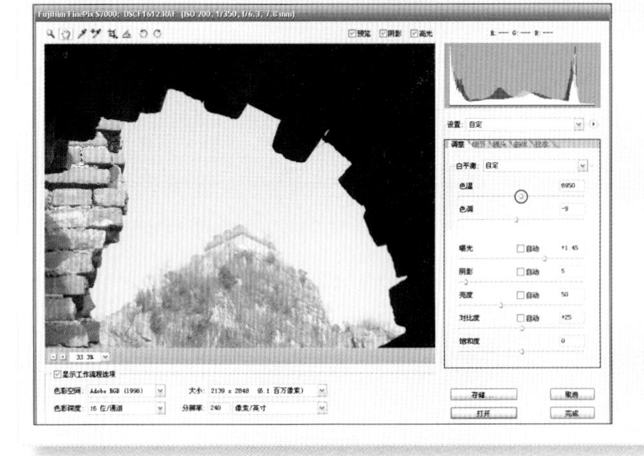

激活“预览”、“加深”和“高光”的复选框，之后首先对白平衡进行调整。利用“白平衡”工具，在一个中性的灰度平面上单击鼠标。另外一种替代办法是选择白平衡预设模式中的一个。接下来要调整照片的基本亮度：把曝光滑块尽可能向右或者向左移动，直到照片中有少量曝光过度提示色（红色）出现为止。提示色下覆盖的这部分是高光区域，说明在这里已经没有任何图像细节。

3 分开色阶

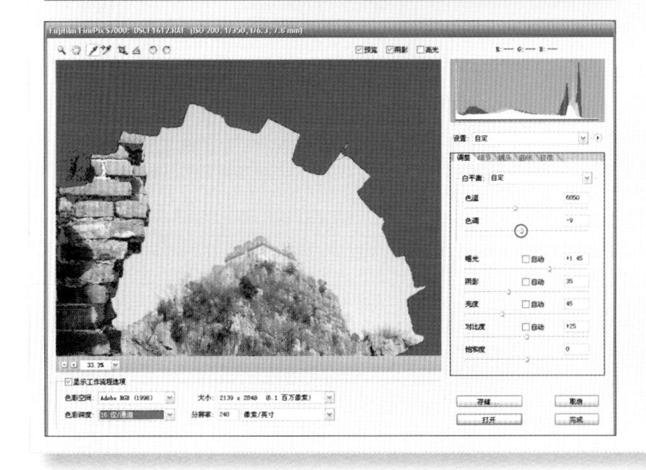

接下来轮到深色的部分，把滑块移动到部分区域有蓝色出现为止。这样，就可以最优化地把色阶分开。然后，把“亮度”和“对比度”滑块完全根据个人的喜好进行移动，但要注意杂色和噪点的数量。我们把这张示例照片调亮了，以便城墙的细节也可以显现出来。之后可能还得轻微调整曝光和“加深”滑块。

4 调整色调曲线

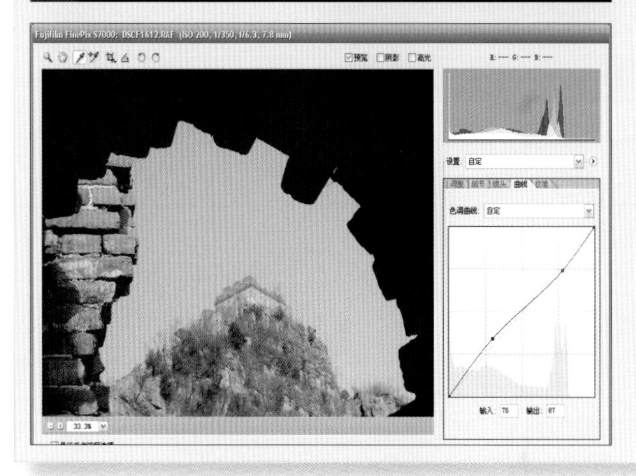

你还可以在“曲线”选项卡中完成亮度分配的细微设定。例如，你可以试验预设选项中的一种或者利用鼠标指针移动色调曲线。在示例照片中，我们应该轻微提高中间色调，并把中心区域向上轻微移动。注意：在这里不要应用太大的改变，否则这张照片看起来会非常不自然。

5 设定锐度

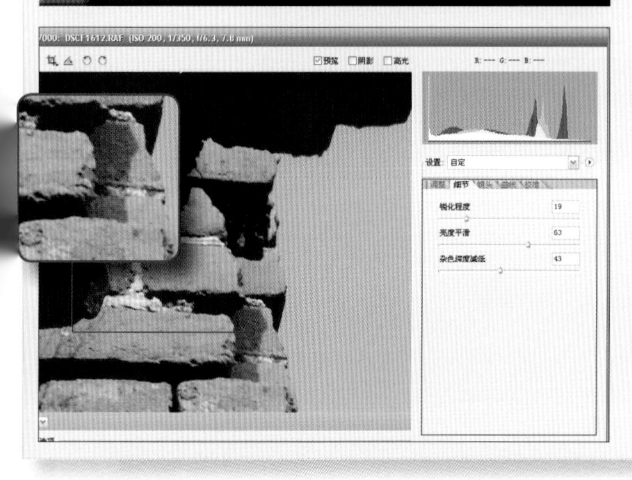

你也可以利用Photoshop中的模糊蒙版设定图像锐度。如果你想现在就完成这项任务，就要切换到“细节”选项卡。需要注意的是，在锐化中不要出现任何对比度过大的边缘。为此，要设定较大的预览比例。通过提高“亮度平滑”的选项，可以让深色的像素失真消失，而通过在“杂色深度减低”选项中设置更高的数值，可以把杂色点降低到最小程度。左图为降噪前的效果.

6 存储设定选项

在“镜头”选项卡中，你还可以校正色彩失真和照片的暗角现象。在顺利完成自己处理过的RAW格式照片之后，你还可以设定色彩空间、分辨率和所需要的颜色深度。然后单击“保存”，并选择“目标文件夹”、新的文件名和格式。单击“完成”命令，关闭这张RAW格式的照片，并单击“打开”命令在Photoshop中处理这张照片。

佳能Digital Photo Professional

佳能数码相机用户应该对佳能Digital Photo Professional不会感到陌生，Digital Photo Professional（以下简称DPP）与佳能数码单反相机捆绑销售，是一款集图像浏览、佳能RAW转换和照片编辑于一体的软件。最新版的DPP整合了几代EOS数码相机的EOS Digital数据，因此它可以转换和调整EOS D30和之后所有佳能EOS数码相机拍摄的RAW格式照片。如果用户使用的DDP软件的版本较低，可以登录佳能公司的网站http://www.canon.com.cn，在售后服务的下载中心里下载最新版的升级程序。

安装后打开DPP软件，呈现在眼前的是类似图像浏览软件的界面。鼠标双击带有RAW脚标的照片便可进行全屏浏览。单击左上角“编辑图像窗口”图标后进入编辑模式，在右边RAW图像调节窗口中可以对照片进行亮度、白平衡、曲线、锐度和色调的调整，同时也可以在图片样式下拉菜单里选择一些如人像、风光、单色等固定的模式。在调整过程中可以将照片放到较大的比例，也可以选择“查看｜前/后比较”对调整前后的效果进行比对。如果对调整后的效果不满意的话，可以单击“调节｜回到拍摄设置”。如果右侧调整窗口阻挡视线的话，可以单击“工具”按钮将其隐藏。

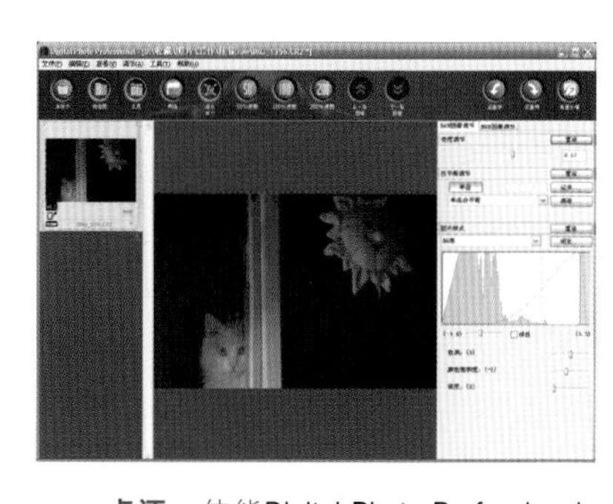

点评：佳能Digital Photo Professional的运行处理速度相当惊人，无论是浏览RAW格式图像还是放大后的图像移动都可以在瞬间完成。不过相比Photoshop自带的RAW调整插件，佳能Digital Photo Professiona的功能还不够完善。

智能对象 Photoshop中RAW格式的嵌入

在具有高动态范围（大光比）的拍摄题材中，数码摄影有时会捉襟见肘。为了在照片中能同时包含阳光明媚的区域和带有细节的阴影部分，对照片进行后期编辑是必不可少的过程。在JPEG格式的照片中，影友会在拍摄现场使用具有不同曝光时间的包围曝光功能，并把这些照片最优化的部分相互组合在一起。在RAW格式中，这个包围曝光功能常被省去，因为一个RAW格式的数据能容纳不同亮度值的多张照片所包含图像信息。而且在显示器上还可以对图像质量进行充分的控制。

灵活地使用“智能对象”

接下来，你可以把处理过的RAW格式照片保存为JPEG格式并在处理过程中使用。或者你可以把原始的RAW格式照片嵌入到正在处理的JPEG照片中，作为可以随时进行新的编辑的“智能对象”。利用这种方法可以马上检查效果，并判断出变亮的对象是否在环境中显得和谐。如果对效果不满意，双击鼠标就可以在Camera RAW中重新打开这个文件进行调整。因为这个“智能对象”是从原始RAW文件中进行读取的，所以频繁的改变并不会导致照片的质量变差。

1 处理背景

在Photoshop内置插件Camera RAW中打开这张照片，并把背景进行优化设置。正如警告色显示的那样，这张示例照片由于逆光而显得非常亮。我们把曝光量降低了一挡光圈，并相反强调了深色区域，但是程度并不是很大，否则叶子就会显得太突出。把这张照片以JPEG格式存储，并在Photoshop中打开它。按下“F7”键，在前景中显示图层面板，双击“背景图层”，把这张照片转换为一个新图层。

2 加入智能对象

现在，把RAW格式的文件作为“智能对象”加入到这张JPEG格式照片中。首先在图层面板上单击“创建新的图层”的符号，然后通过“图层｜智能对象｜编组到新建智能对象图层”命令把它转换为一个智能对象。现在，这个对象还是空的。因此单击“图层｜智能对象｜替换内容”命令，选择相应的原RAW格式文件。这个文件会自动在Camera RAW中打开。

3 处理RAW格式的文件

现在设定滑块，使得蝴蝶可以最优化地显示出来。注意，为了让结果不会显得不自然，你应该轻微地调整色温。除了利用“调整”选项卡的滑块之外，你还可以利用“曲线”下的色调曲线提高或者降低亮度。接下来，单击“完成”，这样这个文件就会转到Photoshop中。

4 生成蒙版

现在裁切你的对象：这只蝴蝶已经明显从背景中突出出来，因此可以选用磁性套索（按下“L”键）。然后选中整个轮廓，检查所选对象，在“以快速蒙版模式编辑”1上单击鼠标。现在，除了蝴蝶之外的所有对象应该都被选中了。利用画笔和黑白背景色，你可以添加或者清除所选范围。接下来，通过在2中单击鼠标回到标准编辑模式下便会形成选区。

5 使用蒙版

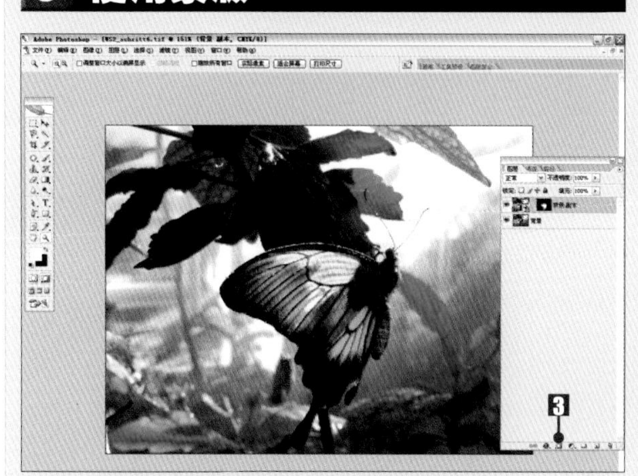

在“选择｜羽化”命令上单击鼠标，并输入大约5个像素点的数值。这样，主体和背景的过渡就会柔和地显现出来。然后，在图层面板中的“添加图层蒙版”3上单击鼠标。现在的RAW格式的文件中，只有蝴蝶是可见的，背景则是JPEG格式的部分。你可以通过单击图层面板上的眼睛图标，把原始照片与编辑过的照片进行比较。

6 编辑RAW格式文件

如果你现在确定，这个对象并没有最优化地融入到背景中，你还可以改变RAW格式的设定选项。首先，要双击图层面板上的智能对象图层，并进行相应的调整。你可以试验色温、饱和度和亮度等设定选项。接下来，把PSD文件存储为JPEG格式。

尼康Capture

使用尼康单反相机的影友们都知道，除了Photoshop外，尼康 Capture 也是转换和编辑NEF（RAW）格式照片的利器。

尼康Capture是一款针对尼康NEF（RAW）等格式进行后期照片处理的专用软件，通过它可以把NEF（RAW）影像在计算机上进行精准的调校，运用NEF（RAW）文件格式的特性，针对拍摄后的RAW数据，进行类似于第二次拍摄一样的各种处理和调整。因此，实际拍摄时没有显现的细节可以通过后期调整以达到完美，从而大幅度地提升了影像创作的自由度。主要调整项目有：白平衡调整、色域空间设定、色度调整和其它调整（曝光补偿、突出轮廓、色阶补偿、色相调整等）。尼康Capture支持sRGB、AdobeRGB等种多色彩模型。可将图片保存为TIFF或JPEG格式文件，而同时完全保证原有数据的完整性。

尼康Capture的操作比较简单，整个界面就像一个卡通版的Photoshop。在主界面顶部为拍摄数据窗口，左边为快速工具栏，右边分别是一号和二号工具调色板。对于初学者来说，这样的设计非常实用。

当使用尼康Capture进行处理后还需要使用Photoshop进行进一步后期处理，如局部锐化、祛除污点、加图片框等。当需要将照片转入Photoshop中进行调整时，你可以单击快速工具栏里面的Photoshop图标。

点评：对于大部分影友来说，尼康Capture足可以应付大部分尼康NEF（RAW）格式的后期处理工作，而这个工具比起其他图像处理工具要更容易熟悉和掌握。尼康 Capture的操作界面也相对专业，各种拍摄数据和调整数值一目了然。

光影再现高动态

可见世界中的暗区和亮区之间的比例，远远超过数码相机能够记录的范围。在白天拍摄时，经常遇到天空和地面景物的细节不能同时记录的问题；夜晚拍摄时，会遇到因光源强弱不同使得照片整体照度不均。这一切问题，我们都将在接下来的文章中为你解决。

简单地说，高动态范围照片是一种包含亮度范围非常广的照片，它比其他格式的照片有着更大亮度的数据存储，而且它记录亮度的方式与传统的照片不同，它不是用非线性的方式将亮度信息压缩到8位(bit)或16位(bit)的颜色空间内，而是用直接对应的方式记录亮度信息，可以说它记录了环境中的照明信息，因此我们可以使用这种照片本身存在的亮度和信息来"照亮"场景。

高动态范围(英文简称HDR)照片为我们呈现了一个充满无限可能的世界，因为它们能够表示现实世界的全部可视动态范围。由于可以在照片中按比例表示和存储真实场景中的所有明亮度值，因此，调整高动态范围照片曝光度的方式与在真实环境中的拍摄场景里调整曝光度的方式类似。利用此功能，可以产生有真实感的模糊及其他真实光照效果。

拍摄高动态范围素材

要生成高动态范围的图像，首先要拍摄有效的素材。这些素材首先要保证画面固定不动，以正常曝光数值为标准，拍摄几张曝光过度、曝光正常和曝光不足的照片。拍摄时要注意避免景物中云彩的飘动、树木因为风吹而移动以及人和汽车运动等问题，否则合成素材后，几张照片里不同的区域就会变成难看的灰色重影。具体操作可以使用三脚架和相机中的包围曝光功能，分别拍摄曝光正常、曝光过度1挡和曝光不足1挡的照片，通过这3张素材照片进行制作。为了营造更为夸张的效果以及结合拍摄现场的光照情况，素材的包围曝光拍摄甚至可以达到5张、7张、甚至十几张。不过要注意的是，拍摄时要手动设置统一的白平衡。

为了保证能得到高质量的素材，最好在拍摄时使用三脚架和快门线，可能的话还可以开启反光板预升功能，彻底杜绝手振和相机位移的发生。对于专业数码单反相机，可以使用包围曝光功能，选择间隔一挡曝光，包围3张、5张、7张或者9张进行拍摄。

对于一般的数码相机，使用包围曝光功能只能拍摄3张照片，那么可以结合曝光补偿功能的使用来拍摄，拍摄更多张不同曝光的照片。或者使用相机的手动曝光模式（M挡），在光圈不变的情况下，改变快门速度进行拍摄。

使用小卡片数码相机时，即使没有包围曝光、手动曝光这些专业的功能，我们也可以通过相机基本的曝光补偿功能来拍摄素材照片。不过无论使用什么相机，一定要手动设置统一的白平衡进行拍摄。

后期制作调整

拍摄了合格的素材照片后，后期制作并不是什么困难的事情。如果电脑处理速度够快的话，不出几分钟，一张光影完美的高动态范围照片就会合并完成，而其中的操作也不过是单击几下鼠标而已。如果你想拍摄多张高动态范围素材照片，却因没有三脚架而困惑，那么Photoshop的自动对齐功能会将几张错位的照片自动对齐。如果你想将以前拍摄的照片制作成高动态范围照片，却苦于没有素材。我们将在后面的内容向你介绍如何通过单张RAW格式照片来转换出多张曝光不同的素材，之后进行合并的方法。

合成高动态范围照片

在中关村西街拍摄夜景时，考虑天色、灯光和建筑之间的光比过大，于是拍摄了 8 张不同曝光的素材。后期使用时下流行的高动态范围照片合成软件 Photomatix Pro 2.5.1，合成后进行色调映射和简单调整，最后在 Photoshop 中局部进行曲线调整。

1. 载入素材照片

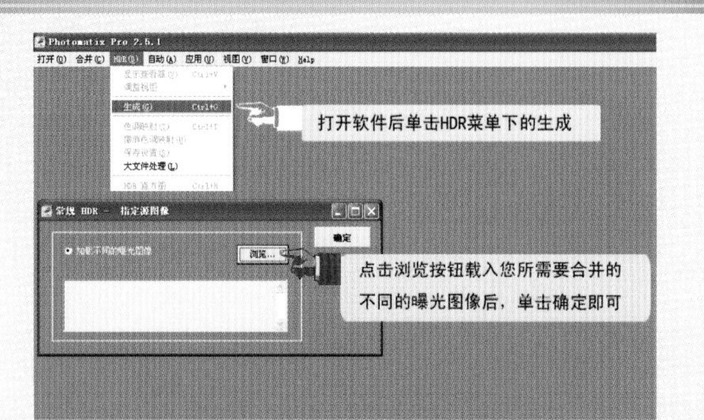

打开软件后单击HDR菜单下的生成
点击浏览按钮载入您所需要合并的不同的曝光图像后，单击确定即可

Photomatix Pro是一款合并高动态范围照片的专用软件，现在比较常用的是2.5.1版本，如果使用的是英文版，可以在网上找到相应的汉化补丁。打开软件，在菜单中单击“HDR|生成”，在弹出的“常规HDR”窗口中单击“浏览”，载入之前拍摄的素材照片，然后单击“确定”。

2. 设定生成选项

在接下来弹出的“生成HDR”窗口中，勾选“尝试去减少重影假象”，并将“检测”选项设为“高”，设定后单击“确定”按钮，这时会弹出处理的进度条。

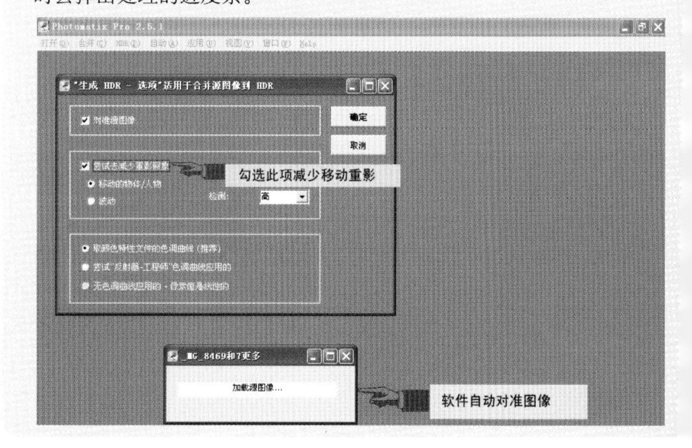

3. 生成高动态范围照片

在上一步的处理结束后，软件会将合并处理好的高动态范围照片呈现在界面中，并同时会弹出“HDR查看器”，用来观察细节。但是这只是个毛坯照片，还需要在接下来的调整中进行修饰。

4. 色调映射调整

在软件界面中单击“HDR|色调映射”，这样，这张毛坯片就可以将存储在内的光照亮度信息以照片的二维影像形式显示出来。

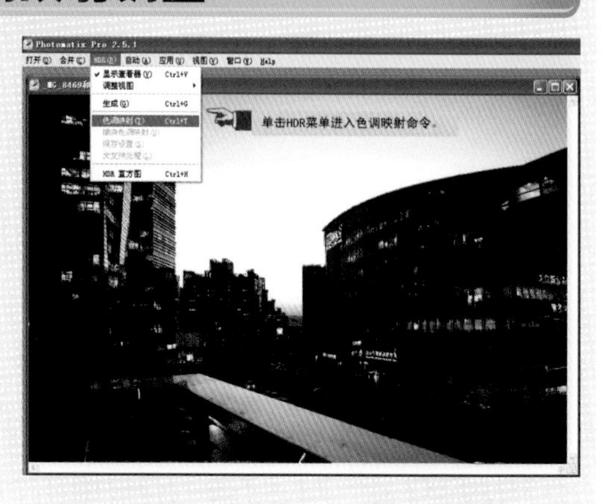

5. 映射后初始效果

进入“色调映射”调整窗口后，这张高动态范围照片的基本雏形已经出现，但是为了达到最佳显示效果，我们还要进行一些设定。

6. 色调映射详细设置

针对这张照片，在设置的滑块和选项中降低“强度”，将“光平滑”增加一挡，增加“光度”和“伽马”，并将“输出深度”改为16位（bit），之后选择“应用”。在设置时，可能电脑的运算会比较慢。

7. 保存输出照片

这时，软件又回到了原始的界面，我们可以选择菜单“打开|另存为”，将调整后的照片存储为无损的TIFF格式。

8. 精细调整光影

最后，在Photoshop中载入这张高动态范围照片，通过调整图层和图层蒙版的使用，对照片中各部分的光影进行局部精细的调整。

使用 Eye Candy 4000 外挂滤镜的编织效果一步处理而成。

索引

原始图

Photoshop 外挂滤镜

使用过 Photoshop 的影友无一不对其中令人眼花缭乱的滤镜效果赞叹不已。然而人类的想象力似乎是无穷的，许多摄影师和设计师已经不再满足于 Photoshop 中自带的滤镜效果，于是很多公司和工作室推出了第三方的滤镜或插件，也就是我们常说的外挂滤镜。

作为Photoshop功能的扩展和照片特效的制作，安装外挂滤镜是最直接有效的方法。在Photoshop软件的安装目录下，特地留有一个名为“增效工具”的文件夹，从字面上不难看出它的含义。在其中的“滤镜”文件夹里，存放着一系列Photoshop自带的效果滤镜，通过Photoshop软件菜单中“滤镜”的使用，为数码照片进行渲染。

然而，Photoshop的设计者并不能满足所有用户的需求，于是，各个软件制作厂商和工作室相继推出自己定位和使用领域内的外挂滤镜，并且基于Photoshop的核心。这样，当需要这些调整功能时，就无需再安装多余的软件，而是打开Photoshop后通过“滤镜”菜单来调用这些润饰程序，并通过这些基于Photoshop的子程序对照片进行调整。

在这次专题中，我们介绍了19款颇受国内影友好评的滤镜，他们涵盖了照片立体特效制作、模拟光学滤镜、镜头畸变校正、老照片制作、噪点控制、抠图辅助、光影制作、绘画效果制作，材质和纹理生成、RAW格式处理以及滤镜管理等功能，这些都是我们从数百种滤镜中精挑细选出来的，并附上了下载地址。很多滤镜由于是英文界面，权衡版本的新旧程度和语言界面后，我们在这里更推荐中文操作界面的滤镜。对于一些英文版本的滤镜，影友也可以在网上找到它们的汉化版本或汉化插件。

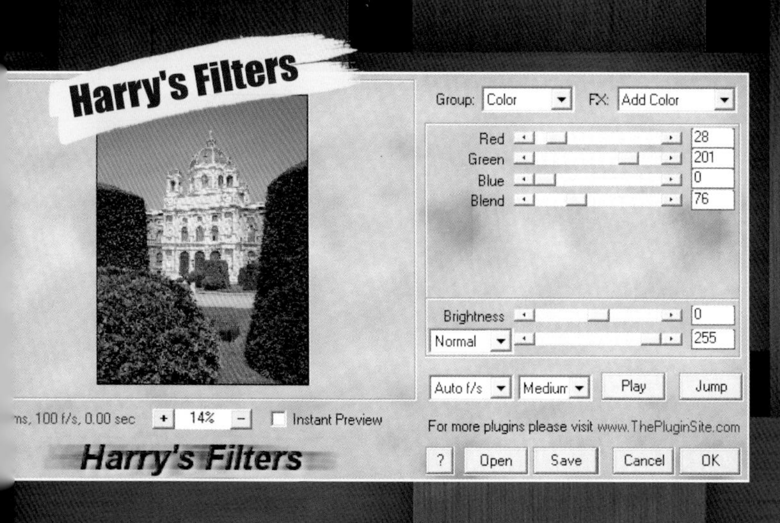

安装Harry's Filters后，会在Photoshop的滤镜菜单下出现ColorRave、Crytology、Digimarc、Harry's Power Grads、Harry's Rave Grads、Mirror Rave、Nivana、VideoRave等8个滤镜组。

安装滤镜后需要输入注册后得到的序列号，注意要区分大小写。在Photoshop的"滤镜|Auto FX Software|DS Bonus"可以打开这个滤镜，打开"Special Effects(特殊效果)"可以调出调整滑块。

Harry's Filters V3.0

www.skycn.com/soft/30635.html

Harald Heim的Harry's Filters在免费外挂滤镜中已经属于经典产品，它的内容会定期进行更新。现在，Harry's Filters也可以在Windows Vista操作系统下运行，并且通过自己的安装路径启动。在最新的版本中，这个滤镜包含有69种效果滤镜和120种针对8位RGB照片的预设效果。这样，可以设置颜色或者编辑出非常吸引人的带有闪光或火焰的照片。每个滤镜都在一个共同的使用界面下条理清晰地组合在一起，这让试验过程变得非常简单。同时，这款好用的滤镜还是免费的。

Mosaic

www.autofx.com/freeplugins/mosaic.asp?id=20

从它的名字就可以看出这款滤镜和马赛克制作有关：Mosaic这个滤镜把照片分解为最细小的马赛克块，其中所需效果的方式和数量可以精确进行控制。你可以改变马赛克的形状（正方形、五边形、八边形），并改变边缘层次、颜色以及马赛克块之间的距离。这款滤镜值得试一试，因为AutoFX厂商专门致力于提供高质量的滤镜。这款滤镜在安装时还有一个针对安装的提示：这款滤镜需要一个序列号，这在注册几分钟以后可以通过电子邮件获得。因此，在下载时需要进行注册，并且留下正确的电子信箱来收取序列号。Mosaic也是一款免费提供的滤镜。

Opanda PhotoFilter

www.onlinedown.net/soft/32215.htm

以前进行传统摄影并习惯与彩色滤镜打交道的影友，会喜欢上Opanda PhotoFilter：因为你可以在这里找到超过100种模拟真实滤镜效果的程序，还可以精确转换为Cokin（高坚）、Hoya（保谷）和柯达公司的滤镜产品效果。这个免费软件可以非常轻松地操作，通过多个滑块，你可以设置效果和颜色的强度。一个可缩放的预览窗口，可以实时查看调整后的缩略显示效果。这个软件是免费的，因为设计者通过嵌入的广告而得到资金支持。

PTLens 8.6

www.ayxz.com/soft/12222.htm

PTLens滤镜是建筑摄影师必备工具之一，它主要用于处理因镜头产生的暗角、畸

外挂滤镜的安装方法

在使用照片外挂滤镜前，首先要学会滤镜的安装方法。就Photoshop来讲，常见的情况和安装方法有3种，不过在安装之前首先要关闭Photoshop软件。第1种情况是，下载的滤镜为一个安装程序。那么，在安装这个程序时，要将安装目录进行重新选择，在滤镜的安装过程中都会提供这个选项。如果你的Photoshop软件装在了默认的硬盘C盘下，那么这时就要将滤镜的安装目录设定为C:\Program Files\Adobe\Adobe Photoshop CS3\增效工具\滤镜（以Photoshop CS3中文版为例）。第2种情况是，这个滤镜软件可以依托于Photoshop，同时也可以抛开Photoshop自己独立运行。这种情况下可以将软件安装在任意的目录下，之后进入这个软件的安装目录，将其中一个文件名后缀为8bf的蓝色图标文件复制到上文提到的Photoshop安装路径下的"滤镜"子目录即可。第3种情况最为简便，直接下载滤镜后解开压缩包，得到文件名后缀为8bf的蓝色图标文件，之后按上述方法放进"滤镜"文件夹内即可。

AGEDFILM 这款滤镜可以生成逼真的老照片效果，如果你觉得滤镜效果有些生硬的话，可以结合 Photoshop 中的“图层”和“不透明度”来更好地使用。另外，这款滤镜的处理速度比较慢。

通过 Noise Ninja 软件界面的上方的按钮，可以分别查看每个通道的噪点情况。在界面左侧单击“Noise Filter”按钮，可以调出降噪滤镜的调整滑块，单击滑块上方的方块键，可以调出查看选区的矩形选框。

变等问题，既可作为Photoshop的外挂滤镜，也可独立运行。PTLens 是窗口式镜头校正滤镜，通过设置，它可以使照片的暗角、色像差和远景透视发生改变。PTLens内置了上千个不同品牌的相机镜头参数，可以根据不同相机的特点，来处理因镜头而产生的暗角、畸变等。这个版本为包含中文界面在内的多国语言版。

AGEDFILM

ps.onegreen.org/photoshop/plug/plug2/3541.

AGEDFILM外挂滤镜是digieffects公司（www.digieffects.com）出品的一个老电影滤镜。该滤镜是一个“老电影效果”制作器滤镜，它可以通过颗粒、尘埃、毛发、疤痕等手段轻松制作出一部老电影效果照片来。这个滤镜不仅可以做出静态效果的照片，如果将它运用到Adobe Premier软件中，还可以制作出真正的动态的老电影来。这个滤镜的调整选项包括调整画面中小颗粒的数量，尘埃粒子的最大尺寸，尘埃粒子的最多数目，粒子的颜色，电影画面中毛发纤维的最大长度，毛发纤维的最多数量，毛发纤维的颜色，电影中疤痕的最大数量。

Neat Image 5.6 Pro
www.onlinedown.net/soft/31298.htm

数码相机有一个特殊的地方，就是在照片上产生噪点。这是由于机身内模拟电路和数字电路之间转换和放大时，不可避免地存在的噪点，这和音频设备中的信号杂音类似，所以无论是音频设备还是数码相机的感光设备（CCD或者CMOS），都有信噪比的概念，信噪比越高，主信号和杂讯之间的强度差距越大，越不容易察觉噪点的存在，相反，当相机感光度提高时，照片中噪点就会变得非常明显，直接影响画面表现。Neat Image 是一款功能强大的专业降噪软件，非常适合处理因曝光不足或高感光度设定而产生大量噪点的数码照片，尽可能地减小外界对照片的干扰，尤其擅长对人像照片的噪点处理。Neat Image 的使用很简单，界面简洁易懂。降噪过程主要分4个步骤：打开输入图像、分析图像噪点、设置降噪参数和输出图像。输出图像可以保存为 TIF、JPEG 或者 BMP 格式。虽然这个滤镜最新的5.x 版本已经推出，但是没有被汉化，因此我们推荐更成熟的5.6汉化版。

Neat Image 的使用比较简单，按照软件界面上方的 4 个选项卡依次进行设定，即可实现基本降噪功能。另外，很多专业的人像摄影工作室也会结合图层或选区的使用，通过 Neat Image 来实现柔化皮肤的功能。

Noise Ninja v2.1.3

download.it168.com/03/0303/81119/81119_4.shtml

Noise Ninja是一款专门针对数码照片降噪的软件。由于使用了高精度浮点运算和高位深的图像存储技术，降噪效果显著，非常方便快捷地提高图像质量。可以说Noise Ninja是当前降噪软件中的佼佼者，操作简单、效果明显，受到全球数千的专业摄影师和评测者的青睐。Noise Ninja软件最大的特殊之处还在于提供了针对某款数码相机专用滤镜，这样可以在影像降噪技术上达到最优化。它能针对数码相机高感光度时容易出现的噪点进行精细优化，达到消除噪点目的。只需按照提示一步

这款经典的皮肤柔化软件会自动找出人物照片中皮肤的部分，并进行一系列的柔化处理。其中"混合"滑块用来调节柔化程度的强弱，"细节"滑块用来设置照片的锐化程度。

首先要在 Photoshop 中复制背景图层，然后在滤镜中运行 knockOut2 中的"载入工作图层"命令。使用"选取"工具勾勒主体边缘，并使用"Shift"和"Alt"键配合来增加或减少选区部分。调整抠图精度滑块后，按下"抠图按钮"抠图。

步来，就可以顺利达到你想要的效果。和其他软件不同的是，对于体育摄影师、现场新闻摄影师和专业的摄影师来说，Noise Ninja是一款效率非常高的软件。

Kodak Gem Pro v2.0

www.cnd8.com/soft/7229.htm

这是Kodak经典的一款磨皮滤镜，它具有快速而强大的面部皮肤平滑处理功能，可以去除照片中人物的面部皮肤斑点和皱纹，减少图像噪点、提高亮度、最小化不理想的皮肤和其他表面瑕疵，并尽量保留细节，例如：头发、睫毛、眉毛，并保留真实的面部主特征。允许用户设定皮肤柔化程度以及亮度和锐度。支持8位和16位色彩。

KPT 7.0

www.sj00.com/soft/1471.htm

Photoshop的著名外挂滤镜KPT（kai′s power tools）是一组著名的系列滤镜。每个系列都包含若干个功能的滤镜，适合于数码艺术创作和照片特效处理。这款滤镜原来隶属于Metacreations公司，最近被转手到Corel公司（www.corel.com.cn）。Corel公司目前的系列有 Kpt3、Kpt 5和Kpt6。最新的KPT 7.0版本更是滤镜中的精品。与众不同的是，这个系列的滤镜版本的升级并不是前一版本滤镜功能的简单加强，而是每次都带给我们全新的滤镜组合。KPT7一共包含9个全新的滤镜。它们分别是：KPT Channel Surfing（对照片中的各个通道进行效果处理）、KPT Fluid（模拟液体流动的效果）、KPT FraxFlame II（捕捉并修改不规则的几何形状）、KPT Gradient Lab（创建色彩组合）、KPT Hyper Tilling（形状组合创意）、KPT Lightning（闪电效果）、KPT Pyramid Paint（叠加对称效果）和KPT Scatter（去除表面污点）。

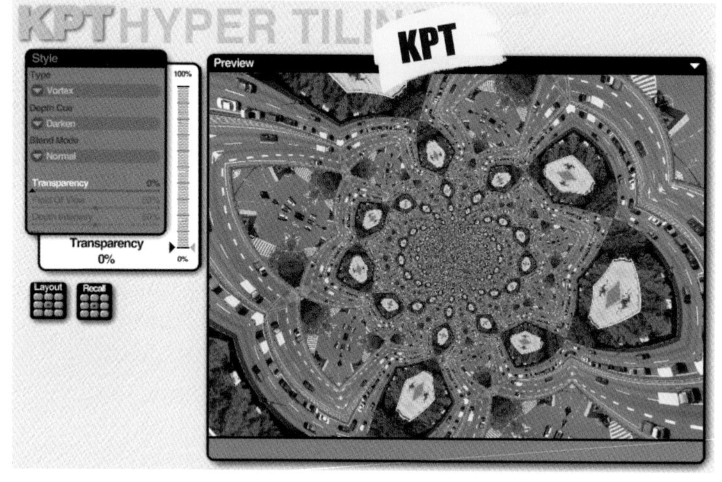

一张汽车和公路的照片在使用了KPT7.0滤镜的"Hyper Tilling（形状组合创意）"滤镜后的效果。

Digital Film Tools 55mm

www.cngr.cn/dir/211/272/2007041919169.html

说起Photoshop的数码照片滤镜，不得不提到Digital Film Tools 55mm。Digital Film Tools 55mm 滤镜是一套专门针对数码照片的滤镜插件包，目前最新版本为7.0。使用它制作出来的效果非常独特，可以模仿流行的相机滤光镜、专业镜头、光学试验过程、胶片的颗粒、颜色修正、自然光和摄影等众多特效。这套滤镜插件还包括很多的特效，比如烟雾、去焦、扩散、模糊、红外滤光镜、薄雾等73种。

Corel KnockOut v2.77

download.it168.com/03/0303/81077/81077_3.shtml

这款抠图工具的2.77版本设计了全新的缩放工具，在下拉菜单中预先设定的缩放比例，提供了更大的灵活性。全新的多级恢复和撤销达99级，使作品可以恢复到不同的编辑阶段，而不需要从头开始。全新多边形工具通过使用点到点或徒手多边形模式定义选区，从而更简单地定义大型、复杂的照片。KnockOut v2.77解决了令人头疼的抠图难题，使枯燥乏味的抠图变为轻松简单的过程。它不但能够满足常见的抠图需要，而且

这款 AutoFX 旗下的外挂滤镜可以模拟各种光线和投影效果，是后期创意的绝佳辅助工具。在 Mystical Lighting 界面中单击打开“Special Effects(特殊效果)”按钮可以调出所有滤镜效果。

这款被称为素描大师 Redfield Sketch Master 外挂滤镜可以将照片处理成绘画效果。通过“笔画”等选项的系列设定，可以达到各种素描效果。选择工作界面下方眼睛图标右侧的白色方块，可以进行前景和背景图案的选择。

还可以对烟雾、阴影和凌乱的毛发进行精细抠图，就算是透明的物体也可以轻松抠出。即便你是Photoshop新手，也能够轻松抠出复杂的图形，而且轮廓自然、准确。

AutoFX Mystical Lighting

download.it168.com/03/0303/81093/81093_4.shtml

Mystical Lighting可以制作出极为真实的光线和投射阴影效果。利用这款滤镜，可以提高照片在光、影这两方面的品质，并达到美化的作用。Mystical Lighting 包含了16种视觉效果，超过400种预设来满足你的需要，只要利用得当，就可以产生无穷多样的效果。Mystical Lighting 还拥有很多优点，例如图层无限的撤销设置、多样的视觉预设、蒙版设置和精悍的特效设置，种种的这些都能辅助你探索和生成非常有趣的特效，并能轻松地得到类似工作室般的高素质照片。

Redfield Sketch Master

www.crsky.com/soft/10297.html

Sketch Master 是一款号称素描大师的Photoshop外挂滤镜，它能将照片进行处理、制作为现实主义风格的手绘作品。它可以模拟铅笔、墨水笔、彩色粉笔、炭笔和喷雾器等工具的笔触和效果。

AlienSkin Xenofex 2

download.it168.com/03/0303/81186/81186_3.shtml

Xenofex是Alien Skin Softwave公司的另一个精品滤镜，它简单的操作延续了Alien Skin Softwave设计的一贯风格，是制作创意作品的又一个好助手。其中，Baked Earth（干裂效果）能制作出干裂的土地效果；Constellation（星群效果）能产生群星灿烂的效果；Crumple（褶皱效果）能产生十分逼真的褶皱效果；Flag（旗子效果）能制作出各种各样迎风飘舞的旗子和飘带效果；Distress（撕裂效果）能制作出一些自然剥落或撕裂文字的效果；Lightning（闪电效果）能产生无数变化的闪电效果；Little fluffy clouds（云朵效果）能生成各种云朵效果；Origami（毛玻璃效果）能生成一种透过毛玻璃看东西的效果；Rounded rectangle（圆角矩形效果）能产生各种不同形状的边框效果；Shatter（碎片效果）能生成一种镜子被打碎的效果；Puzzle（拼图效果）能生成一种拼图的效果；Shower door（雨景效果），能生成雨中看物体的效果；Stain（污点效果）能为图片增加污点效果；Television（电视效果）能生成一种老式电视的效果；Electrif（带电效果）能产生一种遍布电流的效果。

DCE Tools v1.0

download.it168.com/03/0303/81156/81156_3.shtml

DCE Tools是Mediachance公司推出的一款Photoshop的综合调整滤镜。其中包括CCD噪点修复、人像皮肤修饰、智能色彩还原、曝光

Eye Candy 400(0)滤镜可以生成多材质效果，如滴、烟雾、毛等。图中的立体果使用了其中“璃”滤镜。另外这款滤镜的汉版名称可能会翻译成眼睛糖4000。

将RAW格式照片载入Photoshop，就会自动打开Adobe Camera Raw滤镜。通过滤镜中“基本、色调曲线、锐化、HSL/灰度、分离色调、镜头校正、相机校准”等7个选项卡可以精确调整RAW格式照片。

Nik Color Efex Pro滤镜精确的模拟计算，使最终照片效果毫不逊色于传统光学滤镜。值得一提的是，“Infra-red Black and White”功能可以十分真实地模拟红外摄影的效果等。

补偿、镜头畸变修正、透视修正，以及全局自动修饰7个滤镜。值得一提的是，全局自动修饰能尽量减少调图过程中细节的丢失。

Eye Candy 4000

www.66169.com/soft_1010238.html

EYE Candy 4000外挂滤镜可以实现常见的一些自然效果，如火焰、冒烟、金属色泽、以及将影像立体化等效果。由于内容丰富，所拥有的特效也是影像工作者最常用的，所以它在Photoshop外挂滤镜中的评价相当高。

Adobe Camera Raw

www.adobe.com

Adobe Camera Raw滤镜作为Adobe Photoshop CS3的内置滤镜捆绑安装。独立升级，简洁的操作版面，简易的操作，越来越得到更多影友的青睐。它作为通用型RAW处理引擎，是平面软件Photoshop的免费配置滤镜，并且Adobe公司实时根据新发布的相机来更新它的版本。从3.6升级到4.4，新增了很多实用的功能，可以说相比以前有了比较大的改进。新版本在RAW格式的处理中添加了类似暗部与高光的调整功能，目的在于恢复高光部分的细节。同时增加了用于增加饱和度的色块，提升饱和度不够的照片。另外，RAW专业软件Lightroom中一些功能也增加到了这里。Adobe Camera Raw 4.4版本和Adobe Bridge CS3、Adobe Photoshop CS3成了完美组合，是注重品质的影友处理RAW格式照片不可缺少的利器。

Plugin Manager

www.mydown.com/soft/27/27118.html

如果你是Photoshop的发烧友或专业玩家，一定会安装并使用到不少的外挂滤镜，但令人讨厌的是，在Photoshop的滤镜菜单中可显示的滤镜栏数是有限的，随着大量滤镜的安装，许多不同类别的常用滤镜会被挤到二级菜单中，使用时极为不便，且随着外挂滤镜的不断增加，恐怕连你自己都会搞得眼花缭乱、一头雾水，而Plugin Manager的出现解决了这个问题。作为职业的滤镜管理专家，它可以为每个滤镜存储为最多100张预览照片（你可以自己提供），并可以为每个滤镜提供关键词和说明。然后，你可以通过搜索功能随时读取源数据。实用的是，通过简单单击鼠标，可以快速激活单个滤镜以及整个滤镜组，或者在不需要时将其关闭。

Nik Color Efex Pro 3.0

www.niksoftware.com

Nik Color Efex Pro 3.0提供了3种不同的版本：即标准、可选和完全版本。其中，含有用于高调拍摄、胶片仿真效果、最精细的颜色校正或高难度润饰工作的滤镜。同时，大量的自动功能让影友操作起来得心应手。

外挂滤镜下载和讨论网站

行色主义（www.swcool.com）

插件资讯站点形色主义影像后期设计互动平台所举办的：年度十大最受欢迎Photoshop滤镜，从2003年至今，已经成功举办了五届。每年，十大最受欢迎Photoshop滤镜名次都是在形色论坛经过推荐和公开投票而产生。这一评选代表了这些滤镜在国内的认知度和在使用者心中的地位。同时，也通过评选来给广大摄影和后期爱好者介绍这些优秀的滤镜。

Photoshop资源站（www.ps123.net）

Photoshop资源站提供了大量的Photoshop教程和软件下载资源。同时，这个网站也收录了大量Photoshop外挂滤镜，并且实时提供外挂滤镜的免费汉化和下载，具体可以参见主页中的“plug”、“滤镜”和“滤镜汉化”3个分类。

PS设计素材站（www.wzfzl.com.cn）

PS设计素材站提供了丰富的Photoshop外挂滤镜下载资源。同时，图文界面和教程详解的提供，很大程度上方便了初学者对外挂滤镜的了解和使用。

Photoshop软件的学习技巧

Q Photshop对于数码摄影人来说越来越重要了，我也从很早就开始自学Photoshop，也曾经上过一些短期的培训班，但总是得不到要领，每次遇到要处理的图像总是去找别人，请问学习Photoshop有没有什么好的窍门或技巧呢？

A 你说的这个现象是许多初学Photoshop的人常遇到的问题，有很多学员在学习的过程中也经常这样问我。首先、我要正面回答的是，Photoshop这个软件使用起来并不难，但要全面地掌握它，需要花一定的时间和精力。有许多人在学习Photoshop之前就给自己定下目标，发誓一定要在一个星期内“搞定它”。其实这是不现实的，学习使用这个软件需要一定量的时间。其次，自己一定要找到学习数码后期处理的兴趣点，也就是培养自己的兴趣，这里最好的方法就是拿自己拍摄的照片作为图例来做练习，这样也很容易让自己看到调整前后的效果。再一点就是经常和别人交流，其实后期处理最好的交流方式就是上数码论坛，比如“Foto社区”（www.foto-video.cn）的“后期制作版块”就是一个很好的数码后期处理交流平台，大家可以在上面畅所欲言、提出问题，也可以将自己新学到的东西传授给其他影友。最后一点就是一定要多加练习，只有反复的练习才能使自己操作得更加熟练，才能逐步掌握一些操作技巧。另外我们学习软件还要有一种钻研的精神，不要遇到一点小问题就问别人，也就是我经常提醒学员的一句话，我们要做到“勤学少问多琢磨”。

Photoshop窗口的作用

Q 我正在学习使用Photoshop，每次看到别人的界面右边有很多窗口，我的却只有几个，请问这些窗口有什么作用，我该怎么打开它们？

A 在Photoshop中，界面右方的各种窗口均在窗口菜单栏下打开，如图所示。这些窗口中比较常用的窗口简单介绍如下：“导航器”窗口，主要用来对图像进行预览，可以通过游标（红色圆所标示）对图像进行缩放。在放大的图像中，可以通过对预览图画框中的方框进行挪动，以显示相应的区域。“动作”窗口主要用来进行创建和运用动作进行批处理。“历史记录”窗口主要用来记录所进行的操作以及快照，提供精确的后悔步骤（相当于“撤销”命令）。“路径”窗口是用钢笔工具进行路径制作的窗口，提供相关的路径命令。“通道”窗口用来显示一张照片各个通道的亮度信息以及使用者根据需要使用的Alpha通道。“图层”窗口用来显示在图像制作过程中的各个图像图层、调整图层、图层蒙版以及文字图层等。“信息”窗口用来显示图像上光标所在位置的颜色信息和坐标信息。“颜色”窗口，通过不同的颜色模式（RGB/CMYK/HSB/Lab等）的数值设置设定前景色与背景色的颜色。“直方图”窗口是用来显示图像的阶调特征的。“字符”窗口用来对所输入的文字的特性（字符大小、字体、字体样式、颜色等）进行设置。

Photoshop动作的使用

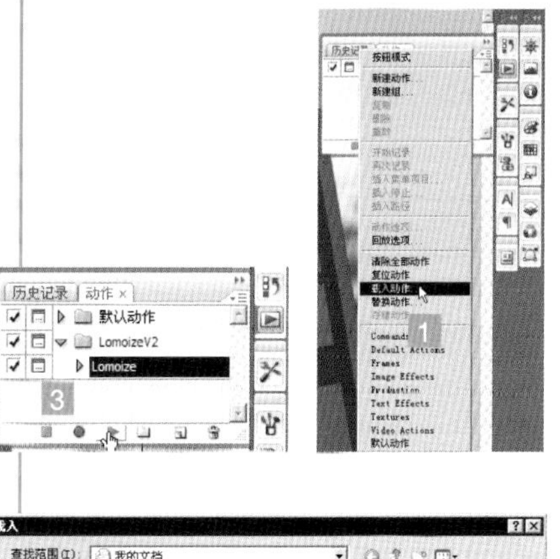

Q 现在网上有很多免费下载的Photoshop动作包，似乎只要装到Photoshop中就可以一步实现特效等多种复杂的操作。能介绍一下具体动作的安装和使用方法吗？

A Photoshop的动作包是非常实用的一个工具，我们不需要复杂的操作，只需要简单地在动作中单击执行便可以轻松获得特殊的制作效果。但是需要提醒的是，如果动作包是从国外的网站上下载的，就需要在英文版的Photoshop中执行。否则会由于动作中命令菜单的中英文不一致而导致动作无法全部执行，这样的动作执行后的效果往往是半成品。在Photoshop中导入动作很简单：在窗口中选择动作，打开动作面板。单击关联菜单三角形状按钮，如图1所示，从关联菜单中选择导入动作。在导入窗口中选择所需导入的动作，如图2所示。这时在动作面板中会出现刚刚导入的动作。使用动作前在Photoshop中打开要执行的图像文件，在动作面板中选择该动作，单击播放按钮，如图3所示，即可自动执行动作。

HDR照片的精细调节

Q *我用3张照片合成了HDR照片，之后效果并不是很好，我还需要进行什么调整吗？*

A 在使用Photoshop的HDR功能时应当注意，由于高动态范围的照片合成需要多张不同曝光量的照片来合成得到，故在拍摄时应当以1或2挡曝光量为单位拍摄5到7张照片来进行后期合成，这样才能够得到包含更多明暗信息的高动态范围照片。对于读者所提出的问题，合成后效果不佳的原因在于拍摄照片的张数相对较少，所以得到的照片的层次不够丰富，图1所示为合成HDR照片的界面。对于合成的照片我们还需要对其进行一定的调整，以获得较好的图像质量。首先我们在“位深度”一栏中选择8位，因为我们通常输出和在显示器上浏览照片时使用的都是8位的照片。单击确定后弹出HDR转换窗口。Photoshop提供了4种转换方式，其中“高光压缩”和“色调均匀化直方图”是无法参数调节的选项。高光压缩就是将32位图像中的高光部分压缩保留中间调和暗部的细节的转换方法；而色调均匀化直方图的处理则是在整个阶调范围内进行压缩，并保留一定的对比度。当上述两种转换方法得到的图像无法满足要求时，我们可利用“曝光度和灰度系数”和“局部适应”两种来进行参数调节设定转换。对于一般用户可以使用“曝光度和灰度系数”来调节画面以获得最佳效果，曝光度类似于拍摄时的曝光量，提高后画面整体会增亮；而灰度系数用来控制画面明暗的对比度，灰度系数高，画面的对比度会增大，细节损失较大；反之画面的对比度减小，呈现的细节增加。所以只需要通过这两个参数的设定即可得到满意的画面，如图2所示。对于高级用户，可以使用局部适应的方式来进行调节。局部适应是通过计算整个HDR图像中各局部亮度区域需要进行的校正量来调整图像的色调。点按箭头可以显示色调曲线和直方图，直方图显示了原始HDR图像的亮度值。如图3所示，调节时移动“半径”滑块可以用来指定局部亮度区域的大小，半径值越小，局部亮度区域越小，反差也相应越低，反之则反差相对较高；移动“阈值”滑块，可以指定两个像素的色调值相差多大时，才会将它们视为来自不同的亮度区域，阈值设定得越大画面中保留的细节相对越小，反之则细节越多。当然也可以使用色调曲线来进行调整获得所需要的影调关系。

1

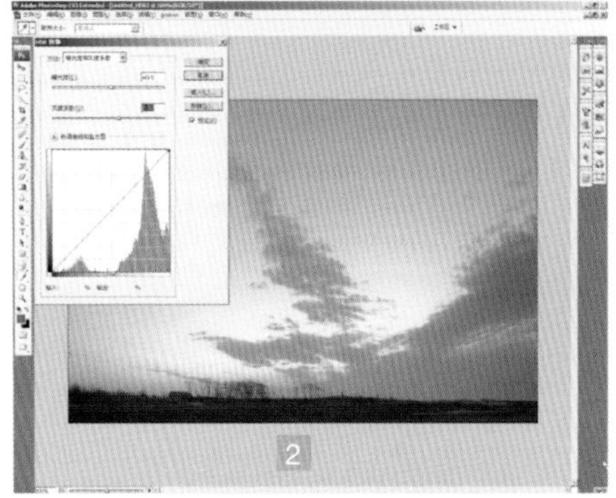
2

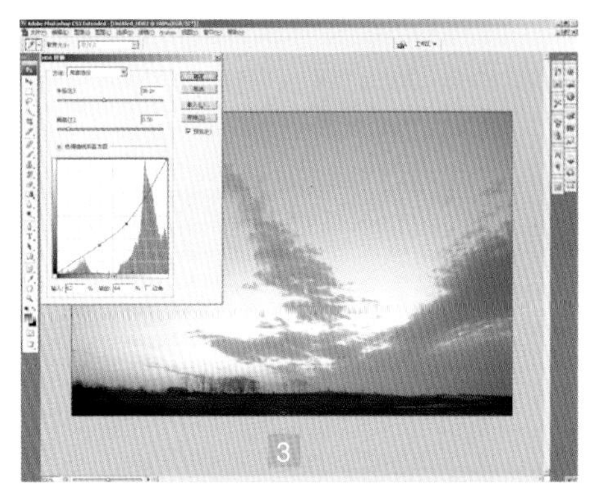
3

“不透明度”和“填充”的区别

Q *在Photoshop 的图层面板上，有一个不透明度设置，还有一个填充设置，这两个数值框好像都是对工作图层的不透明度进行设置的，请问“不透明度”和“填充”有区别吗？*

A 在Photoshop 中，图层面板上的“不透明度”和“填充”都是对图层的透明度进行设置的，如果图层没有添加任何图层样式，只对图层的图像进行透明度设置，那么这两者是没有区别的，但如果在图层上添加了任何一种图层样式，二者就不一样了，“不透明度”能改变图层所有像素的透明设置；而“填充”只能改变图层上原有图像的透明度，对图层上模式的颜色就不起作用了。图1、图2是对图层添加了“外发光”样式后分别设置“不透明度”和“填充”为50%时的画面效果。

1

2

安装Photoshop外挂滤镜

Q *怎么安装NeatImage降噪软件才能让它成为Photoshop CS3的插件？*

1

A 有两种方法可以将Neat Image软件作为Photoshop的插件。第一种方法是直接将Neat Image软件安装到“安装盘:\Program Files\Adobe\Adobe Photoshop CS3\Plug-Ins\Filters”或“安装盘:\Program Files\Adobe\Adobe Photoshop CS3\增效工具\滤镜”目录下。第二种方法是将Neat Image软件单独安装，安装完毕后将安装文件夹下的名称为“Neat Image.8bf”（图1）的文件拷贝到上面提到的目录下即可。需要注意的是，两种安装方法得到的插件在使用时应当选择“滤镜/其它/降低噪点……MIB8”，如图2所示。

2

变虚为实

Q *我拍宝宝的照片时，相机的对焦出现了问题，请问这张照片还能挽救吗？*

A 我们可以利用锐化和反差调整的综合手段来挽救这张照片。首先，选择“图像｜调整｜亮度/对比度”，将对比度调节至20，以提高照片的反差。下面，对照片进行锐化，选择“滤镜｜锐化｜USM锐化”，将阈值设定为2，半径为2.0，数量在115，锐化参数的设置是以不破坏图像细节为准。如果锐化过度，则会出现亮斑干扰画面细节。接下来，我们使用套索工具勾选人物的眼睛、鼻子，进行少许羽化后开始第2次锐化。最后，使用套索工具勾选人物的嘴唇，羽化后进行第3次锐化。经过这3步锐化，整张照片的清晰度就会有很大的提升，人物脸部的模糊给人柔和的感觉，而眼、口、鼻的却保持了很高的清晰度。在保存前我们可以选择“图像｜图像大小”，将宽度设定为700像素，将重定图像像素设为“二次立方（较锐利）”。这样就得到细节丰富、清晰的照片了。

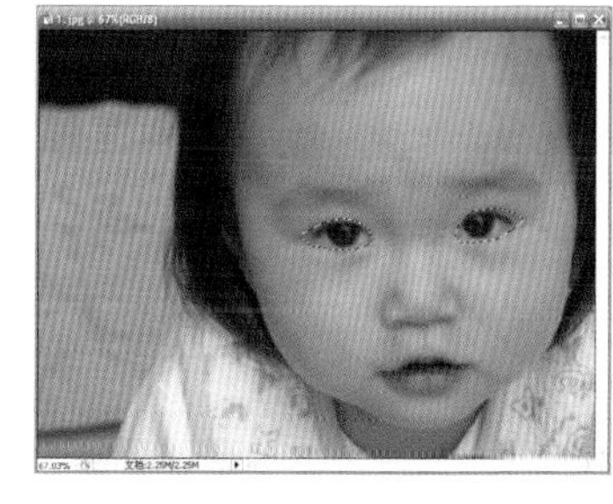

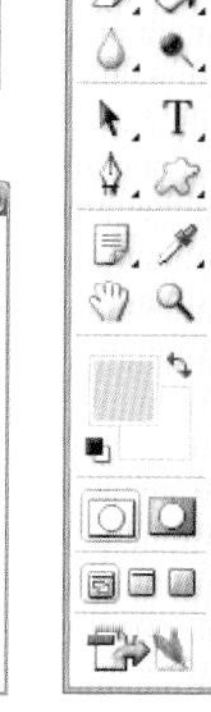

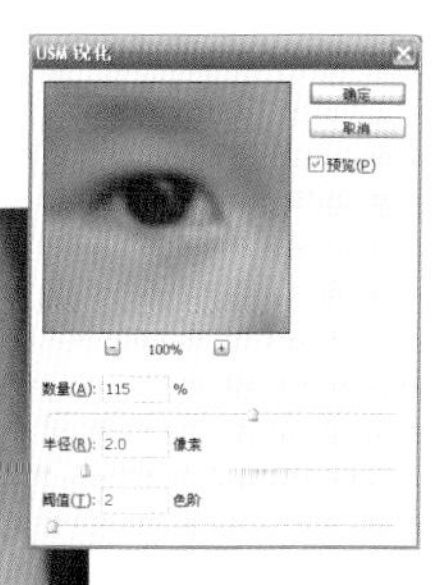

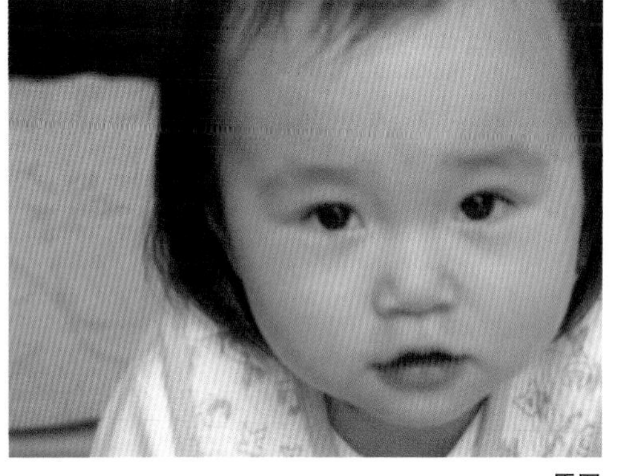

原图

调整后

不露痕迹换背景

Q *我是一个摄影爱好者，对PS仅知皮毛。当拍摄时遇到苍白的天空，后期想换上一幅好看的背景时，主体的边缘很明显。如图，就是换上去的一幅背景，用“图章”仔细修饰后总觉得还是有痕迹，请问要怎样才能不露痕迹？*

A 在更换背景天空时，我们可以利用图层蒙版和渐变工具来进行，以避免明显的痕迹。如图1，将左边两幅图像进行合成。首先将云彩的图片复制到飞机图片中，并使上下两个图层中心对齐；选择云彩图层，为其添加一个图层蒙版，如图2所示；选择渐变工具，在垂直方向上拖动（按住Shift键沿垂直方向拖动），这时会在新增加的图层蒙版上绘出渐变，如图3所示，我们可以通过不断调整渐变的位置来达到两幅图像完美融合的效果。

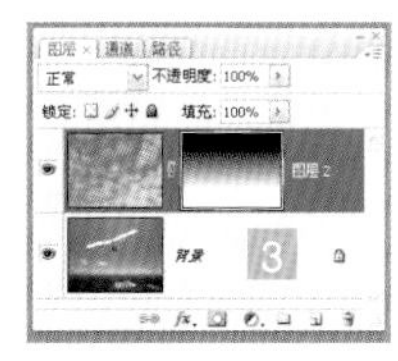

调整后

高ISO设定与后期提亮

Q *我总觉得我的小数码相机高ISO下拍摄的照片画质不好。我想知道使用ISO100拍摄曝光不足的照片后通过后期提亮，与使用高ISO拍摄的照片有什么区别？*

A 其实两者还是有一定区别的，我们可以发现使用高ISO和曝光不足拍摄的照片参数是不一样的。提高相机的ISO设置拍摄时，相机会将感光元件感应入射光线的能力增强，虽然同时会记录一些因信号放大产生的杂讯，但是相机也记录下了拍摄现场暗部的细节和色彩。当拍摄曝光不足的照片再通过后期提亮时，画面中的噪点数量可能会与前者类似，但是暗部的细节和色彩并不能保证完全被记录下来。

不完美的天空

Q *我使用1000万像素的数码单反，拍摄了一张画质最佳的JPEG格式照片。当我将照片转成黑白模式时，天空过渡出现了断层，而且调整照片色阶后，断层明显会增加，这是为什么呢?*

A 天空过渡出现断层是计算机图像中常见的一种状况，产生这种现象的原因在于：计算机中的图像是一种位图，这种位图是由很多像素排列构成，在8位的RGB模式图像状态下，每一个像素的颜色可以有1600多万种变化（28X28X28=16777216），所以图像像素的颜色非常丰富，往往不会出现断层现象。当将图像转换为灰度图像模式时，每个像素有28个不同的灰阶变换，即从黑到白有256个不同的灰度。这时对于类似天空这样有均匀过渡的图像，显示过渡时需要有丰富细腻的灰度变化。而计算机中的图像由于灰度明暗变化有限，无法满足如此丰富的灰度变化，像素之间便会产生不连续的现象——断层现象。如果这时对图像的阶调进行调整，像素的灰度阶调会重新分布，一些像素的灰度被降暗，而其他的灰度被提亮，我们调整的结果往往是加大图像的反差，而有限的灰度更加无法满足更大明暗范围的丰富变化，所以就会增加这种断层现象。

调整海景照片

Q *我对这张使用长焦镜头拍摄的海景照片很不满意，请问我该怎么调整?*

A 首先考察这张照片的直方图，如图1所示。从图中我们可以明确该图像的阶调分布集中在中间调区域，画面缺少纯黑和纯白。从照片上看，画面反差较低，并且有一定的青色偏色。调整时首先选择“图像|调整|阈值”（图2），就这张照片来讲，在阈值为26时（图3），按住键盘“Shift”键单击画面中黑色区域以确定画面最黑点；在阈值为215时，按住Shift键单击画面中白色区域以确定画面最亮点。在阈值窗口中单击“取消”退出阈值命令，选择“图像|调整|曲线”，通过黑白场滴管来重新校正画面的黑白场。在曲线中适当增加图像中间调部分的反差，如图4所示，单击“确定”完成图像阶调调整。选择“图像|调整|可选颜色”，选择青色和红色，分别按图5中的参数设置，这样就可以校正画面的偏色并适当增加画面中少量红色的鲜明性。最后选择“色相|饱和度”将饱和度整体增加20。

原图

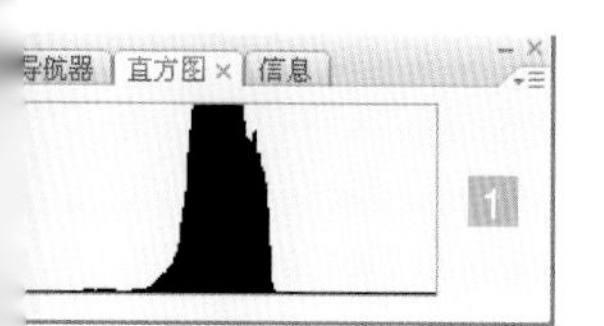

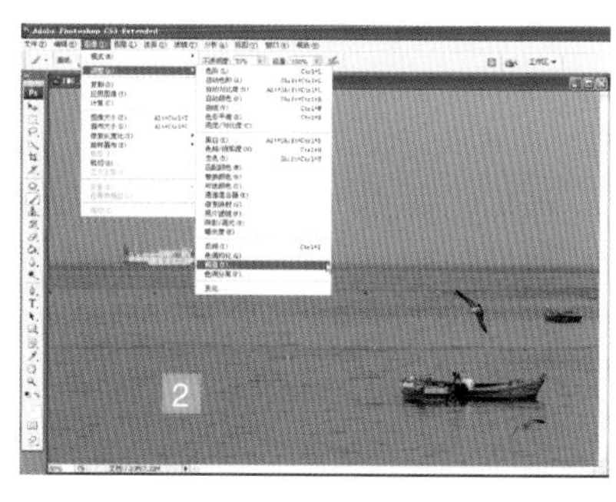

调整后

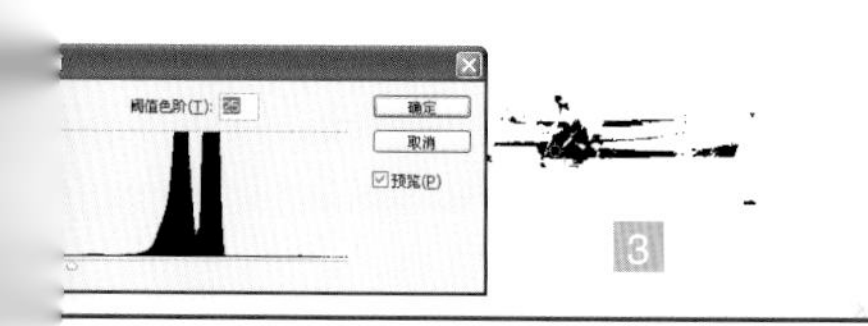

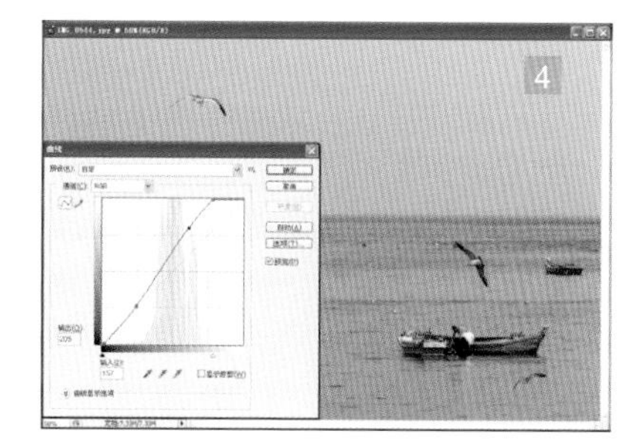

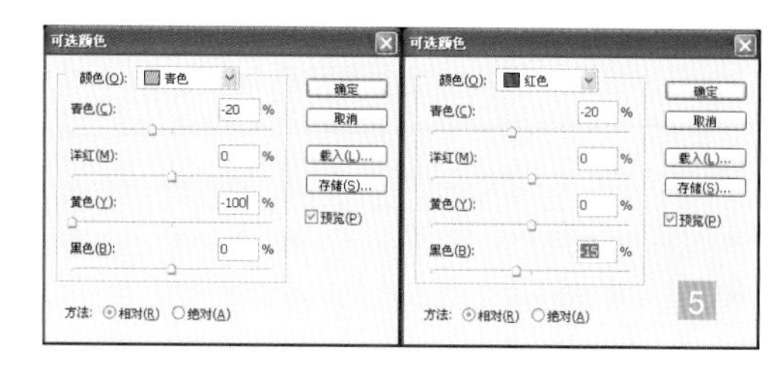

风光照片后期怪圈

Q 最近在网上看见很多人拍摄北方冬天的风光照片，后期制作中疯狂地增加饱和度和锐度，我很奇怪为什么影友不喜欢真实的照片呢？

A 这是目前国内摄影界很普遍的现象，也是数码摄影的一个误区。产生的原因可能是摄影者为了强调自己的片子能够与众不同，或者能够在摄影赛事中脱颖而出，毕竟鲜艳明晰的照片更加能够吸引评委的眼球。但是，在实际操作中数码照片饱和度和锐度的调整都必须有一个“度”，超过了这个“度”往往会画蛇添足，不但不为照片增色，反而破坏了影像质量。所以在后期制作中，饱和度的调节应当以真实为基础进行适度的夸张，而清晰度的调节则更应当根据影像传播的载体而设置。

调整曝光不足的问题

Q 我将曝光不足的照片使用曲线调整后，发现照片中人脸变成了难看的黄色，尝试图层叠加之后滤色调整曝光也会出现这种问题，这是为什么呢？怎么能解决这个问题呢？

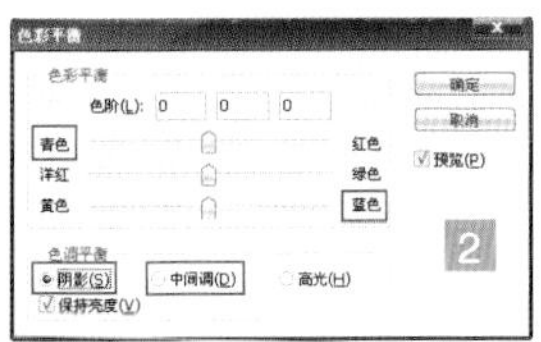

A 对于曝光不足的照片使用曲线进行调整时，其曲线调节往往是提高暗部画面的斜率，以拉开暗部层次的分布，如图1所示。这样暗部某个像素上红、绿、蓝3色信息都是以相同的比例被提亮，如果3个颜色信息数值相同（为中性灰），乘以相同倍率后得到的3个颜色信息值的绝对增量也相同，这时颜色不会发生偏色（仍然为中性灰）；如果3个颜色信息数值不同，在乘以相同倍率后，数值大的颜色其绝对增量最大，数值小的颜色其绝对数值增量最小，这时色彩就会发生改变，偏向绝对增量最大颜色与绝对增量最小颜色补色的混合色效果。对于人物的肤色来说红色数值最大，调整后其绝对增量就最大；蓝色数值最小，调整后其绝对增量就最小。所以调整后画面暗部像素3个颜色信息绝对增量按红、绿、蓝依次减小，所以画面会偏黄色。解决该问题的方法是：在对图像暗部进行调整后，利用“色彩平衡”分别对图像的阴影和中间调进行调整，增加青色和蓝色成分以校正人物脸部出现的偏色，如图2所示。当然也可以使用“阴影/高光”，在其高级模式中的“颜色校正”栏设置相应参数以校正偏色。

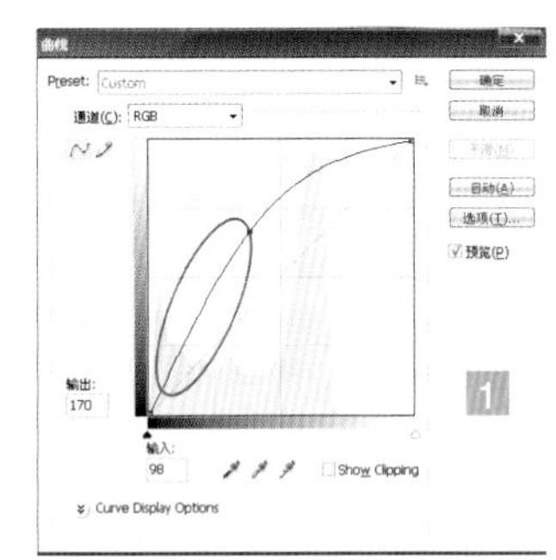

合并通道

Q 请问怎样合并通道？

A Photoshop提供了将多个灰度图像合并为一个图像的通道的功能。要合并的图像必须是灰度模式，同时要具有相同的像素尺寸并处于打开状态。已打开的灰度图像的数量决定了合并通道时可用的颜色模式。如果打开了3个图像，可以将它们合并为一个RGB图像；如果打开了4个图像，则可以将它们合并为一个CMYK图像。现在我们以图1中的3张图为例进行讲解。首先在PS中打开3幅图像，单击通道调板窗口右侧的三角标志打开关联菜单，如图2所示，选择“合并通道”。在弹出“模式”菜单中（图3）选择“RGB颜色”，也可以在“通道”文本框中输入一个数值。弹出如图4所示的“合并RGB通道”菜单，在该菜单中可以设定合并图像的每一个通道的来源。设定后单击确定即可，完成效果如图5所示。

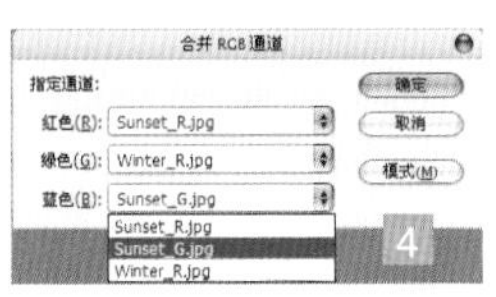

将多张照片放进一个背景

Q 请问有什么方法将很多照片快速放到同一个背景中，有这样的软件或Photoshop插件吗？

A Photoshop提供了一个将文件载入堆栈的命令，可以快速将多张照片放置在同一背景中。选择“文件/脚本/将文件载入堆栈”，进入导入文件窗口，如图所示。如果选择“浏览”则可以从指定路径选择照片，选择“添加已打开文件”则可以将已经打开的所有文件选中，单击“确定”即可将多张照片快速放在同一个背景中。

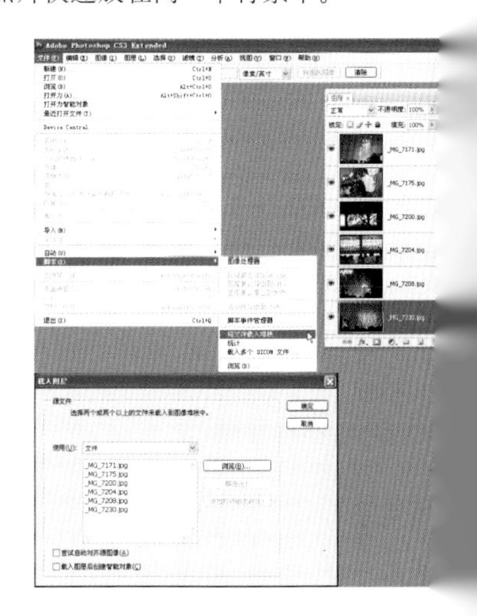

后期处理导致照片回放出错

Q 我在Photoshop中将照片进行处理后再传回相机，本想通过相机的回放功能浏览照片，可不知为什么相机怎么也显示不出来，请问这是为什么？

A 对于这个问题我们可以通过数码照片的EXIF信息来解答，首先看一下未经过Photoshop修改的数码照片的EXIF信息，如图1所示。从图中我们可以发现图像的创建软件是Digital Camera FinePix F700 Ver2.00。再看图2，从图2中可以看出在Photoshop中复制的照片存储后的文件的EXIF信息，其中创建软件为Adobe Photoshop CS Windows。由此可见，数码相机在读取文件时，其自动识别自身所创建的图像，而对于其他软件创建的图像则不识别，这就是经过修改存储后的照片传回数码相机无法显示的原因。

大光比人像的处理

Q 光比大的皮肤如何调整，如有些人物在阴影中有些在阳光下，如何调整使照片反差减小并且清晰？

A 对于大光比人像，在后期处理时可以使用Photoshop中的"阴影/高光"命令来进行调整。该命令仅仅针对图像中的阴影和高光部分的影调进行调整，而对中间调的影响相对较小，可以有效地减小画面的反差，获得较好的效果。初级影友可以在简易模式下简单调整"阴影"和"高光"的数量来减小画面反差。高级影友可以选择"显示其他选项"，通过更加丰富的参数来调整画面。上图为简易模式和高级模式下的"阴影/高光"命令窗口。"阴影/高光"命令调整前后的图像如左图。

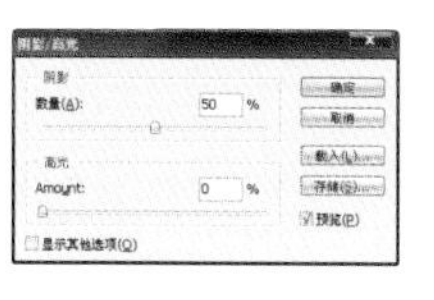

更改历史记录

Q 请问Photoshop CS3如何更改历史记录？

A 在Photoshop CS3中，历史记录的数量是可以调整的，选择"编辑|首选项|性能（Performance）"，出现如图1所示的性能界面，在历史状态（History States）栏中填写历史记录数量，或者在关联菜单中移动游标，可以增加或减少Photoshop记录的历史记录数量，单击确定完成更改。历史记录的数量为1～1000，Photoshop默认值为20。对于历史记录的编辑可以通过历史记录调板来进行。对于历史记录的编辑有4种操作，如图2所示：第1种是新建快照，以快照的方式保存当前的编辑状态，来弥补有限的历史记录；第2种是删除，即删除当前选定的历史记录以后的所有操作记录；第3种是清除，即保留当前的操作记录，将其它历史记录清除；第4种是新建文档，即将当前历史记录状态的图像新建为一个文档，用当前记录的名称命名该文档，如图3所示。

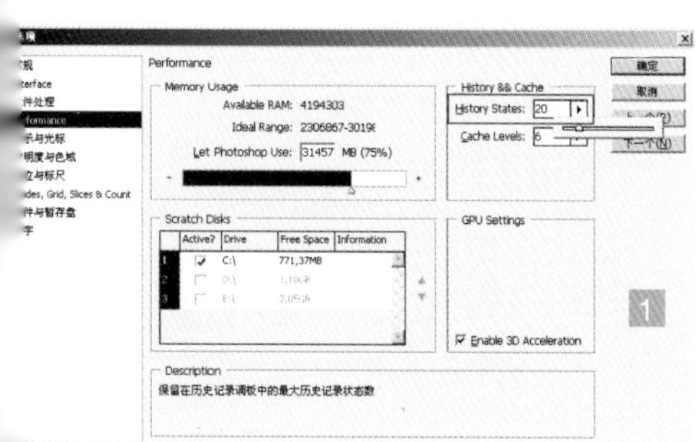

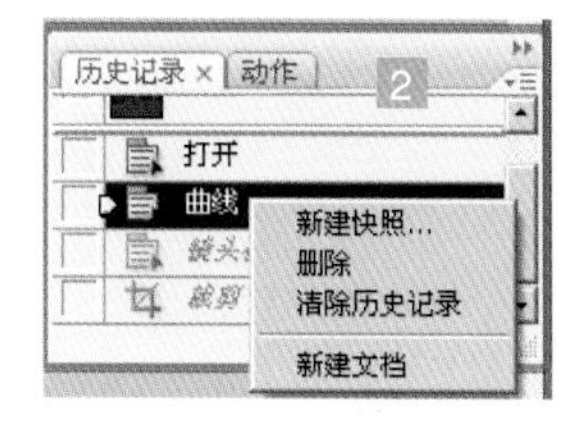

改变画布大小

Q 我给雪山的照片添加了云彩，但是拼接后照片上面的云彩不能显示，请问我该怎么办？

A 这种情况的出现往往由于拼合的两幅照片尺寸不同而导致的。所以在拼合的过程中应当着重调节附加的云彩照片的尺寸大小。图1所示为添加云彩的图像，可以看到图层1中云彩的占画面的比例较小，我们可以选择"图像/画布大小"，将画布向上方延伸，参数设置如图2所示，这样使得更多的云层图像在画布中显示，得到图3所示效果。还可以选中云彩图层，选择"编辑|自由变换"（Ctrl+T）对该图层的位置和大小进行调整，获得合适的画面。

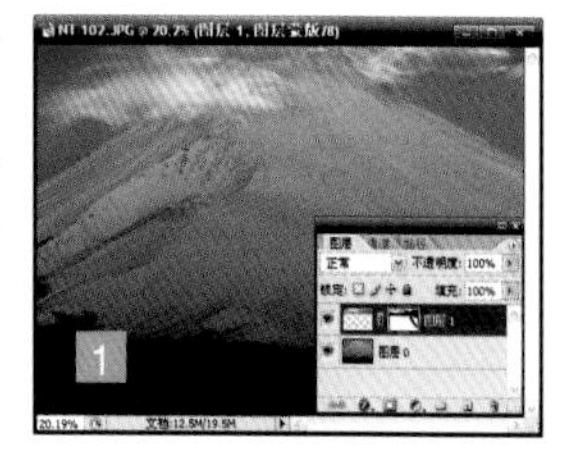

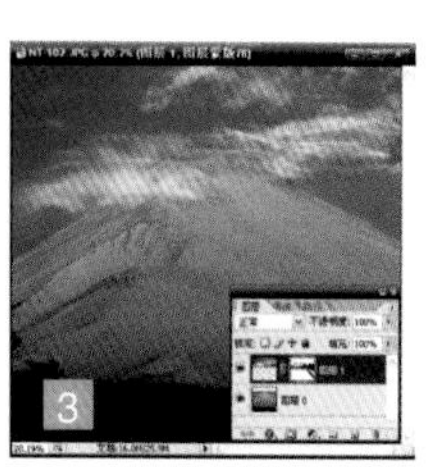

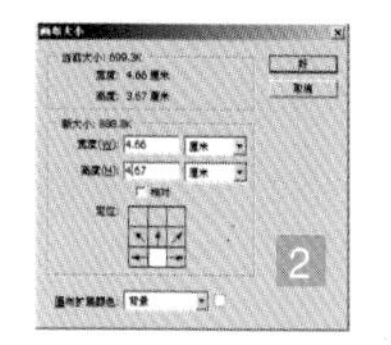

后期的限制及软件侦测

Q *我发现有些摄影比赛要求不能对照片进行创意性的后期调整，如果我参加这些比赛时，将照片以RAW格式导出两张，合成增加动态范围可以吗?另外，我想知道这些比赛在评定时是否有专门的侦测软件，来找出后期制作的痕迹?*

A 将照片以RAW格式导出两张合成增加动态范围的照片，是不属于创意性的后期调整，所以可以参加摄影比赛。目前还没有专门的侦测软件用来检测后期制作的痕迹，所以摄影比赛的评委都是根据经验对照片进行详细观察来进行判断。另外，大赛还往往要求参赛者将原始的拍摄文件呈交，这样便于评委进行对比审查，所以参赛者一定要保存好原始的照片文件，在做后期调整前应当将原文件复制，并且在投稿时一并提交。

恢复阴影部分的细节

Q *我在拍风光照时为了留住天空细节减了几挡曝光，结果地面的细节全没了，请问我该怎么办?*

A 这类照片往往是严重曝光不足的，所以我们首先对照片的阶调进行适当调整，选择“图像｜调整｜色阶”，将色阶右方的亮调调整到有像素分布的起始位置，如左下图所示。然后选择“图像｜调整｜暗调｜高光”，将暗调的数量值调整到10%，如右图所示，这样我们就将图像阶调调整到合适的范围了。还有一种简单的方法来调整暗调，将原图像复制在一个新的图层上（图层1），将图层的混合模式更改为“滤色”，然后根据画面的影调情况调整图层1的不透明度，这里我们调节到75%，这样也可以得到影调完美的照片。

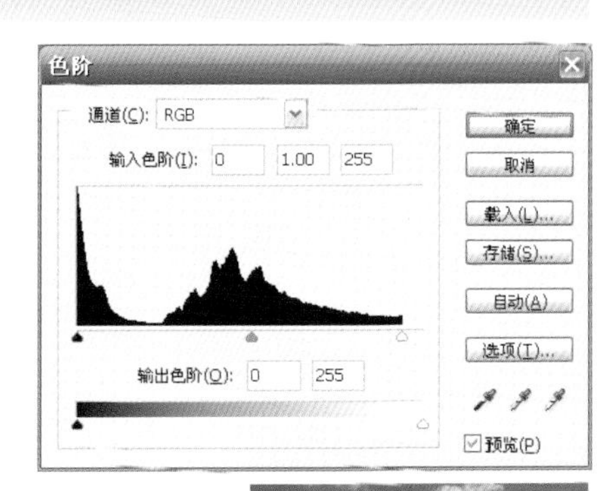

原图　调整后

快速选取工具

Q *Photoshop CS3的工具栏里新增了“快速选取工具”，但没有容差选项，在选取与背景反差不大的情况下好像不是很方便，请教有没有办法解决呢?*

A 快速选取工具虽然没有容差选项，但是设定恰当的参数能够帮助我们很好地进行选区工作。选择“快速选取工具”后，在工具参数栏中选择画笔参数（图1），在关联菜单中提供直径、硬度、间距等参数供我们选择设定。直径用来控制快速选取工具的选区范围大小，硬度用来控制选区边缘的羽化程度，而间距用来控制连续选区时相邻选择点之间的间距。如果经常连续选择，则可以将间距值设置较小。对于反差较低的景物，为了精确选区，应当将直径值和硬度值设定较小，将间距值设定较大来进行选区。当选区完成后可以利用“调整边缘”命令来重新定义选区的范围大小以及边缘的状态，如图2所示。“调整边缘”命令中的半径用来收缩选区的边缘；反差用来控制边缘的硬度；平滑用来控制选区边缘的圆滑程度；羽化用来控制边缘与背景之间的融合程度，即边缘的羽化程度；收缩/扩展则用来扩展选区边缘或收缩选区边缘。该命令还提供了标准、快速蒙版、黑色背景、白色背景和通道几种预览方式。

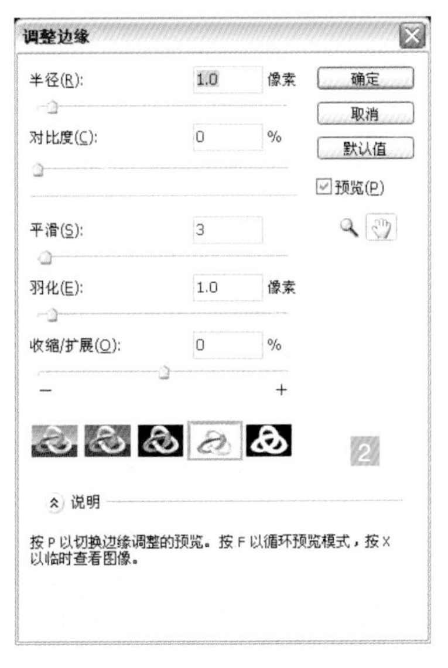

历史记录画笔

Q *Photoshop CS3中历史记录画笔是做什么用的? 具体怎么使用呢?*

A 历史记录画笔工具是用来局部恢复先前编辑状态的工具。例如我们先利用“滤镜”中的“高斯模糊工具”（图1）将画面调整为模糊效果。打开历史记录控制面板，将历史记录中原始照片快照设置为历史记录画笔的源。选择历史画笔工具（图2），设置画笔的大小，将画面中天空以及装置的支架涂抹恢复成原始图状态，只保留装置上部为运动模糊状，完成效果如右图所示。

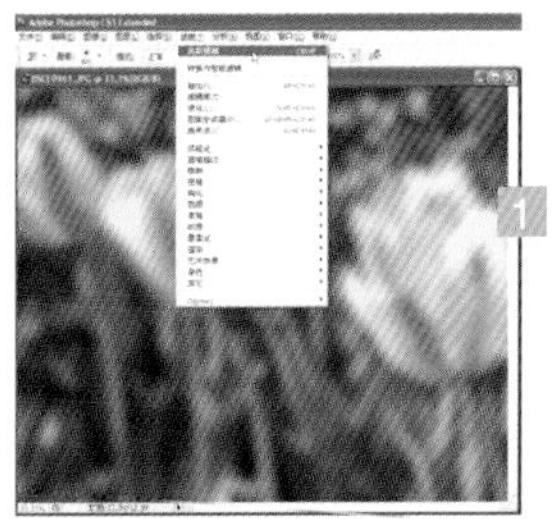

原图

剪裁照片

Q *我在Photoshop中想把很多张照片裁成8英寸×10英寸的来输出，我的照片是横幅的，可是Photoshop中的工具只能裁竖幅的。我建立了一个10英寸×8英寸的新方案也无济于事，请问我该怎么办?*

A 在Photoshop中可以为裁剪工具设定一个新的10英寸×8英寸的预设，来进行自动的裁剪。首先在"编辑/首选项/单位与标尺"菜单中将标尺单位设置为"英寸"。然后选择裁剪工具，在裁剪参数设置栏中将宽度设置为10英寸，高度设置为8英寸，分辨率设置为300dpi，如图1所示。在裁剪预设关联菜单中选择新建预设，如图2所示，这时会弹出新建工具预设菜单，单击确定即可以新建一个裁剪照片为10英寸×8英寸的预设。裁剪时只要选中新建的裁剪预设，在照片画面中拖动鼠标为所需构图，单击回车键即可将照片重新构图裁剪为10英寸×8英寸的照片。

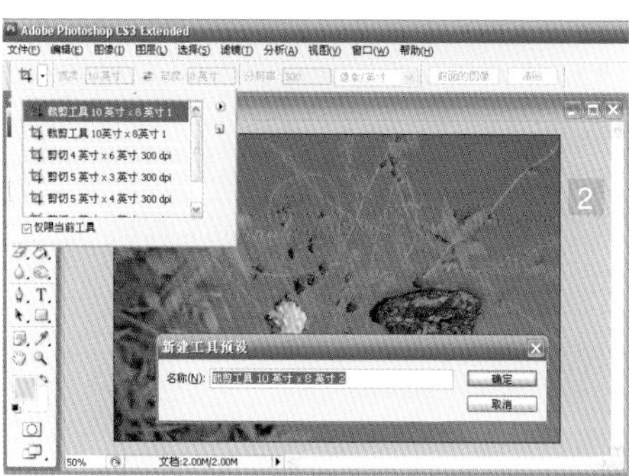

快捷键的使用

Q *我用Photoshop处理照片时，左边的工具栏和右边的菜单栏总是遮挡我的视线，要依次关掉再打开很麻烦，请问有什么简单的方法吗?另外我不明白为什么Photoshop教程中总要注明快捷键?*

A 为了能够看到完整的照片，我们可以单击"Tab"键来隐藏工具栏和菜单窗口，当需要使用时再单击"Tab"键可以让工具栏和菜单窗口再次显示。在Photoshop教程中常常注明快捷键，其目的有两点：一是提高工作效率，因为键盘的使用速度比移动鼠标要快得多。另一点是有助于保护你所创造出的处理方法，特别在一些平面制作部门的工作人员都有自己处理图片的绝招，如果使用鼠标，别人可以通过屏幕学习走，而快捷键的使用则可以防止这一点。我们在使用Photoshop时，在菜单栏和工具栏中都有快捷键的提示与标注，我们可以加以记忆并使用。当然我们也可以在"编辑/键盘设置"命令下按照自己的使用习惯设定快捷键。

链接图层

Q *我在Photoshop中做照片合成时，怎么才能将多个图层同时进行移动呢?*

A 我们可以利用同时选中多个图层或链接图层的方法来实现。同时选中多个图层的方法是：选择其中一个图层后按住"Ctrl"键，同时单击鼠标左键选中另一个图层即可；如果需要同时移动的图层是连续排列的，则可以先选中最下方的图层，然后按住"Shift"键的同时选中最上方的图层，这样就可以将这些连续的图层一起选中。另一种方法是链接图层，它可以链接两个或更多个图层或图层组。与同时选定的多个图层不同，链接的图层将保持关联，对链接图层中的一个图层的操作编辑将会作用到所有链接图层，直至取消它们的链接为止。操作方法是，先用上述方法同时选中多个图层，单击"图层调板"底部的链接图标，如图所示，即可将图层链接上，链接的图层会显示链接指示。要取消图层链接，只要选中一个链接的图层，然后按链接图标即可。

会变的紫边

Q *我在处理照片时，将整体亮度提高以及进行锐化后，照片的紫边会变得非常明显，请问这是什么原因呢?*

A 这种现象主要是由于锐化造成的，锐化处理主要是将照片边缘的亮部提亮，暗部降暗，以增加边界的反差。而照片中存在紫边时，如图所示，照片的边缘上由红色和蓝色的线条构成。经过锐化处理后，红色线条更加明亮，蓝色线条变暗而显得更加饱和，两种颜色线条的反差增强。在一定的视距外观察时，边缘呈现为明晰的紫色线条，因而使得照片的紫边显得更加明显。

各种证件照的尺寸和比例

Q *最近我身边的人总找我帮忙制作各种证件照，能为我提供标准一寸照、两寸照和护照照片的尺寸、人脸在照片中的比例和位置的参考吗?*

A 标准一寸照片的宽高尺寸是25mm×35mm，两寸照片的尺寸是35mm×53mm，要求人像头部占画面长度的2/3；标准护照照片的尺寸为33mm×48mm，人像头部宽度21mm～24mm，头部长度28mm～33mm。上述照片人像在画面中的位置都要求居中。

蒙版制作时画笔笔触问题

Q *我在使用图层蒙版时，画笔无论如何也不起作用了，现在只能用像皮擦代替画笔，请问我该怎么解决？另外，画笔笔触缩放的快捷键“[”和“]”也总是失灵。*

A 出现上述情况的原因在于使用画笔时，前景色设置为白色，所以画笔勾画后看不到效果，只需要将前景色设定为黑色即可正常使用。在使用图层蒙版时，蒙版中黑色的部分表示图层中该位置的图像被隐去，所以呈现出的是该图层下面图层的内容，反之蒙版中白色部分表示图层中该位置的图像是不透明的，所以呈现的是该图层的内容，其下面图层的内容被完全遮盖。蒙版中灰色部分表示图层中该位置的图像为半透明的，所以呈现为该图层内容与下面图层内容的叠加效果。画笔笔触缩放的快捷键失灵，可能是由于输入法干扰产生的，所以我们在使用快捷键时，可以先将输入法转换为默认状态，再使用快捷键。如果还是有问题，可以单击“编辑|键盘快捷键”，在弹出窗口中的“快捷键用于”栏内选择“工具”，在下方的设置栏中找到“减小画笔大小”和“增大画笔大小”后重新设置，然后单击“确定”即可。

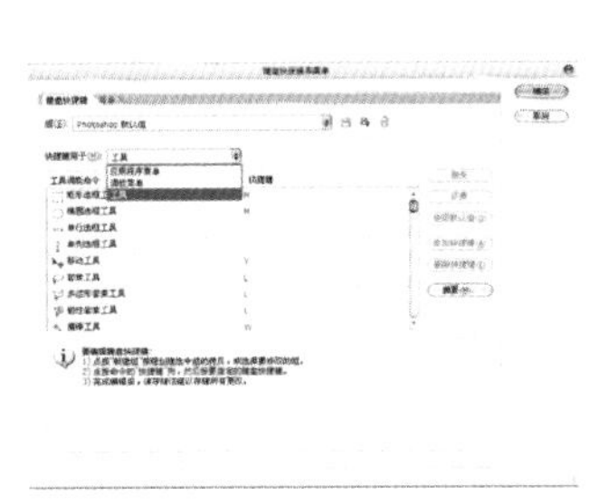

快速拖动与放大

Q *我在精细抠图时，要不停重复放大、缩小和拖动画面的步骤，不断变换工具非常麻烦，请问有什么快捷键吗？*

A 在使用Photoshop进行图像精细处理时，图像放大的快捷键为“Ctrl ++”，图像缩小的快捷键为“Ctrl + −”，如果需要图像连同画布一起放大或缩小则使用“Ctrl+Alt++”和“Ctrl+Alt+−”。需要拖动画面时，在任何工具状态下，按住空格键拖动鼠标即可移动画面，松手后即为原来选择使用的工具。放大、缩小和拖动工具的快捷键在很多特殊工作模式下尤为方便，如抽出滤镜使用模式下和RAW的调整模式下，因为这些模式下往往没有设计普通工作状态里方便的工具栏。

磨皮的疑问

Q *我用磨皮插件后的效果非常好，不仅皮肤光滑细腻，而且有层次，请问这些好的磨皮效果能不靠软件手动实现吗？*

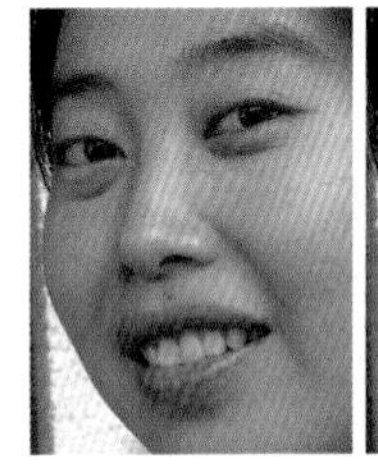

调整前

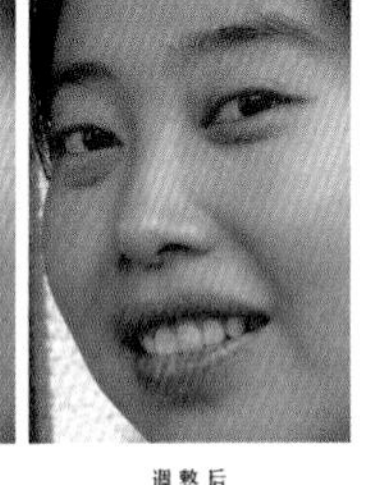

调整后

A 人像皮肤处理是可以手动实现的，具体操作如下：首先对背景图层的人物皮肤进行修饰，将明显的瑕疵用修复笔刷或仿制图章修去，再制作两个背景图层的副本，将最上面图层（背景副本2）的可视性隐去，如图1所示；选择中间的图层（背景副本），选择“滤镜｜模糊｜高斯模糊”，将半径设定为4.0对图像进行模糊处理，这里半径设置以人物皮肤上的细节看不清为准；选择“滤镜｜杂色｜中间值”，将半径设定为4进行中间值处理，这里半径设置以人物的皮肤色调均匀为准，如图2所示；选择“滤镜｜杂色｜添加杂色”，选择“单色”和“平均分布”，将数量设定为1.28%，并将本图层的不透明度调节为70%，进行数量设定时应将图像放大，以人物皮肤具有细腻的纹理为准，如图3所示；选择最上层图层并设定图层可见性为可见，为该图层增添图层蒙版，选择橡皮擦工具将该图层上人物皮肤部分擦除，如需恢复可将背景色设为白色勾画即可。

难以修正的色温

Q *白炽灯下拍摄的严重偏黄的照片，用色温滤镜修正后效果依然不好，请问这是为什么？还有别的更好的办法吗？*

A 产生这种现象的原因是由于在拍摄时，数码相机的白平衡设置不当造成的。当白平衡设置为日光时，拍摄得到的画面就会严重偏黄。如果拍摄时使用的白平衡是自动白平衡，当白炽灯的功率较低时，由于光源发出的光线的色温低于数码相机的自动白平衡所能够识别的最低色温，这时也会出现画面偏黄的现象。对于这种情况，色温滤镜有时也无法修正。解决的方法有两种：第一种是在拍摄时使用自定义白平衡首先定义数码相机的白平衡，然后再进行拍摄。注意定义白平衡时，可以使用柯达标准灰板作为校准基础；如果要求不严格，可以使用白纸进行校准。第二种方法是利用Photoshop CS3的Camera Raw中的白平衡工具和色温参数来进行调节。图1所示为一张偏色图片在Camera Raw中打开，选择白平衡工具，在图中应还原为灰色的部分单击鼠标左键。这时图像的色彩得到校正，如图2所示，如果图像校正的色彩还有偏差，可以在图中色温参数栏中拖动游标进行补偿校正，也可以输入数值，直到校正准确为止。

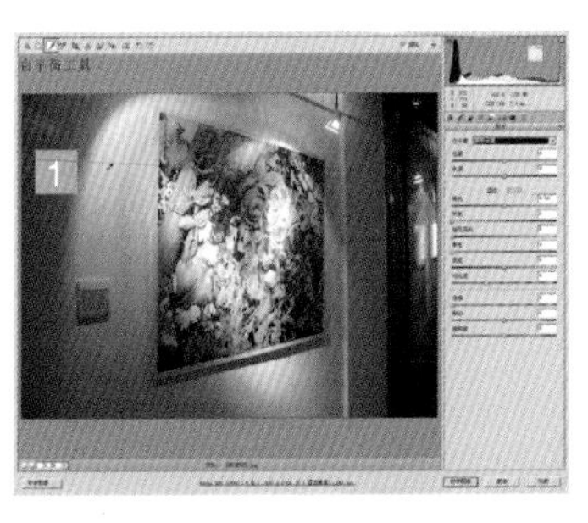

量化调整皮肤

Q *我习惯将糖水片中的女模特磨皮后再增加皮肤亮度，导致我现在对人像皮肤照片的后期调整总是找不到方向。请问人像照片的皮肤亮度和颜色调整应该遵循什么？是否能量化调整呢？*

A 因为不同影调关系的人像照片中，人物皮肤的亮度和颜色有不同的特征，所以没有一个统一的量化标准。在年轻女性人像照片的拍摄制作过程中，应当遵循这样的原则：在拍摄过程中，对人物面部测光的基础上增加半挡到一挡的曝光量进行曝光。这样拍摄得到的人物肤色的亮度在后期制作中不需要进行较大的调整，往往进行轻微修正即可。其次，后期调整的过程中，主要针对人物肤色进行调整。将信息调板的第2颜色信息显示设定为CMYK（青、品红、黄和黑），在调整的过程中注意考察CMY3种颜色的数量值。对于亚洲女性皮肤，C的成分最少，其次是Y，成分最多的是M，一般情况下对于拍摄得到的人像照片可以在现有的基础上适当增加品红色（M）的数量，以使得人物的面色显得红润。

逆光照片的调整

原图

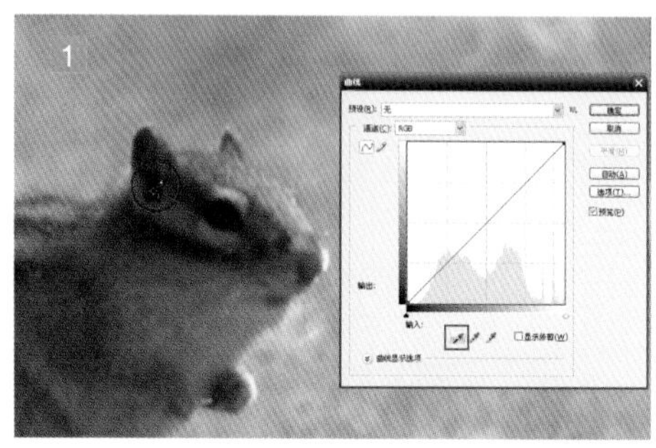
1

4

2

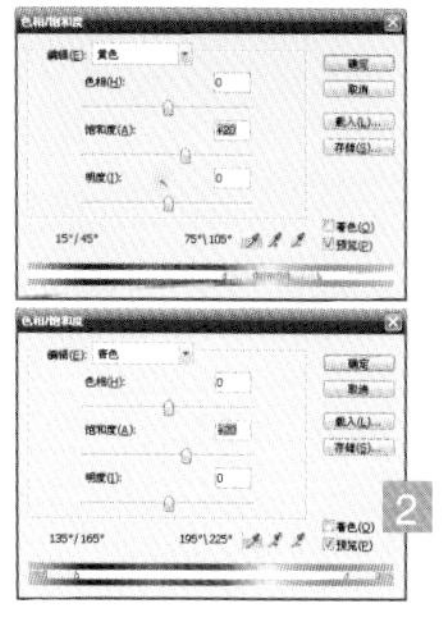
3

Q *我使用折返镜头拍摄了一张小松鼠的照片，但是由于逆光使得照片不够生动，我该怎么调整呢？*

A 这张照片存在3个主要的问题：一是构图不够紧凑，主体不突出；二是画面反差不足，主体清晰度不够；三是色彩不够鲜明，导致单色主体在杂色背景前不够鲜明。首先使用曲线命令，调整画面的黑场以增强画面的密度和反差（图1）。其次，通过“色相/饱和度”命令将画面中黄、青两种颜色的饱和度调整为+20，以增强背景的色彩（图2）。再次，对画面进行重新构图，裁剪过多的地面，并使松鼠处于画面左方黄金分割线上（图3）。最后使用USM锐化增加图像的清晰度，锐化前先将图像的分辨率调节为300dpi，各项设置如图4所示。

去除面部的阴影

Q *在拍摄人像照片时，脸上由于光比较大产生的阴影怎么去除？*

A 对于人像照片由于光比较大而产生的阴影，处理的方法有两种：一种是利用

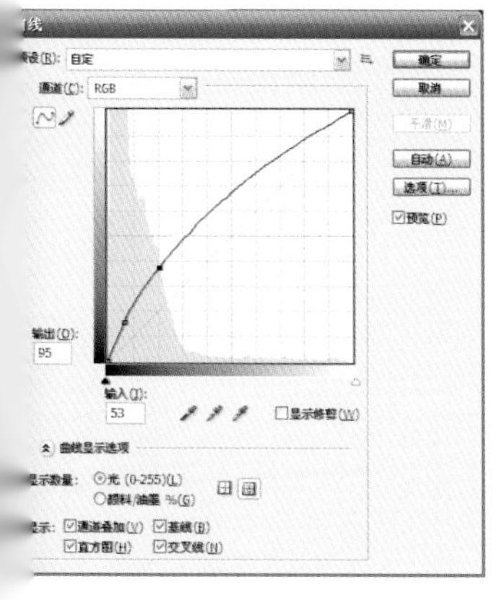

Photoshop的“阴影/高光”命令来提亮画面的暗调。另一种方法是为图像增加一层曲线调整图层，提亮曲线的暗部。选择图层蒙版，选择画笔工具并将前景色设置为黑色，在人物脸部高光部分和背景部分描绘，使之不呈现从而显现背景层画面。

如何保留环境色

Q *日落时拍摄的人像皮肤会蒙上一层暖色调，我想单独把皮肤变得白嫩，但是失去环境色又显得很假，我该怎么做呢？*

A 在这种情况下首先要做到的是保持画面的色调统一。因为是日落时拍摄的，如果要保持日落的时间感觉，在处理的过程中就不能简单地将皮肤色彩单独还原，而应当使皮肤的色彩呈现日落时的色温效果，这时可以适当地提高画面中人物面部的亮度，但不能改变皮肤的色彩倾向。当然还有一种做法是彻底改变画面的色温，将其调整到正常的平衡色温下，这种处理方法当然会得到白嫩的皮肤，但同时也将会使画面彻底失去日落的时间感觉。

批处理的使用

Q *我在论坛上传照片前，总想给照片一一加上水印或者边框，效果虽好但非常麻烦，请问有什么简单易行的办法吗?*

A 在Photoshop中我们可以利用批处理的功能，对大量具有相同操作的照片进行集中处理，提高工作效率。以添加边框为例：

1 单击"窗口/动作"，调出动作面板。单击动作面板关联菜单按钮，选择"新建组"，给新建组命名为"画框"。

2 单击动作面板关联菜单按钮，选择"新建动作"，给新动作命名为"白色画框"。命名完毕后单击"记录"，进入记录状态，这时动作面板下方记录为红点状态。

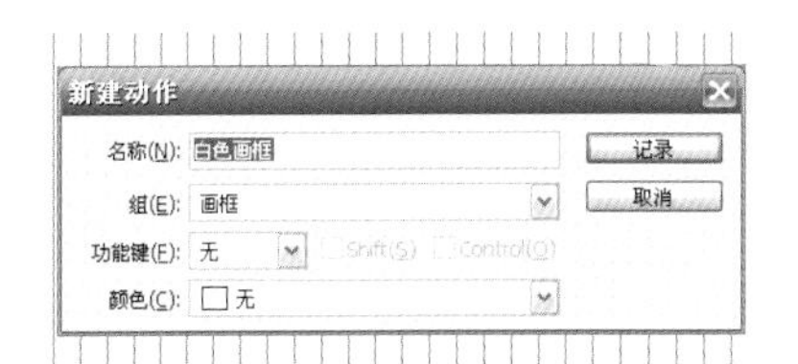

3 单击调色板，将背景色设定为白色。打开一幅已经处理完毕的照片，选择"图像|画布大小"，勾选"相对"。在宽度和高度上设置相应数值，单击"好"完成画框的制作。

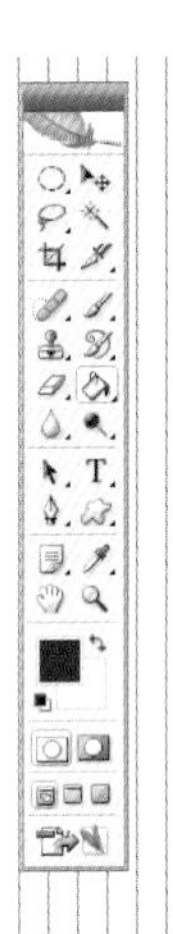

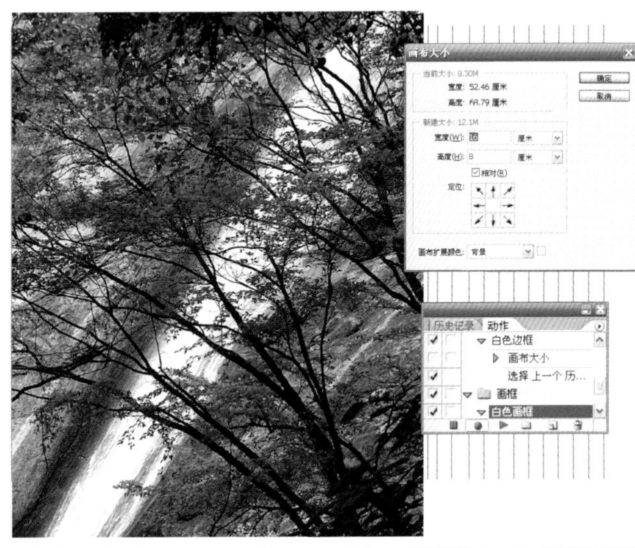

4 关闭图片，勾选相应的存储设定。在动作面板上单击"停止"按钮，停止记录。

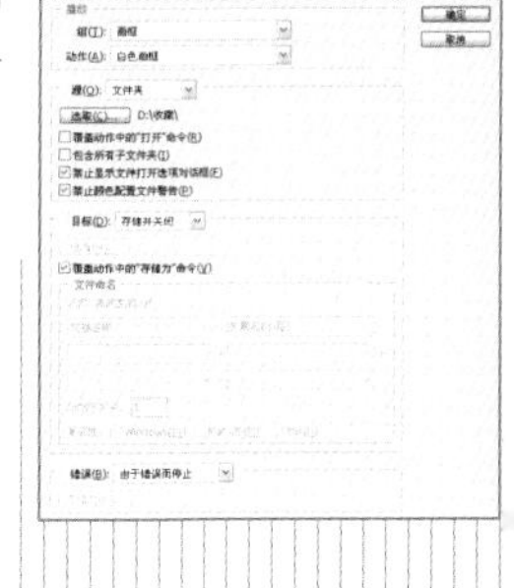

5 选择"文件|自动|批处理"，"播放"区域是用于设置批处理的具体操作。单击下拉菜单按钮选定"组"为"画框"，"动作"为"白色画框"。

6 "源"区域是对批处理的文件进行设定的。在"源"位置单"选取"选择需要处理的照片的文件夹，对文件夹做相应设定括设定是否使用动作中的打开命令、是否包含所有子文件夹、否禁止显示文件打开选项对话框和是否禁止颜色匹配文件警告这里我们选择"D:\收藏"文件夹，勾选"覆盖动作中的'打开命令"、"禁止显示文件打开选项对话框"和"禁止颜色匹配件警告"。

7 "目标"区域是设定对文件最终处理的目的。选择"无"时对文件做相应操作但是不存储；选择"存储并关闭"时，则对文件进行操作后覆盖原文件；选择"文件夹"时，则将处理后的照片另存在指定文件夹下，并可以指定文件的名称。这里我们选择"存储并关闭"，并勾选"忽略动作中的'存储为'命令"。

8 "错误"区域是指定处理出错时执行和操作。选择"由于错误而停止"时，当执行操作中有错误时，停止执行操作；选择"将错误记录到文件"时，当执行操作有错误时，会将错误操作记录在一个日志文件中，供我们查看。

9 在上述设置完毕后，选择"好"即可执行批处理操作，自动为"D:\收藏"文件夹中的照片添加白边画框。

曝光不足的另类调整方法

原图

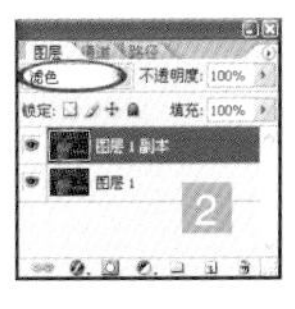

调整后

Q *我最近拍了一些图片，但很遗憾的是都有点曝光不足，在Photoshop中我用了很多种的方法调整，但不是效果不好就是调整过程很繁琐，请问有没有方便、快捷地处理曝光不足的方法?*

A Photoshop中关于曝光调整的话题是老生常谈了，针对照片影友常采用调整"曲线"或"亮度对比度"的做法，虽然很简单、易掌握，但调整过程中暗部噪点会增多。现在我来介绍一种更简单实用的方法，既能解决曝光不足，又能在一定范围内控制噪点。复制图层再设置图层模式是一种处理照片曝光不足的好方法。处理方法很简单，首先打开图像，再按组合键"Ctrl+J"复制一个新的图层（图1），在新图层混合模式选项框里选择"滤色"模式，这时候曝光不足的照片亮度明显会有所改善。如图2所示。如果还达不到要求的话，可以使用同样的方法再复制一个图层并设置混合，当然也可以调节图层的不透明度进行更精细的调整。

曲线的妙用

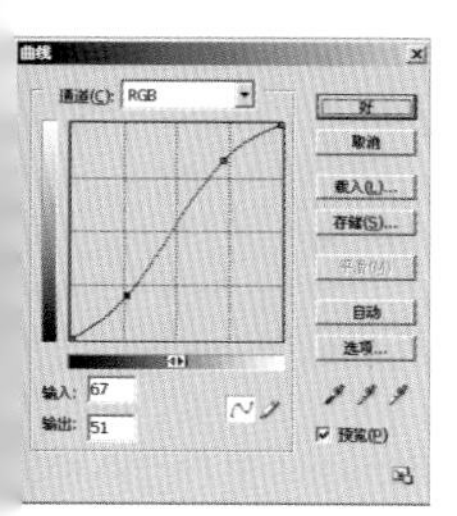

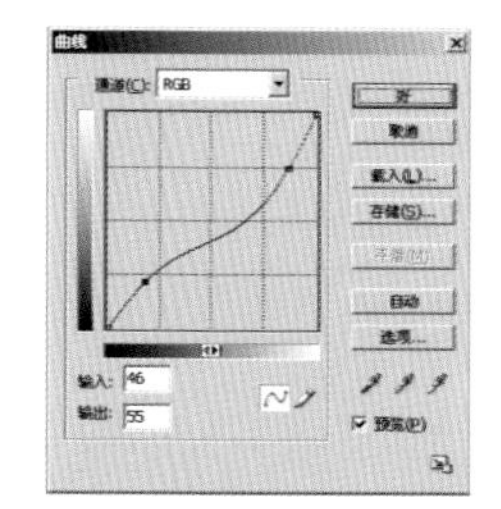

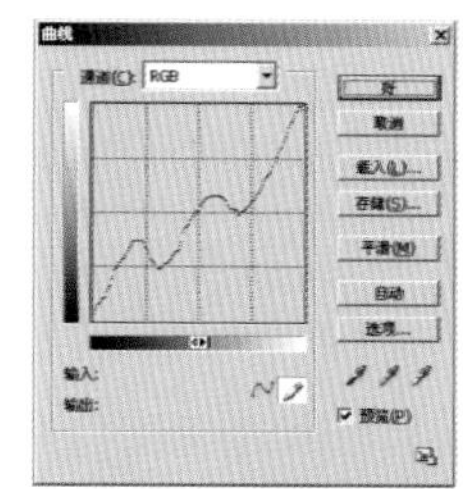

Q 我听说有个后期的大师用曲线就能调整出很棒的照片，我平时只会用它来加亮和变暗，请问它的其他功能怎么实现？

A 在Photoshop中，曲线的功能是非常强大的。如图所示，曲线表示了原始影像不同色阶（水平轴）的像素经过调整之后实际输出的色阶值（垂直轴）。通过曲线的变化，可以非线性地对图像的阶调进行提亮与降暗。在没有调节时，输入和输出是以45°的斜率呈线性对应的。在曲线的调节中我们可以通过打点的方法，或使用铅笔工具任意按照我们的需要改变图像输入输出曲线的对应关系。上边的3张图分别为常用的曲线调节方法：降低亮部和暗部反差，提高中间调的反差，常用于反差较小的图像；降低中间调的反差，提高亮调和暗调的反差，常用于反差加大的图像；利用打点的方法，局部调节图像的阶调。此外，还可以对图像的每一个通道的曲线进行调节，以达到特殊的色调效果。下面分别为原图和进行曲线调节后的完成图，具体过程见下方曲线调节过程图。

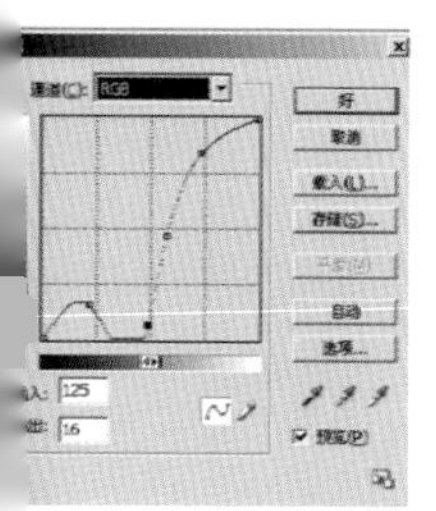

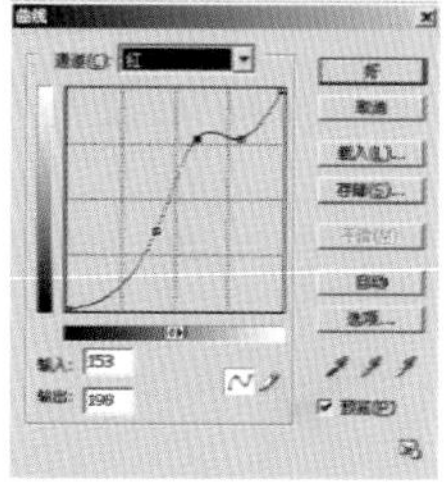

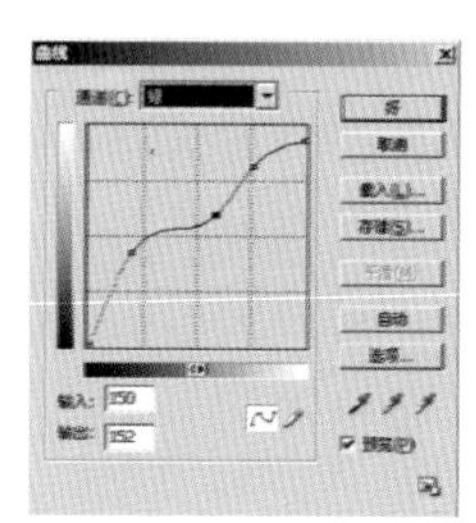

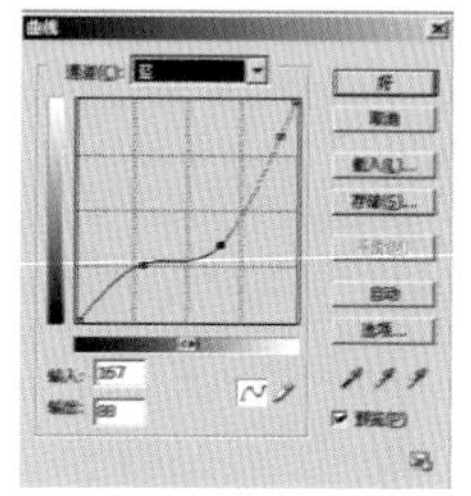

色彩通道的疑惑

Q 请问Photoshop中32位/通道和电脑显示器的32位真彩色是一个意思吗？另外数码单反拍摄的照片最高是32位的还是8位呢？

A Photoshop中的32位/通道是指这类照片其每个通道由明到暗都具有232不同的明暗变化，所以对于一个彩色RGB模式的32位/通道的照片来说，就有232×232×232种颜色，图像总位数为32×3=96位。而显示器的32位真彩色是指显示器在显示图像时以8位/通道显示，这样显示RGB3色模式图像时其总位数为8×3=24位，而在显示CMYK4色模式图像时其总位数为8×4=32位。显示器命名该显示方式时就以CMYK图像模式时的总位数32位来表示。数码单反相机拍摄的照片中，如果以JPEG格式存储，色彩位数为8位/通道；如果以RAW格式存储，色彩位数因相机的不同而有所不同，目前市场上常见的数码单反相机的最高位数有12位/通道、14位/通道等。

让水面变通透

Q 我在水边拍照是没带偏光镜，请问这样的照片还能调得更通透吗？

A 这样的照片是可以加以处理的。一般的处理方法是通过提高画面的反差来达到更加通透的效果。这里推荐使用Camera Raw中的“黑色”和“透明”的参数的方法来增加通透效果。首先在Camera Raw中打开图像，在“黑色”参数栏中增加画面的黑色成分，以提高画面的密度，如图1所示。然后在“透明”参数栏中拖动游标增大画面的透明数值，“透明”参数主要用来模拟增加大气的能见度的效果，如图2所示。当上述参数设定完毕后，画面调整完成，效果如图3所示。

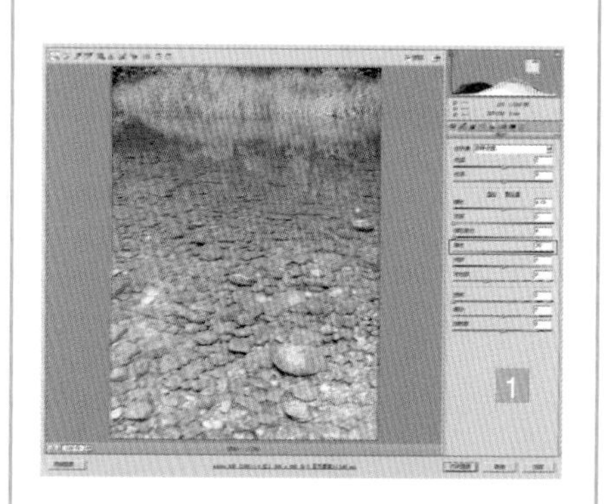

1

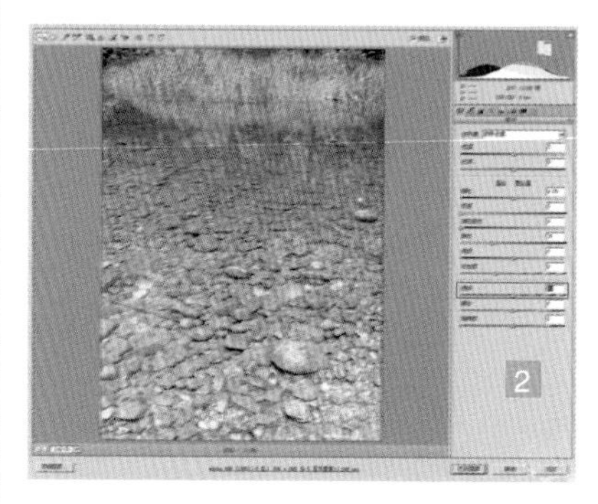

2

调整前

调整后

3

如何压暗背景

Q *我用的是富士便携数码相机，拍花的时候想令画面中背景为黑色，只显示中央的花朵，可无论怎样调试，依然无法保证前景中花朵亮度的同时将背景压为黑色，不知道利用后期制作有什么好方法？*

A 产生这种情况的原因在于画面中花朵的亮度与背景的亮度间距较小，我们的数码相机所能够记录的景物亮度范围远远大于它们之间的亮度间距。对于这幅作品，我们可以先将前景中的花朵利用套索等工具选出，然后反选，获取背景选区，利用"亮度/对比度"等亮度调节工具降低背景的亮度即可。在拍摄的过程中，我们除了使用大光圈外，还可以利用数码相机的微距拍摄功能来虚化背景突出主体，另外还需要选择适当的拍摄时机和光照条件（也可以利用打手电照明的方法），以使得背景与主体的亮度间距超过数码相机所能记录的亮度范围，然后根据画面主体的花朵测光控制曝光，背景就会因为曝光不足而变为黑色。

适合新手的抠图方法

Q *我接触Photoshop软件时间不长，想学习一下抠图，请问哪种抠图方法比较适合新手？*

A 对于新手来说，Photoshop中的磁性套索，魔棒工具和背景色橡皮擦工具比较适合于抠图。磁性套索工具在进行选区的时候，其边框会贴紧图像中定义区域的边缘，所以特别适用于快速选择与背景对比强烈且边缘复杂的对象。在选项栏中，是"指定创建新选区"、是"向现有选区中添加"、是"从选区中减去"，是选择与其他选区交叉的区域。"羽化"选项是用来通过建立选区和选区周围像素之间的转换边界来模糊边缘。选择"消除锯齿"可使抹除区域的边缘平滑。磁性套索工具只检测从指针开始指定距离以内的边缘，所以要设定为"宽度"输入像素值。"边对比度"用于指定套索对图像边缘的灵敏度，取值范围为 1% ～ 100%。较高的数值只检测与它们的环境对比鲜明的边缘，较低的数值则检测低对比度边缘。"频率"是用于控制紧固点，也就是图像选区时的固定点，输入 0～100 之间的数值。较高的数值会更快地固定选区边框。图1中红线勾出部分所示为各选项。魔棒工具是用来选择颜色一致的区域（如图2所示，选择红花，其选项为图中红线勾出部分），而不必跟踪其轮廓。魔棒工具在使用时，需要指定其选区容差，输入较小的值可选择与所点按的像素非常相似的较少颜色，或输入较高的值可选择更宽的色彩范围。如果要定义平滑边缘，则选择"消除锯齿"。如果选择了"连续的"，则在整幅图像范围内进行选择；否则只选择相邻的颜色容差范围内的像素。要使用所有可见图层中的数据来选择颜色，则要选择"用于所有图层"；否则，魔棒工具将只从现用图层中选择颜色。用魔术橡皮擦工具在图层中涂抹时，这个工具会自动更改所有相似的像素。输入容差值以定义可抹除的颜色范围。低容差会抹除颜色值范围内与点按像素非常相似的像素。高容差会抹除范围更广的像素。选择"消除锯齿"可使抹除区域的边缘平滑。选择"邻近"只抹除与点按像素邻近的像素，取消选择则抹除图像中的所有相似像素。选择"使用所有图层"选项，利用所有可见图层中的组合数据来采集抹除色样。指定不透明度以定义抹除强度。100% 的不透明度将完全抹除像素。较低的不透明度将部分抹除像素。各选项位置如图3所示。

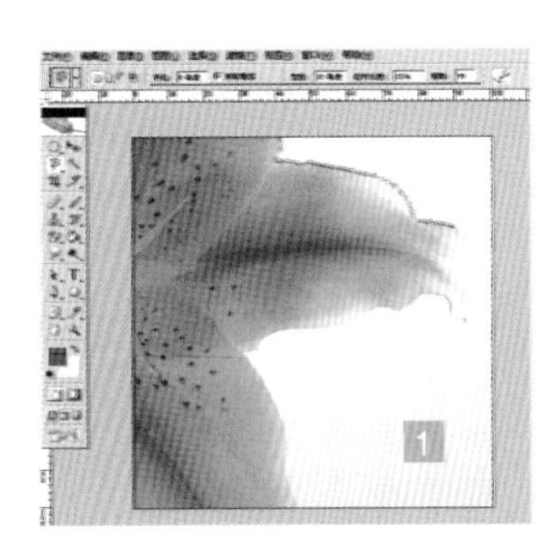

1

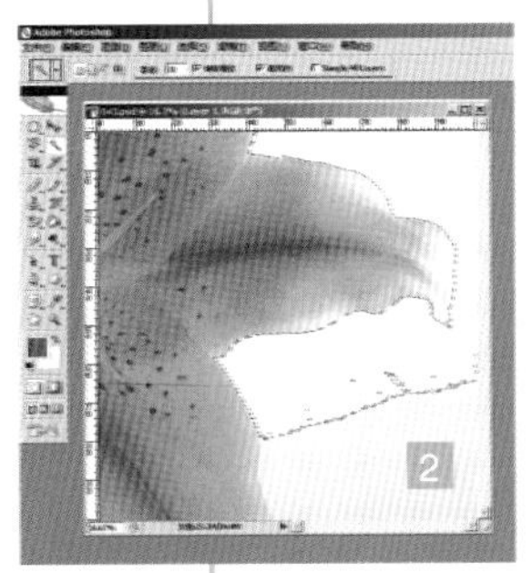

2

3

色温修正与损失

Q *请问使用JPEG格式拍摄时选错了色彩平衡，后期调整时会有损失吗？损失有多严重呢？*

A 在使用JPEG格式拍摄时如果选错了色彩平衡，在后期调整时必然会有损失。理论上对于数字影像来说，只有在拷贝时才不会有质量损失，只要是调整，对于图像的信息量都会有损失。我们对数字影像进行后期调节的目的是获得视觉上较好的图像，尽管图像的信息会有损失，但只要在视觉能够接受的范围内使得图像的影调与色彩有最佳的表现，这种调节就是可以被接受的。对于色彩平衡的调节的损失有多严重，主要是依据于后期调整的幅度，其损失相对于曝光失误来说还是较小的。

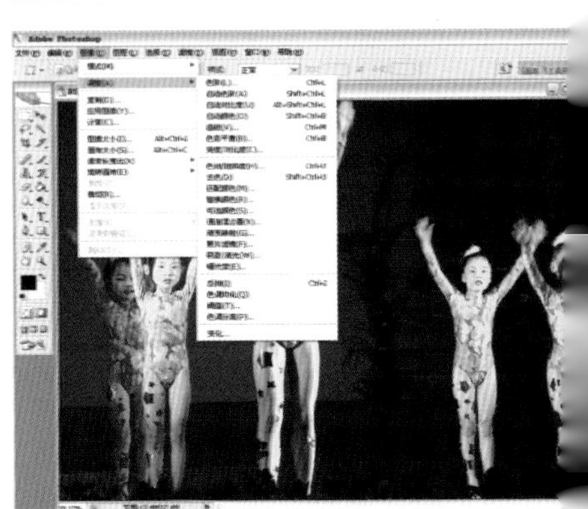

去斑工具的对比

Q 平时我在处理人像脸部瑕疵时总是使用仿制图章工具，最近朋友推荐我用污点修复画笔工具，请问这两个工具处理的效果有什么不同？

A 仿制图章工具是从图像中取样，然后将样本应用到其他图像或同一图像的其他部分。要复制对象或移去图像中的缺陷，仿制图章工具十分有用，但有时处理效果比较生硬。污点修复画笔工具可以快速移去照片中的污点和其他不理想部分。污点修复画笔的工作方式与修复画笔类似：它使用图像或图案中的样本像素进行绘画，并将样本像素的纹理、光照、透明度和阴影与所修复的像素相匹配，修补的效果比较自然。与修复画笔不同，污点修复画笔不要求指定样本点，它是自动从所修饰区域的周围取样，所以如果修复位置的周围的反差过大时，会有明显的误差。

人像照片调色

Q 这张人像照片似乎有些偏黄，后期修正了颜色后看起来不是很舒服，请问我还应该调整哪些地方？

A 这张照片是带有橙黄色环境光效果的人像，人物的偏色主要由于环境光造成。问题中照片调整

后看起来不舒服的原因在于：人物亮部肤色被校正，而脸部的阴影部分和背景仍然带有环境色，再加上人物肤色调节过亮，这就导致视觉上的不和谐。所以此图还需要去除背景和人物阴影部的环境色，并适当增加人物肤色的密度。我们利用Camera Raw对原始图像进行校色处理，如图1所示，首先在基本参数中将色温设置为-15、曝光设置为+0.25、恢复设置为 20、填充亮光设置为 40；在 HSL/ 灰度菜单中的饱和度橙色数值设置为 -20；在相机校准中绿原色的饱和度设置为 -70，完成上述设置后图片色彩即被校准，如图 2所示。

色温滤镜

Q 在以前使用传统相机时，为了改变色温我会在镜头前面加上滤镜，如今数码照片后期调整的软件中有没有模拟色温滤镜的功能呢？

A 在Photoshop CS2起的版本中，我们可以为照片添加滤镜效果。选择“图像/调整/照片滤镜”，这时会打开照片滤镜调节窗口。打开照片滤镜界面后，有以下选项可供调节：①滤镜，用来调节滤镜种类，主要是控制加在画面上的滤镜色调，这里的滤镜效果都是模拟我们传统摄影所使用的滤镜，单击下拉菜单按钮即可选择所需的滤镜效果。②颜色，用来根据使用者的爱好调节所需色调，而与传统摄影滤镜种类无关。调节时选择颜色，然后单击色块，打开调色板，从选择调色板中单击选择所需颜色或者输入数据选择所需颜色。③浓度，用来调节滤镜的深浅，也就是画面增加的色调的深浅，调节范围为0%~100%。④保持亮度，用来保持画面的曝光量，也就是画面的色相和饱和度发生变化，而画面亮度不变。图中为使用加温滤镜（85）添加40%浓度的前后对比效果。

调整后

原图

探秘矢量蒙版

Q 我在使用图层蒙版时多按了一下添加蒙版按钮，突然出现了一个矢量蒙版，请问这是做什么用的呢？

A 矢量蒙版一般是由钢笔工具或形状工具创建的一种与图像分辨率无关的蒙版。通过矢量蒙版，可以在图层上创建各种锐边形状以及曲线形状，所以矢量蒙版非常适合于在画面中添加一些设计性元素。图层矢量蒙版缩览图代表从图层内容中剪下来的路径。

数码照片的色彩

Q *我在使用数码单反以来，一直觉得拍出的照片色彩比较清淡。通过对比以前的反转片后发现，数码照片的反差较小，色彩也不够浓郁，尤其是阴影中偏蓝的感觉更不及反转片。请问数码照片能实现这些效果吗？另外，如果在相机内增加饱和度和反差后，照片画质会明显下降，尤其是阴影部分会出现噪点，难道数码相机的成像原本就是暗淡的吗？*

A 数码相机在设计时为了保留更加丰富的色彩信息和阶调信息，采取了低反差和低饱和度的设计。这样的设计虽然在前期拍摄得到的照片反差较小，色彩不够艳丽，但是包含了丰富的信息，经过后期简单的阶调和色彩调整后，可以获得高品质的画面，完全可以超过传统胶片时反转片的品质。数码相机上的高反差和高饱和度虽然能够使得拍摄图像的反差和饱和度有所提高，但它是以牺牲图像品质为代价的，所以数码相机中的高饱和和度和高反差设置是为那些不做后期调整的用户准备的。总之，在高品质的数码摄影中，前期拍摄和后期调整有着同等的重要性，二者缺一不可。如下图所示，调整前的照片中，山峦有着丰富的细节；强行调整色阶后增加了饱和度，但是细节同时也受到损失。

手机照片的处理

Q *我用拍照手机拍出的照片画质不是很好，通过后期处理后效果也不是很理想，请问有什么方法能提高画质？*

A 拍照手机所使用的图像传感器的面积较小，同时所使用的镜头大多是定焦镜头，变焦时往往使用数码变焦进行拍摄，所以所获得的影像质量不可避免地远远低于数码照相机拍摄的影像。为了获得较高质量的照片，在使用手机拍照时尽量避免使用数码变焦，这样会对图像质量有一定的改善。在后期制作时，可以使用一些降噪软件（例如Neat Image）或者去除JPEG图像纹理软件（例如JPEG Enhancer）对画面进行一定程度的修补。此外，在Photoshop CS3中提供了用Camera RAW的方式处理JPEG格式文件的方法，图1所示为在"编辑|首选项|文件处理"中设定用Camera RAW处理JPEG格式图像。我们可以利用Camera RAW中的"细节"调整中的减少杂色功能（图2）和"镜头校正"调整中的色差功能（图3）对图像质量进行一定程度的改善。

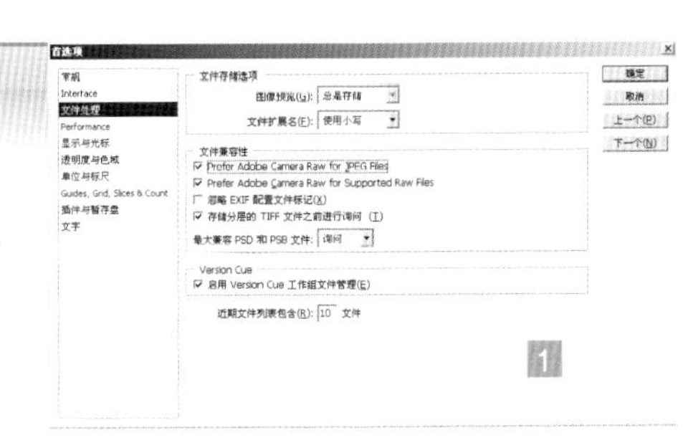

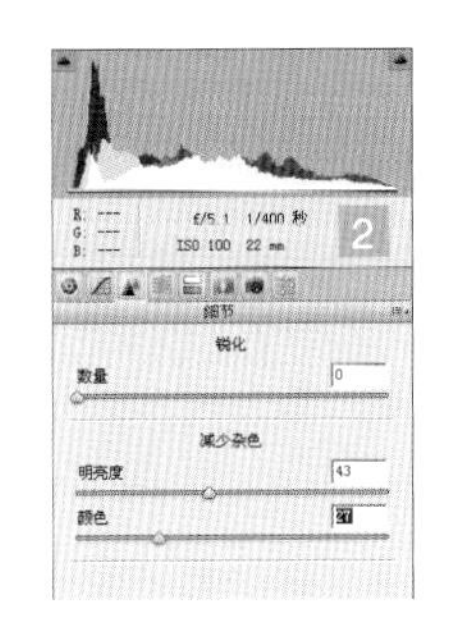

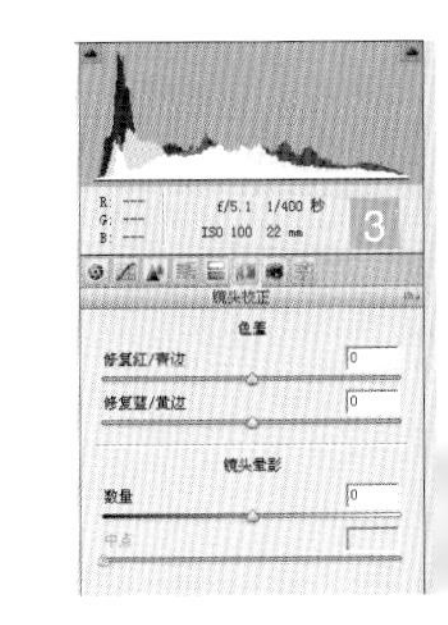

提高照片亮度的方法

Q *使用复制图层，然后将图层混合模式改为滤色的方法提高亮度与曲线提高亮度的原理一样吗？*

A "滤色"混合模式的推导计算公式是Dnew=1-（1-Dup）（1-Ddown），计算过程中需要将图像的色阶值0～255转换为计算公式中的数值0～1，Dup表示上层图层色阶转换后的数值，Ddown表示下层图层色阶转换后的数值。混合后的图像最终效果会比原来的图层更亮一些，所以滤色混合模式从属于加色模式。滤色混合模式的调整效果接近于如左图所示的曲线调整效果，它们的基本原理都是利用数学公式计算得到。但是相对于滤色混合模式单一的数学公式，利用曲线调亮画面的计算公式更加多样和灵活。

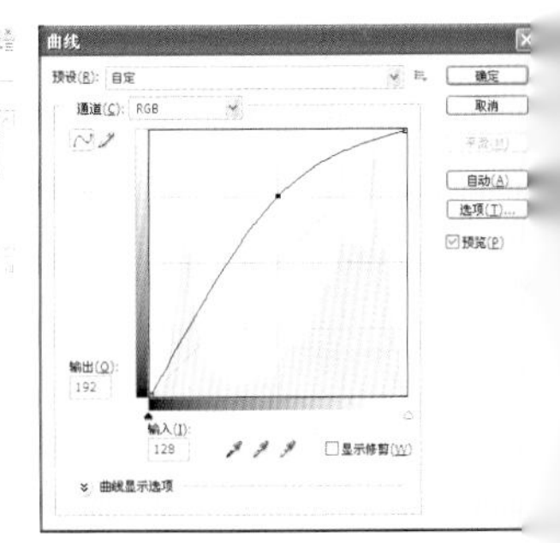

图层的使用方法

Q *我接触Photoshop的时间不长，只会调整曲线、饱和度等简单方法。最近看文章中总提到图层，请问图层是什么意思，使用起来是不是很难？*

正常
溶解

变暗
正片叠底
颜色加深
线性加深

变亮
滤色
颜色减淡
线性减淡

叠加
柔光
强光
亮光
线性光
点光
实色混合

差值
排除

色相
饱和度
颜色
亮度

A 图层在Photoshop中是一个很重要的功能，通过图层可以实现诸如二次曝光、两底合成等效果，丰富的图层混合模式也可以用来制作柔光效果、调整曝光、拼接组合照片以及制作更加炫的效果。形象地讲，图层就像两张或更多有着同样内容并叠在一起的底片，我们修改其中一层时，其他层是不会受干扰的，而当删去一层中的某一部分时，下面的一层便会显露出来。一般关于图层可以进行新建、复制、删除、合并、透明度调整和添加图层样式等操作。

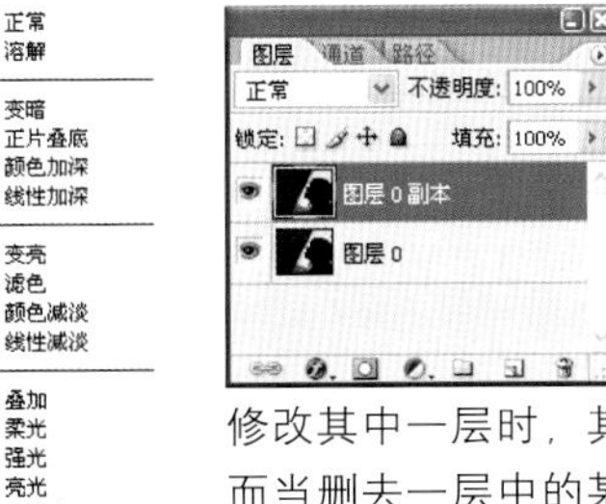

通道的显示

Q 为什么Photoshop通道里单看一个通道是黑白的？

A 这与Photoshop中的设置有关。在Photoshop中选择“编辑|首选项|界面（Interface）”，在图1所示的窗口中提供了“通道用原色显示”选项，当我们选择该选项后，通道面板中的各个通道会以各原色状态显示。选择某个原色通道后，图像就会显示对应通道的颜色和相应信息。例如，选择了绿色通道，就会得到如图2所示的绿色通道的画面。在Photoshop的默认设置中，该选项是不被选中的，所以查看各个通道时，呈现的画面为该通道中图像的明暗信息分布，即该原色的灰度效果。

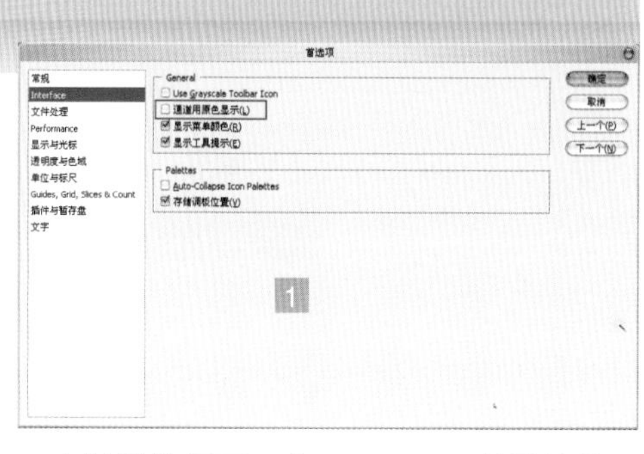

通道调色

Q 总听高手提到通道调色法，怎么用Photoshop的通道调色呢，调整后能实现什么样的效果呢？

A 在Photoshop中调色涉及到的通道有两种类型：一种是单色分量通道，例如最常用的RGB图像有3个单色分量通道，分别是红、绿和蓝。另一种是复合通道，也就是将单色分量通道复合而成的显示我们所看到最终效果的复合通道，如图1所示。通道调色法就是利用单色分量通道信息的改变来调整复合通道的颜色效果。具体的调整方式有很多：可以从曲线命令中选择红、绿、蓝单色通道来进行曲线调整，如图2所示；也可以通过通道混和器来分别改变红、绿、蓝单色通道的信息，如图3所示。由于曲线调整比较抽象，所以对于初学者往往难以掌握。总的调整原则是，哪个颜色通道的信息被提亮，画面整体会偏向该颜色；反之则偏向其互补色，如图4所示。在调节过程中，由于其调整不像在复合通道中整个画面按一定比例向某个色调调整，而是根据该通道的明暗分布进行非等比例调整，所以获得的效果往往会与常规方式有所不同，如图5所示。

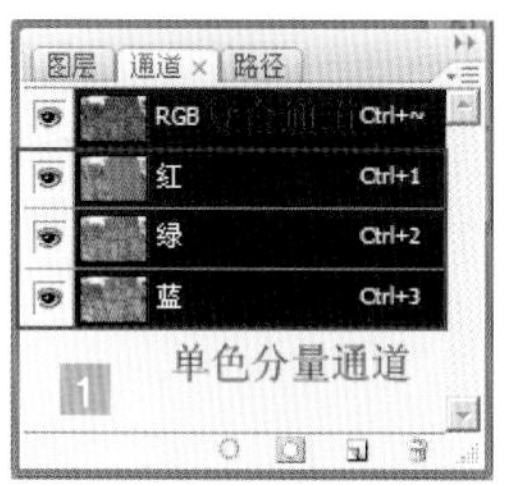

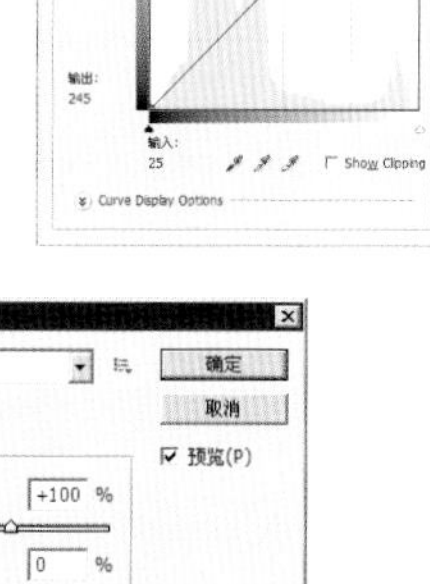

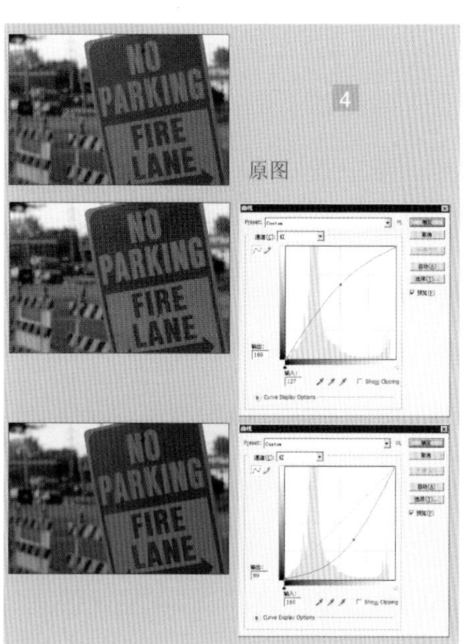

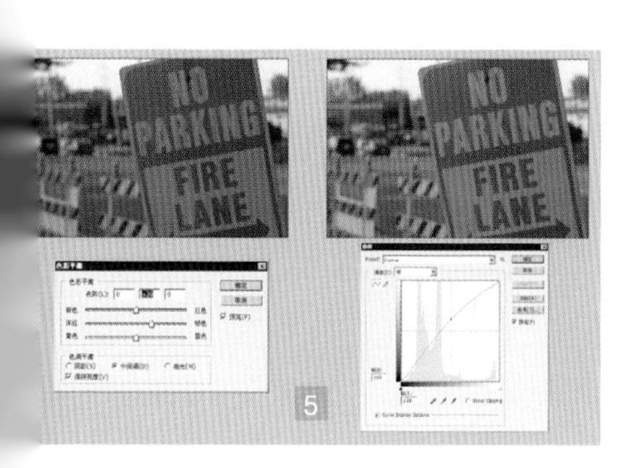

通道锐化与降噪

Q 照片处理高手建议我做锐化时将照片转成Lab模式，在明度通道中进行锐化；为照片降噪时，采用高斯模糊a通道的方法。请问Lab模式是什么意思？为什么这么做效果会好呢？

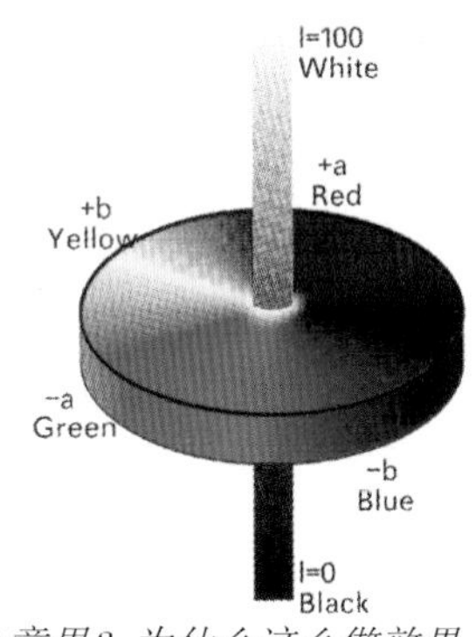

A 在Photoshop的Lab模式中，L表示明度，取值范围为0～100；a表示在红色（a为正值时）到绿色（a为负值时）范围内变化的颜色分量；b表示在蓝色（b为负值时）到黄色（b为正值时）范围内变化的颜色分量，两个分量数值变化范围都是-128～+127。当a、b都为0时表示灰色，同时L为100时表示白色，L为0时表示黑色。其表色模块如下图所示。由于明度通道只表征画面的明暗关系，而没有色彩信息，所以锐化时只针对L通道进行锐化，对整个画面色彩的影响很小，几乎不改变画面的色彩关系，并且不会产生杂色。在照片去噪点的过程中，主要的原理是将画面中的噪点进行模糊，而照片中的噪点都是由红、绿和蓝色小点构成，因此降噪点的处理就是将画面中的红、绿和蓝色小点进行模糊，使我们的眼睛无法感受到这些色点。对于Lab颜色模式，a表征的是红色（a为正值时）到绿色（a为负值时）的颜色信息，所以对a通道应用高斯模糊，可以在最大可能模糊红、绿色点的基础上，最小程度地改变画面的色彩关系。这样能够得到较好的去噪点效果。

图层的锁定功能

Q *双击图层上的小锁是做什么用的，我平时调整照片时带着锁也一样能修改，请问这是为什么？*

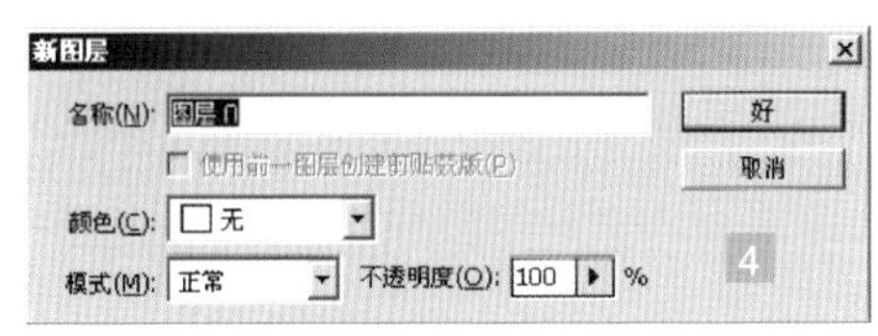

A 图层上锁的作用是锁定图层的位置以及相关的操作，保证该图层的内容不被改变。如图1所示，当选择图层1，单击控制板“锁定全部”按钮（红线标示）后（图2），图层1右边出现锁定提示（绿线标示），这时图层无法被移动，同时在图像菜单栏调整下的所有操作以及所有滤镜呈灰色状态，无法选中使用。如需要更改画面内容，则再次单击“锁定全部”按钮即可。但是，对于背景图层来说是一个特例。背景图层的内容是图像的背景，它永远处于锁定状态，在这种状态下图像的位置是不能够改变的，但是可以运用调整菜单以及所有滤镜。当双击背景图层后，出现如图3所示菜单，这时是将背景图层转换为普通图层，转换后的普通图层如图4所示。

为照片重新命名

Q *我最新拍摄的照片和以前的照片重名了，照片不能保存到同一个文件夹下，请问能批量地修改照片文件名吗？*

A 在Adobe Bridge中提供了批量重命名的功能。在Photoshop中选择“文件|浏览”，在Bridge中打开所需要更名的照片所在文件夹，预览所有照片，在命令菜单栏中选择“工具|批量重命名”(Tools|Batch Rename)，弹出如图所示窗口。在“目标文件夹”(Destination Folder)中选择更名照片的存放位置；在“新文件名”(New Filenames)中设置更改后的文件名称后，单击“重命名”(Rename)按钮，即可将文件夹中所有照片的名称更改为指定名称。

照片的常规调整

Q *我刚从消费级数码相机升级到数码单反，可感觉现在拍出来的照片没有以前相机那么锐，色彩也没那么鲜艳，这是为什么呢？数码单反拍出的照片要做哪些常规调整呢？*

A 消费级数码相机的消费对象是普通家庭用户，因此照相机的内部芯片加载了对照片优化的程序，包括了对一些特定颜色（如肤色、天空的蓝色、草地的绿色等）的强化以及照片的锐化处理。而数码单反相机则针对专业摄影师和摄影发烧友，他们对于拍摄的照片还要进行后期的品质处理，所以这类相机拍摄的照片尽可能保留原始的信息，为后期处理提供较大的调整余地。所以从效果上看，数码单反拍出的照片可能没有消费级数码相机拍出的照片色彩鲜艳、锐利。我们对于照片的后期调整主要包括了色调的调整（对照片的影调进行适当调整）、色彩的调节（对照片的饱和度进行强化或对部分色彩进行适当的强化）、画面瑕疵的修整（去除画面中干扰视觉的元素以及画面中的缺陷）和清晰度的强调（对照片进行适当的锐化，提高照片的清晰度）。

通道调色的原理

Q *我在网上学到一种在通道中调色的方法，将照片选中绿色通道后按键盘“Ctrl+A”键全选，按键盘“Ctrl+C”键复制，然后在蓝色通道按键盘“Ctrl+V”键粘贴，照片就会变成这种有趣的色彩。请问这是什么原理呢？*

A 其实这种方法的原理很简单：我们都知道彩色RGB图像中每一个原色通道都表示了该图像的某一原色的信息，正是由于每一个原色通道里都含有不同于其他通道的信息，所以整个图像形成了丰富的色彩。反之，如果每一个通道的颜色信息都相同，那么将形成一个不含有色彩的单色照片（根据色光三原色红、绿、蓝等比例混合得到白色的原理）。对于本例是将绿色通道中的信息复制到蓝色通道，这样绿色和蓝色等比例混合后构成了青色效果。在各通道复合后，红绿蓝等比例的像素就形成了消色效果，红通道比例高的像素表征为红色，红通道比例低的像素则表征为绿色和蓝色等比例混合的青色效果，最终形成了调色后的完成图效果。

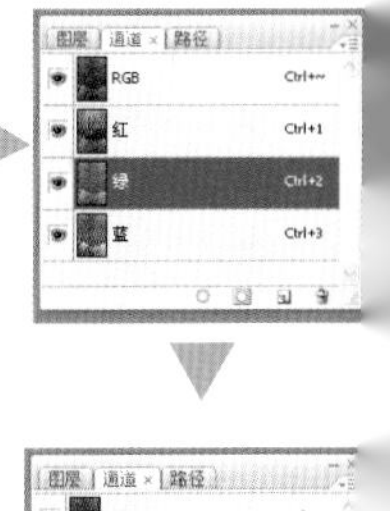

修复皮肤高光溢出

Q *如何修复皮肤上因使用闪光灯拍摄而曝光过度而形成的大面积亮斑?*

A 对于上述因闪光灯造成的曝光过度而形成的大面积亮斑，很难用修复笔刷或仿制图章工具进行修复，因为这样会导致明显的修补痕迹。所以我们首先在亮斑区域用矩形选框工具做选区，如图1所示；然后将选区拷贝到新建图层1上，选中图层1并调用曲线工具，将曲线的高光部分降暗后单击确定，如图2所示；为图层1建立一个图层蒙版，选择画笔工具，将前景色设定为黑色，将画笔的硬度设为50%，不透明度设为40%，在画面中痕迹明显的部位涂抹，使两个图层柔和融合，如图3所示；上述处理完毕可以适当调节图层1的不透明度以获得最佳效果，完成效果如图4所示。

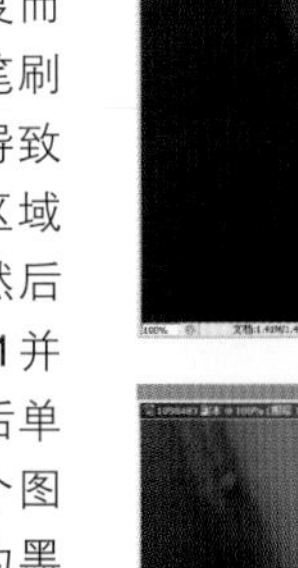
调整前

调整后

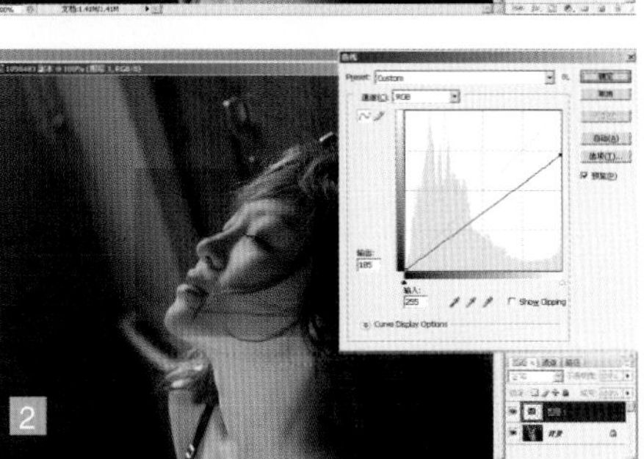

选色调整照片

原图

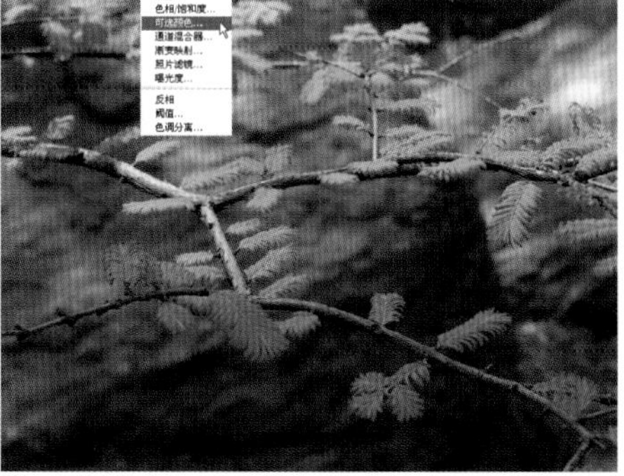
调整后

Q *如何在不影响背景的情况下突出照片中绿色的叶子?*

A 我们可以利用Photoshop中可选颜色调整图层来突出照片中绿色的叶子而不影响背景。在图层控制面板中的调整图层按钮中选择“可选颜色”，如图1所示。这时会在图层之上添加一个可选颜色的调整图层，在可选颜色选项中设置各项参数如图2所示。在调整时因为只需要增加绿色的饱和度，所以我们只选择绿色调整，这样就不会影响画面中其他的色彩；调整的过程中通过降低绿色中品红色的成分，增加构成绿色的青色和黄色成分即可达到增加绿叶饱和度的效果。

雪景照片的调整

Q *在拍摄这张照片时，我特意按照书上讲的直方图曝光法曝光。为了减少噪点，还增加了曝光，让直方图的山峰尽量靠右。可是这张照片让我并不满意，相反，将照片降低亮度后反而看起来很舒服。书上常说要为后期拍好素材，我现在有点半信半疑了，数码相机的照片一定要后期调整才完美吗?*

A 首先需要说明的一点是：完美的摄影作品确实需要影像质量优异的素材照片，这一点是毋庸置疑的。在实际拍摄过程中，并不是所有的照片都需要进行后期调整的，如果拍摄景物的动态范围在数码相机动态范围之内，只要我们曝光控制准确，后期是不需要再进行影调和色彩的调整。但是，当作品需要在不同媒介传播时，我们还是要对作品的清晰度等进行适当调整，从这个意义也可以说数码照片都需要后期调整。对于问题中的图片，在曝光的过程中出现了轻微曝光过度的情况，由直方图可以看出画面中缺少黑色，这是导致画面效果不佳的主要原因。但是从另一个方面说，它又为后期制作提供了较好的素材——只需要增加作品中黑色的成分就可以弥补画面的不足了。反之，如果我们未进行曝光补偿，势必曝光不足，后期调整提亮画面后，必然导致图像暗部的噪点大量产生。

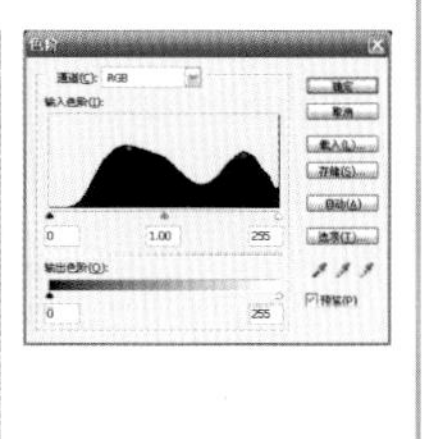

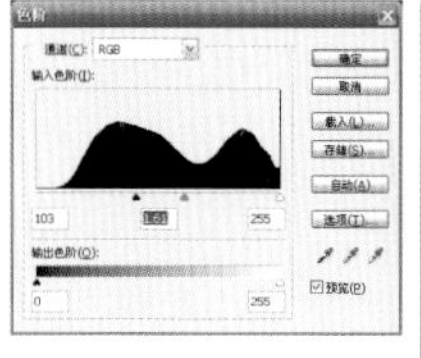

压暗照片背景

Q *用数码相机拍回来的照片背景太亮了，我试过很多种方法试图将背景压暗一点，但处理出来的效果都不太理想，请问有没有更好的方法?*

A 处理图片背景的方法有很多种，我们在处理的时候要根据不同的画面采用不同的方法，下面我就来介绍一种利用Photoshop中的通道调出选区处理画面背景的方法。（1）在Photoshop中打开一张图片，调出通道面板，在通道面板中，按住“Ctrl”键单击蓝色通道，调出此画面中颜色较亮白色小花区域的选区。（2）使用快捷键“Ctrl+Shift+I”（反相选择），对选区进行反选，这时候的选区范围将是画面中小白花以外的绿色区域。然后调出图层面板，再按快捷键“Ctrl+J”，复制选区内的像素产生一个新的图层。（3）在图层1中，将图层面板中的模式设为“正片叠底”模式。最后按快捷键“Ctrl+E”，将图层合并。

样式窗口

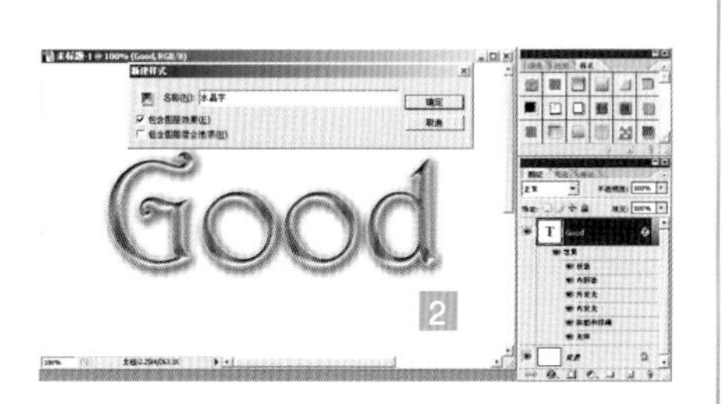

预先存储的样式例如阴影效果等，在图像合成制作中应用。例如：图1所示为制作的特效文字，选择文字图层，单击样式调板中的“创建新样式”按钮，在

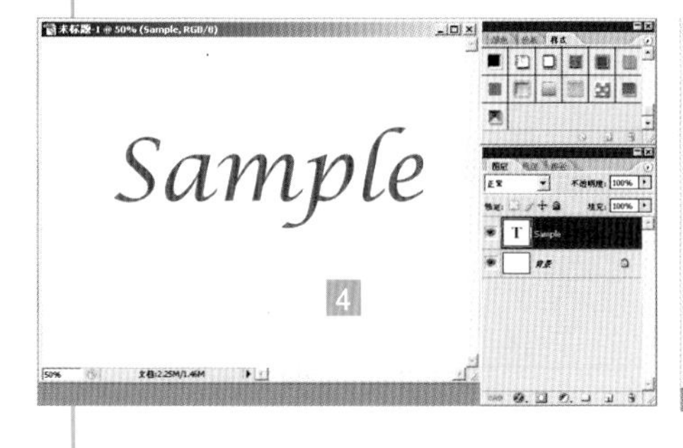

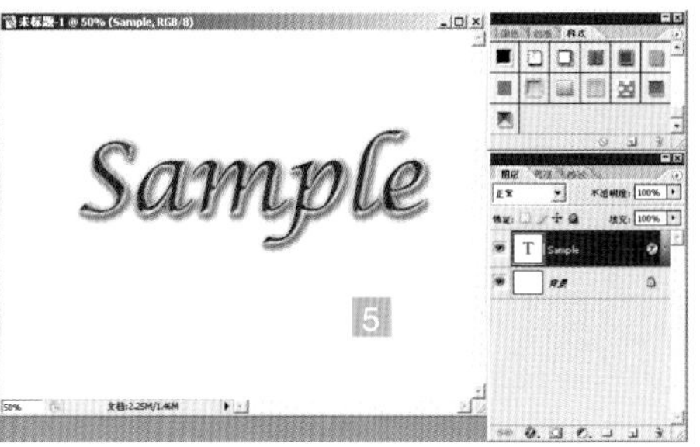

Q *请问Photoshop中的样式窗口是做什么用的？好像修改照片时从没用到过?*

A 样式窗口为我们提供了一系列图层样式制作效果，这些效果在制作文字特效时非常方便，也可以将一些新建样式窗口中输入“水晶字”，如图2所示，单击确定。我们可以在样式调板中看到存储的新样式，如图3所示。新建一个文件，输入文字“Sample”，如图4所示，在样式调板中选择刚刚存储的“水晶字”样式，即可将该样式运用于输入的文字，如图5所示。

在Photoshop CS3中羽化

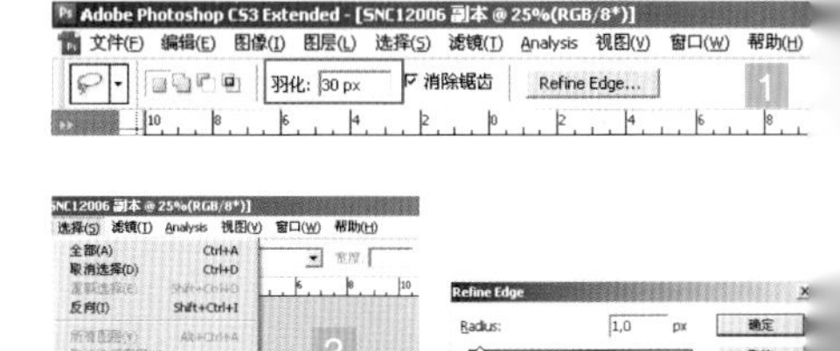

Q *我在Photoshop CS3软件的选择菜单中找不到羽化工具了，请问怎么实现羽化呢?*

A 在Photoshop CS3中，实现羽化的操作有以下方法：第1种方法是，在进行选区操作前，当选择好选区工具后，在菜单栏下方的工具参数设置栏中输入羽化数值，如图1所示。第2种方法是，当选区完成后，选择“选择｜修改｜羽化（Feather）”，或使用快捷键“Alt+Ctrl+D”，如图2所示，调出羽化命令菜单设定羽化数值。第3种方法是，当选区完成后，选择“重定边缘（Refine Edge）”，或使用快捷键“Alt+Ctrl+R”，调出重定边缘菜单，在羽化（Feather）栏中设置羽化数值，如图3所示。

要细节还是对比度

Q *在调整这张照片时，总是觉得现场光比较大，通过Photoshop“阴影/高光”功能调整后又觉得照片的反差过小，显得灰暗。请问在这个矛盾的调整中我该怎么权衡呢？*

A 其实这是一个调整程度把握的问题，也就需要摄影者自己有一个明确的创作意图。在权衡调整程度时，可以根据以下状况来判断：首先是画面主体必须保证有良好的表现，也就是说画面的主体必须具有适当的反差，同时其亮、暗部都必须有足够的细节，这样对于主体以外的部分调节时就可以进行适当的舍弃。其次，调节时要根据画面的整体影调关系和环境氛围来参考，也就是说照片需要传达怎样的情绪和氛围，后期调节时就需要根据这种情绪气氛来进行设定，而不必强求画面的所有部分都有丰富的细节。掌握好了这两点，就可以恰当地处理细节与对比度的关系了。对于问题中的图片，我认为整体气氛的营造相对更加重要，所以在调节时，暗调部分可以用较少的调节量，而高光部分则可以增大调节量以形成星光效果，如图所示。

照片的旋转

Q *在Photoshop中，一张照片上有两个图层时，每次用“旋转画布”命令，两个图层会一起翻转，要翻转其中一个图层该怎样操作？*

A 在Photoshop中如果要对某个图层进行旋转时，我们可以使用“编辑|变换”来进行。例如我们要对图层1进行顺时针90°旋转。先选择图层1，选择“编辑|变换|旋转90°（顺时针）”，即可对图层1进行旋转。此外在变换菜单下还有旋转180°，旋转90°（逆时针）以及水平翻转、垂直翻转等固定选项对图层进行旋转。如果需要对图层进行任意角度的旋转，则使用“编辑|变换|旋转”，然后将鼠标放置在画面4角的任意一角上，出现旋转图标时按住鼠标左键进行旋转即可。

用自由变换工具调整透视

Q *我想将照片通过Photoshop放在另一张照片中的显示器的屏幕里，可是这张照片显示器的角度有点歪斜，请问我该用什么工具、怎样调整呢？*

A 完成这个工作并不很复杂，我们只需要使用“拖动工具”和“自由变换”这两个工具。首先将两张照片调入Photoshop中，使用拖动工具将目标照片图层拖入有显示器的照片中。此时如果目标照片相比显示器照片来说很大的话，可以使用“自由变换”工具将照片缩小至显示器屏幕大小。方法是单击“编辑|自由变换”或按快捷键“Ctrl+T”后，按住目标照片左下角的方块并同时按下“Shift”键拖动鼠标即可。紧接着使用移动工具将目标照片的左上角移至显示器屏幕的左上角并对齐。用鼠标按住目标照片的左下角方块处并同时按下键盘“Ctrl”键。此时移动鼠标就会发现，目标照片会随着鼠标的走向而产生透视变形，这样就可以将目标照片左下角移至显示器屏幕的左下角处。依照此法将目标照片4角分别对准显示器屏幕4角后按“Enter”键，放大校正后便大功告成了。

照片的排列

Q *我在Photoshop中每次打开多张照片时，照片都会层叠排列。要是想在屏幕中一次看到多张照片就要手工一张张拖动，请问还有别的办法吗？*

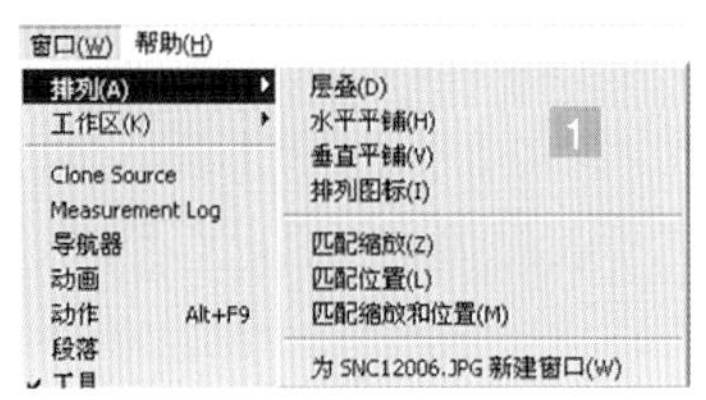

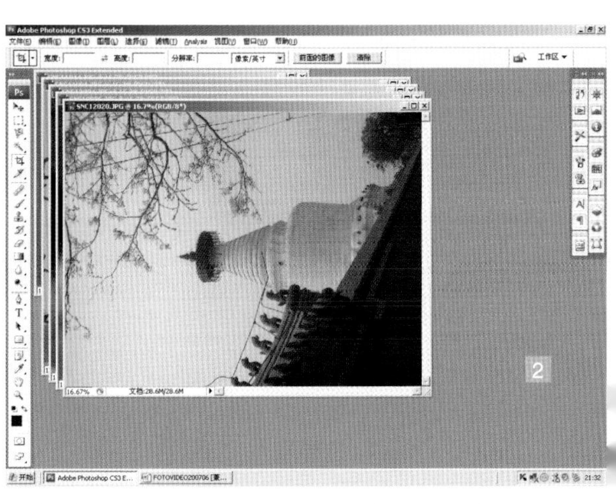

A 在Photoshop中打开多张照片时，可以利用Photoshop的排列命令来自动在界面中缩放和排列照片。选择Photoshop菜单中的“窗口|排列”，如图1所示。在排列命令中提供了3种照片在界面中的排列方式。“层叠”命令用于将各个图像叠放，如图2所示；“水平平铺”命令用于将照片按照水平优先的方式进行排列，如图3所示；“垂直平铺”命令用于将照片按照垂直优先的方式进行排列，如图4所示；“排列图标”命令用于沿屏幕的底部对齐最小化的图像窗口。如果在Photoshop界面中进行多张照片对比时，在照片平铺的基础上可以进一步匹配每张照片的缩放比例和在当前窗口的显示位置。“窗口|排列”菜单下的“匹配缩放”命令就是将其他窗口中图像的缩放比例与当前选中的图像的缩放比例保持一致；而“匹配位置”命令则是将其他窗口中显示图像的位置，即X、Y坐标与选中图像窗口中显示的位置进行匹配；“匹配缩放和位置”命令则是同时将每张照片显示比例和位置与选中的照片的显示比例和位置进行匹配统一。

照片的直方图

Q *我看很多人在调照片时都参考直方图，请问直方图怎么看？*

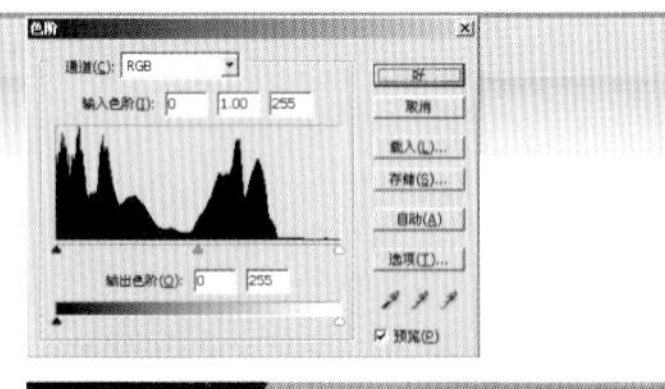

A 直方图是图像处理中非常有用的工具，直方图表示影像中所有像素按照不同的阶调（明暗）的分布状态。纵坐标表示图像中在某个阶调上像素分布的多少。横坐标最左边色阶值为0，表示图像的最暗部的影调，用黑色三角表示；横坐标的最右边色

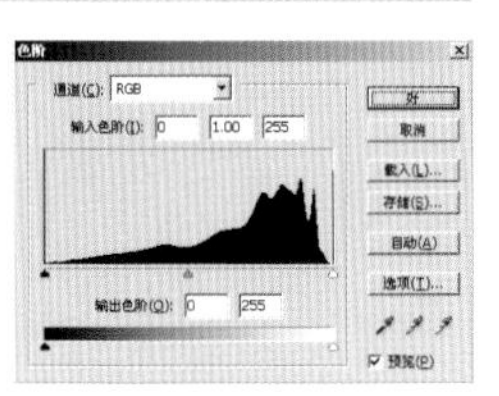

阶值为255，表示图像的最亮部的影调，用白色三角表示。左图所示的直方图中，图像大部分像素分布在靠近右侧白色三角位置，所以此图像的影调分布大部分为亮调，高调照片的图像分布与该图接近。如果图像像素分布集中在右侧，而左侧没有像素分布，则说明此图像曝光过度。中图所示的直方图中，图像大部分像素分布在靠近左侧黑色三角位置，故此图像的影调分布为暗调较多，低调照片的图像分布与该图接近。如果图像像素分布集中在左侧，而右侧没有像素分布，则说明此图像曝光不足。右图所示的直方图中，图像大部分像素分布在中间区域，则此图像的阶调分布为中间调。我们拍摄的绝大部分照片的直方图与该图相似，应当在全阶调上都有分布。

照片调整的历史记录

Q *PSD格式能保留调整的历史记录吗？请问怎样才能在调整时保留更多的调整记录？*

A PSD格式不能够保留调整的历史记录。历史记录只能在图像制作的过程中存在，在对图像进行每一步调整时，都会在历史记录中记录下来。一般Photoshop默认的历史记录有20个，当操作超过20个时，最早的记录会从内存中被删除，以保证记录下最新的操作。我们可以在“编辑｜首选项｜常规”中的“历史记录状态”来更改可以记载的历史记录数量，Photoshop CS2最多能够支持1000个历史记录。但是增加历史记录的数量将占用一定的内存，所以我们不建议设置较多的历史记录。当我们关闭一个图像后，对图像所作操作的历史记录就会从计算机的内存中删除。

照片缩略图

Q *我刚装完一个新的操作系统，发现TIFF和RAW格式的照片在窗口中都无法以缩略图的方式显示了，请问这是为什么呢？我该怎么办呢？*

A 由于不同相机的RAW格式照片的编码不同，所以不论是在刚刚安装还是早已安装的Windows操作系统中，都无法用缩略图的方式显示。对于TIFF格式的照片，Windows系统都带有一个TIFF读取器，这个读取器的版本新旧，会影响到系统对TIFF文件的辨认与读取。如果我们在Photoshop中存储TIFF文件时，如图所示，在“图像压缩”中选择了“ZIP”或“JPEG”压缩方式，或者是在“像素顺序”中选择了“每通道（RRGGBB）”的选项，那么生成的TIFF文件不能被Windows的TIFF读取器识别，也就说无法用“Windows图片和传真查看器”读取，当然也就无法用缩略图方式浏览了。如果我们想以缩略图方式浏览不同格式的照片，建议大家安装一些浏览软件，例如Adobe Bridge、ACDSee 9.0等，这样就可以轻轻松松地浏览照片了。

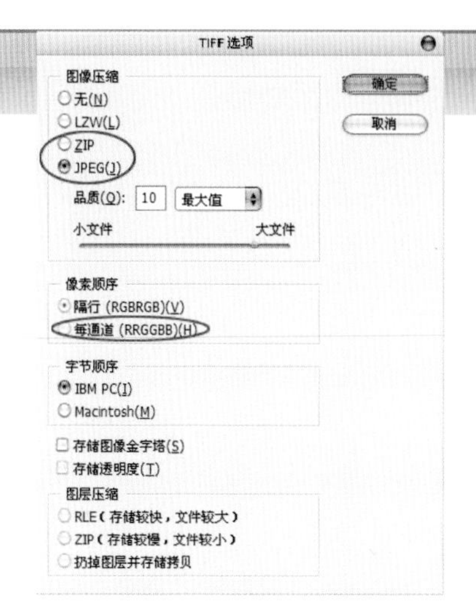

照片文件存储格式的选择

Q *通常在Photoshop中处理完照片直接可以存储成JPEG格式的文件，可我用数码相机也可直接拍出来RAW格式的照片，请问这两种格式有什么区别，我后期处理完了存成哪种好呢？*

A JPEG图像文件格式的特点在于支持很高的压缩比例并可以选择适当的压缩比例、支持的颜色信息多、兼容性较好等。因为它在保持高压缩率的前提下依然能够保证较高的图像质量（不过在压缩时仍会损失一些图像细节）而且占用存储空间少，所以使用JPEG图像格式的人居多。另外，很多软件都可以查看JPEG格式的照片，而RAW格式则不同。RAW格式是直接读取数码相机图像传感器上的原始记录数据后没有经过饱和度、锐度、对比度处理或白平衡调节的原始文件，并且没有经过压缩。RAW格式的图像文件包含的信息最多，也就是说经过Photoshop调节后带来的画质损失比较小。因为RAW格式是一种无损压缩文件格式，所以占用存储空间较多。一般在论坛里的照片或非商业用途的照片可以存储为JPEG格式，而用于出版印刷等专业用途照片则可以转成TIFF格式保存。

制作拍摄参考卡

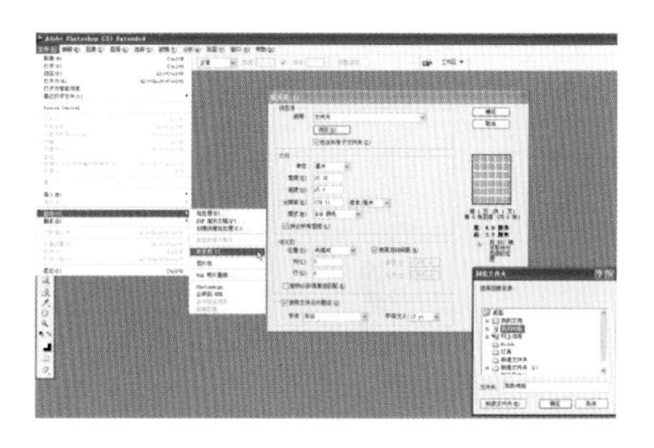

Q *我想去外拍人像，打印一些好的人像姿势照片作为参考，请问怎么将很多张小图放在一个背景上？*

A Photoshop提供了输出小样的联系表功能，可以方便解决该问题。选择“文件/自动/联系表II”，进入联系表II的工作窗口。在“源图像”中选择制作参考卡的所有图像文件的存放位置；在“文档”中设置输出参考卡的画幅尺寸；在“缩览图”中设定一个参考卡页面，用来放置照片的张数以及放置顺序；如果参考卡上需要显示照片的文件名，就勾选“使用文件名做题注”。上述设置完成后，将联系表打印输出装订即可制作完成参考卡。

ImageReady软件

Q *在Photoshop工具栏最下面有一个在ImageReady中编辑的图标，请问ImageReady软件是做什么用的呢？*

A Photoshop在桌面出版以及照片处理方面占据了重要的市场地位，但是随着网络的迅速普及，Photoshop在处理网络图形方面功能存在着一定的缺陷，故Adobe公司于1998年推出单独发售的ImageReady 1.0，填补了Photoshop在处理网络图形上的空缺。由于普及使用，此后Adobe公司便将ImageReady与Photoshop捆绑为一体销售。

查看照片拍摄信息

Q *照片都能看到原始的拍摄信息，平时我只用Photoshop和ACDSee两个软件，请问我从哪里可以看到这些信息呢？*

A 每一张数码照片都有其原始的拍摄信息，有很多方法可以查看原始拍摄信息，这里我们简单介绍在Photoshop和ACDSee中观看原始的拍摄信息。在Photoshop中打开照片，单击“文件/文件简介”，会弹出文件简介菜单，选择“相机数据1”即可阅读相机拍摄的原始数据。如果在ACDSee中浏览照片，选择所要查看的照片，单击上方菜单栏的“视图/属性”后弹出属性菜单，选择下方的“EXIF”即显示出相机的原始拍摄信息。

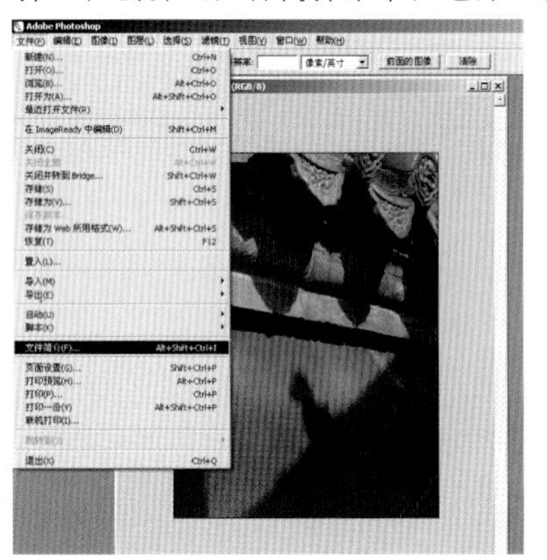

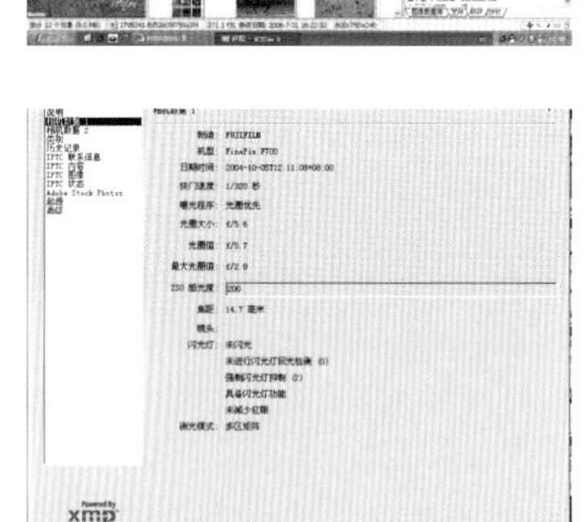

彻底删除照片

Q *听说硬盘、存储卡里的照片删除后都能恢复，这是为什么呢？那我要想卖掉过时的存储设备或者借给别人使用，怎么才能保证不会将照片泄漏呢？*

A 对于文件的删除操作，我们通常是将文件放入Windows的回收站中，并清空回收站。这样我们虽然看不到文件在系统中存在，但是它仍然存在于我们的硬盘或存储卡中。主要原因是，在删除操作时，Windows仅仅改变了硬盘分区表中的两个字节，而所删除的文件信息仍然完整的保存在硬盘中。只要保存删除文件的存储区域不被重新写入新的文件，我们都可以通过数据恢复软件查找并恢复。如果我们希望删除的文件不被恢复，就需要彻底破坏已经删除的文件数据。可以使用Eraser这一类数据破坏软件来删除文件。其删除过程是首先重写所有的数据存储区域和隐含区域，然后再破坏已经存在的被删除文件。另外一种方法就是利用无用的照片或文件填满存储介质。对于存储卡，可以拍一些无用的照片直至把它填满。这样，以前的照片就会被新文件或照片覆盖。

Picasa导入照片

Q *请问在用Google出的Picasa看图软件时，如何将新存储的照片导入到其中去？*

A Picasa在安装完毕首次启动时（图1），会提出要搜索电脑中的照片，这种搜索不会改变计算机中照片的位置，只是将图片导入以在Picasa中显示。当有新的照片导入计算机后，就需要手动导入照片。在Picasa界面中单击“导入”进入照片导入界面，如图2所示，在“选择设备”栏单击下拉菜单，可以选择文件夹，找到硬盘中对应文件夹下新拷贝的照片文件，选择打开后单击“完成”，在填写完导入信息后即可将照片导入Picasa进行浏览。另一种方法也可以达到同样的目的，在Picasa软件上方菜单中选择“工具|文件夹管理”，让软件自动搜索硬盘中新存入的照片文件（图3）。

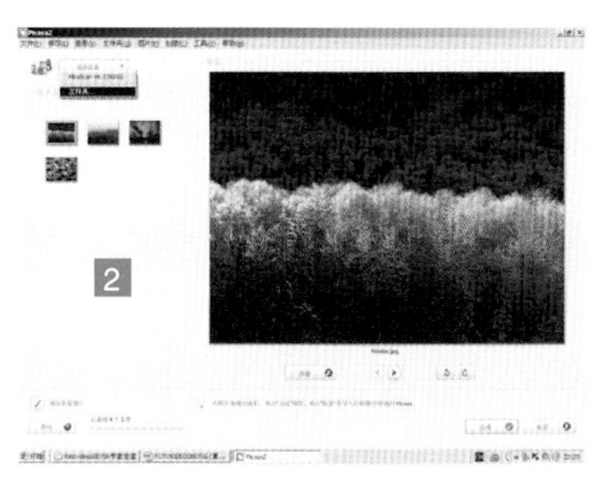

制作电子贺卡

Q 我想将自己的照片做成音乐电子贺卡发给朋友，能帮我推荐一款简单好用的软件吗？

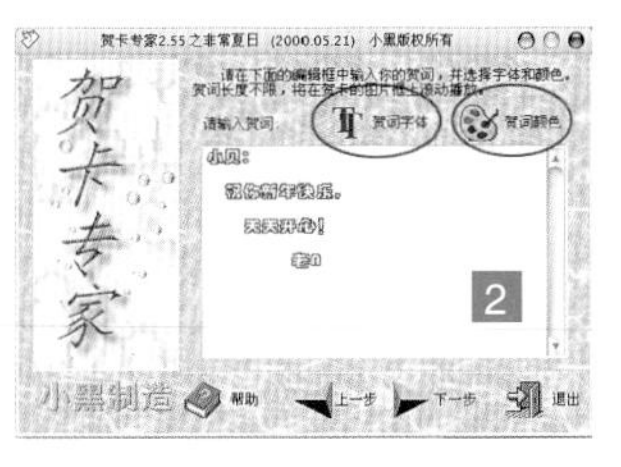

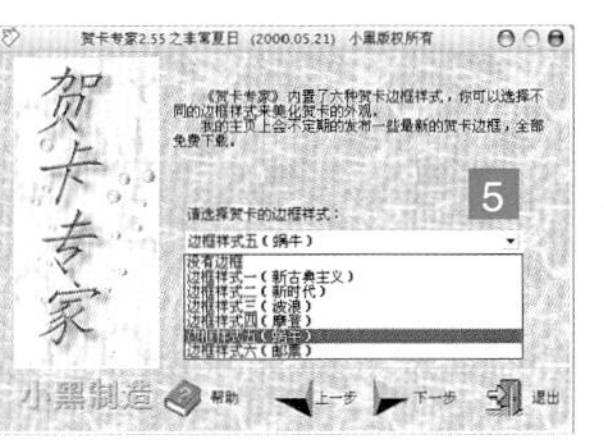
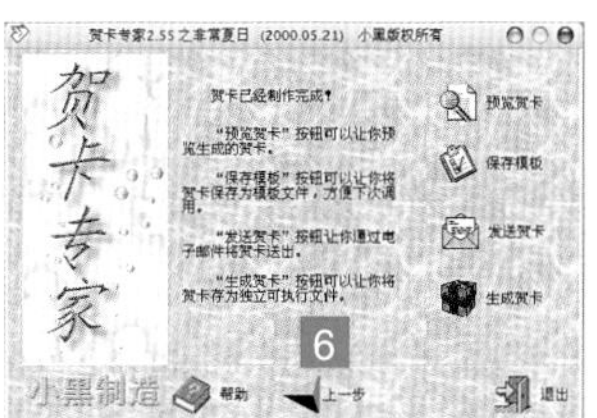

A 制作电子贺卡的软件比较多，这里介绍一款简单易用的免费电子贺卡制作软件——贺卡专家（下载网址：http://www.skycn.com/soft/2629.html）。将贺卡专家安装到计算机后，打开软件，我们可以发现软件的界面和使用非常方便。进入软件后可以看到如图1所示的界面，该界面向我们介绍了贺卡专家提供的功能：可以给贺卡加入背景图片、贺卡图片、背景音乐、GIF动画和贺词，并且能够方便的生成贺卡文件和邮寄。单击下一步进入图2所示界面，在这里我们可以填写贺词，并改变贺词的字体、字号以及贺词的颜色。注意，由于填写的贺词在贺卡中将滚动播放，所以我们可以在写完贺词后多加几个回车符，这样在滚动播放时，贺词会保持一定的间隔，比较美观。单击下一步进入图3所示界面，这里主要提供了制作贺卡的模式：自己选择媒体文件制作贺卡还是利用现有的模版制作贺卡。我们可以从网上下载现有的模版。这里以自己选择媒体文件制作为例，选择“让我自己选择媒体文件来制作贺卡”单击下一步，进入图4所示界面，这里提供了选择媒体文件的选项。可以选择背景图片、背景音乐、GIF动画以及多个图片，在这些选项中，背景图片是必须选择的。需要注意的是贺卡的幅面较小，所以使用的背景照片的大小不要超过400dpi×400dpi，其他照片的大小应当小于背景照片。选择完毕后单击下一步进入图5所示界面，这里我们可以选择贺卡的边框。在贺卡专家的最后一个界面上（如图6），我们可以对所制作的贺卡进行预览、邮寄、生成贺卡文件以及将制作的贺卡保存为模版以便将来的调用。

电子相册软件

Q 我和朋友出去玩拍了很多照片，想做成打包的电子相册发给他们，请问有什么好用的免费中文电子相册软件么？

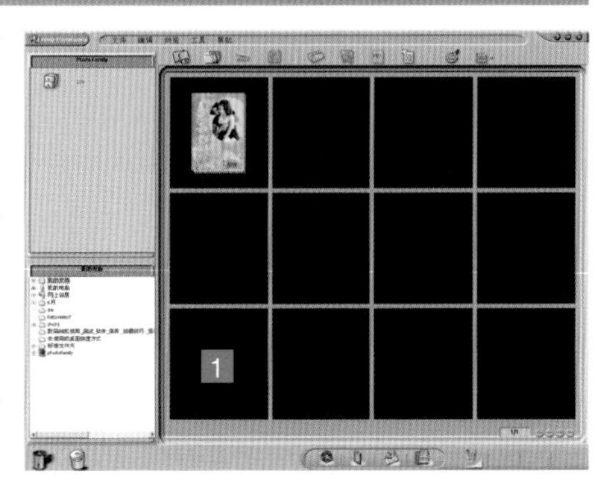

A 这里推荐一款电子相册软件——PhotoFamily。这款软件不仅提供了常规的图像处理和管理功能，更独具匠心地提供了制作出有声电子像册的功能。最新版本的PhotoFamily中更新增了诸如将电子相册打成独立运行程序包、刻录成CD，为相册和图像添加文字、声音说明等功能，更加友好的用户界面，并支持播放MP3和wav等格式的背景音乐。其界面如图1所示，选择“文件/新相册”建立一个新的相册，右键单击该相册选择“导入”，输入所要制作成相册的图片。然后选择“工具/打包相册”弹出如图2所示对话框，进行设置后单击“确定”即可完成相册的制作。下载地址：www.benq.com.cn/photofamily/

分类保存照片

Q 几年下来，我拍摄了很多照片，现在遇到很多分类和查询的麻烦。开始是按照类别分，后来发现很多题材难以区分类别，按拍摄时间分文件夹似乎也不方便，请问还有什么好的方法吗？

A 由于照片的数量在日积月累地增加，加上很多照片的题材很难分类，所以在分类保存照片时，单凭一种分类方法往往无法有效地查询到所需要的照片。我们建议照片按拍摄时间存储，同时在存储和备份照片之前，在Bridge、ACDSee等照片管理软件中，给照片添加多个关键字，如拍摄地点、拍摄时间、拍摄对象、照片题材等相关信息，这样在查找照片时可以通过设定多个关键字来过滤掉无关的照片，有效地进行照片的管理与查询。图中为使用Adobe Bridge CS3为照片建立关键字。

给照片添加边框

Q *我想给照片添加好看的边框，但觉得Photoshop自带的边框比较单调，请问有什么效果很好的加框软件吗？*

A 这里介绍一种给照片添加边框的免费软件——photoWORKS。进入软件后可以看到如图1的界面，在界面中包括了两个区域，“选择文件”区域是对所需处理照片进行选择的区域（图中红线框区域）；调整区域（图中绿线框区域）则是对图像参数进行设置的区域，包括了添加相框、调整图片尺寸、增加签名、调节图像的品质、图片输出的设置、存储预设置和帮助。下面我们举例说明添加相框：首先在“选择文件”区单击载入文件，选择照片如图2所示。在调整区域选择“相框”，然后单击“预览”，如图3所示。进入预览界面，如图4所示，界面右侧显示的是照片的EXIF信息，左侧上部是添加相框的预览效果。选择“相框、效果”，我们就可以看到添加相框后的效果，通过键盘的方向键可以快速预览不同边框的效果。选择“另存为”将添加相框的照片另存为一个新的文件。

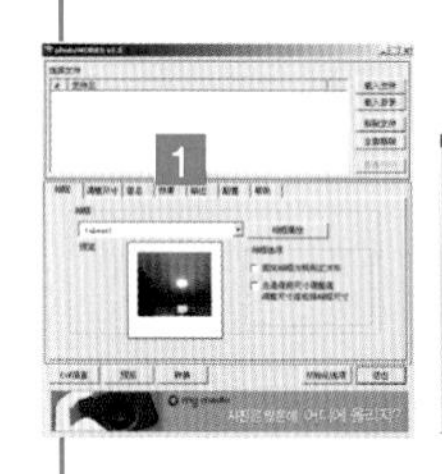
1

2

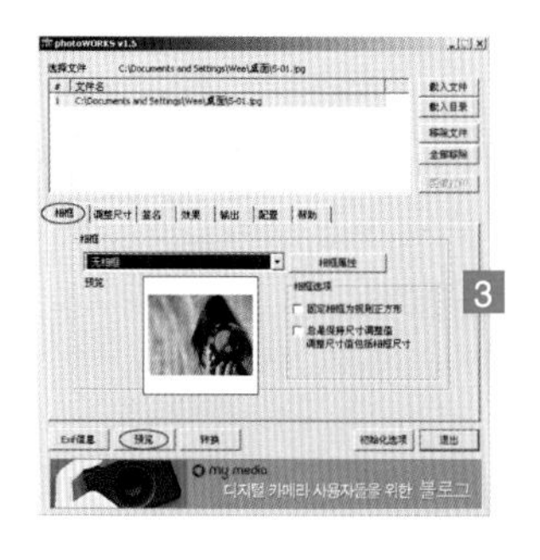
3

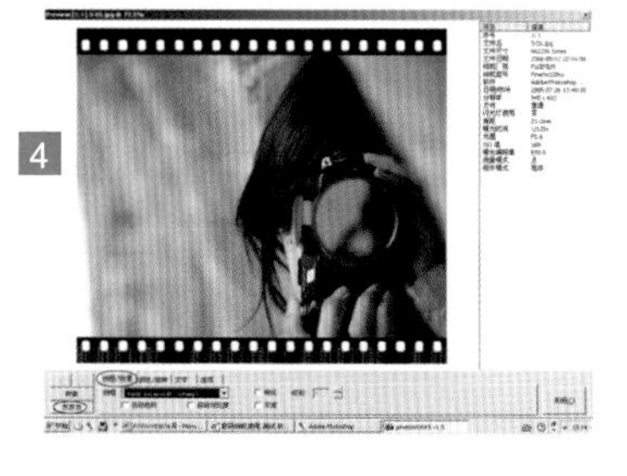
4

分类整理照片

Q *我在整理一次旅游照片时遇到了很多麻烦：在这个8GB多照片的文件夹中，混杂着风光照片、全景接片用的素材和留念照，其中还有很多RAW+JPEG模式下拍摄的RAW格式照片。我想将这些照片分类，并放进不同的文件夹，但是挑选的工作太繁杂了。分类时要对比连拍的照片，同时要删掉失败的作品，在Windows的预览中还看不到RAW格式照片的缩略图，有什么办法或软件能帮我解决这些问题吗？*

A 目前专为摄影师设计的软件Lightroom、Aperture以及Adobe公司旗下与Photoshop配套使用的Bridge都有强大的照片管理功能，它们不仅可以对照片进行星级分类，或者设定不同颜色标签，还可以为照片设定关键字。并且具备筛选功能，能够按照关键字、星级或标签等对某类照片进行筛选。当然，它们都能够浏览RAW、JPEG、TIFF等格式的照片。此外，图像浏览软件ACDSee也具有上述类似功能。对于数量庞大的照片，上述软件都可以轻松进行管理和筛选，唯一的要求就是高性能的计算机。如果电脑性能不佳的话，也可以使用这样一种简易方法。在文件夹中将照片按名称排列，使用ACDSee软件快速浏览JPEG格式照片，同时将废片删除。回到文件夹中，显示缩略图，将单独存在的RAW格式照片删除。接着，可以使用ACDSee软件的图像篮子功能，在浏览的模式下将接片素材和留念照分别挑出，并另存到其他文件夹中保存。

免费的照片管理软件

1

2

3

Q *我的ACDsee看图软件总是提示注册，请问有没有一款免费又好用的免费看图软件呢？*

A 这里推荐一款看图软件——Picasa3，它是Google推出的一款免费照片管理软件，其官方下载地址为http://www.google.com/intl/zh-cn/。在安装时，应将软件安装在默认目录中，这样软件为中文界面，否则是英文界面。Picasa3支持TIF，BMP，GIF，JPEG，PSD，PNG等图片文件，还支持AVI，MPG，ASF，WMV以及Quicktime的MOV等视频格式。Picasa3可以将计算机中的所有图片进行导入、浏览、幻灯观赏，并可以将图片进行加密、添加星级、标签等操作，还可以提供打印和网上订购图片打印服务的功能。此外，还可以轻易地将图片通过电子邮件发送给亲友，上传照片到博客。同时Picasa3还提供了将图片刻录到CD或DVD的功能。最值得提及的功能是Picasa3可以对照片进行基本修正、微调和效果的调整，而且支持批量操作，如图1所示。其中基本修正包含了对照片的裁减、拉直、去红眼以及对比度和颜色的调整；微调包括了补光、高光、阴影和色温等操作；效果更包括了锐化、柔焦、黑白滤镜等大量的特效，且操作非常人性化。Picasa特有的EXIF显示功能会向用户显示储存在图片原始文件内的所有相机数据，如相机型号、拍摄日期，甚至是否使用闪光灯，并且能够显示图像的直方图如图2所示。此外Picasa3还提供了制作海报、桌面、图片拼贴以及屏幕保护程序等功能，还可以按照用户的要求将照片制作为影片，如图3所示。

制作台历

Q *我想自己制作一个年历，月份等信息不知道从哪里获得，请问有现成的软件吗？*

A 这里推荐一款台历制作软件EZ Photo Calendar Creator。打开该软件后选择“新建项目（New Project）”，在项目菜单中设置项目名称和年历的开始时间，如图1所示。单击“设置（Setting）”按钮，进入年历设置界面，分别设置月份名称和星期名称，如图2所示。在主页面中选择年历的形式，软件提供了5种形式：挂历（Wall Calendar）、迷你挂历（Mini Wall Calendar）、年历（Annual Calendar）、CD封面年历（CD Case Display Calendar）、台历（Desk Calendar）。选择所需的年历形式，单击该形式旁的“GO”按钮进入制作界面，制作页面各功能区如图3所示。首先在左侧模板区域选择所需要的模板样式（选中的模板外围被橘黄色方框包围），然后在中间的窗口中单击灰色区域，在弹出的窗口中选择所需要的照片，在下方的“说明（Caption）”中标注说明，我们可以依次编辑12个月。单击“主题（Theme）”可以设定年历的边框样式，如图4所示。在右侧“年（Year）”中制作年历的年份，在“Subscription Date Sets”中提供了一些西方国家节假日的预设定（可惜没有中国的节假日），根据需要选用。这样制作完毕后选择“保存（Save）”即可。如果需要打印年历，在“选择打印日期（Select Date Sets to Print）”中勾选所需打印的项目，再在右下方选择“预览/打印（Preview/Print）”即可。

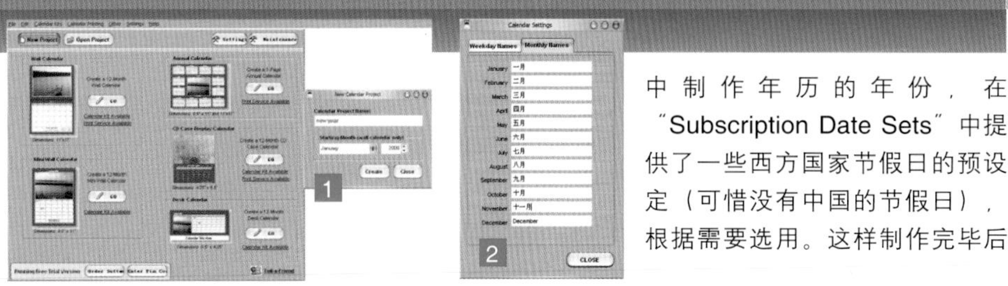

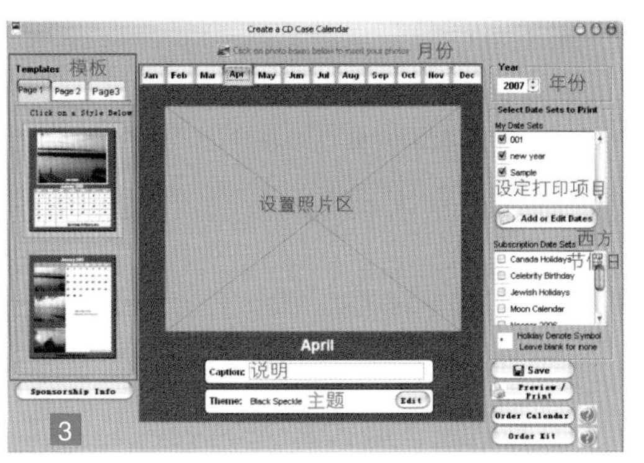

抠头发的软件

Q *我在抠图时遇到头发就头疼，每次都不成功，即使抠下来，头发也带有反光，看上去很不真实，请问有没有专门抠图用的软件或者Photoshop插件？*

A 专门抠图的软件很多，例如Corel公司的KnockOut、Onone公司的Mask Pro等软件都具有很强的抠图功能。但是对于人像照片中的头发，抠图软件的处理也常常难以令人满意。在实际的操作中，常常使用的方法是将人物抠图取出，然后利用一些发丝的笔刷来描绘出头发飞舞的效果。发丝的笔刷可以从Photoshop的资源或素材网站下载，下载后放到电脑中“C:\Program Files\Adobe\Adobe Photoshop CS3\预置\画笔”文件夹下，使用时打开Photoshop界面中的画笔面板，单击右侧的三角标志，在菜单中载入画笔即可。

简单批量添加水印

Q *请问怎么制作和设计一个水印？同时我也想知道怎么给照片批量添加水印？*

A 诸如PicMark、ImageWater、Image Watermarks、图文水印等很多软件都支持批量添加水印，并可以设置大小、位置及透明度。我们以图文水印为例介绍批量添加水印的方法，需要注意的是该软件首先需要设置水印文字和标识内容，然后给所需添加水印的照片执行批处理。首先打开图文水印软件，选择“模板\修改模板”，进入模板设置界面。选择“插入/插入文字”，单击鼠标左键进入背景编辑窗口，如图1设置相应水印文字参数。如需插入标识，选择“插入/插入图片”即可设置。水印内容设置完毕后在桌面单击鼠标左键即可设置水印的背景，如图2所示。设置完毕后关闭模板修改界面，这时会询问是否存储模板，命名模板并存储。选择“文件/批量处理文件”进入批处理界面，如图3所示。模板位置选择用来设定加载的水印模板和水印在画面中的放置位置，添加文件用于设定批处理的文件。设置完毕后选择“开始处理”即执行批处理添加水印。

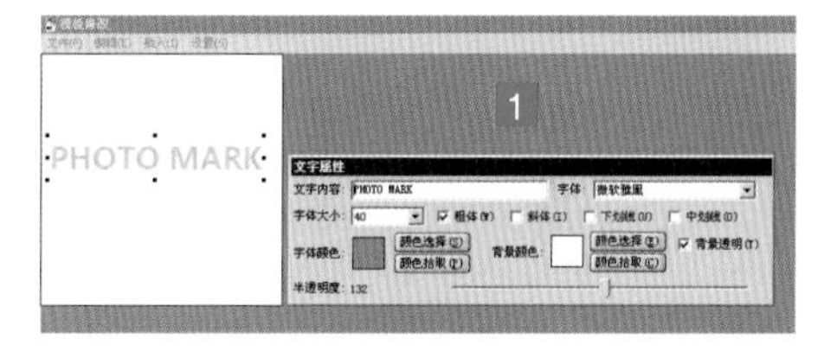

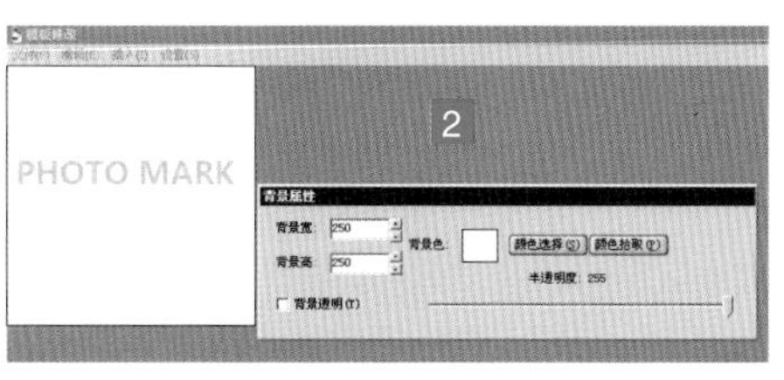

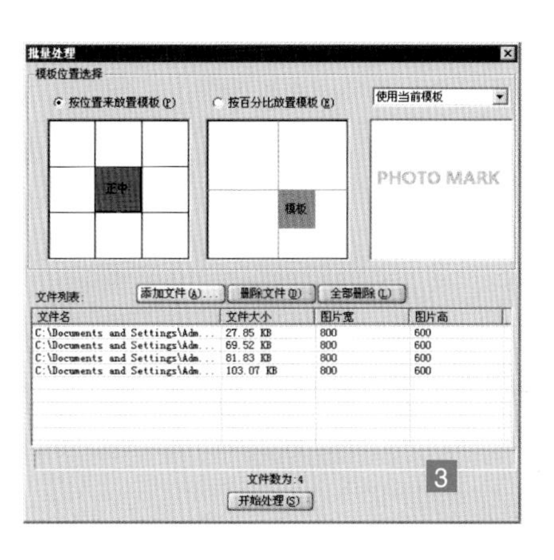

简单缩图

Q 我刚接触数码相机，想寻求一个最简便的缩小照片大小的方法，请问Windows XP里自带这样的软件吗？

A Windows XP中自带的能够处理照片的软件只有画图工具，而在画图工具中只能对照片进行放大而无法缩小，如图1所示。要缩小照片的大小，可以使用一些常用软件来对照片进行缩小，例如ACDSee、S-Spline等。这里介绍S-Spline软件对照片进行缩放。打开S-Spline软件，出现如图2所示的界面。选择打开命令，在弹出菜单中选择需要缩放的照片。界面中“原始尺寸”显示的是当前照片的尺寸和分辨率；在“新的尺寸”中对照片进行缩放，设定时，首先设定照片的分辨率，一般设定为240dpi或300dpi，然后设定照片缩放的百分比，设定后可以在下方查看照片的实际尺寸；在“插值法”中提供了3种插值算法，我们比较不同插值的效果选择最佳的方法进行缩放。通常我们应当选择“保持画面宽度比”选项和“自动预览”选项，以能够保持画幅比例和浏览不同算法插值的效果。当上述处理完成后，选择保存命令存储照片即可。

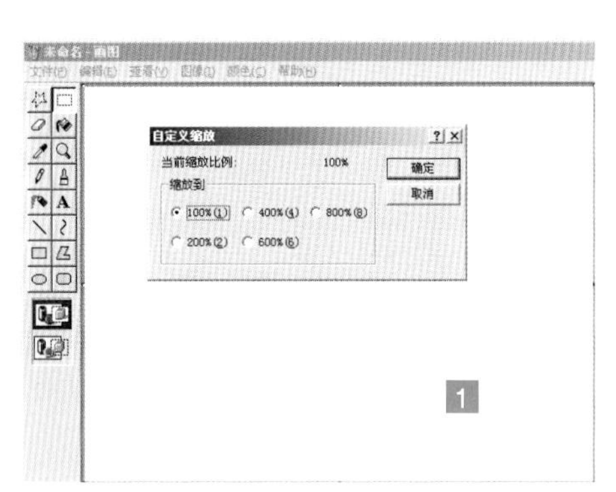

1

2

抠图软件

每次做后期抠图都费时费力，请问有什么好的抠图辅助软件吗？

A 这里介绍一款抠图软件KnockOut4.0。该软件主要是通过对抠像对象的内部边缘和外部边缘进行定义来确认图像的前景和背景。首先使用“内部对象”工具在对象的内部沿边缘描绘，描绘完毕后即可在对象内部得到一个选区，如图1所示。然后选择“外部对象”工具绘制外部对象的边缘以定义外部对象，即定义图像的背景。图2所示为内部对象和外部对象定义完毕的状态。内外部对象设定完毕后设定图像细节并检视抠图效果，根据图像轮廓的复杂程度，在工具栏中的细节选项上移动滑块，图像轮廓越复杂，也就是说图像前景和背景中的颜色越丰富，滑块放置的数值越高；反之，滑块放置的数值越低。单击“处理”按钮，检视抠像处理效果，如图3所示。当整体效果基本满意后，就可以对细节进行修饰。对于像发梢一类细节丰富的物体，选择“内部注射器”工具，按住“Ctrl”键的同时，在与丢失细节相同颜色像素处单击鼠标左键，提取该颜色信息。然后在丢失细节处，按照对象的纹理走向单击数次，然后选择“编辑/处理”即可修饰细节。对于抠出的图像边缘，选择工具栏中的“边缘羽化”工具，在参差不齐的边缘区域绘制出羽化曲线，然后选择“编辑/处理”对边缘进行羽化处理。对于处理后对象内部缺失的部分可以使用润色笔刷来恢复为前景，而对于对象外多余的部分可以使用润色橡皮擦工具来恢复为背景。局部修饰完毕后，选择“文件/应用”命令执行最终抠像处理，得到图4所示的抠像效果。注：例图为KnockOut提供的案例样片。

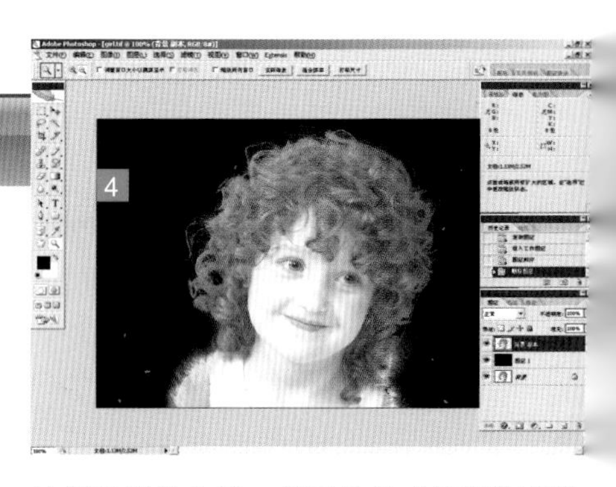
4

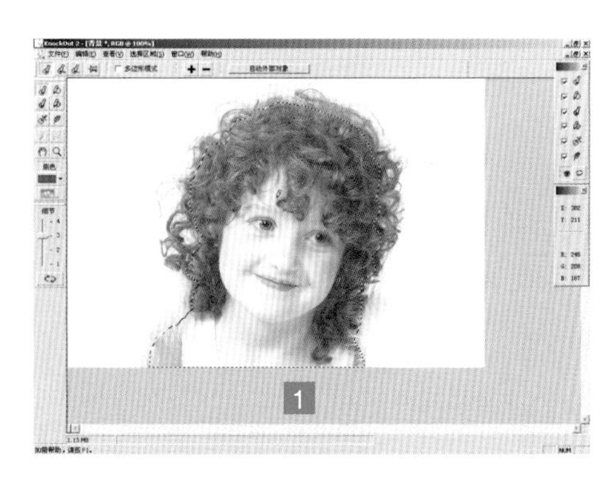
1

2

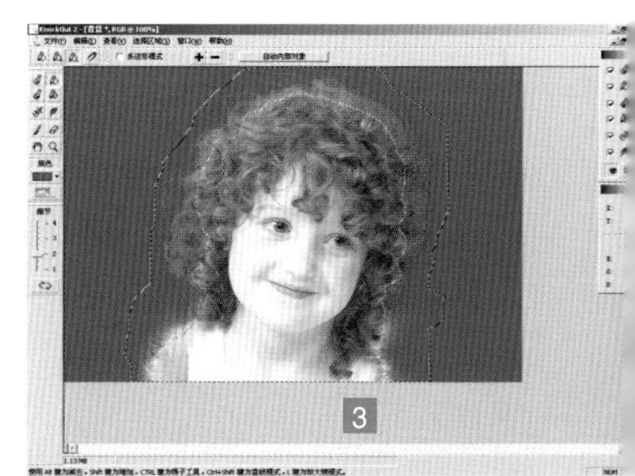
3

柯达皮肤处理软件

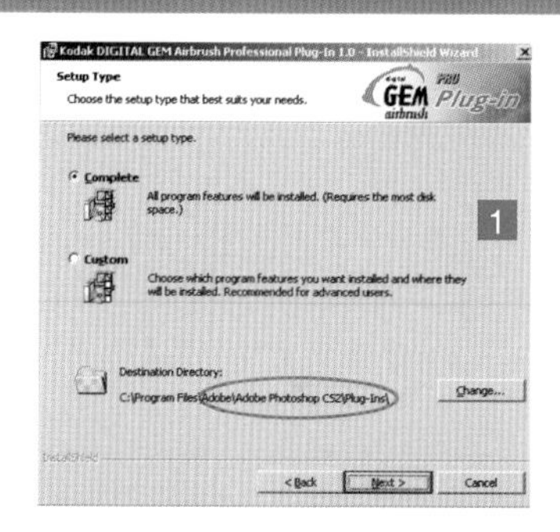

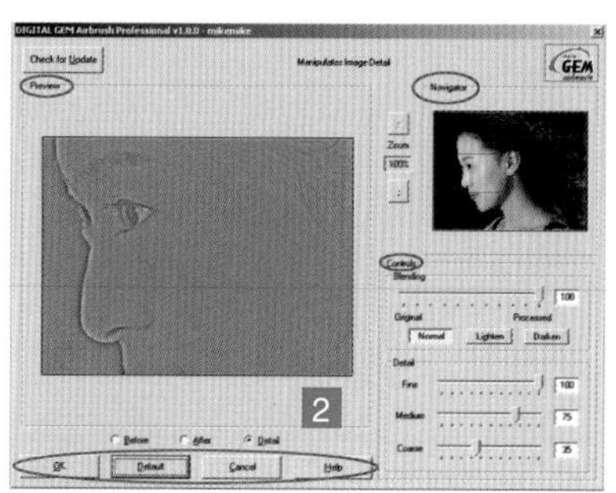

调整前

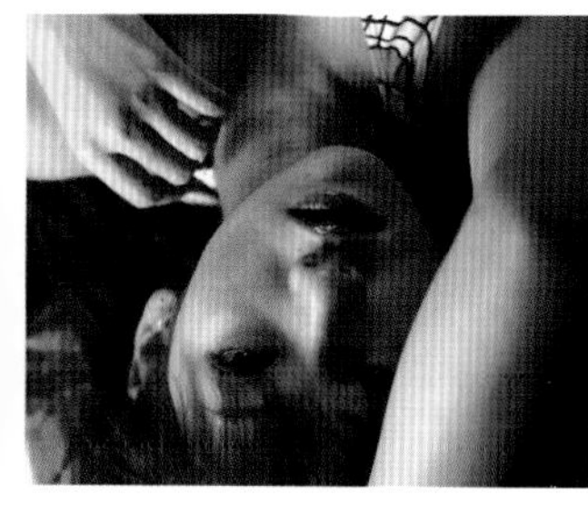

调整后

Q *柯达最新推出了4个Photoshop中的照片处理插件，我对其中的磨皮插件很感兴趣，能为我介绍一下这个插件的具体使用方法吗?*

A 柯达最新推出了Digital GEM Airbrush PRO外挂滤镜，它是一款皮肤平滑处理软件，可以在去除皮肤瑕疵的同时保存头发、睫毛以及眉毛的细节，并支持8位色彩和16位色彩。在安装该软件时，需要将安装路径设置为“Program files/Adobe/Adobe Photoshop CS2/Plug-Ins\滤镜”（图1）。使用该软件时，打开Photoshop及需要处理的照片，选择“滤镜/Kodak/Digital GEM Airbrush PRO v1.0.0”（图2）。在窗口中有“Buy And Register Button”按钮，如果使用的是未注册的试用版，则处理后的图像都标有"UNREGISTERED Do Not Save"的标示，所以在使用前应当选择该按钮进行注册。左侧“Preview”窗口是用来观察照片局部在处理前后的效果。当选择“Before”时，预览的是原片；当选择“After”时，预览的是按照控制区域设置后的效果；当选择“Detail”时，向用户显示的是当前被该软件处理的细节。“Navigator”窗口显示完整的被处理图像，其中有一个可以移动的红色的导航选区，这个区域内的画面将在“Preview”窗口内显示。该区域中另有两个按钮“Zoom +”和“Zoom –”分别用来对“Preview”窗口显示的内容进行放大和缩小的处理，其范围是“0%～100%”，当缩小为0时，在“Preview”窗口中显示的是整个图像。“Controls”区域的控制包括了“Blending”（混合）和“Detail”（细节）两个内容的处理。“Blending”控制条是控制该插件处理效果的强弱，如果设置为100%，则是处理效果最强；如果设置为0，则不进行处理；设置为50%时，最终得到的是一半光滑图像和一半原始图像混合的效果。混合的模式是用来控制光滑的图像与原始图像之间以何种方式进行混合，包括了“Normal”（一般）、“Lighten”（变亮）和“Darken”（变暗）3种。“Normal”是依据“Blending”控制条来进行混合的，例如，如果控制条设置为80%，则最终图像有80%的光滑图像和20%的原始图像混合得到，是最常使用的选项。“Lighten”在进行混合时是将处理后的光滑图像与原图像进行比较，选择较亮的来进行混合，例如，控制条设置为80%，如果光滑的图像比原图像亮，结果是80%的光滑图像和20%的原图像混合；如果光滑图像比原图像暗，则结果就是原图像。“Darken”类似于“Lighten”，在进行混合时是将处理后的光滑图像与原图像进行比较，选择较暗的来进行混合。这两个选项与Photoshop中混合模式中对应的选项是一致的。“Detail”（细节）控制条是用来控制最后得到的图像细节的锐化程度，设置为100%时锐度与原图像相同，设置为0时则为重度模糊。“Fine”（精细）是指类似于衣服纹理、睫毛和头发等精细的细节。“Medium”（中等）是指稍微大一些的形体，例如脸部的阴影以及衣服的褶皱。“Coarse”（粗糙）是指最大的形体。其他选项包括了“OK”（确定）选项，“Default”（厂家默认设定的参数）、“Cancel”（取消）以及“Help”帮助。

截图工具

Q *我是个Photoshop爱好者，想做些教程放到网上，请问电脑屏幕上的画面怎么保存?*

A 电脑屏幕上的画面最简便的保存方法是使用键盘上的Print Screen功能键进行拷屏。具体操作是当界面需要拷屏时，单击键盘上的Print Screen键（笔记本电脑上的拷屏键标示为Prt Sc或Pr Scrn）。然后进入Photoshop界面，选择“文件｜新建”，在默认设置下单击“好”，建立一个新的图像文件。选择“编辑｜粘贴”，这时可以将刚刚拷贝的屏幕粘贴在图像文件中，保存即可。我们还可以使用截图软件HyperSnap-DX进行拷屏。首先从开始菜单打开软件，进入界面后可以看到如图所示的界面。HyperSnap-DX软件所具有的功能非常强大，可以进行全屏幕的拷屏，也可以拷贝窗口，还可以拷贝所选择的区域。我们以捕捉Photoshop窗口为例进行解说，首先进入要操作的Photoshop界面，打开HyperSnap-DX软件，选择捕捉窗口按钮，便出现捕捉界面。这时光标在屏幕上移动时，我们可以看到有窗口用粗灰色线闪烁显示，这就是我们要选择的窗口。单击鼠标左键，就会弹出HyperSnap-DX窗口，如图所示。选择保存就得到拷贝的屏幕了。当然也可以选择“激活热键”按钮，在默认状态下同时按下“Ctrl+Shift+F”组合键，这样就得到全屏幕的拷贝图片了。

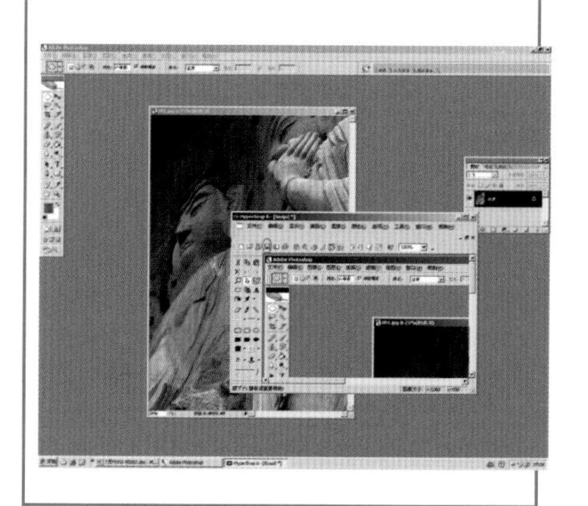

刻录照片光盘

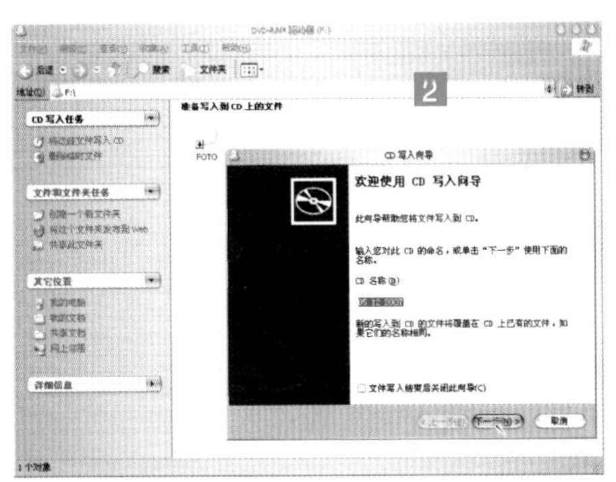

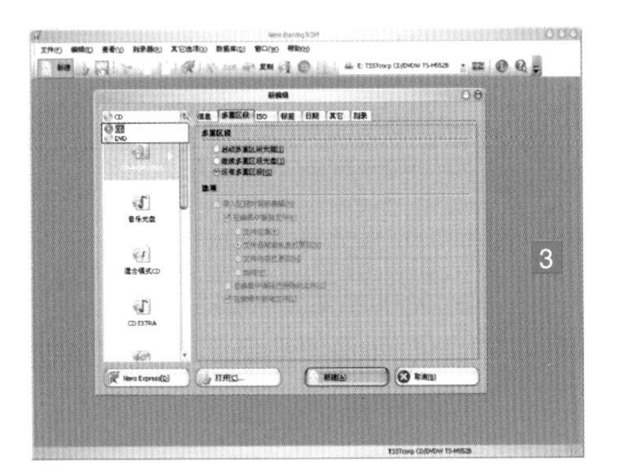

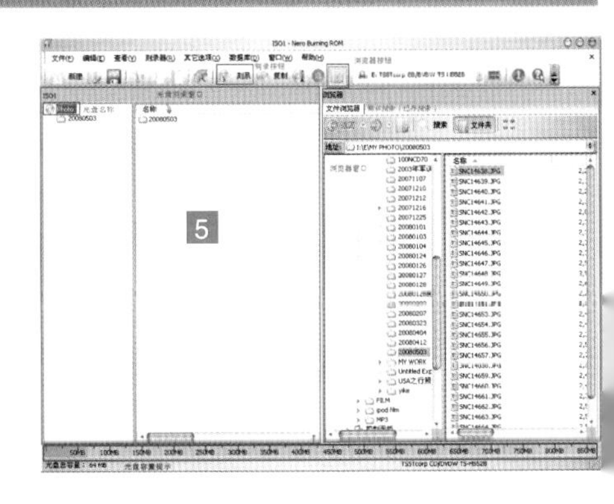

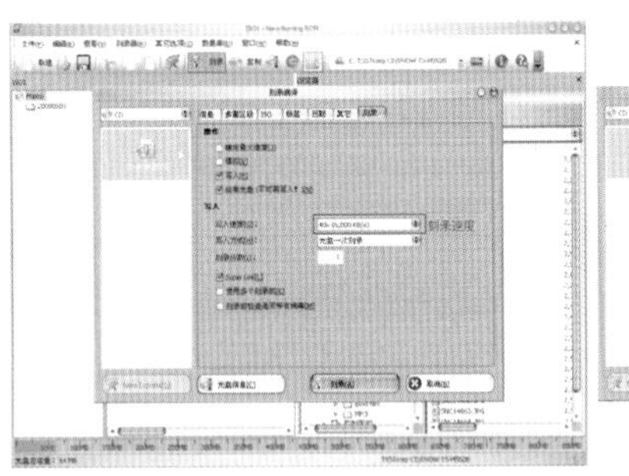

Q *如何将照片刻录到光盘中?*

A 将数码照片刻录到光盘中，是一个非常有效而实用的保存数码照片的方法。我们可以在操作系统中将照片刻录至光盘，以Windows XP操作系统为例：先将所需要刻录照片的文件夹拖曳到光盘驱动器图标上，打开光盘图标，这时可以看到在光盘目录下有待刻录文件夹，如图1所示。将空白光盘放入刻录光驱中，选择窗口左上方“CD写入任务”栏中的“将这些文件写入CD”按钮进入“CD写入向导”，如图2所示。在“CD名称”中输入刻录光盘的名称，选择“下一步”，光驱将执行刻录操作。刻录完毕后，双击光驱图标，选择“CD写入任务”栏中的“删除临时文件”按钮将光驱中的待刻录文件删除以备下次刻录使用。我们还可以使用专业的刻录软件来进行刻录，这里以Nero 8为例。在安装完毕Nero 8后，选择“开始/所有程序/Nero 8/Nero Burning ROM”打开Nero软件。在新建窗口中首选选择刻录介质（CD或DVD），如图3所示；这里我们选择CD，然后选择“CD-ROM（ISO）”后单击“新建”命令，如图4所示；进入编辑窗口，选择“浏览器”图标，在窗口中同时会显示刻录光盘窗口和浏览器窗口，如图5所示；选择光盘图标，单击右键在关联菜单中可以选择重命名选项更改光盘名称，在界面右方的浏览器窗口中可以找到所需要刻录的照片，将其拖曳到刻录光盘窗口即可添加刻录内容。如需删除，只要在刻录光盘窗口中选择所需删除内容，按“Delete”键即可删除。在窗口下方的“光盘容量提示区”中可以显示光盘的容量和当前刻录文件的数据量。当上述设置完毕后，单击“刻录”按钮，进入刻录编译窗口，如图6所示。在该窗口中提供了刻录速度、单次刻录、多重区段刻录等参数的选择，按照需要进行设定后单击“刻录”按钮即可将照片文件刻录到光盘上。

升级佳能软件

Q *我用的是佳能EOS 30D数码单反相机，请问佳能相关的Digital Photo Professional 升级程序哪里可以下载?*

A 匹配的佳能Digital Photo Professional 升级程序可以在佳能的主页上下载。在IE浏览器地址栏输入“http://www.canon.com.cn”，进入佳能主页，选择售后服务栏下的下载中心。弹出的如图1所示的界面，在产品类型栏中选择照相机，在产品系列栏中选择EOS数码单反相机，在产品型号中选择EOS 30D后单击提交。在随后弹出的EOS 30D的下载页面中，如图2所示，选择“驱动程序/软件”，在软件中找到用于Windows的Digital Photo Professional 升级程序单击下载即可。另外需要注意的是，下载的是一个升级程序，所以必须在购买相机附带的原有软件基础之上升级。

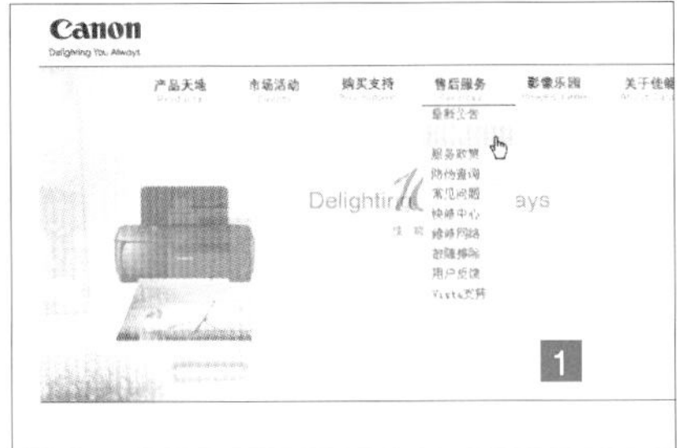

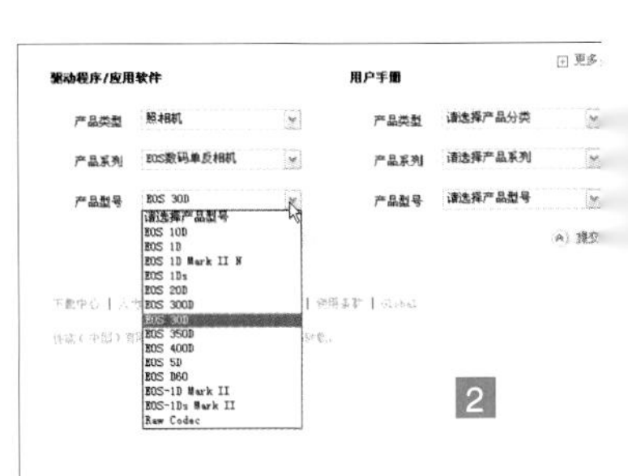

磨皮的插件

Q *我想将人像的皮肤进行快速的去色斑和瑕疵等处理，请问有什么简单的软件和方法吗？*

A 可以使用柯达公司出品的DIGITAL GEM airbrush Pro这款皮肤特效软件来方便快捷地处理人物皮肤质感。首先安装该软件，将其安装在“系统盘：\Program Files\Adobe\Adobe Photoshop CS3\增效工具\滤镜”目录下（以Photoshop CS3中文版为例）。在Photoshop中打开所需要处理的照片，选择“滤镜/Kodak/DIGITAL GEM airbrush Professional”，进入DIGITAL GEM的控制界面，如左图。软件界面分为3个部分：左边为预览区域，用来预览调整前后的画面效果；右上方为导航区域，主要用来控制预览区域显示比例以及显示区域；右下方为参数控制区，包括了混合模式的控制（包括普通、变亮和变暗3种混合方式以及图像混合的比例，混合比例越高处理效果越明显，反之则越接近于原始图像）和细节的控制。细节控制包括了对不同大小细节的设置，数值越高保留的对应细节越丰富，反之则处理的效果越明显。所以我们可以通过简单的参数设置来快捷地处理人物皮肤的瑕疵，如下图所示。

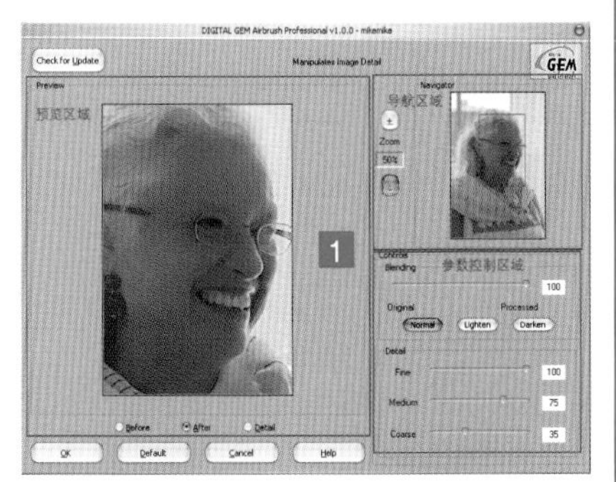

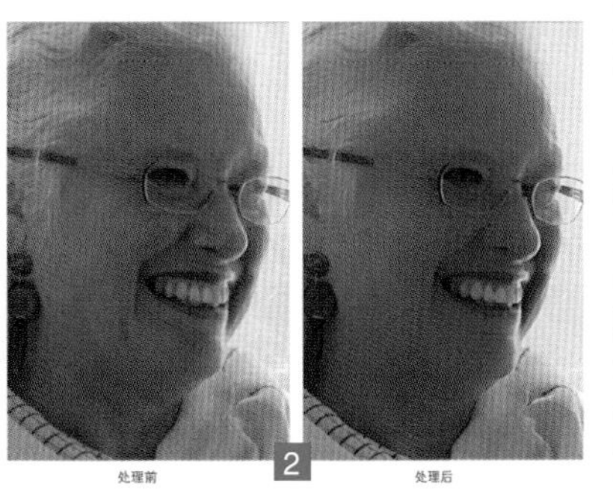

批量缩小照片

Q *我经常在论坛里上传照片，可论坛普遍都限定上传照片的分辨率和文件大小，能给我介绍一下批量缩小照片的方法吗？*

A 大家平时使用Potoshop缩小图片时要逐张修改，费时费力，下面我介绍一个能批量缩图的软件ACDSee，相信大家对这款软件一定不会陌生。通常我们只用它做看图软件来使用，很少接触它的照片修改功能。以ACDSee6.0为例，在软件中打开待处理照片的文件夹，用鼠标选择要修改的照片，如果是选择性修改可按住键盘“Ctrl”键进行挑选。当选择完成后单击“工具，调整图像大小”，或按快捷键“Ctrl＋R”，在弹出的窗口中选择“用像素表示大小”，并根据需要设定分辨率。在“选项”中可以设定缩小后照片的存储方式和位置。在“选项｜JPEG压缩选项”中可以设定压缩率，以适应上传的要求。当一切设定结束后单击“开始调整大小”便可得到成批缩小的照片了。

批量下载网页照片

Q *我想将论坛帖子中的多张照片全部下载下来，请问有什么好的方法吗？*

A 下载论坛帖子中的全部照片有两种方法可以达到。第一种方法是选择网页窗口的“文件|另存为”命令，如图1所示，将整个网页保存在硬盘上，然后从保存下的网页文件夹中将各个照片保存下来。使用这种方法下载照片时，由于要保存整个网页，往往速度较慢；并且有些网页是无法保存的，所以这种方法不能下载。第二种方法是使用网络蜘蛛Netspider软件进行下载。图2为网络蜘蛛软件界面，使用时对该界面内的相关选项进行设置，即可下载所需的文件。首先在“URL”中输入搜索的网络页面地址（支持复制、粘贴）。最大搜索层数是设定搜索的层数，为了避免搜索层数过多而影响网络速度，我们可以将其设置为3层以内，如果是电话线拨号上网，可以设定为1层。同步下载线层数提供了同时下载多个文件的功能以提高下载速度，一般来说设置在20～40之间。下载文件类型用于选择只下载图片还是下载包括HTML文件在内的所有文件。文件名必须包括选项用于设定文件名所包含的字符，一般网络上下载的文件都是JPEG格式文件，所以我们可以在这里输入“.jpg”。在保存目录中可以设定下载文件的保存位置。选择“只搜索同一服务器”可以避免网络蜘蛛被页面上的连接引到其他站点上去。而“下载页面内嵌图片”选项可以让网络蜘蛛下载页面上嵌入的图片。“下载超链接文件”将使网络蜘蛛下载页面上需要单击才能打开的超链接文件。“只下载最后一层链接文件”选项可以使网络蜘蛛忽略搜索到的前几层页面上的文件，只下载最后一层链接中的文件。上述设定完毕后，如图3所示，单击开始即进行图片下载。

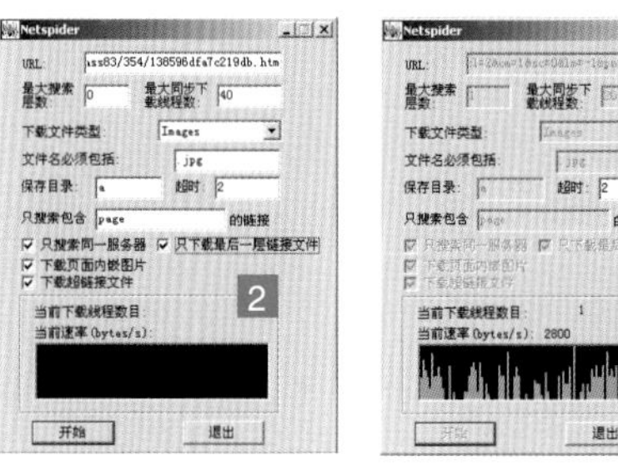

数码照片的恢复

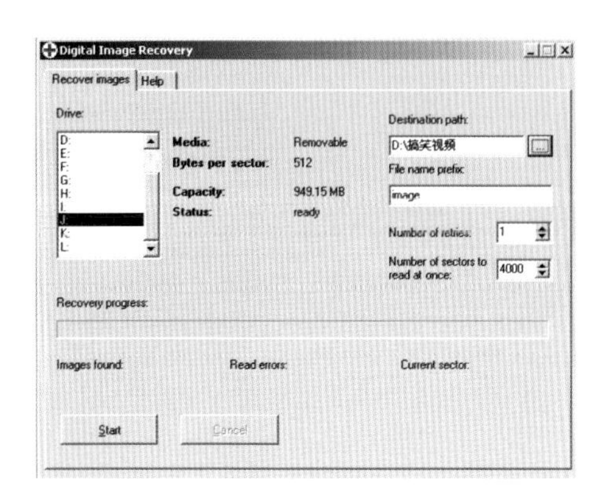

Q 我不小心把数码相机里的照片给删了，最近的照片全没了。听说有软件能恢复一些误删的照片，在这里能给介绍一下吗？

A 我们在使用数码相机的过程中常常会出现误删除的现象，为了恢复还没有拷贝的照片，我们需要做如下处理：首先当出现误删除的现象后，不要再往存储卡上存储拍摄的照片，因为如果存储卡再写入数据后，原来的数据就会被替代而无法恢复。第二步我们可以使用Digital Image Recovery软件对存储卡做恢复操作。具体步骤如下：将存储卡通过相机或读卡器连接在计算机上，打开Digital Image Recovery软件进入图中的界面。选择使用的语言，这里我们使用“英语”（English），单击“好”（OK）进入界面。在驱动器（Drive）栏中选择存储卡的盘符，选定后可用看到选中存储卡的性能参数。在目标路径（Destination Path）下单击选择按钮，选择我们将恢复图像文件的存储路径。在“文件名前缀”（File name prefix）下输入需要恢复的文件名的前缀，如果不输入，则默认为“image”，软件会自动查找所有图像文件。“重试次数”（Number of retries）是设定搜索的次数，我们通常设定为1次。“立即查找扇区数量”（Number of sectors to read at once）是设定查找的扇区数量，默认值为存储卡的所有扇区，所以一般我们不用改动。设置完毕后单击“好”（OK），软件自动对存储卡进行恢复。恢复完毕后，关闭软件，在指定的路径下就可以找到我们误删除的照片。

特效小软件

Q 我想将照片处理成不同的色调效果，有没有一步就能完成的简单小软件呢？

A 这里介绍一款简单易用的软件BWorks for Digital Cameras（图1），通过预置可以简便地制作各种色调效果。打开软件出现如图2所示的界面，单击“载入”便可以将所需要处理的图片载入软件中，这时界面左侧窗口显示的是原始图像，右侧显示的是软件处理后的效果。单击预置，如右下图所示，其中给定了一些效果，只要选中即可得到所需要的效果。在预览图像时，可以在缩放区域选择“1:1”（图像原大预览，在窗口中只能看到局部，可以通过光标挪动来查看各个局部）或“适合”（图像在窗口中完整显示）来进行预览。当调整完毕后，单击保存即可将所得到的特殊效果图像保存。

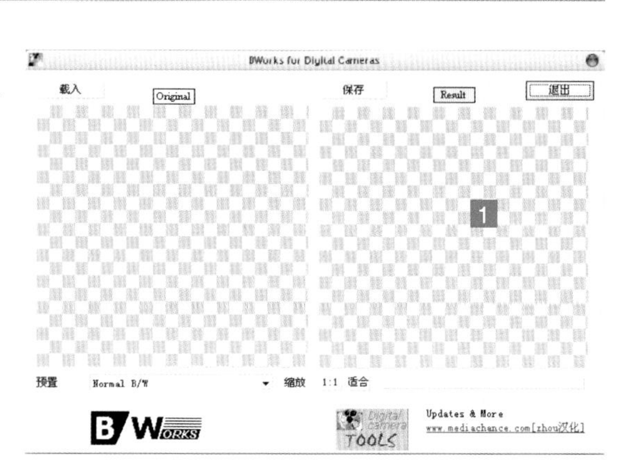

1

2

用Neat Image 4.0去除噪点

Q 在使用数码相机拍照时，有时候图像中的噪点比较大，特别是拍摄人像照片时，大量的噪点破坏了画面的效果。有没有很好的快速的去除画面中噪点的方法？

A 去除噪点是每一位数码摄影爱好者都面临的难题，下面我就来简单介绍一个去除噪点的小软件Neat Image 4.0。使用这个软件时我们要注意一定要将Neat Image 4.0安装在Photoshop CS2的Plug-ins目录下，否则在Photoshop CS2中将无法使用它。在Photoshop CS2中使用Neat Image 4.0很简单，首先在Photoshop CS2中打开要修改的照片，再单击“滤镜\Neat Image Reduce Noise”，在Neat Image 对话框中，将图像放大到100%显示状态，分别调整“设置噪点设置”和“噪点过滤设置”这两个对话框。直到把画面中的噪点调整到自己满意为止，最后单击“应用”按钮便可。

用S-Spline2.2插值放大照片

Q *我想利用插值法将照片放大，请问除了Photoshop还有没有占用系统资源小一点、放大效果更好的软件呢？*

A 最近比较流行的一款插值放大照片软件是S-Spline2.2。这款软件的安装文件虽然只有1.4MB左右，但功能很强大。S-Spline2.2内部集成了S-Spline、Biliner和Bicubic等3种插值算法。就使用来讲，我们一般只需要在“新的尺寸”数值框中输入最终想得到的照片分辨率数值，并在“保持画面宽度比”和“自动预览”选项中打勾，照片就会自动改变分辨率，甚至都不用选择确定键。当插值放大操作后，单击“文件｜保存”并选择需要得到照片的格式，新的大尺寸照片就生成了。由于S-Spline软件占用存储空间小，运行时占用电脑系统资源少，并且插值放大效果好，因此受到很多摄影爱好者的喜爱。

照片管理工具

Q *每次拍完照片回来，整理变成了一大难题，请问有没有能把照片分等级排序的工具？*

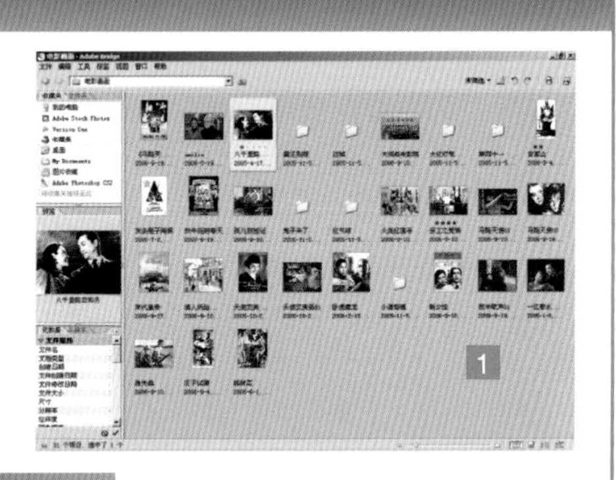

A Photoshop自带了一个浏览和管理照片的软件Adobe Bridge，在Photoshop中单击“文件/浏览”打开Adobe Bridge，其界面如图1所示。在此软件中，我们可以进行照片的浏览、拍摄信息的检视和照片的分类管理。照片的分类管理主要是利用“标签”中的设定标签颜色和设定星级来进行。具体操作如下：首先选择需要设定的照片，选择“标签”出现如图2所示的下拉菜单。在这里可以对所选择的照片设定星级或者设定标签的颜色，也可对已经设定星级的照片进行更改星级。当所有照片的星级或标签设定完成后，就可以对照片进行筛选。如图3所示，单击图中红线勾出的按钮，弹出筛选菜单，我们就可以对照片进行星级筛选或标签筛选了。

照片恢复软件

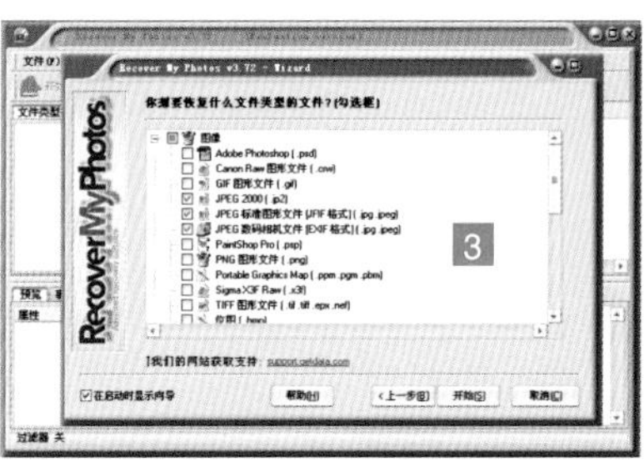

Q *我在存储卡上的照片不小心被删除了，现在存储卡封存了，一直在找简单好用的中文恢复软件，请问能推荐一个吗？*

A 这里推荐一款文件恢复软件RecoverMyPhotos。安装完毕软件后即可双击快捷方式打开软件，如图1所示。在软件使用向导中选择快速搜索后单击“下一步”。软件扫描计算机上的所有存储器的显示列表，如图2所示，在列表中选择待恢复的存储卡图标后单击“下一步”。这时软件会提示你选择待恢复的文件类型，如图3所示，我们选择相应的文件格式后单击“下一步”。软件随后对存储卡进行扫描，并显示查找到的被删除文件。选择待恢复文件，在恢复菜单栏中选择保存文件，设定文件保存位置后即可将误删除的照片恢复，如图4所示。

冲印尺寸的计算

Q *到数码冲印店冲印照片时，店员都会问："想要冲印几寸的照片？"通常，冲印店提供3.5×5、4×6、6×8、8×10英寸等几种不同的标准冲印规格，也就是我们平常所说的5吋、6吋、8吋、10吋照片。那么我们拍摄的数码照片到底适合冲印多大尺寸的照片呢？*

A 你可以参考下面的表格进行换算。按照表格中的分辨率选择照片，便可以得到最佳的冲印效果。另外，有一种简单的换算方法：用分辩率中较大的数字除以250，得到的结果四舍五入就是照片的冲印尺寸（250是数码冲印机要求的最低输出精度）。例如：文件分辩率为1600×1280，用1600÷250=6.4，四舍五入后为6，表示这个文件冲印不超过6寸大小的照片能够得到较好的效果。

冲印店的选择

Q *同一张照片，我在不同冲印店冲印出来的效果都不同，无论明暗还是饱和度和锐度都有差异。我又听说冲印店的设备也有好坏之分，请问我该如何选择一家好的冲印店呢？*

A 不同的冲印店的冲印效果差异较大，这是一个十分普遍的现象，即使是同一个冲印店，在不同时期，其冲印结果也可能会有较大的波动。所以在选择冲印店时，应当优先考虑到一些比较知名的品牌冲印店。其次，我们可以在选择冲印店时，先将一些标准样张送到考察的冲印店冲印，然后比较冲印效果，选择质量较好的冲印店即可。我们可以从网上下载到如右图所示的样张。评价样张时，主要考虑样张中的灰梯尺还原是否准确，有无偏色；人物肤色是否正常；画面中的亮调景物和暗调景物的还原是否真实等。

格式与输出

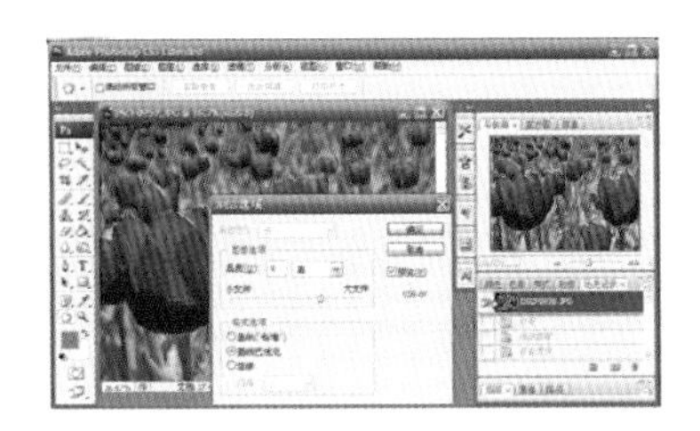

Q *在不考虑后期调整的情况下，JPEG格式和TIFF等格式照片直接进行输出，在清晰度和色彩上有直接区别吗？*

A 对TIFF格式具有无损压缩的特性，所以影像质量是最佳的，但是文件量相对较大；JPEG格式具有较高的压缩量，能够大幅度减少照片的文件大小，但是高压缩量是以损失图像的细节为代价的，所以其画质相对于TIFF格式来说较差。在实际使用中，JPEG格式的压缩品质是可以设定的，在Photoshop中压缩品质设定范围为0～12，数值越高压缩量越小，图像质量越好，文件量越大；反之则压缩量越大，图像品质越差，文件量越小。在打印输出时，当压缩品质为12时，清晰度和色彩上与TIFF格式的图像非常接近，肉眼很难分辨；随着压缩品质数值设置的降低，图像细节上的差距会逐渐增大，当JPEG格式文件的压缩品质低于8时，图像的细节会有严重的损失，在清晰度和色彩上与TIFF格式图像有着显著的差异。所以如果需要将照片打印输出，在存储为JPEG格式图像时，压缩品质的设置量不能低于8；为了获得较高品质的打印照片，我们建议使用TIFF格式图像或者压缩品质为12的JPEG格式图像。

后期提亮画质不好

无论是RAW格式照片还是JPEG格式人像或风光照片，我在后期局部提亮后总是出现很多颗粒，严重影响照片的质感。有什么更好的办法能解决这个问题吗？

A 这种提亮照片后暗部颗粒（噪点）严重的现象是数码相机的一个无法弥补的弊端，无论是JPEG格式还是RAW格式。为了获得较高品质的照片，我们给出以下建议：（1）拍摄时在高光不溢出的前提下尽可能充分曝光，即直方图向右曝光。（2）如果遇到反差较大或环境较暗的情况，尽量使用RAW格式拍摄。（3）对于影像的品质要求很高的风光照片，可以考虑使用包围曝光后合成高动态范围照片。（4）对于拍摄的RAW格式照片，在处理RAW格式的专用软件中做降噪处理，但是会以牺牲图像的细节为代价。（5）后期输出锐化图像时尽量进行边缘锐化，不要进行过多的细节锐化。

存储与画质

Q *我想知道在同等文件大小的JPEG格式照片存储时，大分辨率的画质好还是大压缩比好呢？另外存储时"基线"和"连续"分别是什么意思？*

A 对于JPEG文件存储时的压缩，有0～12的数值范围可供选择，这时调节的参数决定了照片的品质。通常压缩品质设置的界线值是8，也就是说，输出照片时设置数值不能低于8，否则照片质量会有明显降低。对于同等文件大小的JPEG格式照片，大分辨率（大尺寸）的照片压缩品质值设置得较低，细节损失就越大，但后期可调节分辨率的范围较大。反之，低分辨率（小尺寸）的照片压缩品质值设置较高，细节保留较多，但后期可调节分辨率的余地较小。如果照片在网络上使用，建议使用高分辨率和较低的压缩品质设置；如果照片用于打印或印刷输出，则建议使用较高的分辨率和低压缩品质设置。在存储时"基线"是指存储后可以使照片输出标准化，能够在绝大多数的浏览器中使用，因为在网络上下载时，照片是逐行显示的。"基线（优化）"则是使用哈夫曼编码方式进行压缩，能够得到最佳的图片质量。"连续"是指照片存储被运用到网络后，下载时照片不是从上到下逐行下载，而是整幅以类似于百叶窗的形式显示，这样在设置的照片显示时需要较大的内存，并且部分浏览器不支持。

后期处理的余地

Q *听说数码单反的照片后期处理余地大，一般DC的后期处理余地小，是真的吗？*

A 一般来说，数码单反相机的图像传感器（即感光元器件CCD或CMOS）的面积较一般的DC的面积要大，加之数码单反相机内置的图像处理芯片使拍摄获得的照片层次、反差和动态范围（照片中亮暗之间的范围）远远优于一般的DC，在噪点的抑制、色彩还原以及色域的选择上也远远优于一般的DC。在后期调整的过程中，数码单反相机细节的丰富程度也就远远高于一般的DC，所以可以供调节的余地也相应增大。同时由于一般的DC面向业余用户，相机内置的图像处理芯片对图像已经对色彩和反差等进行了很大程度的调整（例如一些DC在清晰度选择上的默认设置就已经对照片进行轻度锐化，必须选择柔和模式才可关掉锐化选项），所以后期再进行调节往往会产生过多噪点、色彩过渡异常等问题。因此，数码单反的照片后期处理的余地往往大于一般的DC。

降噪带来的损失

Q *我使用软件降噪后发现照片色彩明显黯淡了，有没有解决办法呢？*

A 由于红、绿、蓝3色小点是构成噪点主要因素之一，所以降噪软件很重要的一个功能是去除彩色噪点，其处理方式往往是对3色小点进行模糊处理使之不明显，所以也就导致照片处理后色彩明显黯淡。降噪处理后的照片色彩黯淡是无法避免的，但是我们可以加以改善。在 Photoshop 降噪处理中使用“滤镜| 杂色 | 减少杂色”中将彩色噪点完全去除后，利用图像 | 调整 | “色相 / 饱和度”工具增加图像的饱和度，使得图像的色彩有所改善，下图为增加饱和度后的降噪图片和原片。需要注意的是彩色噪点必须被完全去除，否则在增加饱和度时彩色噪点会被重新强调。如果使用“减少杂色”命令，我们建议将“减少杂色”参数设置为 100%

前期与后期的颜色设置

Q *请问在相机里设定了色彩为Adobe RGB，在后期处理时也必须将软件的颜色模式设为Adobe RGB吗？*

A 在数码相机中设定了色彩空间为Adobe RGB，在后期处理时，一般应将所使用软件的色彩空间也设定为Adobe RGB。这样做的目的是尽量减少图像色彩在不同的色彩空间之间转换时产生的损失。如果数码相机设定了Adobe RGB，而后期处理软件的色彩空间为sRGB，那么当图像在软件中打开时，软件会将图像的色彩由Adobe RGB转换为sRGB，以保证色彩的准确性。如果Adobe RGB颜色空间下的图像中，所有色彩都在sRGB的色域范围内，则这种转换不会发生色彩损失；反之，如果图像中的部分色彩在sRGB的色域范围外，在转换的过程中就会压缩部分超色域的色彩，引起图像色彩的损失。当然，我们很难判断一幅图像中哪些颜色会超色域，所以我们建议后期处理软件的色彩空间应与数码相机的色彩空间保持一致。

软件与显示色彩

Q *为什么在Photoshop中和ACDSee中打开同一张照片时，显示的颜色却不一样呢？*

A 产生这种现象的原因在于，照片在Photoshop和ACDSee中打开时所使用的颜色空间不同。如图1所示，在ACDSee中，默认的颜色空间为sRGB，所有的图像打开时不论其自身的颜色空间是什么，都是以sRGB颜色空间打开。而在Photoshop中（图2）虽然默认的工作颜色空间为sRGB，但是其色彩管理方案默认为使用图像嵌入的配置文件为工作空间。所以在Photoshop中打开照片时，只有在照片内嵌颜色配置文件为sRGB时，工作空间才为sRGB，配置文件为Adobe RGB或其他非sRGB的颜色空间时，工作空间则不再是默认的sRGB，而是嵌入的配置文件的颜色空间，所以能更加准确展现照片的颜色信息。因此，只有照片的颜色配置文件为sRGB时，在Photoshop和ACDSee中打开时颜色外观才一致；在其他情况下，两种软件中显示照片的颜色外观则不同的。

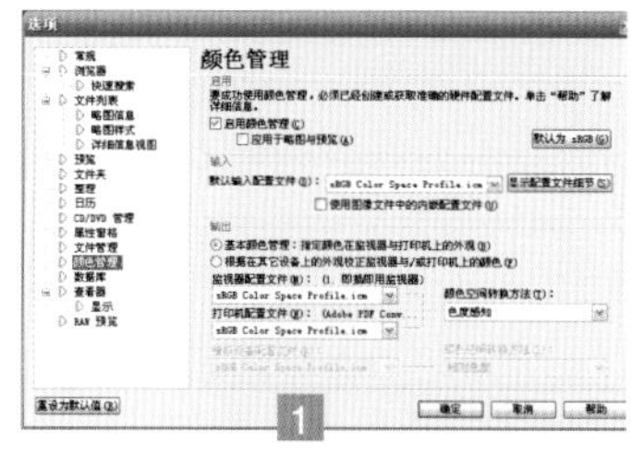

锐化的流程

Q *我想知道应该在编辑过程中，什么时候对图像进行锐化？*

A 图像的锐化也称为图像的清晰度强调，由于对图像的阶调、色彩、尺寸等的调整都会影响到图像的清晰度，并且不同的输出介质、幅面对于图像清晰度处理的要求也不相同，所以对图像的锐化处理通常都是在整个图像编辑过程的最后步骤完成。我们建议对图像进行两次锐化操作，例如我们在Camera RAW中对RAW格式图像进行各项操作，在锐化这一项中只进行微量的锐化处理，以校正因镜头等因素产生的模糊。然后在Photoshop中对图像进行各项制作，当最终要将完成作品进行输出时，再根据输出介质和幅面等的特性设定锐化参数，以达到最佳的锐化效果。这一步的锐化参数设置量往往比第一次的锐化参数量大很多，是图像处理的主要锐化步骤。

锐化与噪点

Q *前几天拍了人像，当时为了冲洗出来更清晰,就用光影魔术手对照片进行了锐化，而且是锐化了两次。完成以后在电脑显示器上查看，发现噪点并不明显。但是送去冲洗6寸照片以后却发现面部有很多颗粒，甚至出现噪点。请问人像照片后期是否可以加锐，为了防止加锐后出现上述问题，应该怎么办?*

A 通常照片送到冲印店后，冲印人员会根据冲印设备的特征对图像再次进行调整，而锐化是其必做的操作，所以上述情况产生的原因可能是由于冲印人员对照片再次进行锐化而导致锐化过度。人像照片后期一般都需要进行锐化处理，为了防止上述情况出现，应当注意以下问题：首先如果拍摄的照片使用了较高的感光度或者人物处于阴影部，调整后可能会产生噪点，就需要在处理过程中增加降噪处理的步骤；在对照片进行锐化时应避免锐化过度，如果使用Photoshop中的USM锐化，可以考虑将阈值设置在5～7，这样会针对图像的边缘锐化，而避免将人物皮肤细部锐化。在照片冲印时可以告知冲印人员照片已经经过锐化，或者自己不做锐化让冲印人员来进行锐化。

色阶与颜色数

Q *有些照片在饱和度低的时候层次比较丰富，那么将照片色阶黑白场向中间调整，照片显得艳丽了，是不是颜色数量就变少了呢?*

A 将照片色阶黑白场向中间调整并没有改变该图像的颜色数量，只是将图像的阶调进行了重新的分配。处理的内容是将图像的部分暗灰（接近纯黑的灰）和亮白（接近纯白的灰）转变为黑和白，对应中间的阶调被拉开，所以画面的反差被增大，色彩也就显得艳丽了。而要改变图像的颜色数量，只有通过改变图像的色彩深度，也就是图像的位数，例如我们将8位的RGB图像转换为16位的RGB图像，这时图像的颜色数量由224增加至248。

色域带来的影响

Q *为什么我拍的AdobeRGB的照片在显示屏上看着发灰?是不是如果调得鲜艳了，细节就会受损失?*

A 图中彩色马蹄形区域为人眼能够看到的色彩范围，红线包围区域为AdobeRGB颜色空间的色彩范围，橘黄线包围的区域为sRGB颜色空间的色彩范围。从图中我们可以明确，不论使用AdobeRGB颜色空间还是sRGB颜色空间，拍摄画面的色彩都会被置于再现颜色的空间中。对于无法复制的高饱和度的颜色（超出其包围区域的色彩），各色彩空间往往将其置于自身最饱和的外围区域。由于sRGB颜色空间的范围较小，所以很多无法复制的色彩都被呈现为该空间中最饱和的色彩，形成的画面也就比较鲜艳；相反，AdobeRGB颜色空间的色彩范围较大，能够呈现的颜色数量较多，相应地置于最饱和的颜色也较sRGB颜色空间的少。所以AdobeRGB的照片所能够呈现的颜色更细腻，在画面上也就表现为发灰了。AdobeRGB颜色空间照片的这种特性，使它后期能够进行较大幅度的调整，并且能够保持画面的丰富细节。

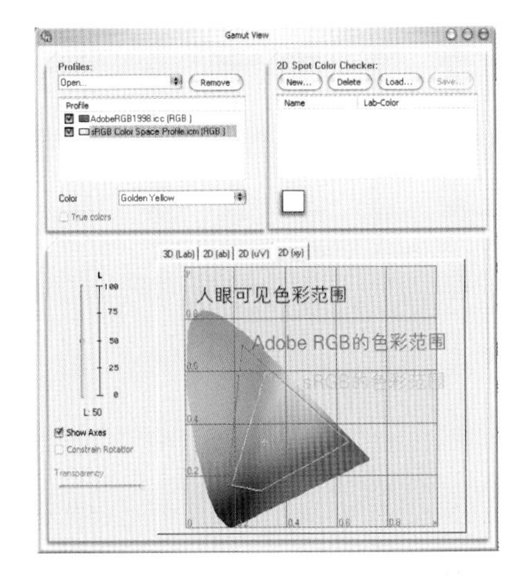

色彩深度的影响

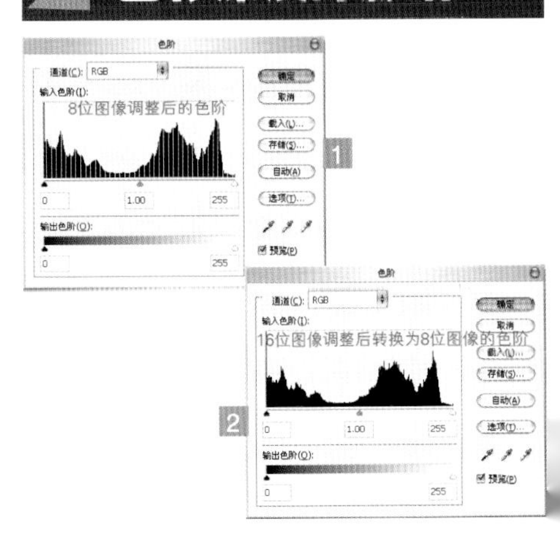

Q *16位或更高的色彩能在显示屏上看出区别吗？转换成更高的色彩深度有必要吗?*

A 16位或更高位数的色彩在显示器上仍以8位的色彩效果呈现，因为包括显示器在内的绝大部分输出设备只能支持8位的彩色图像呈现。但是高于8位的图像在后期调整中有着非常重要的作用：我们知道8位图像每通道有256个明暗不同的层次，16位图像每通道有216，约65536个层次。只要我们对图像进行影调调整，图像的阶调就会进行重新分配，这时就会出现层次级的丢失和压缩，因而会在某些阶调上出现没有像素分布的情况，图像的阶调分布就会出现不连续。而这种情况是我们所不希望发生的。如果对8位图像进行阶调调整，这时图像的256级阶调会进行重新分布，这就不可避免地会产生阶调的并级和压缩，如图1所示，这种损失在后续的制作过程中无法弥补。同样16位图像在经过阶调调整后也会发生阶调的损失，但是在后续制作过程中，我们常常需要将16位图像转换为8位图像使用，这时软件会从16位图像的6万5千多个层次中挑选出256个有代表性的层次存储为8位图像。虽然调整后的16位图像的阶调层次是有损失，但是其所具有的层次数远远超过8位图像所具有的层次数，所以转换为8位图像后层次的损失是最少的，如图2所示。因此图像的色彩位数越高，转换时越能保证图像层次损失较少，图像层次调整的余地也就越大。在实际使用中，将8位图像转换为16位图像并不能增加图像的实际信息，只是进行了插值计算生成新的仿真信息，但是调整后图像阶调的连续性会好于直接对8位图像进行调整。因此，对于后期需要大幅度调整阶调的图像，转换为更高的色彩深度对于图像细节的保留还是有一定的帮助。

输出照片的颜色

Q 我在打印照片时发现使用不同照片纸打印同一张照片时，反差和色彩会有区别，这是为什么呢？另外，在打印时照片纸选项中有很多备选项，这些选项会对打印效果有很大影响吗？

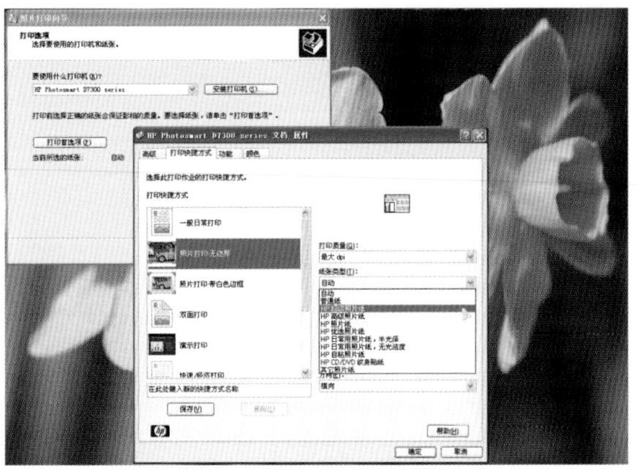

A 在不同纸张上打印同一张照片时，照片的反差和色彩必然会有差异，这是因为打印照片的白场（最白点）是由纸张白度决定，而照片的黑场是由纸张和打印墨水共同决定。所以在打印时，虽然打印墨水相同，但是由于打印纸张不同，也就有了不同的白场和黑场，照片的反差也就有所区别，当然照片的色彩也就有所差别了。在打印照片时，打印纸选项同样对打印效果有着显著的影响，因为不同的打印纸的表面特性不一样，对打印墨水的吸收特性也不相同。所以打印机厂商根据不同纸张的表面特性设计相应的打印设置，这些打印设置能够控制打印机喷出的墨点大小和排列方式。所以在打印照片时，我们应当根据使用的打印纸张选择相应的照片纸选项，以达到最佳的打印效果。

输出的纸张

Q 听说现在很多打印纸张可以防水，那么冲印的照片有能防水的吗？

A 打印照片和冲印照片的成像原理是不同的。打印照片是将墨点分布在打印纸张上而成像的，故墨点是覆盖在纸张表面的。如果将一般的照片打印纸打印的照片沾水，那么覆盖在纸张表面上的墨点会受水的影响而铺展晕开。冲印照片是对感光材料进行曝光后经过显影、定影等冲洗过程而成像的，故影像是由相纸中感光层里的染料形成，并且使用的相纸绝大多数都是RC相纸（涂塑相纸），在冲印的过程中也是有水冲印。故对于冲印照片来说，水并没有严重的影响。照片受潮后，只需要晾干即可。所以，可以说冲印照片是防水的。

提高反差带来的影响

Q 在软件中将照片提高反差后，天空中原先看不见的CCD脏点会显现出来，另外还会出现很多白色的颗粒和断层，请问这是为什么？调整时应该怎么避免这种情况发生呢？

A 提高照片反差是通过将画面中亮暗之间的数值间距拉大来实现的，所以随着亮暗之间间距的增大，图像像素之间的差异就会被凸显。对于类似于地面这类有着丰富细节和变化的景物，由于本身存在亮暗差异，所以调整后的影响并不大。而对于天空一类比较单纯的背景，当亮暗差异拉开后，像素细节的凸显使得画面CCD结构以及JPEG格式压缩所形成的失真被呈现和突出，进而出现了白色颗粒和色调分离。对于这种情况，解决的方法有这么几种：一是使用RAW格式拍摄，并且在Camera RAW或其他专用编辑RAW格式的软件中进行阶调调整，这可以有效减少天空中杂点；二是如果使用JPEG格式拍摄，在阶调调整时应尽量避免过度调整天空的反差；三是还可以对调整后的天空部分进行选区后适当模糊，或者使用渐变工具，人工制作天空效果。

统一软件中的色彩

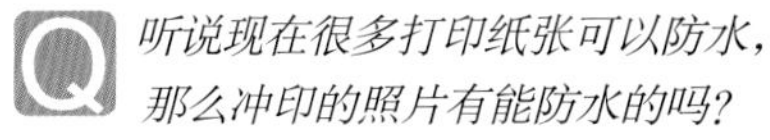

Q 我在Photoshop中调整好的照片，在ACDSee中看着明显色彩暗淡，在Windows的图片和传真查看器中看着颜色稍好一点。这是我现在的色彩设置，我需要怎么设置才能统一它们的效果呢？

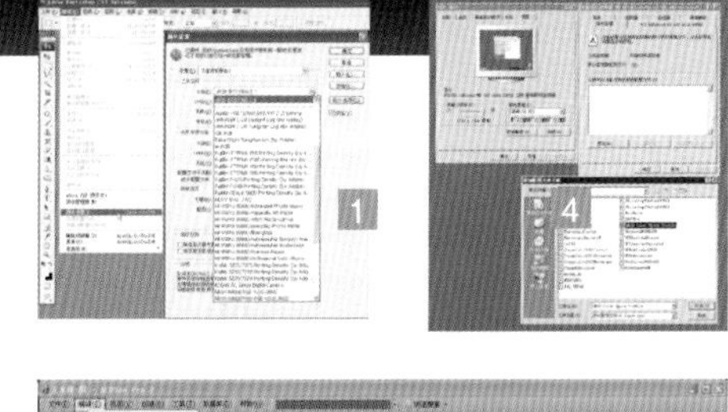

A 产生这种现象的原因在于你所使用的各个软件之间的色彩工作空间不统一。解决的办法是将所有软件的色彩工作空间设置为相同。Photoshop的色彩工作空间设置在“编辑\颜色设置”中的“工作空间”，一般只调整RGB工作空间即可，如图1所示。ACDSee的色彩工作空间设置在“工具\色彩管理”中设置（图2），而ACDSee Pro的色彩空间设置在“编辑\颜色管理”中设置（图3）。ACDSee设置时首先应当选择“启用颜色处理”，在默认输入配置文件中选择“s RGB Color Space Profile.icm”，并选择“当在图像文件中找到时，使用内嵌配置文件”如图3所示。

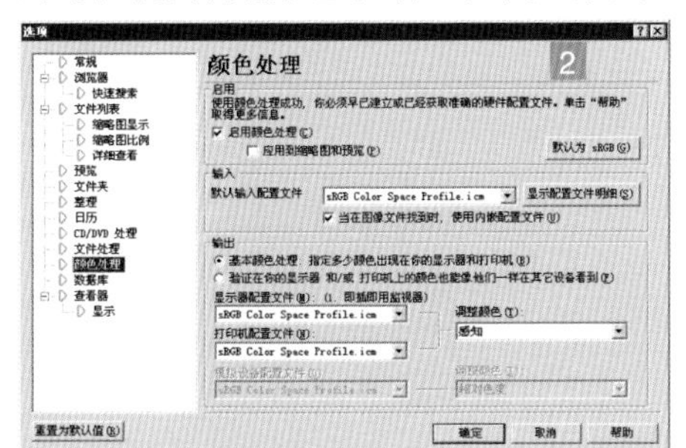

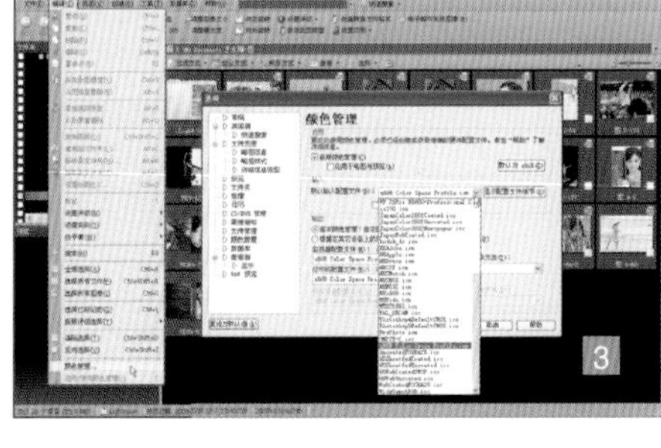

Windows操作系统的显示色彩工作空间在“控制面板\显示\设置\高级\颜色管理”，单击添加可以在系统的Color文件夹中选择相应的颜色配置文件，如图4所示。由于Windows操作系统默认的显示工作色彩空间为sRGB，绝大多数的计算机都默认此配置。所以对于一般用户来说，为了能够达到最佳的通用性和显示效果，我们可以将Photoshop和ACDSee的工作色彩空间设置为sRGB。当然有些专业的影友经常使用Adobe RGB 1998作为Photoshop的工作色彩空间，这时为了在各个软件中获得一致的显示，就需要将Windows系统和ACDSee的工作色彩空间设置为Adobe RGB 1998。

图像失真

Q *请问Photoshop中“阴影/高光”的调整原理是什么呢，为什么有时调整后，照片的明暗交界处会泛白呢？*

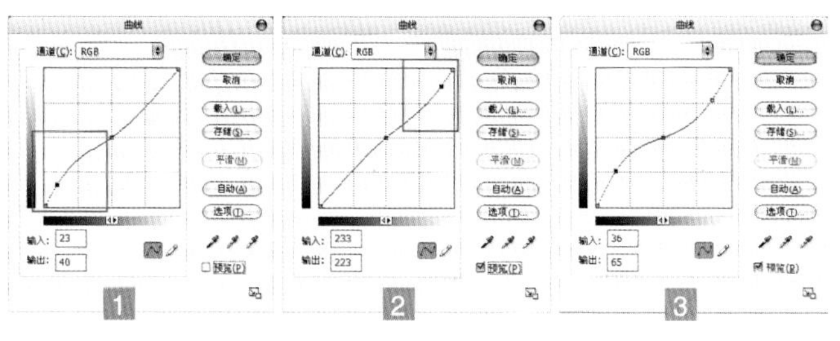

A “阴影/高光”命令适用于校正由强逆光而形成剪影的照片，或者校正由于太接近相机闪光灯而有些发白的焦点。在用其他照明方式的照片中，这种调整也可用于使阴影区域变亮。“阴影/高光”命令不是简单地使照片变亮或变暗，它基于阴影或高光中的周围像素（局部相邻像素）而增亮或变暗。其处理效果类似于如图所示的曲线处理。图1的处理效果是将阴影调亮，图2的处理效果是将高光调暗，图3的处理效果是同时将高光降暗，将暗调提亮。从图3中我们可以发现，“阴影/高光”的处理会适当调整阴影和高光，但会降低中间调的反差，所以如果“阴影/高光”调节不当，中间调的反差会降低很多，在明暗交界处就会表现为泛白的失真。

为照片覆膜

Q *在做相册时基本都要为照片覆膜，这能起到什么作用吗？我能自己手动为照片覆膜吗？*

A 照片覆膜主要起到以下作用：首先是将照片表面与空气隔绝，这样可以减缓照片表面墨水的氧化作用，从而减缓照片褪色的过程；其次是一些薄膜能够吸收一定量的紫外光，所以覆膜后可以适当降低紫外光对照片的影响，减缓照片的褪色过程；覆膜后的照片表面能够防水防油，并能防止照片长时间放置发生粘连现象，从而延长了照片的保存时间；覆膜后的照片，特别是覆上高反光率薄膜的照片的反差会由于表明镜面反射的影响而提高，色彩会变得更加鲜艳；有些有纹理的薄膜还能够给照片表面添加纹理效果。我们完全可以自己动手为照片覆膜，只需要在市场上购买冷裱机和冷裱膜即可。目前市场上冷裱机的种类很多，根据幅面不同价格也有相应的变化，一般A4幅面的冷裱机价格在100元以内。而冷裱膜的种类也很多，根据表面特征和纹理价格相差也较大。购买时有两种选择：一种是整卷的冷裱膜，单位面积的价格相对便宜；另一种是单张的冷裱膜，单位面积的价格相对较高，我们可以根据用量来选购。

像素及分辨率的问题

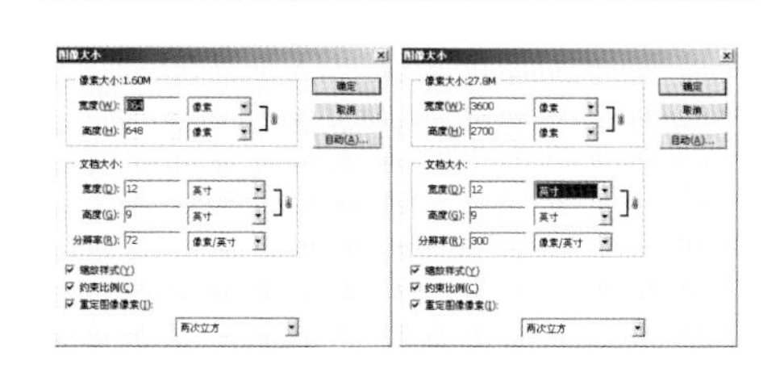

Q *用佳能EOS 400D拍的照片，像素大小28.8M，文档大小：宽91×高137，分辨率72，经过缩小放在网上，单击不能放大。用尼康D80拍的照片，大小28.7M，文档大小：宽32×高22，分辨率300，经过缩小放在网上，单击可以放大。为什么呢？是分辨率的缘故吗？*

A 这主要是分辨率设置产生的问题。我们知道图像的分辨率是指单位长度内的像素数量，单位长度内的像素数越多、图像的分辨率就越高、图像也就越细腻。对于总像素数量一定的图像来说，其幅面大小与图像的分辨率有关：分辨率越高，图像的尺寸就越小，反之，图像的尺寸就越大。如果我们把1000万像素相机拍摄的照片缩小到同样的幅面尺寸，但是分辨率分别设置为72dpi和300dpi。这时我们会发现两幅图像的总像素数量会有很大差异，如图。低分辨率的图像的总像素数会远远小于高分辨率的图像的总像素数。当把这样两个图像上传到网络上浏览时，由于高分辨率的图像的总像素数较多，就可以单击放大浏览；而低分辨率的图像的像素数较少，则无法放大浏览。

有问题的照片纸

Q *我买的照片纸似乎有点问题：虽然纸很白，但打印出的照片明显发灰，而且表层下面有点龟裂，请问是我保存不当吗？另外，打印纸有保质期的说法吗？*

A 从上述状况来看，估计是你购买的照片纸存在质量问题。照片打印纸应当具有以下特性：（1）纸张要具有良好的白度，纸张的白色应当纯正。目前市场上很多非原厂纸在制造的过程中大量涂布荧光剂，使得纸张显得很白，但是这种白色往往显出蓝紫色的倾向。（2）纸张的着墨性要好，也就是说墨滴从打印机喷嘴喷出后应当很好地附着在纸张上，被纸张吸附，并且不发生墨滴的扩散。（3）纸张的表面平整度要高，不能够出现涂层的划伤或凹凸不平。（4）纸张要有一定的强度和韧性，在打印的过程中不会发生变形或表面损伤。最后纸张还要有良好的保存性，能够在一定时期内抵御空气、阳光和水分的破坏作用，使画面不发生褪色现象。此外照片打印纸是有保质期的，因为其表面的涂层经过一段时间的氧化作用后，性能会大大降低，从而影响打印的品质。一般照片纸的保质期在一年左右，所以在购买打印纸张时应当注意生产日期。

直方图从何而来

Q *请问数码照片的直方图信息是存在照片的EXIF信息中，还是相机或电脑软件分析出来的呢？在不同设备上查看同一张照片的直方图会有所不同吗？*

A 数码照片的直方图是软件根据图像中各个像素在不同阶调上分布状况，统计出各个阶调上像素分布的状况，从而绘制出的像素数量在各个阶调上分布多少的示意图。因此直方图信息是不存储在照片的EXIF信息中的。只要图像是同一幅，在不同的设备上查看，其直方图是一致的。

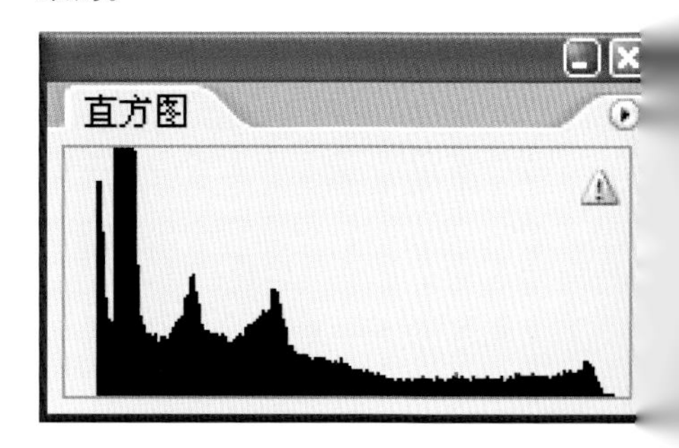

像素与照片大小

Q *我用小数码和数码单反同样拍摄800万像素的照片，为什么数码单反的单个文件要大呢？另外，在Photoshop中处理JPEG格式照片，保存后为什么文件会变大呢？*

A 对于这个问题首先要明确一点，即同样的像素条件下拍摄的JPEG格式的文件，由于选择的存储质量不同，其文件大小也会不同。这一点类似于在Photoshop中采用JPEG存储时选择压缩比例，压缩比例小则文件量大。一般单反相机的用户是发烧友和职业摄影师，对于图像的质量相对要求较高，所以厂商在设计相机存储压缩程序时，往往使用低压缩比；而面向普通用户的小数码，由于用户的质量要求相对较低，故厂商在设计时采取了较大的压缩比。因而相同像素数的数码单反拍摄得到的文件数据量较小而数码的文件数据量较大。在Photoshop中处理JPEG格式的照片，保存后文件数据量变大的原因在于：JPEG格式文件的压缩特性是：图像细节越丰富，同压缩比下压缩后得到的文件数据量越大；反之，图像越简单，压缩后得到的文件数据量越小。我们对于照片的调整主要是阶调和色彩的处理，使得照片的层次和细节更加丰富，所以用PS处理后的文件数据量会变大。可以进行这样一个实验进行验证，先记录一个图像的文件量，然后用PS将该图像调节到极暗的影调后存储，再记录该图像的文件量，这时可以发现图像文件的数据量会变小。

照片的画质与压缩

Q *照片在网上发表时，照片尺寸与JPEG格式压缩比和画质总是冲突。尤其人像照片，压缩率小于8时，人脸上的失真就会明显影响观赏效果，可是很多论坛都限制照片的大小最大不超过200KB，我该怎么设置呢？*

A 对于在网络上发布的照片，可以通过Photoshop中的“存储为Web和设备所用格式”命令来存储。这时，存储的是一个索引颜色照片，其文件量是普通照片的1/3，而显示效果接近原始图像，只是在细节过渡上有所不足。图中所示为“存储为Web和设备所用格式”命令窗口，

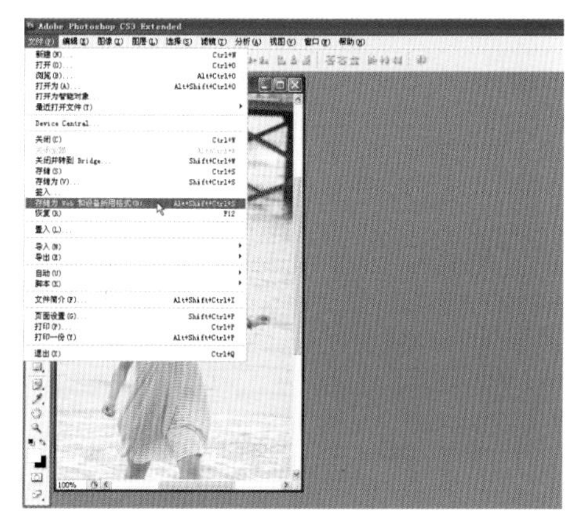

Photoshop提供了原稿、优化、双联、四联的窗口显示。其中四联显示时提供了不同压缩量的选择项。

照片暗部的疑问

Q *为什么照片的暗部能通过后期处理显现出来呢？既然暗部有细节，那照片拍出来就直接能显现出来多方便，为什么非要经过调整这一步呢？*

A 照片中的暗部信息在后期制作中能够显现出来的原因，是因为在后期调整中对暗部的反差进行了提高处理。由于黑场（最黑点）是不变的，所以随着暗部反差的提高，暗部中除黑场外的深灰部分被提亮，因而就显现出细节了。在照片的拍摄过程中，照片呈现的景物是来自于自然环境中的景物，而在自然环境中景物的亮度差异非常大，往往超过了数码相机所能够纪录的范围，所以数码相机拍摄的景物是将自然环境中景物的亮度关系进行压缩后得到的。这样势必将暗部信息和亮度信息同时进行了压缩，因而直接拍摄得到的照片无法将暗部信息直接呈现。如果拍摄时将暗部信息直接呈现，则会出现较为严重的曝光过度，亮部会严重溢出，中间调部分也会损失细节；如在相机的处理程序中将暗部提亮，则会让多数照片因反差过小而变得发灰。由于大部分画面中亮部为天空，细节相对于暗部较少，就我们的视觉习惯来说，更希望看到画面丰富的影调关系，所以中间调和深灰部分的细节丰富与否就显得更加重要了，所以在后期中往往会对暗部进行提亮的处理，以满足我们的视觉需求。

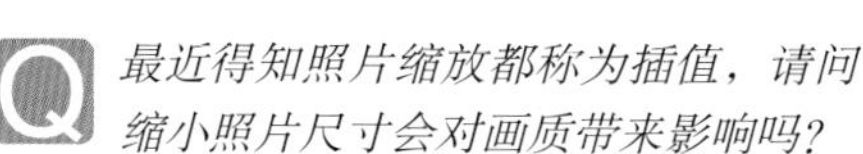

照片的插值

Q *最近得知照片缩放都称为插值，请问缩小照片尺寸会对画质带来影响吗？*

A 图像的缩放都是通过插值来完成的。一般来说，缩小对图像画质的影响远远小于放大。因为缩小是从现有图像的像素中去除部分像素而达到的，缩小后图像的所有像素都是真实的原始的像素；而放大则是在现有像素的基础上通过各种算法人为模拟出一些像素添加到画面中，以达到放大的效果。但是缩小后的图像，特别是缩小倍率较大时，图像的反差和锐度会有所降低，所以当缩小幅度比较大时，需要适当锐化以保证图像的品质。

照片分层

Q *我的照片经过几次从数码伴侣到电脑的复制粘贴就变成了下图这个样子，请问这是为什么？这些照片还有救吗？*

A 照片出现这些问题的原因可能是在传输照片的过程中，图片尚未传输完毕数码伴侣就被强制关闭，从而造成文件数据被破坏或部分破坏。这类照片因为原始文件已经被损坏，所以无法修复。建议大家在使用数码伴侣时一定要保证数码伴侣有足够的电力，特别是在将存储卡上的文件传输到数码伴侣时，一定要保证电力充足。如果是将数码伴侣上的文件传输到计算机上，建议先将数码伴侣连接上电源后再进行传输。

照片的冲印尺寸

Q *我想调整一批照片送去冲洗，又不想让冲印店剪裁我的照片，请问6寸、8寸和10寸照片的长边和短边分别是多少厘米？*

A 常用照片冲印尺寸如下表所示：

冲印标示（单位：英寸）	幅面尺寸（单位：厘米）
5（5×3.5）	12.7×8.9
6（6×4）	15.2×10.2
7（7×5）	17.8×12.7
8（8×6）	20.3×15.2
10（10×8）	25.4×20.3
12（12×10）	30.5×25.4
15（15×10）	38.1×25.4

照片画质问题

Q *我将一张小数码相机拍摄的照片经过调整后，发现画质急剧下降，照片的颗粒和杂色明显增多，本以为缩小后打印便会有所缓解，没想到打印输出小幅照片后画质依然很糟糕，请问这是为什么？*

A 产生这种现象的原因在于，小数码相机CCD的面积相对于专业数码相机来说小很多，而所拍摄获得文件的像素数却相差较小，这样单个成像像素的CCD面积也较小，故成像质量相对于准专业和专业级数码相机较差。虽然小数码相机的内置芯片对拍摄图像进行了饱和度强调、清晰度强调等一系列的优化处理，图像效果有所改善，但由于小数码相机本身在颗粒度、噪点、清晰度等方面存在着无法弥补的缺陷，故后期调节往往使得画质急剧下降，这种质量损失随着调整的幅度增加而增强。并且，这种严重的画质损失在缩小后仍然能够明显呈现在画面上。

直方图上的叹号

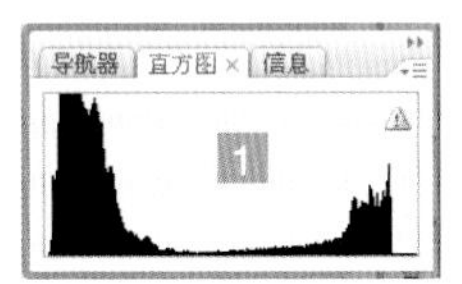

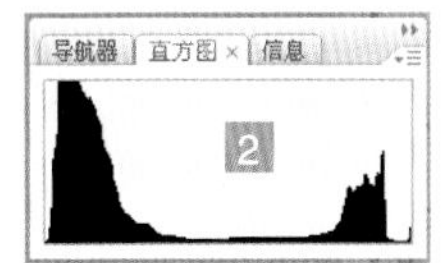

Q *照片导入Photoshop后会在直方图上显示一个惊叹号，单击一下后直方图会稍有变化，请问这有什么作用？*

A 直方图上显示的惊叹号是“高速缓存数据警告”图标，如图1所示，它表明该直方图是从高速缓存中读取的直方图，而不是文档的当前状态。单击一下“高速缓存数据警告”图标后，直方图会有变化，如图2所示，这时Photoshop使用实际的图像像素重新绘制直方图。Photoshop使用图像高速缓存显示直方图时速度会更快，这种直方图是通过对图像中的像素进行典型性取样而生成的。原始图像的高速缓存级别为1，当高速缓存级别增大后，在每增大1的级别上，Photoshop将会对4个邻近像素进行平均运算，以得出单个的像素值。所以每个级别都是它下一个级别的尺寸的一半（具有1/4的像素数量）。这样Photoshop可以利用这种方法快速、近似地计算出图像的直方图。可以在“性能（Performance）”首选项中设置高速缓存级别（从2～8），Photoshop默认的图像高速缓存级别为6。如果要显示当前状态下原图像的所有像素，可以在直方图中的任何位置单击两次；也可以单击“高速缓存数据警告”图标；或者从“直方图”调板菜单中选取“不使用高速缓存的刷新”。

照片像素与大小

Q *我用RAW格式转换出的JPEG格式照片，分辨率为240像素/英寸，而直接拍摄的JPEG照片分辨率为72像素/英寸，是说通过RAW转换能得到更大的照片吗？另外请问ppi和dpi分别是什么意思？*

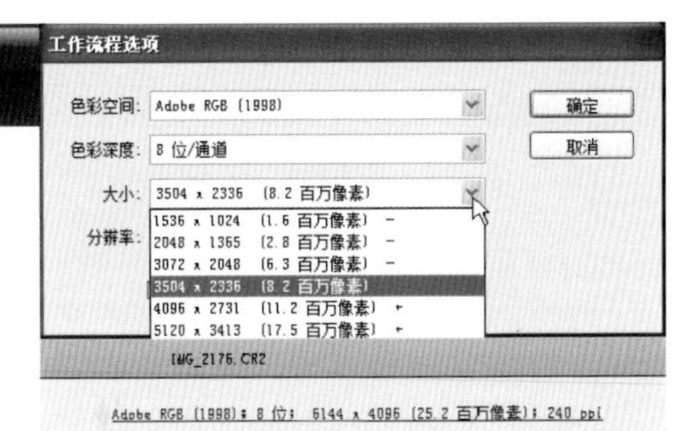

A 虽然使用RAW格式插值放大能够获得更大的照片，但是上述情况并不能说明RAW转换能得到更大的照片。所有的数码相机在拍摄照片时使用的分辨率都是72像素/英寸，所以当使用JPEG拍摄时得到的照片的分辨率都是72像素/英寸。而RAW格式照片在转换过程中，Camera Raw会自动将图像的分辨率设置为输出分辨率。根据输出需要，Photoshop默认的图像输出分辨率为240像素/英寸，所以RAW格式照片转换为JPEG图像时的分辨率自动设置为240像素/英寸。在Camera Raw中选择工作流程选项，我们可以根据自己的需要随时在"分辨率"一栏中设定图像输出分辨率。这时并不改变图像本身的大小，只更改图像的输出分辨率。如果需要更改图像本身大小，在"大小"中选择所需要放大或缩小的选项即可。ppi是指像素每英寸，主要用于屏幕显示和影像采集（即数码相机的图像传感器单元分布以及扫描仪的扫描单元分布）；dpi则是指点每英寸，主要用于打印机的输出分辨率。

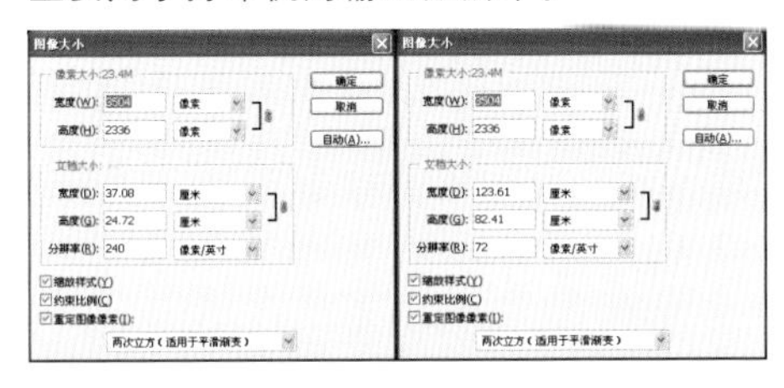

照片内容与文件大小

Q *我在使用同一相机和相同设置下，拍出的每张照片大小都不相同，请问这是为什么？*

A 我们使用数码相机拍摄照片后，不论存储为RAW格式还是JPEG格式，相机在保存照片文件时为了提高工作效率，都会对照片进行一定的压缩处理。在压缩的过程中，照片的细节越丰富，画面中相同的影调就越少，则可以压缩的余地就越小；反之如果照片的细节越少，那么在画面中相同的影调就越多，压缩的余地就越大。所以即使是相同的参数设置，拍摄出来的照片由于自身影调的差异会导致压缩量的差异，因而照片文件的大小就会有所不同。

照片锐化的设置

Q *我在对照片锐化时总是把握不好尺度。如果除了锐化还要缩小照片的尺寸，在缩小之前做锐化好还是缩小之后做锐化好呢？*

A 对于照片的锐化处理，我们通常用Photoshop中的USM功能进行锐化，其锐化参数设置菜单如图所示。锐化的参数有3个：数量、半径和阈值。在锐化的操作中首先要确定半径，半径的设置控制了边界每侧有多少个样本点被操作。半径越大，锐化操作的样本点就越多，产生的光晕也就越大。锐化处理所产生的光晕的大小直接影响到图像外观的清晰度，光晕越大意味着图像越清晰。半径的设置一般是图像分辨率除以200。数量是用来控制样本点的色调转换强度，也就是说强调色调间的差值量。数量一般设置在150以上，对于一些女性肖像照片，数量值可以低于100。阈值规定的是应用锐化处理的任何部分，其相邻样本点之间的色调间距必须大于或等于阈值，小于阈值的部分将不进行锐化处理。这样，低对比度区域不受锐化的影响，色调的渐变仍然是平滑的。阈值的设置是避免锐化处理可能导致斑点的关键。对于多数图像，推荐使用的阈值为3或4，阈值的设置一般不高于10，否则，锐化处理的效果将很难被视觉观察到。锐化处理一般在所有照片处理工作完成之后才进行。所以，如果要缩小照片尺寸，应当在缩小之后进行锐化处理。

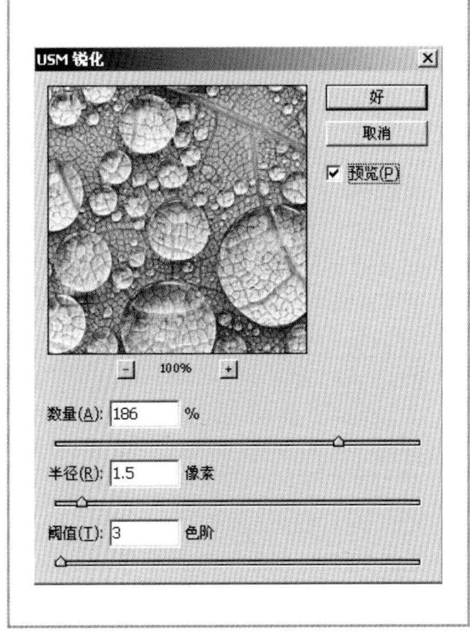

存储设备的使用

Q *长期将读卡器和存储卡或者移动硬盘连接电脑会坏吗?*

A 从理论上来说，读卡器、移动硬盘等外接设备是支持热插拔的，所以长期将读卡器和存储卡或者移动硬盘连接电脑，理论上是不会损坏这些设备的。但是在实际操作中，由于计算机连接外接设备接口的质量有差异，而在计算机关机的瞬间会产生较强的阻抗电动势，所以外接设备在关机的时候有可能会受到影响。为此我们建议外接设备长期连接电脑时，在关机前先利用操作系统将外设推出，使之断电；开机之后再打开外设，以更好地保障外设使用。

调整显示器颜色

Q *我有一台台式电脑和一台笔记本电脑，想将两个屏幕调整得反差和色彩更接近一些，请问有什么好办法吗?*

A 一般情况下笔记本电脑的显示屏只能够调节屏幕的亮度，无法调节反差和色彩。而对于台式电脑所使用的显示器，往往可以调节屏幕的反差、亮度以及RGB分量颜色。所以把一台笔记本电脑和一台台式电脑的屏幕显示效果调节相近，往往是使台式电脑显示器降低显示质量以匹配笔记本电脑的屏幕，这种方法并不可取。我们建议使用Spider或者Eye-one Display II分别调整两台电脑的显示器，并生成各自的设备特征文件（后缀名为.icc的Profile文件）。这样两台显示屏都处于最佳的工作状态，能够较好地显示图像。虽然它们之间会有所差异，但是我们的眼睛是具有适应性的，能够校正两台显示器之间的误差。需要特别提醒的是判断图像的颜色和影调时，不要将两个显示器并列观看，而应当先后观看，以我们的第一视觉印象来进行判断。

广色域显示器的优点

Q *我将数码相机的色彩空间设置为AdobeRGB，在显示器中明显没有sRGB的照片效果好。如果使用118%的NTSC标准色域值的显示器来显示，颜色会有明显的不同吗?*

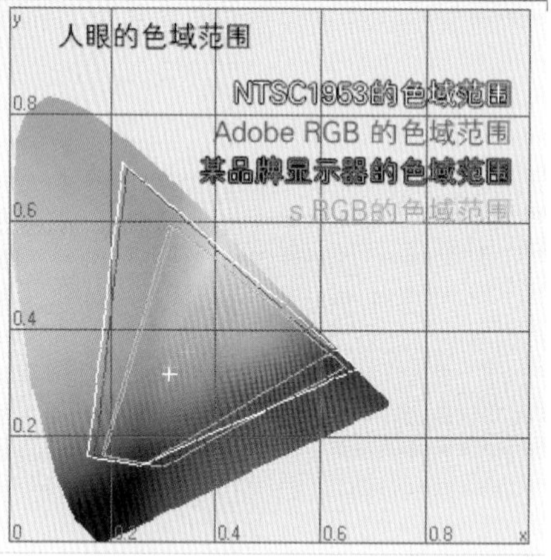

A 如右图，图中彩色马蹄形区域为人眼能够看到的色域范围，红线包围区域为Adobe RGB颜色空间的色彩范围，绿线包围的区域为sRGB颜色空间的色彩范围。从图中我们可以明确，不论使用Adobe RGB颜色空间还是sRGB颜色空间，拍摄画面的色彩都会被置于其再现颜色的空间范围内。对于无法复制的高饱和度的颜色（即超出其包围区域的色彩），各色彩空间往往将其置于自身最饱和的外围区域。由于sRGB颜色空间的范围较小，所以很多无法复制的色彩都被呈现为该空间中最饱和的色彩，形成的画面也就显得比较鲜艳；相反，Adobe RGB颜色空间的色彩范围较大，能够呈现的颜色数量较多，相应的置于最饱和的颜色也较sRGB颜色空间的少。所以Adobe RGB的照片所能够呈现的颜色更细腻丰富，在画面上也就表现为发灰了。图中浅红色线包围区域为某品牌显示器的色域范围，从图中我们可以发现，该显示器的色域范围远远小于Adobe RGB颜色空间，略小于sRGB颜色空间，这是目前市场上比较普遍的显示器。所以这类显示器在显示图像时由于其色域范围的局限，必然会对图像的饱和度超色域的色彩进行压缩，导致显示色彩与实际色彩发生偏差。NTSC标准是National Television System Committee (美国)国家电视标准委员会开发一套美国标准电视广播传输和接收协议，在该标准下色彩再现的色域即NTSC色域，可以用来衡量显示设备的色彩还原质量，图中白线区域为NTSC色域范围，它基本囊括了Adobe RGB颜色空间中的所有颜色。目前显示器衡量其色彩还原特性时，常常用它与NTSC色域范围的百分比值来评价，例如目前常用的普通液晶显示器约为72%的NTSC标准色域值。百分比值越高，显示器的色域范围越高，反之显示器的色域范围越小。与普通显示器相比，广色域显示器（如优派全球首发118%超广色域的VLED221WM显示器）在显示Adobe RGB颜色空间图像时，Adobe RGB图像的色彩再现精度更加准确，图像的色彩更加丰富，过渡更加细腻，图像的饱和度也会有所提升，所以显示效果会有较为明显的改善。但是从图像整体视觉效果上来看，在广色域显示器上显示的sRGB图像的反差仍然会略高于Adobe RGB图像，这是前面所提及图像拍摄时造成的，并不会因为显示设备的改善而改变。

显示的差别

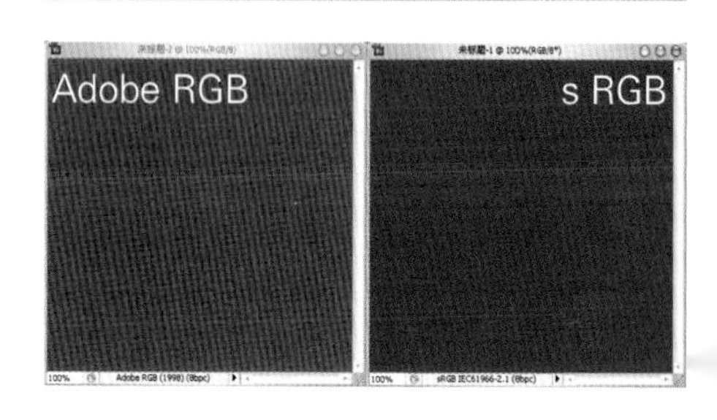

Q *为什么同一张照片在有的显示器上显得灰暗，在有的显示器上显得颜色亮丽呢?*

A 同一张照片在不同显示器上呈现不同色彩效果的原因比较复杂，一般影响因素有以下几点：首先是不同品牌的显示器使用了不同类型的红、绿、蓝3色荧光粉作为发光物质来成色，这样同样数值的红、绿、蓝信号就会形成不同的混合色，这是不同显示器显示同一图像色彩不同的最重要原因；其次，不同的显示器其亮度、对比度以及三原色的色彩设置不同，也会导致色彩的差异；再次是不同类型计算机显示设置中的Gamma值设置不同，例如苹果机显示设置Gamma值默认为1.8，而PC机显示设置Gamma值默认为2.2；此外，不同显示器所处的工作环境中照明条件的差异也会导致显示色彩的差异；最后图像处理系统中色彩管理设置的差异也会导致色彩显示的不同。例如同样原色信息数值的色块在Adobe RGB和sRGB两种颜色空间中显示，其色彩外观如左图所示，有着明显的差异。综上所述，同一张照片在不同的显示器上显示，会呈现出不同的色彩外观。

胶片的数码化

Q *我想将以前的胶片数码化，请问底片扫描仪和带底片扫描功能的平板扫描仪区别大吗？*

A 底片扫描仪是针对胶片等透射原稿的扫描设计的，胶片的密度范围远远大于反射稿的照片，一般在3.0左右。平板扫描仪的设计目的主要是用于扫描反射原稿（照片、绘画作品等），照片等反射原稿的密度范围通常在2.0～2.2左右，所以平板扫描仪在设计时能够获取影像的最大密度是有限的，一般在2.0～2.4左右。在使用平板扫描仪扫描底片时，由于能够获取影像的密度范围有限，所以能够获取底片上的影调层次相对较少。此外，胶片扫描仪还具有针对胶片扫描设计的去除脏点、调整焦点、去除胶片色罩等优化影像功能，所以对于胶片扫描来说，胶片扫描仪相对于带底片扫描功能的平板扫描仪具有明显的优势。一般对于胶片扫描，我们建议还是使用专用的胶片扫描仪扫描。当然如果对于底片扫描的要求不高，带底片扫描功能的平板扫描仪也还是可以使用的。

解决照片偏色

Q *我自己调整过的照片冲洗出来总是偏红，听朋友说是显示器设置的问题，请问我该如何正确设置呢？另外，这种现象还有可能是什么因素造成的呢？*

A 调整过的照片冲洗后偏红，对于一般用户来说，其原因大致有以下两个：第一是显示器的设置存在着一定的偏差。通常情况下，显示器的出厂设置色温为9300K，这主要是便于用户进行办公自动化的工作以及上网和其他的娱乐活动，这样的设置对于图像处理来说是不正确的。针对图像处理，我们一般将显示器的色温设置为6500K（日光色温）。首先选择显示器上的选项按钮，出现主控制菜单。选择“色温调整”选项，进入色温调整菜单。在该菜单下一般至少有3个选项“9300K、6500K、5500K”，我们选择6500K即可。也有些显示器提供了自定义的选项，在该选项下我们可以分别对R、G、B3个分量颜色进行调节。第二是环境颜色对于显示器呈现颜色的影响。如果我们周围的环境中存在着较大面积的绿色或青色物体，例如绿色的墙壁或窗

帘等，这些环境色会影响到我们对于显示器上颜色的判断。所以，一般情况下，调整图像所需要的环境为中性色环境，也就是说环境中墙壁或窗帘等大面积物体为黑、白、灰等中性色，这样就能避免环境色对图像显示的影响了。

液晶显示器的保养

Q *我新购买了一台液晶显示器，放在家里视如珍宝，请问我该怎么对它进行常规的保养和维护呢？另外，现在市面上有一些显示器清洁液，不知道能不能使用？*

A LCD显示器属于精密的电子产品，所以需要注意保养才能够让产品有更好的效能和使用寿命。以下几点是使用LCD显示器时需要注意的问题：（1）LCD显示器中含有很多精密玻璃元件和灵敏的电器元件，受到强烈撞击后会导致LCD屏幕、相关部件或电路的损坏，所以需要避免LCD显示器受到强烈的震动或撞击。（2）切勿重压液晶面板，超重的压力可能造成液晶永久受损。并且应当改掉用手指对显示屏指指点点的不良习惯，这容易导致LCD显示屏上产生局部坏点。（3）LCD显示器应当放置在干燥、避免日晒的地方；同时应当避免工作环境中存放化学药品。放置LCD显示器时，应避免与墙壁紧贴，至少与墙壁保持10公分以上距离，以确保其散热正常。另外，应当使用厂商所提供的变压器，确保电源的稳定性。（4）尽量避免LCD显示器长时间超负荷工作状态。LCD的显示方式与CRT不同，长时间高亮的画面很容易缩短液晶显示器的背光灯管使用寿命，应当避免使LCD显示器长时间处于高亮度状态。此外，在显示器工作过程中应当避免长时间显示同一画面，因为这会导致部分像素点过热而产生永久性损坏。因此当长时间不使用的时候，应当注意关闭显示器；如果长时间使用LCD显示器时应当让显示器间歇性休息。在日常使用中还可以适当降低液晶显示器的亮度，以延长其背光灯管的使用寿命。此外，应当避免在LCD显示器上运行屏保程序，液晶显示器的成像是需要液晶体的不停运动，运行屏保会加速老化过程。（5）目前LCD显示器制造中各个部件都经过了多重防护处理，如多层膜镜面处理，或涂装更多的特殊高分子聚化合物等。这些特殊的化学物质通常会被一些含有氨、酒精及无机盐类成分的化学品所破坏，从而导致显示器光学透光率降低，或产生因折反射导致的色彩失真等现象。所以在清洁LCD显示器屏幕时切勿使用含有氨、酒精或无机盐等的挥发性溶剂去擦拭LCD镜面，最好使用超细纤维的绒布或镜头布沾一点清水轻轻擦拭。如果光学镜面上有灰尘，应先用气吹将灰尘吹掉后再进行擦拭，这样可以避免灰尘颗粒在擦拭过程中对镜面造成刮伤。

数位板的疑惑

Q *照片调整时在什么情况下会用到数位板？能推荐几款低价的入门型数位板吗？我有几个问题：压感笔和数位板是不是一起卖的？什么牌子好？价格千元以内的入门型买哪个好？*

A 照片调整时在对图像的细部进行修饰时，特别是使用画笔工具时，往往会用到数位板，例如使用画笔工具对图像的局部进行上色、利用画笔工具或套索对画面主体进行勾边选区等操作。与鼠标相比，数位板的优势是能够模仿我们日常生活中使用画笔画画的方式利用压感笔轻松对画面进行修饰与描绘，并且能够通过压感笔模仿现实绘画中的各种笔触深浅粗细效果。在购买数位板时，压感笔与数位板是配套出售的。目前市场上常见的品牌有WACOM、丽图、影拓（INTUOS）等，价格从百元到上万元不等。低端入门型数位板可以考虑：WACOM贵凡CTE-440、WACOM贵凡CTE-640、WACOM非凡F630等。

如何挑选照片纸

Q 请问选择照片打印用纸需要考虑哪些因素？我看网上有卖20张1包的A6相纸不到3元，会不会有什么问题？

A 选购照片打印纸时应当考虑以下几个因素：首先是纸张的白度。因为在进行图像打印时，油墨呈半透明状附着在纸张上，光线通过油墨后到达纸张，经过纸张的反射再通过油墨折射到人眼中，所以纸张反射的光线越多，呈现出的色彩就越鲜明。而且，打印出的图像最白的颜色就是纸张的颜色，为此我们要求纸张要尽可能白。纸张越白，打印出的图像色彩就越清晰、绚丽。此外，由于纸张生产时添加的色料和荧光剂不同，因而会带有偏色倾向，这种带有偏色的纸张会导致输出图像的色彩偏移。所以纸张除了要求尽可能白以外，还要求不可以有观察到的偏色现象。其次是纸张的质量规格，常用定量来表示，即单位面积纸张的质量，一般用每平方米纸张的重量（克）来表示。常见照片打印纸的定量有200、210、250克/平方米等，纸张的定量越高，其厚度越厚。对于诸如打印日历等工作，往往要求使用定量较高的纸张。但是如果纸张定量过高，其厚度也相应过大，可能会导致打印机卡纸。所以要根据打印机的规定参数来选择合适定量的打印纸，一般打印机使用的纸张的定量在210克/平方米以内。第三是要考虑纸张的表面特征，常用的有光泽纸和绒面纸。打印纸张的表面越光滑，输出图像的细节越清晰，色彩越鲜明。光泽纸能够获得色彩鲜明清晰的图像，但是纸张表面很容易被灰尘划伤以及沾染指纹。当打印那些会被经常触摸的东西时，绒面纸会是一种更好的选择，同时由于纸张表面的纹理能够形成一定的立体感。第四是要考察纸张对打印墨水的吸收特性。因为不同的打印机厂商使用的墨水特性不同，有可能有些纸张对某一类的打印机墨水的吸收性能不好，而导致无法成像或打印图像的反差过小，甚至发生偏色。还有可能出现的情况是打印的图像不适合长久保存。此外购买的打印纸所有的纸张白度应当一致，纸张的表面应当没有划痕以及脏点；纸张要平整，没有弯曲变形，否则会造成打印机的卡纸现象。我们建议在购买纸张之前，最好从销售商那里要一些不同规格的打印纸样品，通过打印实验来考察和选择最佳的纸张。除了原装照片打印纸，也可以选择像艺美佳这样的专业兼容照片打印纸。

后期处理与硬件

Q 我在运行Photoshop外挂滤镜时，系统总会提醒我虚拟内存不足，但是关了照片后这种问题依旧出现，请问这是为什么呢？

A 首先你要确认一下自己的Photoshop是否使用的是正规安装版软件，另外要确认使用的外挂滤镜是否专供该Photoshop版本使用。因为以上这些问题都可能影响电脑操作系统的正常虚拟内存释放，导致系统不断弹出提示窗口。如果你的电脑的主要工作是处理照片，条件允许的话建议你配备另一块硬盘，单独把虚拟内存设置在这块硬盘上，以避免磁盘竞争导致电脑处理速度下降。

显示器的分辨率设定

Q 我新买了一个大液晶显示器，将分辨率设到最大时，在Photoshop和其他软件中的菜单和文字会变得很小，看起来很吃力。如果不将分辨率设到最大，则画面会显得很模糊。请问这是显示器有问题吗？如果不是，我该怎么设定呢？

A 这不是显示器的质量问题。液晶显示器LCD液晶层中实际单元格数量是一个固定值，它是由制造商所规定的。所以LCD液晶显示器只有在这一固定分辨率设定值下才能表现出最佳影像效果，即最佳显示分辨率。不同尺寸的显示器都有其最佳的显示分辨率，对于标准长宽比的显示器，15英寸以下液晶屏的最佳分辨率为1024×768，17～19英寸的最佳分辨率通常为1280×1024，20～22英寸的最佳分辨率为1680×1050。

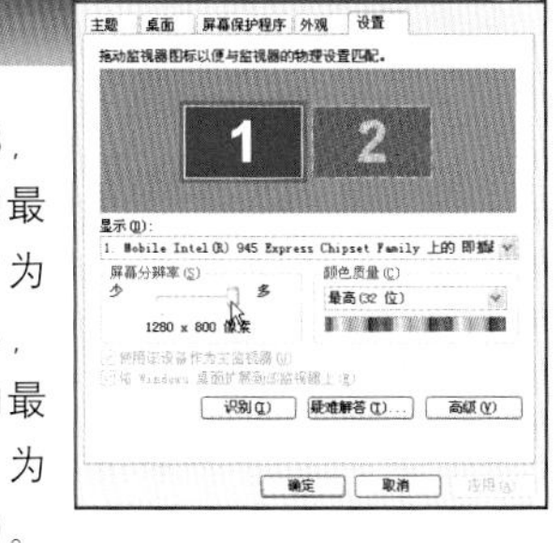

在其他分辨率下，由于图像会被扩展到整个屏幕，因而难免会产生变形，清晰度相对较差。所以设置时，应当将显示器的分辨率设置在相应最佳工作状态。如果文字过小，可以在Windows桌面单击鼠标右键，在显示属性调整窗口中选择“外观|高级”，将相应的“项目”字体调大即可。

显示器的接口

Q 我新购买的显示器有两个接口，分别是传统的VGA和从未见过的DVI接口，请问两个接口有什么不同？要想照片显示效果好的话应该使用哪个接口？

A VGA的全称为Video Graphic Array，即显示绘图阵列。计算机生成的显示图像信息的数字信号，被显示卡中的数字/模拟转换器转变为R、G、B三原色信号和行、场同步信号，这些信号通过电缆经VGA接口传输到显示设备中显示。对于CRT显示器这一类的模拟显示设备，信号被直接送到相应的处理电路，驱动显像管生成图像。而对于LCD等数字显示设备，显示设备中需配置相应的A/D(模拟/数字)转换器，将模拟信号转变为数字信号后再进行显示。这样在经过D/A和A/D两次转换后，不可避免地会使图像的细节产生损失。所以VGA接口往往应用于CRT显示器。DVI全称为Digital Visual Interface，DVI接口传输的是数字信号，所以数字图像信息被直接传输到数字显示设备上显示，不需经过数字和模拟之间的转换，因而其只能在数字显示设备上使用，并具有传输速度快，有效消除拖影现象，图像显示的清晰度高、细节丰富、色彩鲜艳的特点。所以，DVI接口往往用于LCD显示器。

双显示器解决方案

Q *我想购买一台可以调整照片的电脑，并想实现双显示器显示，请问台式机和笔记本分别怎么实现？*

A 要想实现双显示器显示，在购买台式机时对于显示卡就要求具有两种输出接口，目前市场上的很多显示卡都同时具有VGA和DVI接口，所以只要配备这种显示卡和两台显示器就可以实现双屏显示。对于笔记本电脑，一般都配备了连接投影的VGA接口或DVI接口，所以只要再外接一个显示器，加上本机的显示器就可以实现双屏显示了。软件设置时，在电脑的桌面上单击鼠标右键，选择“属性｜设置”。在设置选项卡中选中显示器2的图标，勾选“将Windows桌面扩展到该显示器上”一项。设置适合该显示器的分辨率，单击“应用”完成设置。

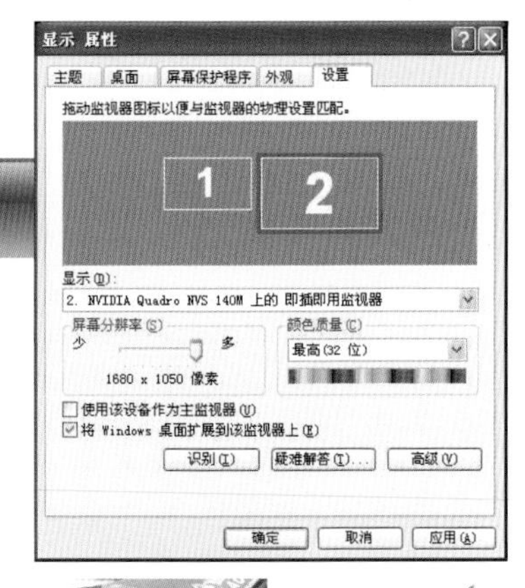

挑选显示器

Q *我想新购买一台液晶显示器用来修改和浏览照片，发现同尺寸的价格差别很大。我想买一台性价比很高的，请问购买时有什么重要的指标吗？另外，在卖场挑选时有什么需要注意的吗？*

A 首先需要考虑的是显示器的尺寸，它是指显示屏对角线的长度，以英寸为单位，尺寸越大所能够显示的范围越大，图像调整时操作就越方便。目前市场上主流的尺寸是19英寸和21英寸。其次是显示器的分辨率，指屏幕上每行和每列有多少个像素点。LCD显示器本身具有固定的物理分辨率，只有在这个分辨率下显示时图像的效果最佳，所以，我们购买时应当予以关注，当然显示器的尺寸越大，物理分辨率越高。再次，需要关注的是LCD显示器的可视角度，它是指站在始于屏幕边线的某个角度的位置时，观察者仍可清晰看见屏幕显示的图像，此时所构成的最大角度就称为可视角度。通常LCD显示器的可视角度都是左右对称，但上下就不一定对称，而且，常常是上下角度小于左右角度。在实际使用中我们希望有较大的可视角度。亮度和对比度是另一个需要关注的性能，TFT液晶显示器的可接受亮度为150cd/m²，对比度为100：1，目前市场上的TFT液晶显示器的亮度都在200cd/m²以上。作为图像调整，一般推荐在140cd/m²。显示颜色数决定了图像显示的质量，目前几乎所有的LCD显示器都能够模拟出32位真彩色。目前市场上推出的像优派VLED221wm这样超广色域显示器由于具有较广的色域范围，所以能够呈现较为丰富的色彩，比较适合于图像调整。响应时间是液晶显示器的重要指标，它反映了液晶显示器各像素点对输入信号反应的速度，表现为屏幕上像素点由亮转暗或由暗转亮的时间，时间间隔越短响应时间越短，其性能越高。此外，在购买时还应当考虑液晶显示器是否有坏点以及漏光等问题，我们可以通过Checkscreen、PassMark Monitor Test等显示器测试软件来进行简便的检测。

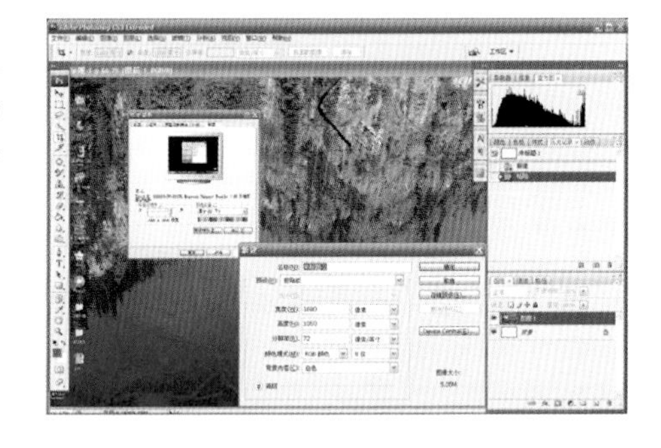

配置用于后期调整的电脑

Q *我想配置一台新电脑，主要用于照片的调整，希望可以快速打开多张TIFF格式照片，并且可以高速运行各种滤镜，请问我该选用什么配件？另外，显示器是买22英寸的廉价液晶屏，还是购买22英寸特丽珑或钻石珑管的二手CRT显示器更好呢？*

A 虽然目前计算机的配置都能够满足一般的图像处理，但是由于需要运行多张TIFF格式的照片以及高速运行各种滤镜，所以对于处理图像所用的计算机就有更高的性能要求：我们建议CPU最好使用双CPU或者单CPU双核，主频最好在2.5GHz以上；目前市场上内存比较便宜，可以考虑将内存配置在4GB或者更大；在配置显卡时，尽量使用显存512MB以上的显卡；硬盘配置应选用目前性价比很高的300GB或者更大的500GB硬盘。在显示器的选择上，目前液晶显示器比较流行，但是与其配置廉价的液晶显示器，还不如配置22英寸特丽珑或钻石珑管的CRT显示器。当然如果资金充足，可以考虑购买广色域的液晶显示器。

屏幕校色工具

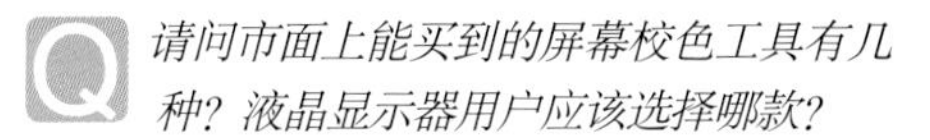

Q *请问市面上能买到的屏幕校色工具有几种？液晶显示器用户应该选择哪款？*

A 市面上能够买到的屏幕校色工具有：Pantone公司Colorvision Spyder系列，目前有3种校色蜘蛛销售：Spyder 2 Express快捷蜘蛛，用于显示器快速色彩校正，是色彩管理基础硬件。Sypder 2 express能够校正CRT传统显像管显示器和LCD液晶显示器，价格为900元。Spyder 2 suite高级蜘蛛，用于显示器色彩校正、显示器硬件调校，支持CRT、LCD显示器，价格为1850元。Spyder 2 PRO专业蜘蛛，显示器色彩专业校正，除了传统的CRT、LCD和笔记本电脑屏幕校正功能外，还可校正多媒体投影仪，并为它们创建精确的ICC配置文件，价格为3800元；爱色丽公司Eye-one的DISPLAY2，用于精确的屏幕色彩校准，可对CRT和LCD显示器进行色彩校准，并生成显示器的色彩表达特性文件，价格在2000元左右。上述各类屏幕校色工具都能够支持液晶屏用户，除了Spyder 2 PRO的专业性较强、价格较高外，其余产品都可以选购。

苹果电脑还是PC

Q *听说专业图形工作人员都使用苹果电脑，请问苹果电脑相比PC机有什么不同之处？哪个更适合摄影发烧友做后期处理呢？*

A 苹果电脑与PC电脑的不同之处主要在于它们所使用的操作系统完全不同，并且使用的磁盘格式也完全不同。苹果电脑的硬件配置都是相对固定的，更换时不像PC电脑那样随意，但是其硬件配置和结构相对较合理，故计算机的稳定性相对于PC电脑较好。并且苹果电脑除了提供USB接口外，还提供了火线（FireWire）1.0（理论传输速率400MB/秒）和2.0（理论传输速率800MB/秒）接口，大大方便了与各种外设的连接。目前苹果电脑使用的操作系统是Mac OS X，最新版本为10.4.8。苹果电脑的界面与PC电脑相比更加人性化，在使用时也比较简便容易。但由于操作系统不同，所以应用软件在苹果系统和Windows系统中是互相不兼容的。目前国内主流的电脑是PC电脑，其兼容性较好，价格相对较便宜，并且在国内能够使用的软件种类很多。相比之下，由于苹果电脑是品牌整机销售，所以价格相对较高，同时可供使用的软件种类相对较少，但售后服务相对较好，且性能稳定。对于摄影发烧友，两类电脑都非常适合。专业图形工作人员使用苹果电脑的原因主要是因为国际出版界一直使用的是苹果电脑，苹果电脑所使用的显卡的性能对图形图像处理具有一定的优势。目前PC电脑只要选用适合图形图像处理的显卡，性能是不输于苹果电脑的。所以，对于摄影发烧友来说，是否选择苹果电脑主要是看自己的资金是否充足。如果资金有限，或者希望将更多的资金投入摄影器材的购置，PC电脑也是很好的选择。

专业显示设备的差别

Q *请问家用电脑的显示卡和显示器显示出来的照片效果和专业的设备有很大差别吗？有没有专为照片后期处理设计的显示卡和显示器呢？*

A 专业显示设备呈现的颜色范围和颜色的精确度上与家用设备有着较大的差别。这些差别主要来源于显示器的电源稳定性、显示器的色彩呈现（包括对于显像管显示器荧光粉的选用、LCD显示器红绿蓝3色滤光片的性能）以及显示器所能够呈现的亮度、反差和色温的精确性。目前市场上销售的显示器大都为家用产品，很少有专为照片后期处理设计的产品，但是我们可以在其中选择一些显示性能较好的产品用于照片的后期处理。对于显卡，目前绝大多数的显卡都能够满足后期制作的需要，但是如果要求很高，我们推荐使用ATI公司的显卡，这类显卡在色彩显示上更加鲜艳和明亮，而nVIDIA公司的显卡在色彩显示上稍显灰暗。目前图形图像领域专业的显示器有EIZO艺卓、SONY索尼，这类显示器是面向于屏幕软打样的，价格比较昂贵。在家用产品中，优派显示器的性能价格比较高，是一个经济实惠的选择。

照片的保存

Q *我拍了很多数码照片，请问如何保存最安全有效？*

A 对于数码照片的保存，我们一般需要以下设备：一块大容量的移动硬盘（目前主流的为1TB）、一个专用的DVD-RW刻录机（可以选择较为稳定的品牌）。保存的过程如下：每次拍摄完毕后，只要照片文件总量够500MB或3.8GB，就刻录到一张CD或DVD光盘上。由于一般CD光盘的容量在700MB左右、DVD光盘的容量在4.3GB左右，所以CD上的内容不要超过600MB、DVD上的内容不要超过3.8GB，否则刻录盘外围的数据很容易损坏。在刻录前应当按照拍摄主题或拍摄时间、拍摄地点等方式进行分类，存储的文件应当尽量存储原始文件，并且尽量保持文件的原始名称。如果存储调整后的照片，应尽量使用TIFF格式，存储时应选择“RAW压缩”,否则文件量会很大。如有可能，可以在Photoshop中对分类的文件夹制作联系表，以便于日后的查找照片。刻录完毕后，不要用油性笔或硬质的笔（如圆珠笔等）在光盘背面书写文字，应当装在塑料光盘盒内竖直存放，标签标在塑料盒上即可，这样处理可以避免光盘的变形。在保存过程中，将光盘存放在避光处；不要经常性打开和反复使用，这样会使盘片严重磨损。对于经常使用的光盘，应当拷贝一份，使用拷贝的光盘。光盘使用时应避免与硬质物体磕碰，特别是要避免掉落在地面。在有条件的情况下，或者是非常重要的资料，应当备份两份保存。此外，作为资料备份用的刻录机只用来刻录，不要他用。在刻录光盘时，刻录速度一般选择最高速度的1/2，速度越低，刻录的品质相对越高（当然还要考虑效率）。对于移动硬盘，建议固定放置，以免震动损坏硬盘。

电子相册的制作

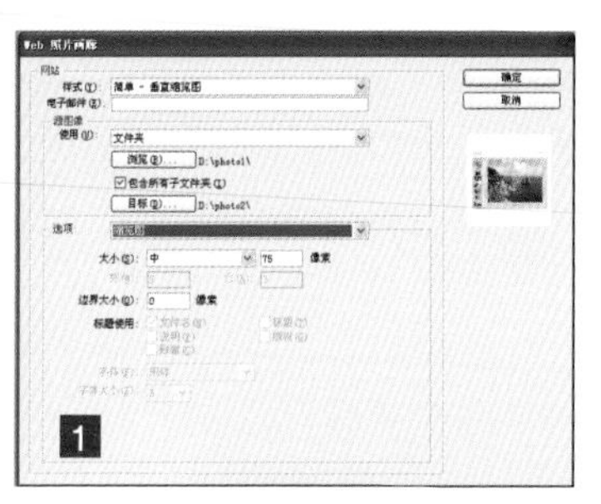

常听到别人说“电子相册”，请问“电子相册”是怎么做的，在Photoshop中可以制作电子相册吗？

“电子相册”其实可以认为是我们在计算机中播放数码照片的一种演示文件，电子相册有很多种，下面我就用Photoshop给大家制作一种用于网上传播的电子相册。首先将准备制作电子相册的图像保存在同一个文件夹下，例如D：\photo1。再准备一个空的文件夹留放制作好的电子相册文件。第二步、在Photoshop中单击“文件｜自动｜Web照片画廊”命令，在“Web照片画廊”对话框中，选择自己喜欢的电子相册模式；在源文件夹和目标文件夹中，分别选取Photo1和Photo2文件夹，在“选项”参数设置框中设置好相关的参数，如图1所示；然后单击“确定”，这时候Photoshop 就会自动的生成一个能够在网上发布的电子相册了，如图2所示。

高动态范围照片的制作

听说Photoshop中包含一个高动态范围照片制作的功能,能介绍一下它的作用和具体的使用方法吗？

这里的动态范围是指照片中最暗到最亮的范围，而我们知道自然景物的明暗范围远远超出照片的动态范围，所以拍摄的照片呈现出的只是自然景物的一小部分，也就是说我们看到的画面中往往在高亮度和暗部缺乏层次。Photoshop提供的高动态范围为我们弥补了这一缺陷。具体使用方法是：首先以不同的曝光量拍摄同一画面（一般曝光补偿为+2、+1、0、-1、-2），然后打开Photoshop，选择“文件/自动/合并到HDR”，在弹出的对话框中单击“浏览”，找出拍摄的5张照片并打开，这5个文件的名称就会出现在对话框中。勾选“试图自动排列源文件”选项，单击“确定”。这时计算机会自动打开这些文件并进行计算，得到如图所示的画

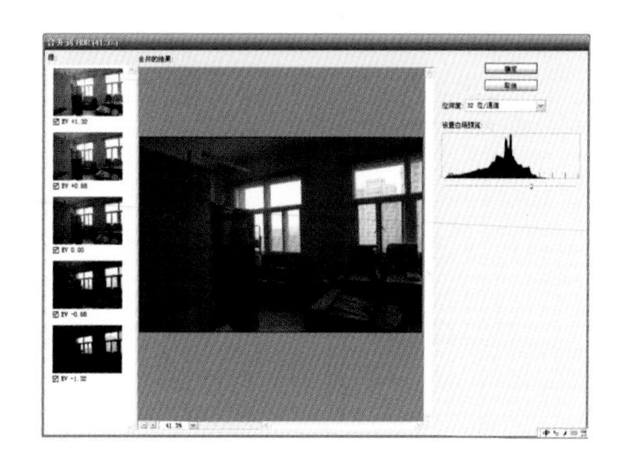

面。左侧“源”显示是我们拍摄的不同曝光量的照片，每个图像下方有一个勾选框，如果不需要哪一个，可以单击将其取消。中间则是合成后的预览效果。如果要使用高动态范围，在右侧的“位深度”选项，并选择“32位/通道”；其下方的色阶是用来设置白场的，通过拖动划标可以拓展或收缩阶调范围。调节完毕后单击“确定”，就得到一个高动态范围的照片了。

更换蓝天

我将阴天拍摄的照片中昏暗的天空用蓝天白云替换掉了，为什么照片整体看起来很不真实呢？

照片失真的原因有以下几点：首先是阴天的色温与晴天的色温不同，所以画面的色调会有所差异；其次阴天云层较厚，日光被遮蔽，景物的照明效果是顶光，而晴天景物照明效果是由太阳照射角度决定的，所以两者的光照角度不同；第三晴天照明所形成的光影反差较阴天大，所以画面反差不同；最后阴天光线中蓝紫光较多会使得画面形成的透视效果与

晴天不同。综上所述，如果仅仅将阴天的天空用蓝天白云替换，而不做其他调整必然会使画面失真。

广角镜头接片

以前拍摄接片都要求尽量使用中焦镜头拍摄，素材尽量没有变形。尝试后我发现这样接出的全景照片没有张力，难道广角镜头拍摄的照片就不能接片吗？

广角镜头拍摄的照片是可以接片的，在Photoshop CS3的Photomerge命令中提供了广角镜头接片的选项“cylindrical”（圆柱拼接），如图1所示。利用该命令可以消除视角的透视变形而导致的失真，保持在一定的小视角范围内的正确拼接照片。使用该命令后的拼接效果如图2所示，拼接时由于需要矫正透视变形，所以画面会产生圆柱状效果，因而还需要对画面进行裁剪得到完成照片。

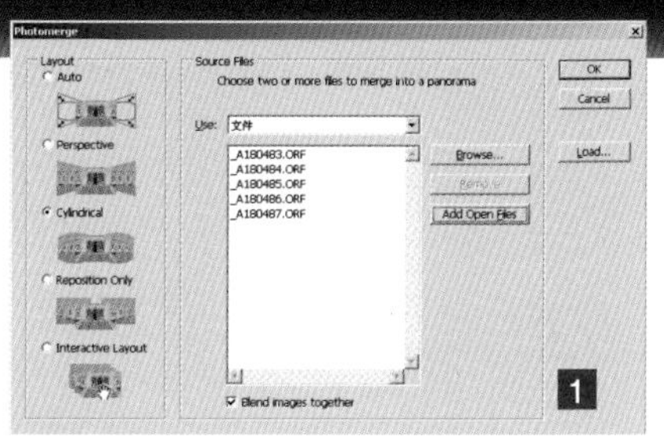

光照效果的使用

Q *如何使用Photoshop中的光照效果（Photoshop菜单中“滤镜|渲染|光照效果”）制作中间亮四周暗的效果？另外，我做出来的为什么总是中间曝光过度？*

A 因为光照效果是在画面中模拟附加灯光照明的效果，所以被灯光照射的部分变亮，而未被照射的部分变暗。在制作中间亮四周暗的效果时，由于画面中间部分被模拟灯光照射，所以处理后的效果是提亮其亮度，因而往往产生曝光过度的效果。为了避免这种曝光过度的状况，在设置参数时应当非常小心。在使用光照效果时，各项参数设置如图所示。其中需要注意以下几点：首先将样式设置为默认值，其次光照类型选择点光，最后慢慢调整强度和聚焦滑块。调整时还应当将光线设置中的颜色都设置为白色，完成效果如图所示。设置完成后，在左边缩略图上通过鼠标拖动中心和四周的控制点，来设置光源的大小和位置。

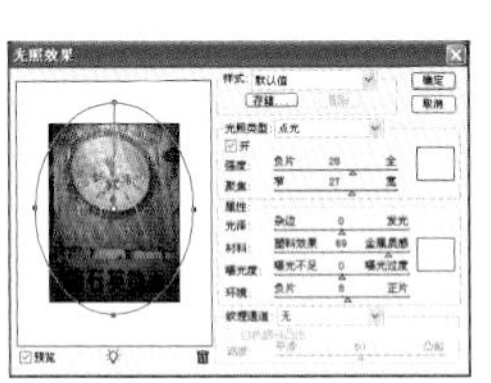

镜头推拉效果

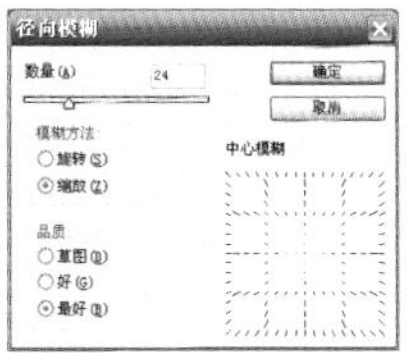

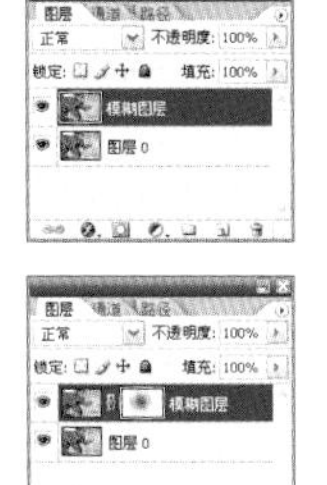

Q *我很喜欢拍摄时变焦产生的爆炸效果，可我用的相机拍摄时不能变焦，请问用Photoshop怎么实现这一效果？*

A 在Photoshop中，我们可以利用滤镜和图层来制作出变焦爆炸效果。在打开的照片上复制背景图层并命名为模糊图层，选择模糊图层。选择“滤镜/模糊/径向模糊”，弹出参数对话框后在“模糊方法”中选择“缩放”，在“质量”中选择“最佳”，在“模糊中心”中将中心调节至画面主体位置，选择适当的模糊数量，如图所示。给模糊图层添加图层蒙版，选择选区工具在主体中心部位做出一个圆形带羽化的选区，调节位置合适后填充黑色即得到所需的爆炸效果（也可以将背景色设为黑色，用橡皮擦将主体部分擦出），最后拼合图层得到作品。

纪实类照片模糊前景

Q *我的数码相机最小光圈是F8，有时拍动静结合的照片很困难，最近拍了一张街景的照片，觉得前景的骑车人太实了，请问该怎么处理呢？*

A 你的问题是很多使用消费级数码相机的影友常常遇到的，主要的解决办法是通过动感模糊滤镜，下面我们一步一步来讲如何模糊前景。首先选择磁性套索工具，用鼠标沿着骑车人轮廓移动，这样建立的选区基本上把前景包含在内。点击“选择 | 变换选区”，通过鼠标拖动将选区扩大，使选区稍大过骑车人。单击“选择 | 羽化”，将羽化设为20（照片分别率越大，羽化值就要设定得越大）。应用“滤镜 | 模糊 | 动感模糊”，角度为0°，距离为100后，一幅前景模糊的照片就完成了。

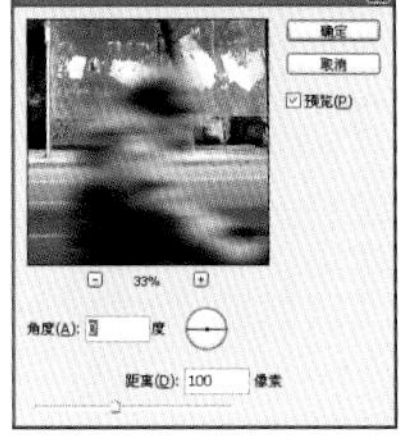

叠加照片色调

Q *写真人像中背景的渐变色调是怎么做出来的呢?*

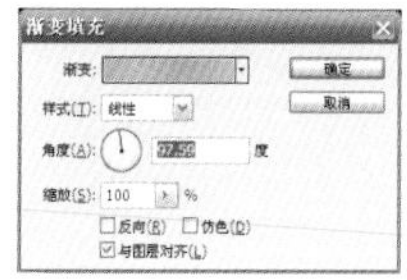

A 在Photoshop中打开需要增加背景渐变的人像照片，调用图层控制面板，选择“调整图层/渐变”。在“渐变填充”窗口中单击“渐变”右边的色条，将它设置为理想的颜色后单击确定。在渐变填充中将“样式”设置为“线性”；“角度”设置为与海平面平行。设置完毕后单击确定。然后将渐变图层的混合模式设置为“叠加”，不透明度设置为39%（如果需要更加明显的渐变背景，可以增大不透明度），这时可以发现图像整体由下到上逐渐有颜色融入。但是主体也和背景同时变深，所以选择渐变的蒙版，然后选择笔刷工具并将前景色设置为黑色，在蒙版中将主体描绘为黑色即完成背景渐变色调的调整。

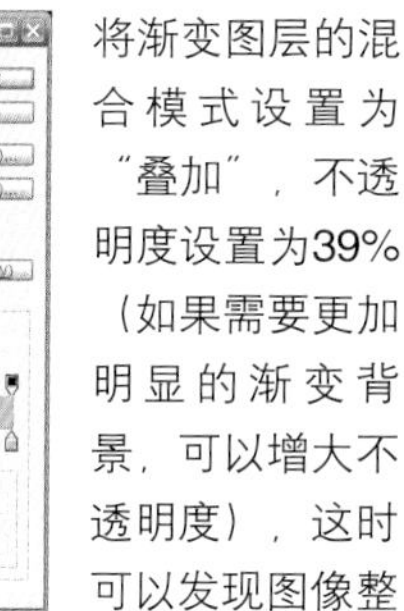

简单高效制作黑白照片

Q *我看到别人在论坛里传的黑白照片黑白分明非常好看，而我将照片制作成黑白效果后就显得黯淡发灰，请问制作黑白照片有什么简单高效的方法吗?*

A 要把一个张彩色的照片转换为黑白照片，通常的方法是用“图像 | 模式 | 灰度”，或“图像 | 去色”，还有一种方法就是通过“图像 | 调整 | 色相/饱和度”，将饱和度调整至“－100”来完成。修改过后我们会发现，照片虽然都是由黑、白、灰构成，但是灰色可能占了大部分，也就是你所说的黑白不够分明，这一点可以调节反差来解决。其中简单的方法就是通过“图像 | 调整 | 亮度/对比度”来实现，我们将对比度调高，灰色调就会减少，黑白也就随之越加分明。另一种精细的方法就是通过色阶来调整，打开“图像 | 调整 | 色阶”或按快捷键“Ctrl＋L”调出色阶调整窗口，将两侧滑块向中间滑动时反差就会变大，中间的滑块可以调整照片的亮度，具体如图所示，这样一幅反差较大的黑白照片就生成了。

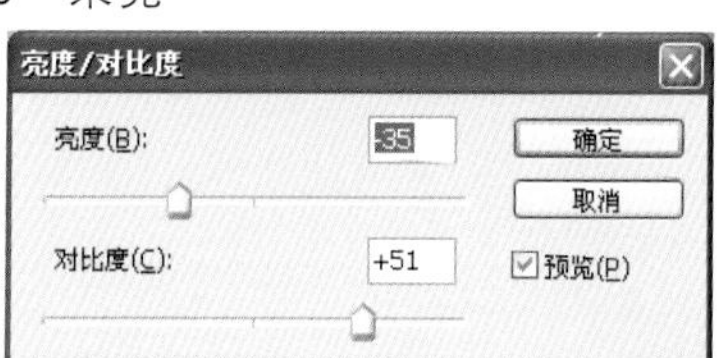

接片的素材

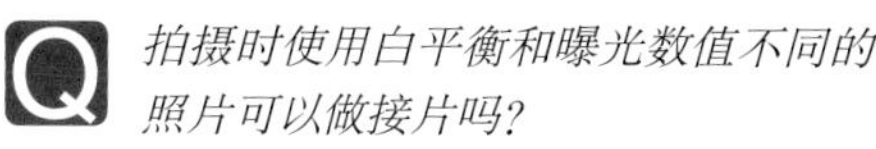

Q *拍摄时使用白平衡和曝光数值不同的照片可以做接片吗?*

A 如果照片的白平衡和曝光数值不同，只要素材照片的色温和曝光量的偏差不是很大，还是可以进行接片制作的。首先在Adobe Brige中选中素材照片，在菜单中选择“文件|在相机原始数据中打开”，在Camera RAW中打开接片图像。其次选择白平衡工具，在两幅画面中相同的消色位置点设定白平衡，如上图所示。然后通过曝光量参数将两张照片的曝光状态调整接近；在Photoshop中打开照片，执行“文件|自动|Photomerge”命令完成自动接片处理。

利用图层制作彩色版画

Q *在使用Photoshop处理图像时，图层的功能很强大。但大部分操作者都只是在拼图、换图或者在画面中添加文字时用到图层，请问在处理画面效果时能不能也使用图层呢？*

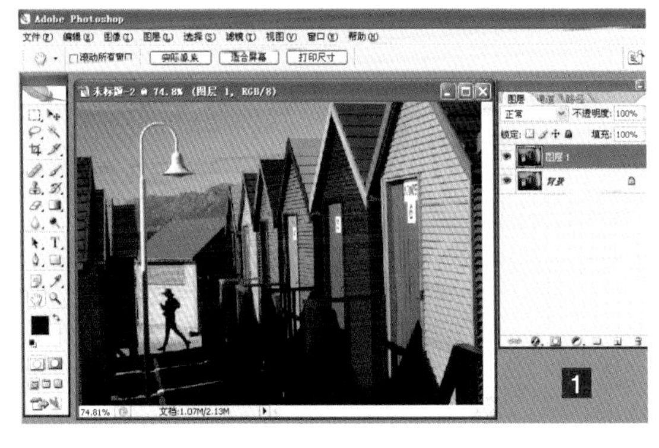

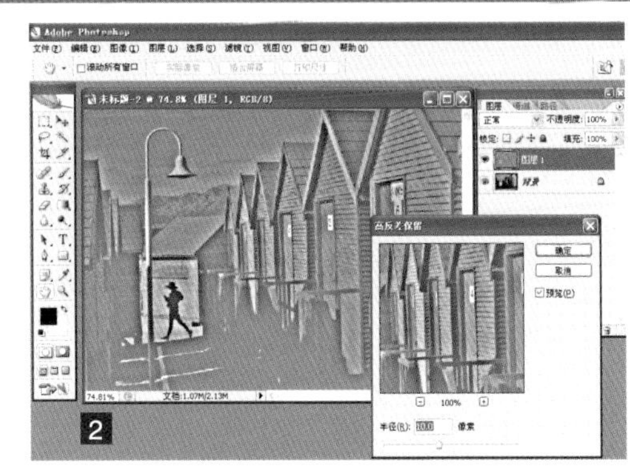

A Photoshop中图层的功能确实很强大，操作者在用Photoshop处理图像时一定要非常熟练的掌握图层的功能，下面就举一个实例来说明图层面板中关于不透明度的用法。（1）在Photoshop中打开图像，然后按“Ctrl+J”组合键复制一个新的图层1，如图1所示。（2）在图层1中，先按“Ctrl+Shift+U”组合键(去色)将图层1变成灰色，再执行“滤镜｜其它｜高反差保留”命令。如图2所示。（3）在图层1中执行“图像｜调整｜阈值”命令，将图层1的像素处理成黑白画的效果，如图3所示。（4）将图层1的不透明度调整至合适数值，具体大小根据画面效果而定，画面中的图像就成了彩色版画的效果。如图4所示。

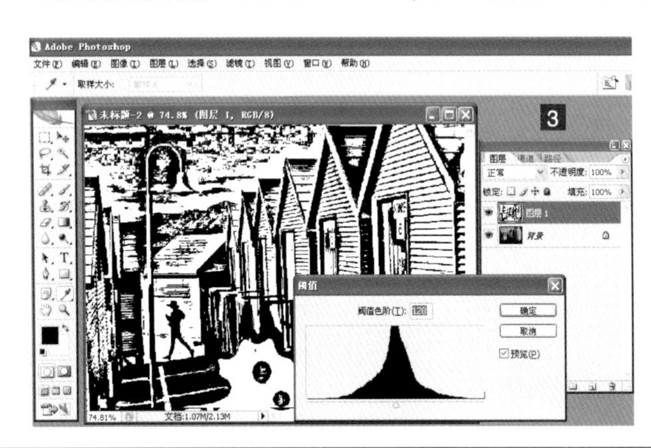

自制证件照

Q *我们日常生活中经常要用到一吋或两吋大小的证件照，如何将数码相机拍摄的照片裁剪并整齐的排列在一张较大的像纸上用于冲印呢？*

A 为了方便冲印证件照，我们通常都是把一张较大的像纸上排列多个小照片，在Photoshop中排列图像的方法有很多种，这次我们来介绍一种利用图层来排列图像的方法。（1）打开一张人像照片，使用裁剪工具将画面裁剪成1吋照片规格大小（2.5厘米×3.5厘米，分辨率为300），新建一个6吋大小（4英寸×6英寸，分辨率为300）的白底的文件，使用移动工具将裁切好的画面拖动到白底文件中，并将图像放于合适的位置。（2）使用移动工具并按住“Alt”键拖动3次，复制出3个小图片，这时候在图层面板中可以看到已经多出3个图层，现在我们需要将这3个图层上的图像排列成一排并且水平方向等距分布。（3）在图层面板上选中这3个有图像的图层，单击链接按钮将这3个图层链接到一起，然后使用移动工具单击“属性栏”上的“顶对齐”按钮，再单击“水平居中”分布按钮。这时候画面中的这些小图片就均匀的排成一排了。最后再将这 3 个图层合并成一个图层。（4）重复（3）、（4）的操作，使用移动工具按住“Alt”键向下拖动多次，在图层面板中可以看到又多出了3个图层。同样在图层面板中将这些图层链接，然后使用移动工具单击“属性栏”上的“左对齐”按钮，再单击“垂直居中分布”按钮。这时候画面中的小图片就很好的排列在一起了。最后再按组合键“Ctrl＋Shift＋E”合并画面中的所有图层。

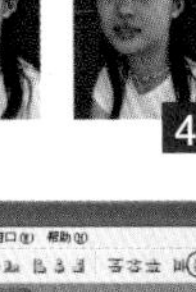

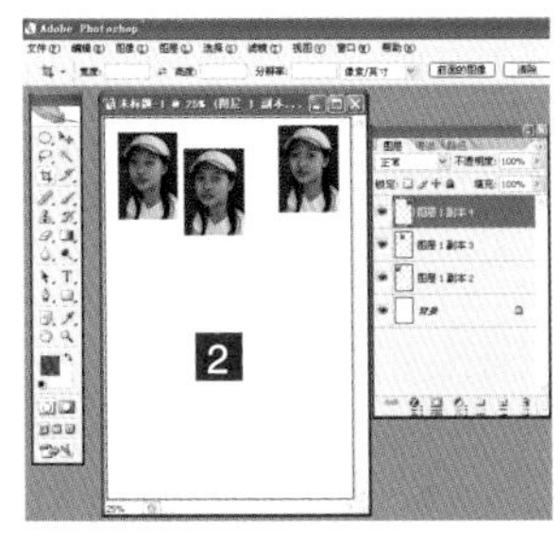

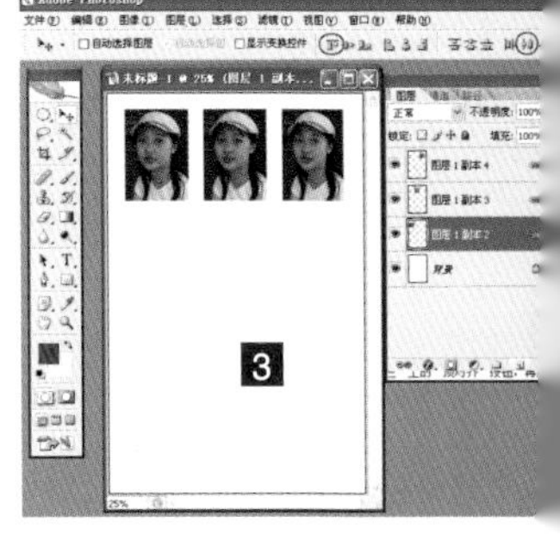

亮点效果的制作

Q *请问创意照片中的亮点效果在Photoshop中是如何制作出来的？我试过羽化的白色画笔，但是太费时费力了。*

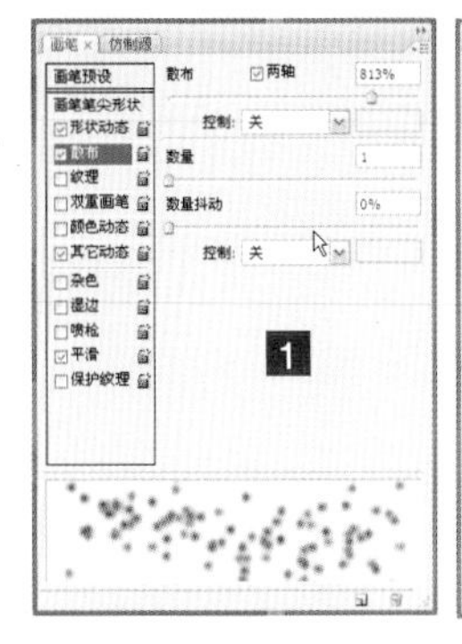
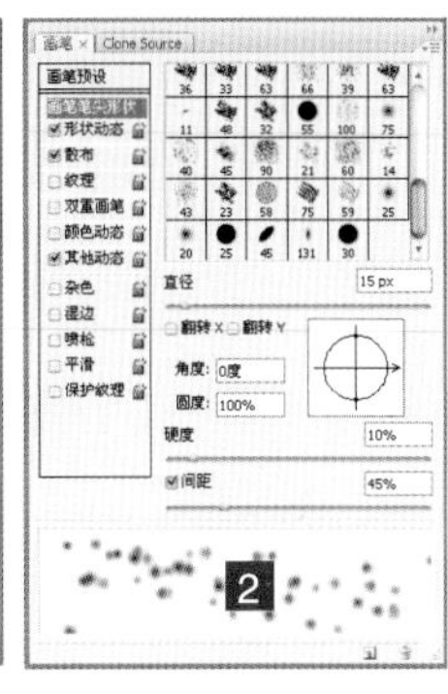
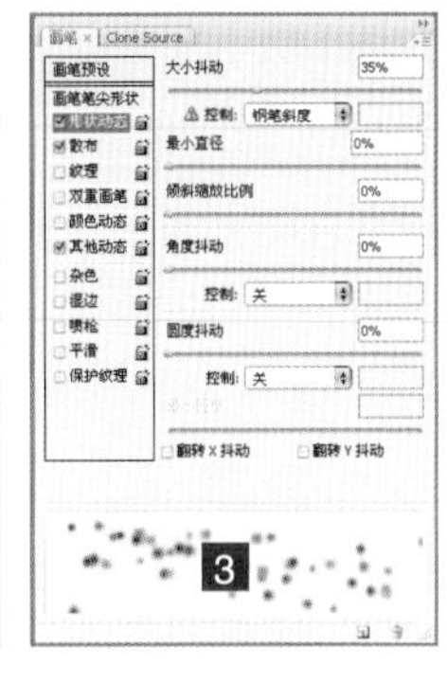
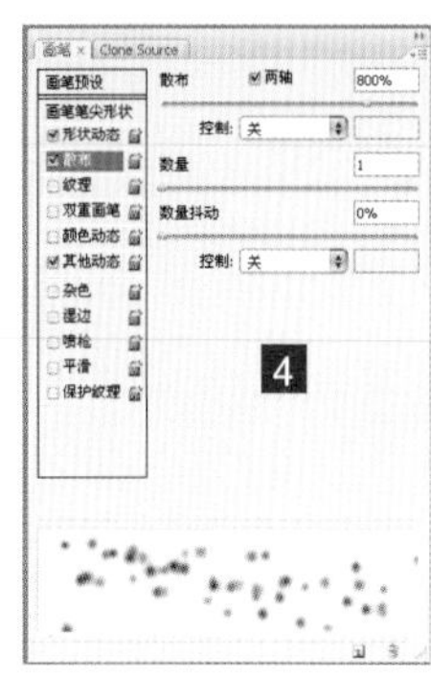
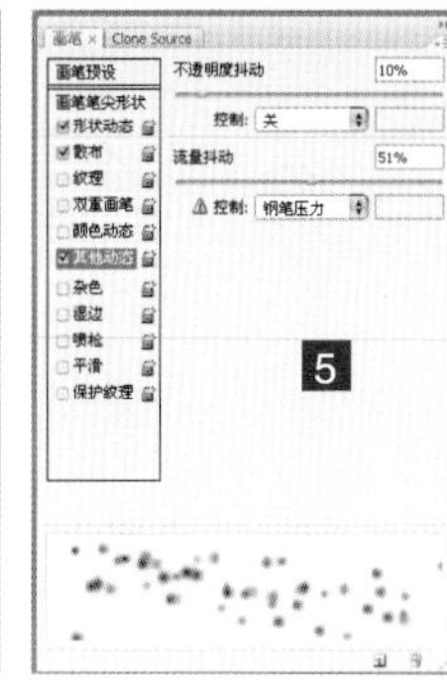

A 创意照片中的亮点效果可以在Photoshop的画笔预设中轻松达到。首先选择画笔工具，打开画笔预设控制面板，在关联菜单中选择新建画笔预设，命名为"创意亮点"。其次选择画笔笔尖形状，将"硬度"调节到10%左右，"间距"设置为45%左右；再勾选"形状动态"，把"大小抖动"设置为35%左右；勾选"散布"，将散布后的"两轴"选项勾选，"散布"数量设置为800%左右；最后勾选"其他动态"，将不透明度抖动设置为10%左右，流量抖动设置为50%左右。步骤如图1～6所示。

有选择地磨皮

Q *磨皮软件可以改善皮肤的质感，有时会严重损失眼睛和头发的细节，请问有解决这种冲突的好方法吗？*

A 对于磨皮软件处理皮肤质感时损失细节的问题，解决方法主要是进行局部磨皮。一般有两种处理方法：第一种是在进行磨皮处理之前首选对人物的皮肤进行选区，然后对选区进行磨皮处理。处理时可以直接进行磨皮，也可以将皮肤选区拷贝到新图层后再进行磨皮处理。第二种方法是先将处理图像完整复制一个新的图层上，然后使用像柯达GEM这样的磨皮软件对新建图层进行磨皮处理。给磨皮处理后的新图层增加一个图层蒙版，在图层蒙版中将需要保留原始影像细节的部分（如头发、眼睛等部位）用黑色填充即可，如图1所示。直接磨皮和局部磨皮处理效果如图2所示，我们可以从人物的发丝和衣服的细节上看出差异。

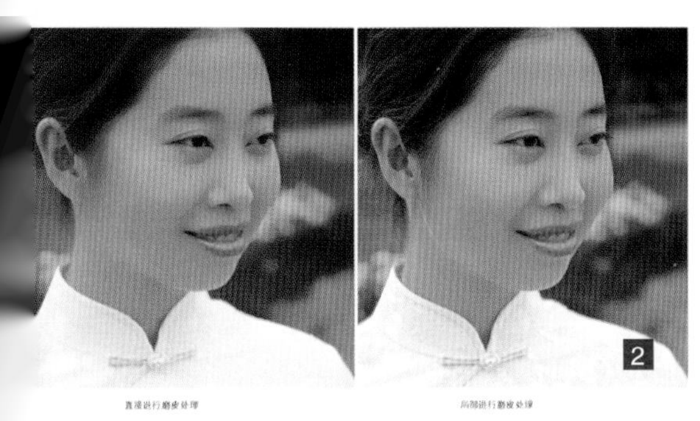

制作微距效果

Q *我在展会上用广角镜头拍摄了一个建筑模型，但想把它处理成一个微距效果，请问有什么简单的方法吗？*

A 将照片处理成微距效果的方法有很多,这里简单介绍用Photoshop制作浅景深效果。首先在Photoshop中打开这张照片，在上方菜单中选择"滤镜|模糊|高斯模糊"，在弹出的高斯模糊窗口中用鼠标拖动"半径"滑块，用以控制模糊的程度，其次单击"确定"完成模糊操作。现在，整张照片都变得模糊起来，那么就要想办法将需要清晰的图像部分进行恢复。此时，可以选择工具栏中的"历史记录画笔"工具，在软件上方"画笔"工具调整设置一个带有渐变的笔触，在照片中需要清晰的图像部分进行涂抹，照片就会产生微距照片中的浅景深效果。此外，Google推出的Picasa软件也拥有处理景深的功能。

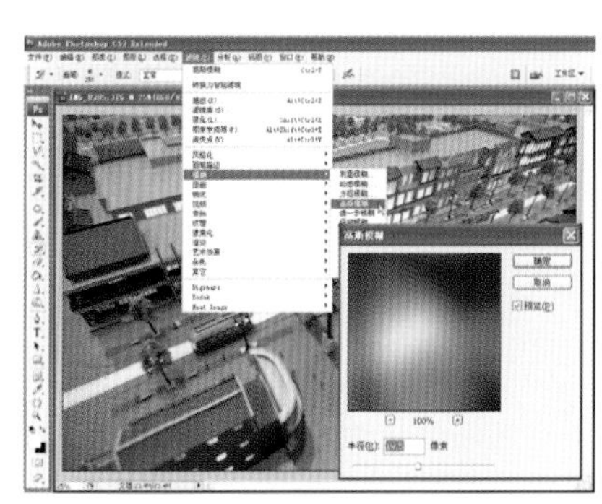
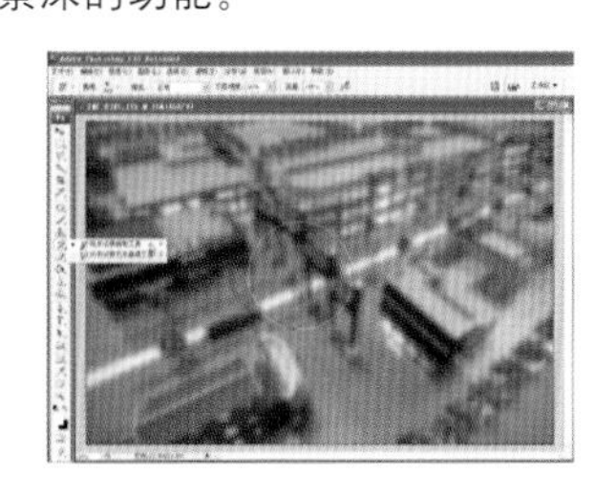

制作剪影效果

Q *我想做一个剪影效果的照片，但是不知道前景怎么能变黑，请问有什么快速有效的办法吗?*

A 在制作剪影效果时，首先将剪影用图像拷贝到背景图像中，调整剪影图像的大小和位置，如图1所示。选择剪影图像所在的图层，在图层控制面板中单击“锁定透明像素”按钮，如图2所示。选择“编辑/填充”（Shift+F5），选择内容使用“颜色”，出现如图3所示对话窗，设置颜色为黑色后单击“好”即可，也可以将其填充为其他颜色。得到如图4所示的完成图。

4

照片合成问题

Q *我合成了一张照片，但看上去似乎不是很真实，请问是哪里出了问题？我以后再合成时应该注意什么呢?*

A 该照片存在以下3点问题：首先是前后景的光线照明效果不一致，前景的鹿为顺光照明（鹿的光影以及眼睛中的亮点）、中景的山石为逆光照明（阴影明显向前）、而远景的天空也是顺光效果；其次，天空的蓝色，其渐变人工痕迹明显；再次是鹿与山石之间的空间透视感觉不符合近大远小的现实场景。在后期合成制作中，应当注意以下几点：首先是画面中合成的各个元素的光线照明应当一致，也就是说光影关系要一致；其次是画面的色彩关系应当一致，不要在画面中出现跳跃的色彩元素；再次是画面中的各个元素的远近、大小关系应当符合近大远小的视觉关系和镜头的透视关系；画面的虚实关系也是要注意的，因为拍摄的照片只有一个焦平面，在这个焦平面上的物体是最清晰的；还应当注意所有的合成元素在抠像处理时应当仔细，不要在边缘出现白边或其他有色边缘，并要对边缘进行适当的柔化处理，以避免合成后的图像边缘突兀；最后人工制作的元素应当避免有规律性的人工痕迹出现，例如用渐变制作蓝天等。

在Photoshop CS3中接片

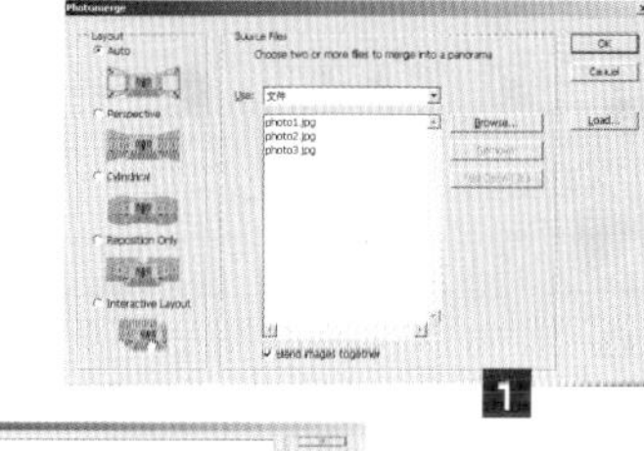
1

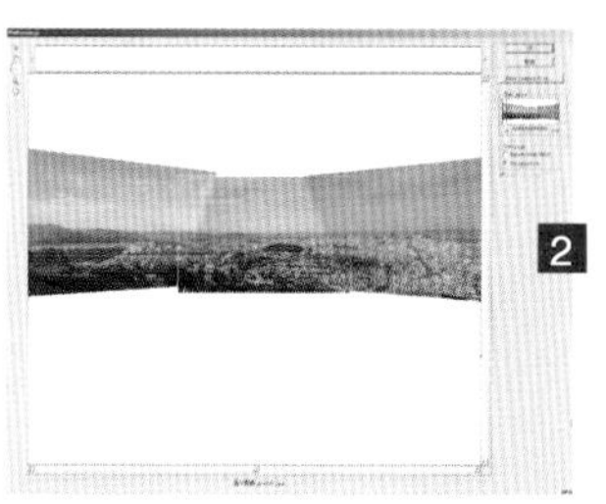
2

Q *我使用广角拍摄的照片在Photoshop CS2中进行接片，总是有痕迹出现，据说Photoshop CS3中就会解决，请问是这样吗?*

A 在进行接片拍摄时，需要注意尽量使用中焦镜头来拍摄，这样获得的照片的畸变较小，在后期的合成中能够获得最佳的效果。如果使用了广角镜头拍摄，在后期合成中会产生一些变形和合成接口明显的问题。在Photoshop CS3的Photomerge中提供了5种拼接设置，如图1所示。Auto自动拼接：适用于相机定位准确，重叠区域均匀，曝光一致的情况。Photomerge将自动实现图像识别、分析、图层的排列与定位以及图层间的无缝混合，自动完成最终全景图的制作。Perspective透视拼接：首先指定源图像之一作为中心参考图像，其余图像做相应的透视变换，使整个全景图像为透视图像。Cylindrical圆柱拼接：用于消除高低视角的透视变形失真，保持在一定的小视角范围内的正确拼接，参考图像放在全景照片的中心，适用于小视角范围的全景照片。注意该设置制作的全景照片是圆柱形的。Reposition重新定位拼接：该设置在合成时只排列图像的位置，而不进行任何的透视变换。Interactive Layout交互拼接：是一种手工拼接方式，使用时软件会自动拼接部分全景，而把无法识别的照片留给用户自己手工拼接。同时能提供重叠区域的自动捕捉功能，而不必手工识别对接，如图2所示。该设置中提供了“Reposition Only只重新定位”和“Perspective透视”两种选项，用于根据画面调节各个照片之间的透视关系。对于用广角拍摄的照片，我们可以使用Interactive Layout交互拼接或Perspective透视拼接来进行制作。需要注意的是广角拍摄的照片在边缘部分由于桶形畸变较强，往往无法完美衔接，所以在制作时需要对画面进行适当裁剪。